KB263468

누구나 생물

Title of the original German edition: Dr. Elke Ruchalla, **Biologie für jedermann**

ⓒ 2011 by Compact Verlag GmbH, Munich

All Rights Reserved.

Korean translation copyright ⓒ 2012 by Gbrain

Korean edition is published by arrangement with Compact Verlag through Eurobuk Agency

이 책의 한국어판 저작권은 유로북 에이전시를 통한 저작권자와의 독점 계약으로 지브레인에 있습니다.
신 저작권법에 의해 한국 내에서 보호를 받는 저작물이므로 무단전재와 복제를 금합니다.

누구나 생물

ⓒ 엘케 루흐알라, 2022

초판 1쇄 인쇄일 2022년 4월 1일
초판 1쇄 발행일 2022년 4월 15일

지은이 엘케 루흐알라   옮긴이 박민숙
감 수 김영호   편 집 김현주 · 정난진
펴낸이 김지영   펴낸곳 지브레인[Gbrain]
제작 · 관리 김동영   마케팅 조명구

출판등록 2001년 7월 3일 제2005-000022호
주소 04021 서울시 마포구 월드컵로 7길 88 2층
전화 (02)2648-7224   팩스 (02)2654-7696

ISBN 978-89-5979-527-7 (04470)
      978-89-5979-528-4 (SET)

• 책값은 뒤표지에 있습니다.
• 잘못된 책은 교환해 드립니다.

생활 속에서 재미있게 배우는 생물 백과사전

누구나 생물

엘케 루흐알라 지음 | 박민숙 옮김 | 김영호 감수

지브레인

생물학은 살아 있는 자연에 대한 이론이며 생명에 대한 학문이다. 여러분은 지금 아마도 이렇게 생각할 것이다. 학문, 이론…… 이거 꽤 무미건조하고 어렵게 들리는군!

그러나 정반대다. 여러분 앞에 놓인 이 책은 여러분에게 생물학에 대한 전체적인 스펙트럼을 전망할 수 있도록 해줄 것이다. 이 책은 가장 핵심적인 화학적 기초와 생물학적 거대분자에서 시작하여 세포학과 유전학, 미생물학을 거쳐 그 전체 안에 있는 우리의 역동적인 환경, 즉 생태계에 이르는 내용을 다루고 있다. 또한 생물학의 '고전적인 영역'이라 할 수 있는 식물학과 동물학도 빠지지 않는다.

그러므로 이 책은 학교에서 성적과 연관하여 생물학 수업을 듣는 학생들이나 이제 대학에서 생물학을 전공하기 시작하는 대학생들처럼 생물에 관심이 있는 비전문가를 대상으로 하고 있다.

여러분은 이 분야의 학문적인 기초지식을 쌓을 뿐만 아니라 일상에서 언제, 어떻게 그리고 어디서 생물학을 접하고 있는지에 대한 많은 예를 만나게 될 것이다. 그러면서 점차 우리 일상에서 일어나는 일들을 생물학의 추상적인 법칙들과 연결할 수 있게 될 것이다.

풍부한 교차 참조와 상세한 키워드 색인이 정보를 찾는 것을 도울 것이며, 정보의 불필요한 중복을 막을 것이다. 또한 각각의 생물학 주제들이 어떻게 상호 연관되어 있는지를 보여줄 것이다. 생태학에 대한 관심은 식물학, 동물학과 더불어 미생물학 영역의 기초지식을 어느 정도 필요로 한다. 그리고 눈으로 볼 수 있는 동물이 어떻게 현미경으로 관찰되는 미세한 세포로 이뤄져 있는지를 안다면, 또 세포 역시 초현미경적인 생화학이라는 기초를 바탕으로 한다는 것을 안다면 동물학은 정말 흥미로워질 것이다.

그러니 이제 이 한마디로 충분하다. 흥미진진한 생물학의 세계로 즐거운 여행을 떠나게 된 것을 기뻐하라!

CONTENTS

BIOLOGY

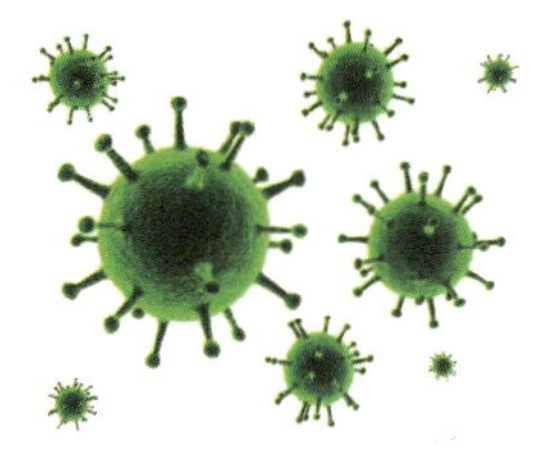

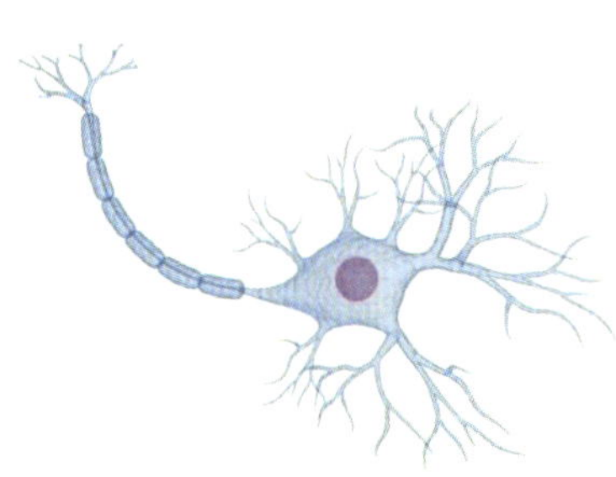

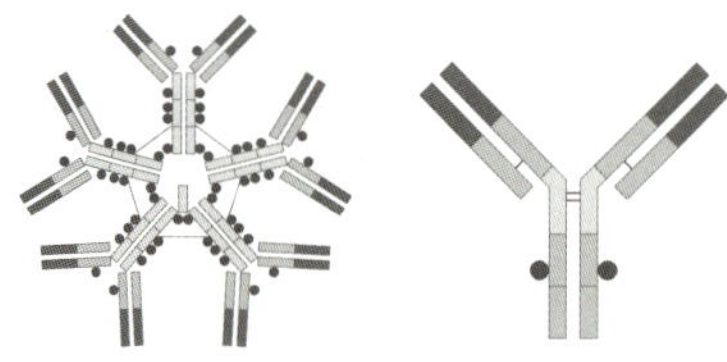

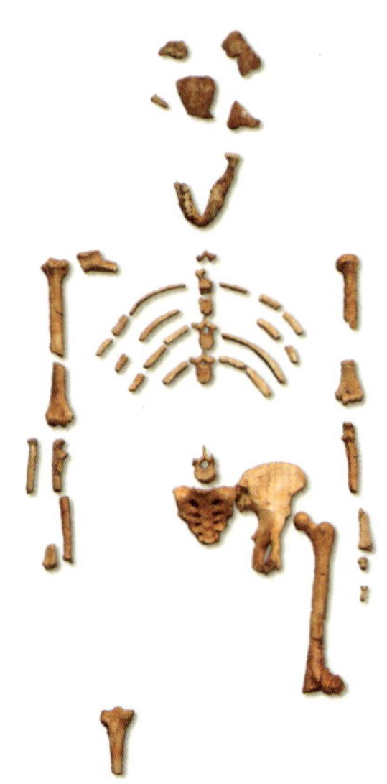

생물학 - 생명의 학문

생물학은 생명과 생명체를 연구하는 자연과학이다. 그리스어 어원인 bios는 '생명' 그리고 lógos는 '학문, 이론'이란 뜻이다. 정확히 말해 생물학은 생명에 대한 이론이다.

생명에 대한 이론.

생물학의 주제

학문으로서의 생물학은 다양한 영역을 다룬다. 세포보다 작은 아세포 영역에서 각각의 분자를 연구하는 것(분자생물학)에서 시작하여 세포를 관찰·연구하는 것(세포학)은 물론, 박테리아와 단세포류 같은 가장 작은 생명체를 연구하는 일(미생물학)을 포함한다. 또한 최우선으로 동물(동물학)과 식물(식물학) 그리고 독자적인 영역으로 인간을 연구(인간생물학)한다.

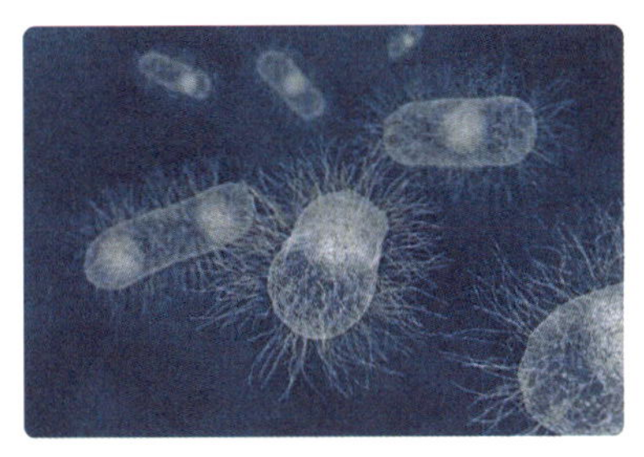

박테리아.

　이때 영역에 따라 매우 다른 관점에서 연구된다. 유전학과 분자유전학에서는 유전의 기본원리를, 인간유전학에서는 의학과 연관된 인간의 유전을, 해부학에서는 생명체 구조에 대한 기본원리를 연구한다. 그리고 신체학에서는 이와 더불어 생명체 기능의 기본원리를 연구한다. 다양한 생명체의 기원과 발달은 진화생물학에서 연구되고, 생물이 함께 살아가는 것은 행동생물학의 연구 대상이며, 생태학은 이것을 더욱 큰 틀 안에서 연구한다.

생물학의 중요한 한 영역.

　생물학의 기초와 법칙은 수학, 물리학, 화학 같은 다른 자연과학에서 출발한다. 그렇기 때문에 생물리학, 생화학, 생물정보학 같은 분야와 많이 겹치는 부분이 있다. 이렇게 심하게 중복되는 이유로 오늘날 이를 통틀어 '생명과학'이라고 칭하거나 '라이프 사이언스^{Life Sciences}'라는 새로운 용어를 쓴다.

　생물학과 연관된 지식은 순수 생물학 영역을 벗어나서도 유용하다. 여러분은 공룡이 왜 멸종되었는지 알고 싶은 적이 없었는가? 인간은 단지 최고로 발달한 원숭이에 지나지 않는걸까? 아니면 그 이상일까? 그 대답을 생물학에서 찾을 수 있다.

공룡의 뼈대.

 물론 생물학에 전혀 관심이 없을 수
도 있다. 나무줄기나 그와 비슷한 것들
로 대표되는 과목에 절대 흥미가 없고,
그에 대한 어떤 책도 결코 읽을 일이 없
다. 이 책은 그저 선물로 받았을 뿐인 사
람도 있을 것이다. 그런데 진실로 말하
면 우리 자체가 '생물학'이다. 누군가 정
강이를 발로 걷어찬다면 여러분은 어떻

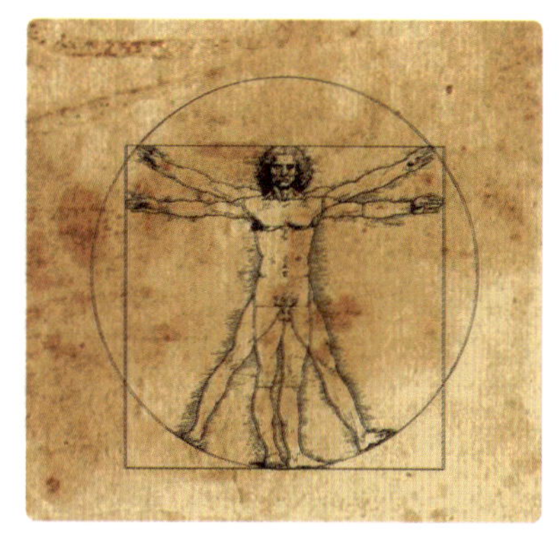

인체 해부도.

게든 방어할 것이고, 폭력적이 될 수도 있다. 이것은 고민 없이 반사적으로
발생한다. 반사란 무엇인가? 맞다, 생물학이다. 더 정확히 말하면 신경생물
학이다. 폭력적인 인간이 된 여러분은 "뭐 이런 재수 없는 일이 다 있어?"라
고 말할 것이다. 이것은 발로 걷어차인 통증이 정강이에 있는 통증을 느끼
는 수용기와 척추의 신경선을 통해 뇌의 지각센터로 전달되고, 거기서 언어
센터로 "응답하시오!"라는 명령이 하달되었기에 가능하다.

 감자의 유전자 변형, 줄기세포에 관한 논쟁, 고래가 왜 해변으로 떠밀려오
는지, 겨울을 나는 곰에게서 무엇을 배울 수 있는지 등등 매일 방송매체를
통해 접하는 이러한 정보들은 생물학적인 기본지식이 있어야 쉽게 이해하
고 판단할 수 있는 것들이다.

 그러므로 생물이란 과목은 광범위하게 그 영역의 날개를 펼치고 있으며,
이제 더 이상 식물을 모아 말리거나 나비를 핀으로 꽂아 고정하는 일에만
전념하는 과목이 아니다. 생물학은 우리가 매일 삶에서 접하는 많은 영역에
서 존재하는 만큼 생물학적인 일상의 현상들에 대해 이 책을 보는 동안 더
많이 발견하게 될 것이다.

생물학자들은 무엇을 하는가?

혹시 생물학에 관심이 있고, 심지어 생물학을 전공하고 싶지만, 이런 걱정을 하고 있지는 않은가?

'그런데 졸업 후엔 뭘 하지? 평생 식물 이름이나 알아맞히는 게 인간의 이상적인 목표는 절대 아니잖아.'

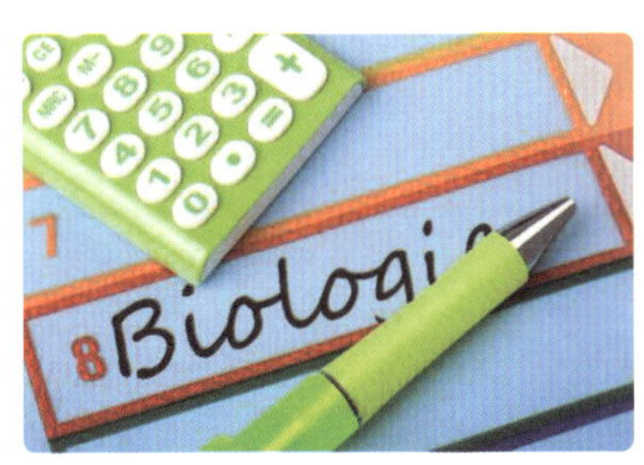
학교 교과과목으로서의 생물.

생물학은 다양한 영역에서 직업적으로 다뤄지고 있다. 그중 가장 쉽게 떠올릴 수 있는 것은 학생들을 가르치는 일에 종사하고 있는 생물학자들이다.

그러나 지금은 생물 교사만이 아니라 제약, 화학 또는 농산업, 공공기관, 대학, 병원 등에서 연구에 종사하는 생물학자들이 점점 증가하고 있다. 그리고 법의학이 그 인기를 더해가면서 활동 영역은 더 다양해지고 있다. 물론 현실은 드라마에서 보는 것과 다르기는 하지만 말이다. 그러나 특정 분야, 예를 들어 곤충학 같은 분야에서는 전문가로서의 '생태적 지위'를 확보할 수 있다. 또한 지역과 자연보호를 위한 계획 수립, 바다생물학, 환경공학 또는 농업 관련 생물연구 같은 분야에서도 일하고 있다.

연구실에서.

제2장

생물학의 역사

왜 모든 것이 고대 그리스 학자에서 시작될까? 인류가 수천 년에 걸쳐 믿어왔던 생물학적 현상들이 초자연적인 힘에 의한 것이라는 생각에서 벗어나기 시작한 이후인 기원전 6세기 중반, 그 당시 이오니아였던 지금의 터키 해안에서 탈레스Tales(기원전 624~546)와 아낙시만더Anaximander(기원전 610 ~547) 같은 철학자들이 등장한다. 이들은 우주에

밀레트Milet의 탈레스.

서 일어나는 모든 현상이 인과법칙에 의한 것이라고 생각했다. 각각의 모든 현상에는 하나의 원인이 있으며, 그 각각의 원인은 하나의 결과를 초래한다는 것이다. 그들의 생각에 따르면, 인간의 영혼은 우주의 법칙으로 이해되고 설명될 수 있다고 한다. 당시 모든 생명은 물에서 기원했다는 기본명제가 이들에게는 이미 널리 알려져 있었다.

그때부터 오늘에 이르기까지 아직도 끝나지 않은 대장정의 길이 펼쳐

있다. 기원후부터 20세기에 이르는 생물학에 대한 중요한 자료와 사건들을 간략하게 다음 도표로 나타냈다.

연도/시대	사 건
15, 16세기	인간의 신체 해부에 관한 레오나르도 다 빈치(1452~1519)의 스케치.
17세기 중반	안토니 반 레이우엔훅Antoni van Leeuwenhoek이 최초로 광학현미경을 개발하여 적혈구, 원생생물, 박테리아를 설명했다. 1677년, 최초로 인간의 정자세포를 묘사했는데, 이는 그 당시 지배적이던 작은 생명체의 자연발생설에 위배되는 것이었다.
1665	로버트 훅Robert Hooke(1635~1703)은 광학현미경을 이용하여 기본입자인 세포를 발견했다.
18세기	카를 폰 린네Carl von Linné(?1707~1778)는 현대 동물학과 식물학의 명명과 분류의 기초를 확립했으며 지금 사용되고 있는 속명(예: 호모Homo 속)과 종명(예: 사피엔스sapiens종)을 도입했다.
1805	알렉산더 폰 훔볼트Alexander von Humboldt에 의해 식물지리학의 기초가 세워졌다.
1826~1837	카를 에르스트 폰 베어Karl Ernst von Baer가 포유류의 난자세포 발견; 배엽이론과 발생학의 기초 확립.
1838~1840	마티아스 슐라이덴Matthias Schleiden(1804~1881)과 테오도어 슈반Theodor Schwann(1810~1882)이 모든 생명체는 가장 작은 단위인 세포로 구성되어 있다는 세포설을 확립했다.
1840년부터	유스투스 폰 리비히Justus von Leibig(1803~1873)가 유기화학과 농화학의 기초를 마련했다.
1845	로베르트 폰 마이어Robert von Mayer(1814~1878)가 광합성 시 빛에너지가 화학에너지로 변환되고, 당의 형태로 보존된다는 사실을 발견했다.

연도/시대	사 건
1850	빌헬름 호프마이스터Wilhelm Hofmeister(1824~1877)가 식물의 간접 핵분열(유사분열) 발견.
1852~1855	헤르만 폰 헬름홀츠Hermann von Helmholtz(1821~1894)가 시각이론 을 발전시켰다.
1856	요한 카를 풀로트Johann Carl Fuhlrott(1803~1877)가 뒤셀도르프 근처 네안데르탈에서 네안데르탈인의 뼈를 발견했다.
1859	찰스 다윈Charles Darwin(1809~1882)이 진화론을 발전시켰다.
1865	율리우스 작스Julius Sachs(1832~1897)가 식물 엽록소의 역할 발견.
1866	루이 파스퇴르Louis Pasteur(1822~1895)는 와인발효의 원인을 연구했다.
1866	그레고르 요한 멘델Gregor Johann Mendel(1822~1884)이 완두교배시험을 기초로 멘델 법칙을 발전시켰다. 그러나 이 법칙은 1900년 재발견될 때까지 그 중요성을 인정받지 못했다.
1876년부터	로베르트 코흐Robert Koch(1843~1910)가 탄저병의 원인인 탄저균 발견.
1888	테오도르 보베리Theodor Boveri(1862~1915)가 최초로 생식세포 형성 시 일어나는 세포분열(감수분열)을 관찰했다.
1888	하인리히 발다이어Heinrich Waldeyer(1836~1921)가 세포핵에 존재하는 염색체의 구조를 설명했다.
1890	에밀 폰 베링Emil von Behring(1854~1917)이 면역의 원인을 발견했다(디프테리아. 파상풍).

연도/시대	사 건
1893	하인리히 발다이어는 개별 신경세포가 뉴런^{neuron}으로 구성된 신경계의 구조를 설명했다.
1893년부터	찰스 셰링턴$^{Charles\ Sherrington(1857\sim1952)}$이 무릎 반사기능을 규명했다.
1901	카를 란트슈타이너$^{Karl\ Landsteiner(1868\sim1943)}$가 인간의 혈액형 발견.
1901년부터	한스 슈페만$^{Hans\ Spemann(1869\sim1941)}$이 발생학 연구.
1902	이반 파블로프$^{Iwan\ Pawlow(1839\sim1936)}$가 조건반사를 설명했다(파블로프의 조건반사).
1902/03	월터 서턴$^{Walter\ Sutton(1877\sim1916)}$이 염색체가 유전정보를 가지고 있다는 것을 발견.
1906	윌리엄 캐슬$^{William\ Castle(1867\sim1962)}$이 초파리(노랑초파리: 드로소필라 멜라노가스터 Drosophila melanogaster)를 유전학 시험동물로 도입했다.
1908	아우구스트 크로그$^{August\ Krogh(1874\sim1949)}$가 폐에서 발생하는 기체교환 발견.
1910	토머스 모건$^{Thomas\ Morgan(1866\sim1945)}$이 유전이론을 확립했다.
1913	레오노르 미카엘리스$^{Leonor\ Michaelis(1875\sim1949)}$와 마우드 멘텐$^{Maud\ Menten(1879\sim1960)}$이 효소반응론과 효소의 기능에 대한 이론을 발전시켰다.
1922	프레더릭 밴팅$^{Frederick\ Banting(1891\sim1941)}$과 찰스 베스트$^{Charles\ Best(1899\sim1978)}$는 인슐린을 최초로 분리하고, 탄수화물 신진대사에서 인슐린의 역할을 설명했다.
1923	카를 폰 프리슈$^{Karl\ von\ Frisch(1886\sim1982)}$가 벌들의 언어 발견.
1929	알렉산더 플레밍$^{Alexander\ Fleming(1881\sim1955)}$이 푸른곰팡이(페니실리움$^{Penicillium\ sp.}$)의 배양물의 하나인 페니실린의 항균 효과를 발견했다.

연도/시대	사 건
1930	코르넬리스 베르나르두스 반 닐Cornelis Bernardus van Niel(1897 ~1985)이 광합성 시 형성되는 산소가 물에서 나오는 것을 발견했다.
1935	아서 탠슬리Arthur Tansley(1871~1955)가 '생태계'라는 용어를 정립했다.
1953	프랜시스 크릭Francis Crick(1916~2004)과 제임스 왓슨James D. Watson(1928년 출생)이 모리스 윌킨스Maurice Wilkins(1916~2004), 로절린드 프랭클린Rosalind Franklin(1920~1958)과 함께 DNA의 이중나선구조를 발견했다.
20세기 중반부터	콘라트 로렌츠Konrad Lorenz(1903~1989)가 비교학적 행동연구의 기초를 정립했다.
1959	제럴드 에델만Gerald Edelman(1929년 출생)과 로드니 포터Rodney Porter(1917~1985)가 항체 기능에 대한 모델을 개발했다.
1960	로버트 우드워드Robert B. Woodwad(1917~1979)가 처음으로 엽록소를 인공적으로 제조했다.
1961~1966	하인리히 마타이Heinrich Matthaei(1929 출생), 마셜 니런버그Marshall Nirenberg(1927~2010) 등이 유전자 코드를 해독했다.
1970년부터	생태학이 일반사람들의 의식 속에 학문으로 자리 잡기 시작했다.
1970년부터	유전공학의 시작.
1980	유전공학으로 인하여 인슐린을 산업적으로 제작.
1996	이언 윌머트Ian Wilmut(1944년 출생)와 키스 캠펠Keith Campell(1954년 출생)이 최초로 포유동물을 복제하는 데 성공했다. 복제 양 돌리.
1999	국제적인 학자들의 모임을 통해 인간 염색체 배열을 해독했다.
2000/2001	전체적인 인간 게놈Genome이 해독되어 출간되었다(인간 게놈 프로젝트Human Genome Project).

제3장

준비운동으로 화학의 기초를 이해하자

이 책의 페이지를 넘길 때마다 아마도 여러분은 친숙하지 않거나 전혀 다른 세계에 온 듯한 기분이 들게 하는 용어들을 접하게 될 것이다. 예를 들면 전기음성도는 현재 사용되는 의미로 보면 전기와는 별로 상관이 없고, 에너지도 동극의 막대에 숨어 있는 그 무엇이 아니다. 여기서는 가장 중요한 화학용어들을 소개한다.

만약 화학에 일가견이 있다는 생각이 든다면 이 장을 건너뛸 수도 있고, 나중에 필요하면 다시 들추어볼 수도 있다.

원자는 가장 작은 성분으로, 화학적으로 더 이상 쪼개지지 않으며, 각각 핵 속에 존재하는 양성자와 중성자 그리고 그 주변을 감싸고 있는 전자 층에서 돌고 있는 전자로 구성되어 있다. 핵은 원자

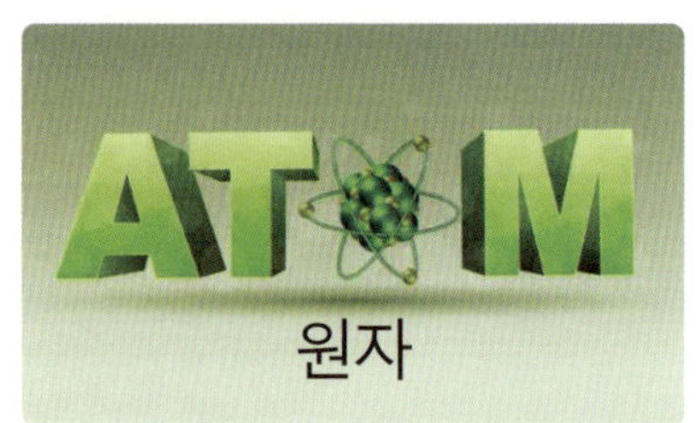

원자모델.

량을 결정하고, 각각의 원자량은 양성자 수와 중성자 수를 더한 것이다. 전자 수는 원자의 화학적 특성을 형성하는 데 결정적 역할을 한다. 즉 원자가 어떤 원자와 결합할 것인지, 다른 원자들에 어떻게 반응할 것인지 등을 말해준다. 전자 층은 다시 안쪽에서 바깥쪽을 향해 동심으로 배열된 많은 전자구름으로 형성되어 있고, 이것은 원자 수에 따라 다르다. 기존상태에서 원자는 같은 수의 전자와 양성자를 가지고 있기 때문에 전기적으로 중성이다. 그러나 중성자의 수는 다르다. 같은 수의 전자와 양성자를 소유했으나 중성자의 수는 다르기 때문에 동위원소가 생겨난다. 수소는 오직 하나의 양성자나 하나의 양성자와 하나의 중성자 또는 하나의 양성자와 2개의 중성자와 함께 나타난다. 이러한 동위원소는 자연과학에서의 반응 과정을 해명하는 데 도움을 준다.

결합은 두 원자 간의 결합을 의미한다. 크게 공유결합과 이온결합, 비공유결합으로 구분된다. 2개의 원자가 결합하면 외부 층에 있던 두 원자의 전자들은 결합의 종류에 따라 많든 적든 함께 책임을 지게 된다. 생물학과 연관해서 이것을 글리코시드결합 또는 펩타이드결합이라 한다. 앞에 있는 용어들은 어떤 종류의 분자가 생겨나는지를 말해준다. 즉 글리코시드결합에서는 글리코시드가, 펩타이드결합에서는 펩타이드가 만들어진다. 1,4-결합 같은 용어는 서로 결합한 탄소 원자들의 번호를 말한다.

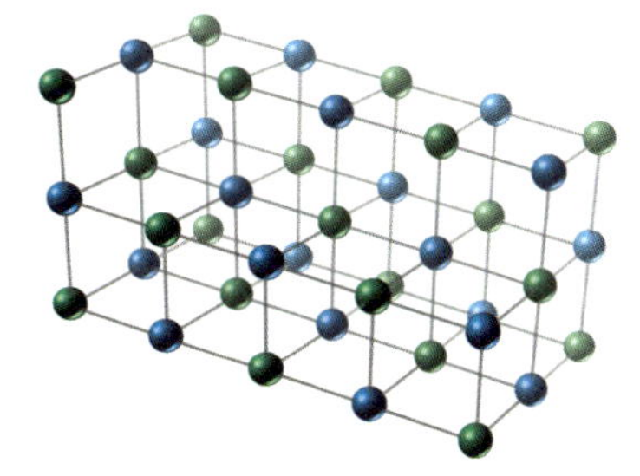

이온 결정 모델.

양극은 공간적으로 떨어져 나타나고 +, -라는 서로 다른 부호를 가진 2

개의 극으로 이뤄진다. 이때 같은 크기의 전하량이나 자극이 핵심이다. 생물학적으로 의미가 있는 양극은 물 분자로, 여기에 공유결합의 특별한 형태가 존재한다. 결합 시 공유된 전자는 평상시보다 약간 더 많은 산소를 접하고, 이로 인해 수소에서 전기음성도가 보다 더 높아져 수소 쪽은 부분적으로 양전하를 띠게 되고 산소 쪽은 음전하를 띠게 된다.

전기음성도란 결합 시 하나의 원자가 전자들을 끌어당기는 힘이다. 전기음성도가 클수록 전자를 당기는 힘이 세다. 서로 다른 전기음성도를 가진 2개의 원자가 한 분자와 연결되었을 때, 전자를 더 세게 당기는 원자, 즉 전기음성도가 큰 원자가 부분적으로 음전하를 띠고, 다른 원자는 양전하를 띤다. 이러한 부분적 음전하 또는 양전하를 화학에서는 그리스어의 알파벳인 '델타'로 표기한다. 즉, δ^-는 음전하를 의미하고 δ^+는 양전하를 의미한다.

전자는 원자핵을 둘러싸고 있는 음전하를 띠는 최소입자다.

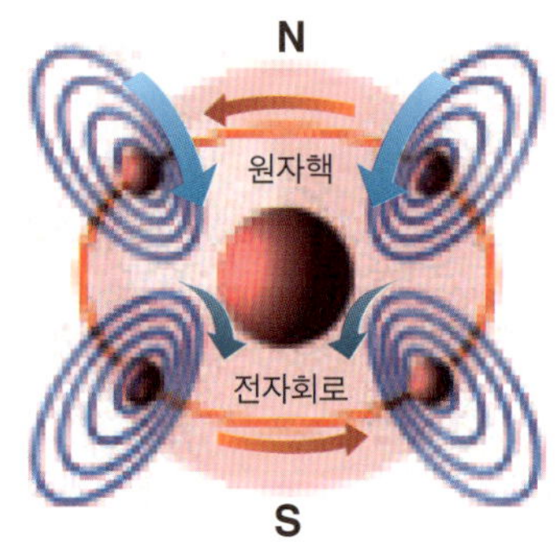

원자핵과 전자회로.

에너지는 세포가 형성되고 소멸하는 생화학적 과정 시 방출되기도 하고, 필요하기도 하다. 흔히 반응이 시작되기 전 반응을 위한 활성화 에너지가 필수적인데 이것은 생물학적인 조건에서 흔히 볼 수 있다. 예를 들면 반응이 시작되기 전 온도가 100℃에 이르게 된다면 반응은 일어나지 못하고, 그로 인해 세포들과 분자들이 죽는다. 이때 필요한 활성화 에너지를 낮추는 바이오촉매제인 효소에 관한 생화학이 도움이 된다.

유기체에서는 ATP(아데노신삼인산^{Adenosine tri phosphate})와 같이 에너지가 풍부

한 분자가 화학적 에너지를 저장한다. 마치
배터리가 무생물의 화학적 에너지를 저장
하는 것과 유사하다. 생물학에서 '반응은
에너지를 필요로 한다'는 말은 반응을 위해
서 ATP가 존재하거나 만들어져야 한다는 뜻이
다. ATP에 저장된 에너지는 그에 상응하는 에너
지를 소비하는 세포 속 과정을 위해 활용된다. 이때
ATP에서 ADP와 인산^{Phosphate}이 발생한다. 다른 한편
으로 ADP와 인산에서 ATP가 만들어지면서 에너
지가 방출되는 반응이 발생한다. 예를 들어 생물학

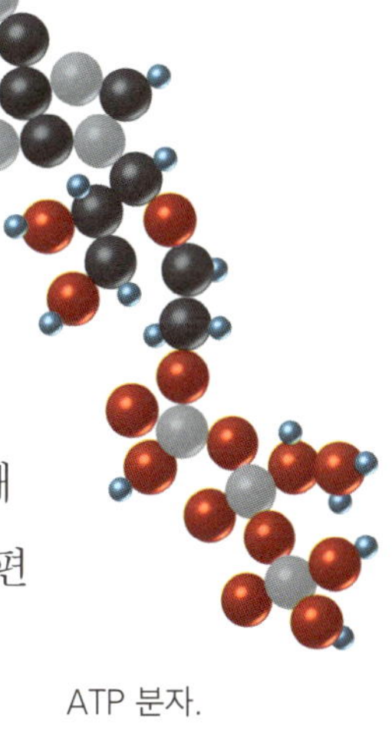

ATP 분자.

에서 신경세포나 심장근육세포 속에서 농도를 맞추기 위해 이온이 수송되
는 과정은 에너지가 소비되는 과정이다. 이와 반대로 해당 과정과 구연산회
로, 호흡 과정의 연속반응은 에너지가 생성되는 과정이다.

에스테르^{ester}는 화학적 측면에서 알코올과 산의 결합체다. 에스테르가 만
들어지는 과정에서 물이 나온다. 생물학에서 가장 흔히 발견할 수 있는 에
스테르는 카르복실산이나 인산이다. DNA와 RNA에 있는 인산과 설탕, 인
산과 알코올의 결합은 에스테르결합(인산에스테르) 또는 알코올의 역할을 하
는 글리세린과 3개의 카르복실산 사이의 중성지방에서의 결합(카르복실산에
스테르)이 그 예다.

가수분해 시 물과 반응하면서 화학적 결합이 분리된다. 순수하게 형태
만 관찰하면 물 일부(H^+)가 반응 물질의 하나에 전이되고, 다른 일부(OH^-)
는 두 번째 반응 물질에 전이된다. 생물학에서는 단백질이 아미노산으로 분
해되거나 폴리사카린이 모노사카린으로 분해될 때 이러한 가수분해가 발생

한다.

이온은 일반적으로 전기를 띠는 입자다. 양이온은 양전하를 띠고 음이온은 음전하를 띤다. 원자가 전자를 수용하여 음이온이 되거나, 전자를 내보내어 양이온이 되면 이온이 발생한다. 생물학적으로 양이온인 나트륨(Na^+)이나 마그네슘(Mg^{2+}), 음이온인 염소(Cl^-)와 카르복실산(COO^-)이 중요하다. 이온은 신경생리학이나 심장, 혈액순환생리학에서 중요한 역할을 한다.

나트륨.

이온결합 시 결합하는 원자는 다른 원자의 전자가를 자기 쪽으로 완전히 가져온다. 그 결과 2개의 이온이 발생한다. 즉, 전자를 가지고 와서 음전하를 띠게 된 음이온과 전자를 내어주고 양전하를 띠게 된 양이온이 생성된다. 소금(NaCl, 나트륨 클로라이드)은 이러한 이온결합을 보여주는 좋은 예로, 양이온인 나트륨(Na^+)과 음이온인 클로라이드(Cl^-)가 결합한 것이다.

이성질체란 같은 분자식과 분자량을 가졌으나 원자의 구조가 달라 화학적으로 다르게 반응하는 화학적 결합체다. 여러 종류의 이성질체가 있으며 그 예로 거울상 이성질체와 부분입체 이성질체가 있다. 광학 이성질체라고도 하는 거울상 이성질체는 화학적으로 알코올로 구분되는 당이다. 당에서 이성질체는 비대칭 탄소 원자를 통해 형성된다. 이와 결합한 히드록실 그룹(OH)은 오른쪽이나 왼쪽으로 향할 수 있다. 자연에서 가장 흔한 형태는 오른쪽으로 향한 형태다(D-이성질체).

소위 **공유결합**은 세포 분자의 가장 흔한 결합이다. 결합한 원자들은 전자가를 공유한다. 2개의 산소 원자는 하나의 산소 분자를 형성한다. 물 또한 2개의 수소 원자(H)와 하나의 산소 원자(O) 사이에서 일어나는 공유결합이다. 물론 이 경우 양극이 중요하다.

물은 공유결합의 한 예다.

분자는 2개의 원자가 하나의 원자 조합을 이루는 결합체다. 분자의 특성은 원자들 사이의 결합 종류에 따라 결정된다.

분자량은 분자를 구성하는 모든 원자의 총량, 즉 일반적으로 말해 무게다. 생물학에서 분자량은 예를 들어 세포막에 있는 기공들이 오직 특정 크기의 분자들만 통과시킬 때 그 의미를 갖는다. 고분자량을 가진 분자들은 통과하지 못하고 남게 된다.

비공유결합은 원자 사이의 상호작용을 말한다. 수소결합과 반데르발스의 힘(이하 참조)이 여기에 속한다.

산화는 화학적 의미에서 전자 또는 양성자가 줄어드는 것을 의미한다. 이전에는 좁은 의미로 산소(옥시제닉)를 수용하는 것을 의미했기 때문에 거기서 이름을 따왔다. 산화가 발생할 때마다 떨어져 나온 전

산화되어 녹슨 자전거.

자 또는 양성자를 다른 물질들이 수용해야 하는데, 이 과정을 '환원'이라고 한다. 산화와 환원은 분리되어 발생하지 않기 때문에 이를 통틀어 '산화환원반응'이라고 한다.

생물학에서 중요한 산화환원반응은 구연산회로와 호흡사슬의 연속 반응이다. 여기서 양성자가 NAD^+나 $NADP^+$ 같은 보조효소에 전이된 후 떨어져 나간다. 이때 에너지가 풍부한 ATP 생성을 위해 사용되는 에너지가 방출된다.

인산화는 인산 그룹이 분자에 연결되는 것을 의미한다. 한 가지 예로 단백질의 인산화를 들 수 있는데, 이 과정을 통해 단백질이 활성화된다. 또는 인산화로 인해 ADP에서 ATP가 생성된다.

pH 수치는 크게는 수소이온, 즉 양성자의 농도를 의미하고, 정확하게는 산성 또는 알칼리로 반응하는 용해능력의 척도를 의미한다. pH 중성수치를 7에 두고 그 미만이면 산성, 그것을 초과하면 알칼리 또는 염기라고 한다. 예를 들어 경작지의 pH 수치는 그 안에 용해된 염기의 식물을 위한 가용성에 영향을 끼친다. 또한 혈액의 pH 수치는 생리학적인 반응이 정상적으로 진행되기 위하여 일정 수치를 지속적으로 유지해야 한다.

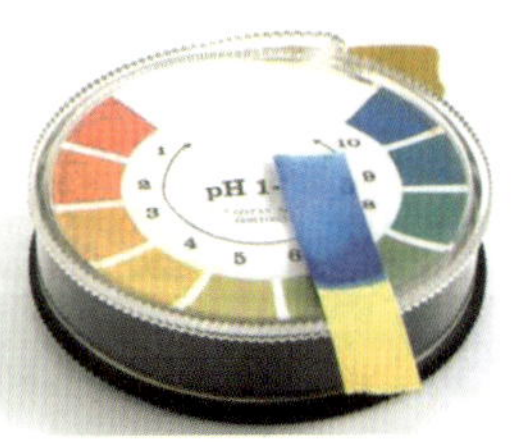

pH 시험지.

양성자는 양전하를 띠는 전기입자다. 생물과 화학에서는 주로 수소이온인 H^+를 다룬다.

화학반응 시 하나 또는 여러 개의 결합체, 또한 원자가 다른 결합체로 변형된다.

환원 29쪽 산화 항목 참조.

분자 영역에서의 **수용체**는 특정한 분자, 즉 리간드(배위자)가 결합하는 특정한 표면구조를 가진 세포막단백질을 의미한다. 이로 인해 수용체의 구조가 변화하고, 이것이 다시 세포 내의 연속반응을 유발한다. 예를 들면 인슐린은 근육세포의 인슐린 수용체와 결합하면서 포도당을 수용하는데, 말하자면 이것은 흡사 세포를 여는 것과 같다. 반대로 세포 영역에서는 자극을 수용하는 일을 전문적으로 하는 세포를 의미하며, 자극을 변형시켜 신경계에 전달하는 일을 담당한다. 피부에 있는 통증 수용기가 그 예다.

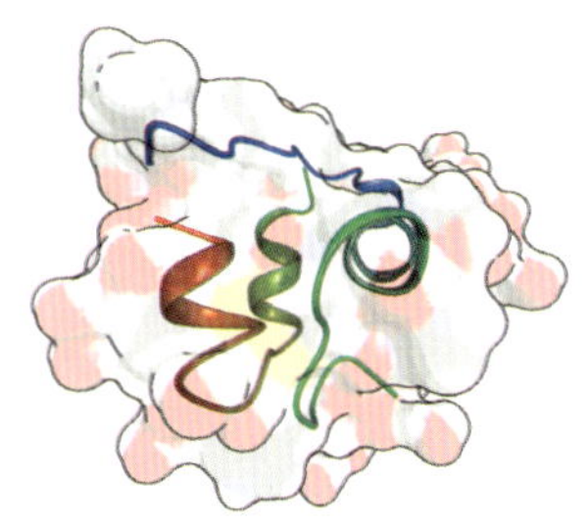

인슐린 구조.

반데르발스의 힘$^{Van-der-Waals}$은 분자 내에서 발생하는 현상으로, 부분적인 양전하나 음전하가 곧바로 발생하는 것이 아니라, 양전하나 음전하가 과잉 부하된 곳에서 일시적으로 발생한다. 이때 단시간에 끌어당기는 힘이 생긴다. 전기의 과잉부하가 옮겨지면 인력이 발생하고, 그로 인해 다른 장소에서도 인력이 발생한다. 예를 들면 단백질의 특별한 구조는 반데르발스의 힘에 의한 것이다.

수소결합은 2개의 분자가 수소 원자 위에서 상호작용을 일으킬 때 발생한다. 전기음성도가 높은 원자의 음전하와 수소 원자의 양전하가 서로 끌어당기고, 이로 인해 둘은 결합한다. 예를 들면 수소 분자의 수소 원자와 암모니아 분자의 질소 원자 사이에서 수소결합이 발생한다. 또한 이중나선구조 내의 DNA 염기쌍은 수소결합에 의해 연결된다. 아데닌과 티민의 염기, 구아닌과 사이토신의 염기 사이에서도 이런 방식으로 결합이 이뤄진다.

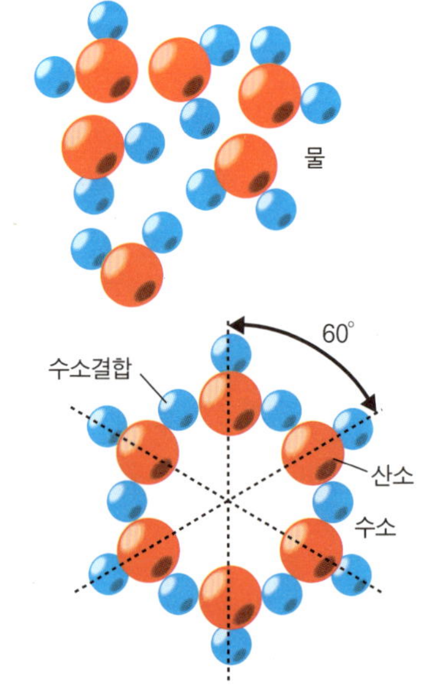

수소결합 상호작용.

세포 - 생명의 기초단위

세포는 생명력이 있는 가장 작은 단위다. 물론 이러한 규칙에도 예외는 있으며 그것은 따로 확인시켜줄 것이다. 이제 "생명이란 과연 무엇인가?"라는 질문을 해보자. 자연과학 측면에서는 다음의 기준들이 중요하다.

- 생명체는 신진대사를 한다.
- 생명체는 독립적으로 증식할 수 있다.
- 생명체는 증식 시 변화할 수 있다.

모든 생명체는 현미경으로 관찰되는 작은 세포에서 생겨나고, 이것으로 이뤄져 있다. 물론 단세포생물의 경우 하나의 유일한 세포로 이뤄져 있기도 하다. 이러한 사실이 밝혀진지는 채 200년도 되지 않았지만, 오늘날까지 유용한 세포이론의 기초로서 세포에 대한 학문, 즉 세포학의 토대가 되고 있다.

크기의 배열을 분명히 하기 위해 대부분 세포는 마이크로미터(㎛)의 영역, 즉 1m의 백만분의 1의 영역이다. 가장 큰 세포는 대부분 동물종에서 볼 수 있는 난자세포로, 인간의 난자세포는 그 지름이 0.15mm에 이르고 육안으로도 관찰된다. 식물의 경우, 단세포 해조인 우산말속 Acetabularia은 세포 하나가 10㎝로 가히 세계 최고의 크기를 자랑한다.

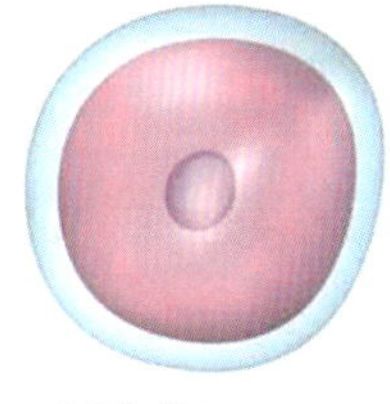
난자세포.

생명의 분자

물은 화학적으로 H_2O, 즉 2개의 수소 원자가 하나의 산소 원자와 결합한 것으로, 생명에는 필수적인 분자다. 어떤 세포나 생명도 물 없이는 존재할 수 없다.

여기에 덧붙여 모든 살아 있는 세포에는 주로 탄소, 산소, 질소, 수소로 이뤄진 유기적 고분자가 있다(바이러스는 예외다. 4장 참조).

물은 생명에 필수적이다.

- **핵산** : 인산에스테르와 당, 유기염기로 구성되어 있다.
- **단백질**(프로테인) : 아미노산으로 이뤄진다.
- **탄수화물** : 모노사카린 또는 폴리사카린.
- **지방**과 그와 유사한 물질(지질) : 지방산과 글리세린, 그에 동반하는 다양한 분자로 구성되어 있다.

반대로 이런 복잡한 분자들은 암석 같은 생명이 없는 물질에서는 존재하지 않으며, 그것들에 의해 형성되지도 않는다. 고분자를 형성하는 기본요소는 당과 아미노산이고, 이와 반대로 비생명적인 자연에서는 유성체가 발견된다.

물

"물 없이 생명이란 없다." 이 명제는 언제나 유효하다. 인간이 속해 있는 동물 생명체는 60~70%가 물로 이뤄져 있고, 심지어 식물은 95% 또는 그 이상이 물로 이뤄져 있다.

지구상에 존재하는 생명은 물에서 발생하였다. 물 없이는 단순한 단세포생물에서 고도로 발달한 포유류나 식물이 결코 생겨나지 않았을 것이다. 또 살아 있는 세포와 생명체 내에서 물은 다양한 기능을 가진다.

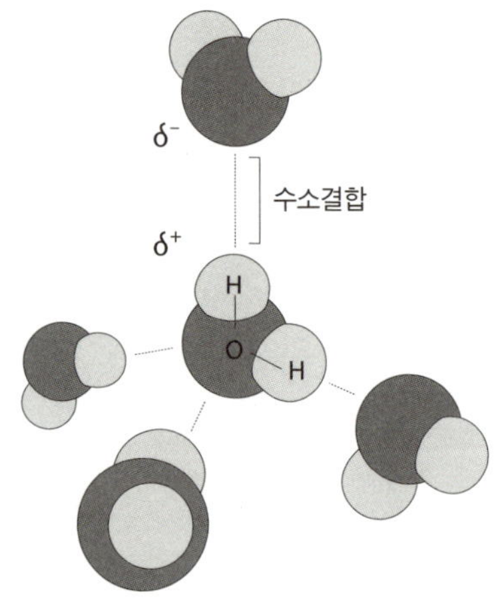

물 분자 간의 수소결합.

- 세포 내에서 끊임없이 일어나는 모든 생화학적 반응은 물이 존재하는 환경에서만 발생한다. 세포에서 물

이 빠지면 이 반응은 중단되고 세포는 죽는다. 즉 전체 생명체가 죽는 것이다.

- 물은 대부분의 반응에서 파트너로서 동행하며, 반응이 시작될 때 형성되는 출력물이자 결과물이다. 예를 들면 단세포 아미노산(이하 참조)으로 이뤄진 단백질 생성 시 그 결과물로 물이 생겨난다. 또한 광합성(50페이지 그림 참조) 시 출력물인 물은 나중에 만들어지는 산소를 위해 필수적이다.
- 물은 용해 물질이므로 물 없이 물질의 수송은 불가능하다.

행성인 화성.

핵산

생물학적으로 가장 중요한 두 가지 핵산은 다음과 같다.

* 디옥시리보핵산 또는 DNA(A는 영어의 acid, 즉 '산'을 의미한다)
* 리보핵산 또는 RNA

DNA는 유전정보, 즉 생명체에 대한 정확한 구성계획을 가지고 있다. 예를 들면 DNA는 여러분이 파란 눈을 가질지 갈색 눈을 가질지를 결정한다. DNA는 복잡한 신체와 기관을 위한 기본 물질, 예를 들면 콜라겐이나 케라틴이 어떻게 형성되는지를 알고 있고, 광합성이 어떻게 진행되는지와 같은 정보를 식물에 제공한다.

이에 반해 세 가지 형태(5장 참조)로 나타나는 RNA는 DNA에 저장된 정보를 단백질 언어^{mRNA}로 번역하고, 단백질을 구성하는 요소인 아미노산을 단백질이 생산되는 장소로 수송한다^{tRNA}. 또한 이것은 '단백질 공장'이라 할 수 있는 리보솜의 구성 성분$^{r-RNA}$('세포기관' 부분 참조)이기도 하다. 이 밖에도 몇몇 바이러스의 경우, RNA는 유전정보를 운반하는 역할을 담당한다. 이에 대한 더 자세한 사항과 바이러스가 이로 인해 문제가 되는 것에 대해서는 5장에서 살펴볼 것이다.

DNA와 RNA는 다음과 같은 것으로 구성되어 있다.

* 5개의 탄소 원소를 가진 하나의 **당**(S)(DNA에 함유된 디옥시리보오스와 RNA에 함유된 리보오스)
* 푸린염기(아데닌과 구아신, A와 G) 또는 피리미딘염기[DNA에 함유된 시토

신(C)과 티민(T), 이와 함께 RNA에 함유된 우라실(U)]가 화학적 유래 성분
인 **염기**

- 인산(P) 또는 이른바 **인산염**인 PO_4 등

당, 인산염, 염기로 이뤄진 이러한 결합체를 **뉴클레오티드**[nucleotide]라고 칭
한다. 완성된 DNA나 RNA를 생성하기 위해 뉴클레오티드는 서로 결합하
여 폴리뉴클레오티드[polynucleotide]가 된다. 이때 당과 인산염이 항상 서로 교대
하고, 그때마다 C_3이라고 칭해지는 디옥시리보 또는 리보오스의 하나인 세
번째 탄소 원소와 그다음 디옥시리보인 다섯 번째 탄소 원소(C_5)가 인산염
에서 나온 교량을 거쳐 서로 결합한다. 따라서 당－인산염－당－인산염－
당……이라는 과정이 반복되고, 이 전체 과정은 소위 핵산의 기본골격을 형
성한다. 다양한 염기가 각각의 당이 보유한 첫 번째 탄소 원소(C_1)와 결합하
고, 그때마다 염기분자, 즉 아데닌, 구아신, 시토신, 티민, 우라실이 당과 결
합한다. 여기서부터 염기는 기본골격에서 떨어져 나간다(해부학적인 모형으로
비유하자면 염기는 척추에 해당한다).

노벨상에 빛나는 이중나선구조

1953년, 두 명의 학자가 인산염과 당으로 구성된 DNA 나선이 거기에 달
린 염기와 결합하여 어떻게 3차원적인 구조를 만들어내는지를 밝힌지 이
제 고작 반세기가 조금 지났다. 진
화의 시대 속에서 커다란 주목을 받
지 못했던 이 발견의 주인공인 영
국의 **프랜시스 크릭**[Francis Crick]과 미
국의 **제임스 듀이 왓슨**[James Dewey]

프랜시스 크릭.

제임스 왓슨.

Watson은 완전한 DNA 분자는 서로 꼬여 있는 2개의 대칭되는 폴리뉴클레이드 나선으로 구성되어 있다는 것을 확신했다. P − S − P − S(인산염, 당) 등으로 형성된 기본골격은 밖으로 향해 있고, 안쪽으로는 염기가 약 90° 정도 기울어져 위치하며, 이때 사슬 모양으로 놓여 있는 염기가 각각 반대편에 위치한 또 다른 사슬 모양의 염기와 결합한다. 이 3차원적인 구조를 '이중나선구조'라고 한다. 이 구조는 나선형 계단과 비교하여 상상하면 이해하기 쉽다. 바깥쪽 인산과 당의 사슬이 오른쪽과 왼쪽으로 계단의 난간을 형성하고, 서로 결합한 염기가 가운데에 계단을 하나씩 만든다. 이때 중요한 것은 염기가 무작위로 결합하는 것이 아니라는 사실이다. 각각의 뉴클레오티드 나선에 위치한 A(아데닌)는 오직 다른 나선의 T(티닌)와 결합하고, 다른 나선에 위치한 G(구아신)는 오직 다른 나선의 C(시토신)와 결합한다. 이를 다른 말로 표현하면 한쪽 사슬에 있는 염기배열 순서에 의해 다른 쪽 사슬에 있는 염기의 위치가 결정된다는 것이다. 따라서 한쪽 나선에 있는 염기배열 순서가 CCCAGC이면 다른 쪽 나선의 염기배열 순서는 GGGTCG가 된다.

DNA 이중나선구조의 발견으로 왓슨과 크릭은 자신들의 기초연구로 진실을 규명하는 데 중요한 단서를 제공한 모리스 윌킨스Maurice Wilkins와 함께 1962년 의학 부문에서 노벨상을 수상한다.

이중나선구조.

단백질

　단백질 또는 전문용어로 프로테인은 고분자 중 양적으로 가장 큰 그룹을 형성한다. 한 세포의 건조물량 중 절반 이상이 단백질로 구성된다. 단백질은 모든 생명 과정에 기여하기 때문에 단백질 없이는 어떤 세포나 어떤 기관도 살 수 없다. 단백질 없이는 모든 세포 하나하나의 신진대사가 일어나지 않는 만큼마치 기름이 없는 엔진과도 같다.

- 단백질은 특정 생화학적 반응을 가능하게 하는 촉매 역할을 한다. 이러한 생물학적 촉매를 '효소'라고 한다.
- 단백질은 세포막의 중요한 구성 성분이다.
- 단백질은 뼈조직과 결체조직 같은 지지조직의 중요한 성분인 콜라겐의 형태로 되어 있다.
- 케라틴은 머리카락과 털의 주단백질이다.
- 단백질은 다세포 생명체에 있는 물질을 운반한다.
- 단백질은 스스로 기관을 형성한다. 포유류와 인간의 평활근은 주로 액틴과 미오신 두 단백질로 이뤄져 있다.
- 단백질은 혈액응고 인자로서 부상 후 출혈을 방지한다.

머리카락은 케라틴을 함유한다.

　위의 내용으로는 단백질에 대해 완전히 설명하지 못한다. 그래서 앞으로도 계속 여러분은 단백질을 자주 접하게 될 것이다.

　독립된 하나의 뉴클레오티드가 서로 결합하여 형성된 폴리뉴클레오티드와 같이 단백질도 독립적인 아미노 산으로 구성되어 있다. 그중 아미노 산은 특징적으로 탄소(C)와 거기에 매달려 있는 아미노기($-NH_2$), 카르 복실기($-COOH$), 아미노산에 특징 적인 보결 분자단으로 구성되어 있 다. 이 보결 분자단은 탄소, 유황, 질

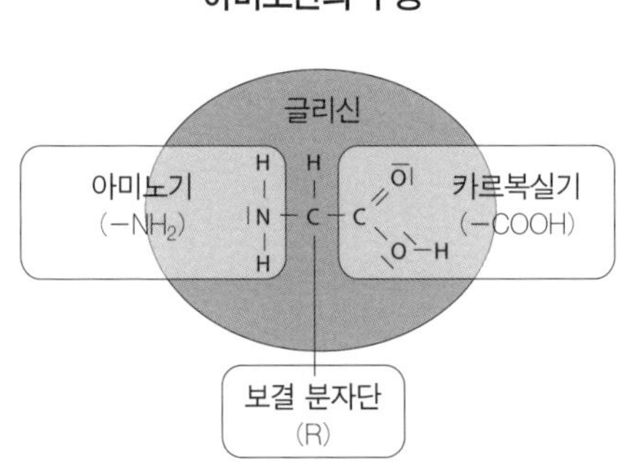

소 그리고 산소 같은 그 밖의 원소들을 함유하고 있다. 아미노산 간의 결합 은 아미노기와 카르복실기가 결합하는 동안 발생하므로 단백질 내의 순서 는 N−C−C−N−C−C−N−C−C 등과 같다.

생물학적으로만 관찰했을 때, 200개가 넘는 아미노산이 있다. 이는 생물 학점 관점에서 볼 때 매우 흥미로운 사실이다. 왜냐하면 단백질을 형성하는 것은 그중 22개만이며 아미노산 중 8개는 성인 인간과 동물에게는 필수적 이다. 즉, 이들 아미노산은 인간의 몸에서 자체적으로 생산되지 않기 때문 에 음식을 통해 섭취되어야 한다는 말이다. 미생물이나 식물은 이와 반대로 필요한 모든 아미노산을 자체적으로 만들어낸다.

이때 단백질은 겨우 100개의 아미노산으로만 구성될 수 있지만, 천 개 이 상이 될 수도 있다. 100개 미만의 아미노산으로 이뤄진 아미노산결합을 전 문적 용어로는 '펩티드'라고 한다.

DNA와 같이 단백질도 입체적인 3차원 구조이며, 이것은 기능상 중요한 의미를 가진다. 단백질 구조는 네 가지로 구분된다.

* **1차 구조**는 아미노산의 서열이다. 즉, 각각의 아미노산이 연결사슬 속 에서 배열된 순서를 말한다. 단백질의 1차 구조는 유전적 코드 속에서 결정된다. 즉, 유전적 코드가 단백질을 결정한다. 하나의 동일한 단백질

은 항상 동일한 아미노산의 서열을 가진다. 아미노산 하나가 부족하거나 다른 것으로 교체되면 막중한 결과를 초래한다(5장 참조).

- **2차 구조**는 아미노산 사슬의 공간적인 배열을 말한다. 원칙적으로 반쪽 이중나선구조라 할 수 있는 나사 모양으로 기울어진 알파나선구조와 지그재그 모양 또는 구불구불한 산골짜기 모양의 베타구조를 가장 흔히 볼 수 있다.

- **3차 구조**는 2차 구조의 공간적 배열이다. 이 구조에 의하여 단백질은 그 기능에 필수적인 특정한 형태를 가지게 된다. 단백질의 3차 구조는 2차 구조에서 이미 결정된다. 즉, 완성된 단백질이 공간에서 어떻게 펼쳐질지는 아미노산의 서열이 미리 결정한다.

- **4차 구조**는 여러 개의 단백질사슬이 하나의 분자를 형성할 때를 말한다. 포유동물에서 산소 운반을 담당하는 분자인 헤모글로빈이 그 예인데, 무엇보다 이것은 단백질인 글로빈 사슬 4개로 이뤄져 있다.

끓이지 마세요!

단백질의 입체적 구조는 자극에 민감하다. 특히 열과 산, 알칼리에 약하다. 약 65℃ 이상으로 세게 가열할 경우, 단백질의 구조가 파괴된다.
예를 들어 달걀을 깨서 끓는 물에 넣을 경우, 이러한 일이 발생한다. 달걀 흰자가 어떻게 변화하는지 즉시 확인할 수 있을 것이다. 또한 양이나 염소 또는 다른 동물의 머리카락(단백질)이라 할 수 있는 울을 뜨거운 물에 삶거나 심지어 세탁기의 삶기 기능을 사용할 경우, 정말 문제가 된다.
열이 단백질의 구조를 파괴하므로 울 옷감이나 니트류 옷은 손상될 것이다.

울에 열을 가하면 줄어든다.

탄수화물

우리가 일상생활에서 흔히 볼 수 있는 설탕은 탄수화물이며, 포도당과 녹말도 여기에 속한다. 기본적으로 탄수화물은 탄소와 물 그리고 산소로 이뤄진다. 화학적으로는 탄소가 물 분자와 결합한 탄소의 '수화물'이 그 핵심을 이룬다.

- 가장 단순한 탄수화물은 **단당류**로, 포도당(글루코오스)이나 과당(프럭토오스) 등이 있다. 글루코오스는 세포 속에서 지속적으로 진행되는 생화학적 반응을 위한 에너지 공급 역할을 담당한다. 포도당은 녹말 같은 다당류의 중요한 구성 성분일 뿐 아니라 몇몇 아미노산을 만드는 출력 물질이기도 하다. 단당류인 리보오스나 디옥시리보오스는 핵산의 구성 성분이다. 또한 설탕 대체 물질인 자일리톨과 솔비톨도 단당류이며, 이것들은 당뇨병환자를 위한 감미료로 쓰인다.
- 2개의 단당류가 결합하여 **이당류**가 된다. 예를 들면 일반 가정에서 사용하는 설탕인 사카로오스는 글루코오스 분자와 프럭토오스 분자로 만들어진 이당류이고, 우유의 주 탄수화물인 젖당은 갈락토오스 분자와 포도당 분자로 구성된 이당류다.
- **다당류**는 여러 개 또는 다양한 당으로, 에너지의 저장소 역할을 한다. 동물성 전분인 글리코겐, 식물성 전분인 아밀로오스가 이 그룹에 속한다. 다당류는 식물의 섬유소(셀룰로오스)처럼 구조 성분으로 이용되기도 한다. 모든 다당류는 서로 결합한 글루코오스 분자로 이뤄지며, 결합의 종류만 다르다.

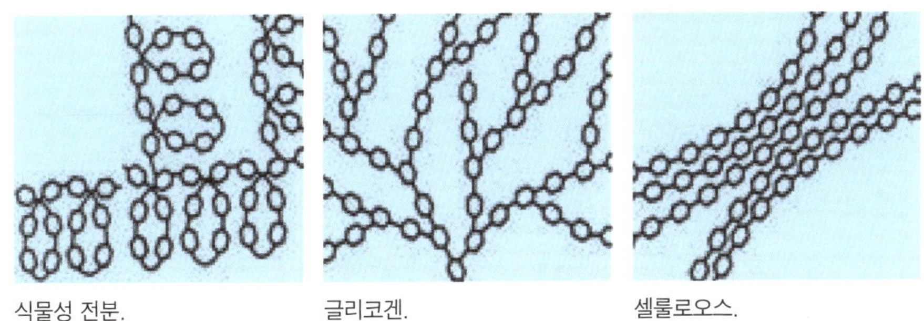

식물성 전분.

글리코겐.

셀룰로오스.

키틴(키토산)은 분자에 아세트아마이드가 붙어 있는 변형된 글루코오스로, 섬유소와 함께 가장 흔한 다당류다. 키틴은 곤충의 딱딱한 외골격, 곰팡이의 세포벽, 달팽이의 특징적인 줄 모양이 있는 혀(치설)에서 발견된다.

대체 혈당이란?

여러분은 아마도 '혈당'이라는 말을 자주 들었을 것이다. 그런데 혈당은 수치에 지나지 않는다. 쉽게 말하면 혈액 속에 있는 글루코오스의 농도다. 따라서 세포 속에 존재하는 글루코오스 분자와는 대조적이다.

정상적인 혈당치는 식후 약 6시간이 지난 공복 시에는 60~100mg/dl, 식후 2시간이 지나면 약 120~140mg/dl에 이른다. 만약 이와 상관없이 계속해서 이 수치를 초과한다면 당뇨병diabetes mellitus에 걸렸을 수 있다.

혈당 측정.

혈당의 농도를 이 좁은 한계치에 머무르도록 신경을 쓰는 물질이 인슐린 호르몬이다. 그런데 인슐린은 단백질이다(자세한 사항은 7장 참조).

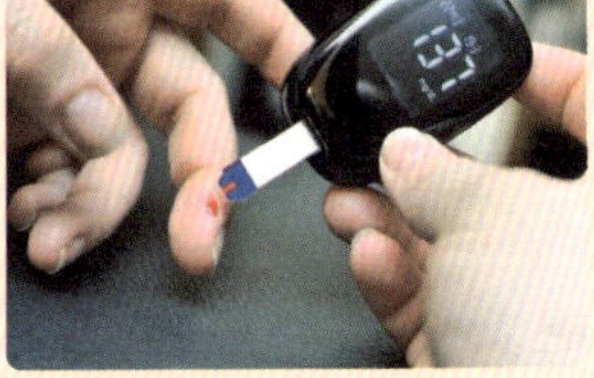

지질

흔히 지방이라고 일컬어지는 지질은 탄수화물이나 단백질과는 대조적으로 화학적으로 다양한 집단이다. 모든 지질을 하나로 묶어주는 특성은 물에 용해되지 않는다는 것이다. 즉, 지질은 **소수성**을 가진다(반대말은 친수성으로, 물에 친화적이라는 뜻이다). 하지만 다른 지질에서는 잘 용해된다. 즉, **친유성**을 가진다(반대말은 소유성으로, 지방과 융화되지 않는다는 뜻이다).

지질의 화학적 구조는 아래와 같이 구분할 수 있다.

- 예를 들어 **중성지방**은 지방조직 내에서 에너지의 저장 역할을 한다. 글리세린 한 분자와 지방산 세 분자가 합쳐진 화학적 결합체인 데서 '**트리글리세이드**'라고 일컬어진다. 지방산은 다시 한쪽 끝에는 산성 물질(카르복실기), 그 뒤에는 탄소 원소의 긴 사슬을 함유한다. 이 탄소들의 결합 형태가 지방산의 종류를 결정 한다.
  - **포화지방산**은 단순결합만 한다.
  - **단순 불포화지방산**은 이중결합을 한다.
  - **다중 불포화지방산**은 여러 개의 이중결합을 한다. 유동적인 지방이라고 할 수 있는 기름에서는 불포화지방산 차지 비율이 특히 높다.
  - **필수지방산**은 인간과 동물의 몸에서 자체 생산되지 않으므로 음식을 통해 섭취해야 한다. 예를 들면 리놀산이나 리놀렌산 같은 이중 또는 다중 불포화지방산이 중요하다.

- **인지질**(포스폴리피드)은 세포막의 중요한 구성 성분이다. 기본 형성 과정에 서는 트리글리세이드와 유사하지만, 지방산 분자만 2개 있고 세

번째 자리에 인산에스테르가 나타난다. 여기에 소수성과 친수성을 모두 가진 성질, 즉 양친매성을 부여한다. 그러면 지방산 분자를 함유한 꼬리는 소수성을 가지므로 지방 물질과 잘 융화하고, 반대로 인산에스테르는 친수성을 가져 물로 이뤄진 모든 물질과 조화를 이룬다.

알파 없는 오메가

여러분은 '오메가 지방산'이라는 용어를 알 것이다. 특히 오메가-3 지방산은 혈액 내 콜레스테롤과 트리글리세이드의 농도의 상승을 저지하고, 그 결과 동맥경화증을 저지한다. 이때 신체에 공급되는 필수지방산(위 참조)이 중요하다. 의학적으로 효과적인 것은 오메가-3 지방산의 분해물인데, 이것은 소위 오메가-6 지방산의 양이 지나치게 많지 않을 때에만 형성된다. 이는 두 물질 모두 동일한 신진대사 과정을 통해 분해되기 때문이다. 오메가-6가 너무 많으면 오메가-3는 분해되지 않고 그대로 남게 되어 긍정적인 효과를 발휘하지 못한다. 오메가는 지방산 내에서 첫 번째 이중결합 위치를 나타내고, 지방산의 탄소 원소로는 맨 마지막에 속한다. 그래서 '오메가'라 불린다.

지방 분자.

- **스테로이드**는 호르몬과 비타민, 담즙산 등의 기본구조를 형성한다. 우리에게 잘 알려진 콜레스테롤은 스테로이드에 속한다. 식물세계에서 볼 수 있는 스테로이드는 골무꽃에 속하는 디기탈리스^{digitalis purpurea}(심장풀) 같은 물질을 포함한다. 이것은 심장병에 효능이 높은 의학약품으로 사용되지만, 과다 복용할 경우 치명적인 독이 된다.

디기탈리스.

- **지질단백질**^{lipoprotein}은 지방 물질과 단백질로 구성되어 있고, 혈액 내에 있는 지방을 운반한다. 화학적 관점에서 볼 때, 지방은 물로 이뤄진 물질인 혈액에 용해되지 않는다. 그래서 지방은 물속에서 이동하기 하기 위해 물에 잘 용해되는 단백질 분자와 결합한다. **당지질**^{glycolipids}은 지질과 탄수화물이 합성된 것이다. 이 또한 세포막에서 발견되며 연골 조직의 기본 물질을 형성하기도 한다.

세포기관

세포 내의 무질서를 피하기 위해서는 질서가 확립되어야 한다. 더구나 모든 동물 세포, 식물 세포, 곰팡이 세포 같은 진핵세포들은 세포핵이나 세포질 등과 같은 다양한 구획으로 구별되어 있다. 이와 더불어 전체 유기체의 기관과 마찬가지로 각각 부여받은 특정 과제를 수행하는 '세포기관'이라는 특수한 구조를 형성하고 있다.

생물 시간에 사용하는 **광학현미경**을 이용하면 크기가 약 0.2㎛ 정도 되는 구조들을 식별할 수 있다. 즉, 세포와 세포핵, 미토콘드리아 같은 몇 개의 기관들을 관찰할 수 있다. 사용되는 광선의 파장 길이에 따라 현미경의 분해능이 제한되는데, 파장 길이가 짧을수록 분해능은 높아진다. 오랫동안 알려진 파장 길이의 한계점은 변하지 않을 것으로 여겨졌으나, 20세기 말 이후에 이뤄진 눈부신 기술적 발전으로 이 한계점은 내려갔다.

대부분 세포의 크기는 미세한 마이크로미터 영역에서는 육안으로 관찰되지 않는다. 더욱이 세포기관 하나하나의 구조는 구분할 수 없다. 따라서 세포학은 광학현미경이 최초로 발명된 16세기 말부터 17세기에 이르러서야 발전할 수 있었다. 그러다가 19세기 말에 에른스트 아베^Ernst Abbe(1840~1905)가 광학현미경을 통한 확대 가능성을 정의하는 물리적 광학 공식을 발견하면서 현미경 사용 시 범하는 '**시행착오**'에서 벗어날 수 있었다. 아베의 광학 공식은 물리적 분해한계와 그와 연관된 현미경의 분해도, 즉 서로 떨어져 있는 두 점을 분리하여 인지할 수 있는 조건으로 정의했다. 이로써 최초의 광학현미경용 대물렌즈를 신뢰할 수 있는 산업적 생산이 가능해졌다.

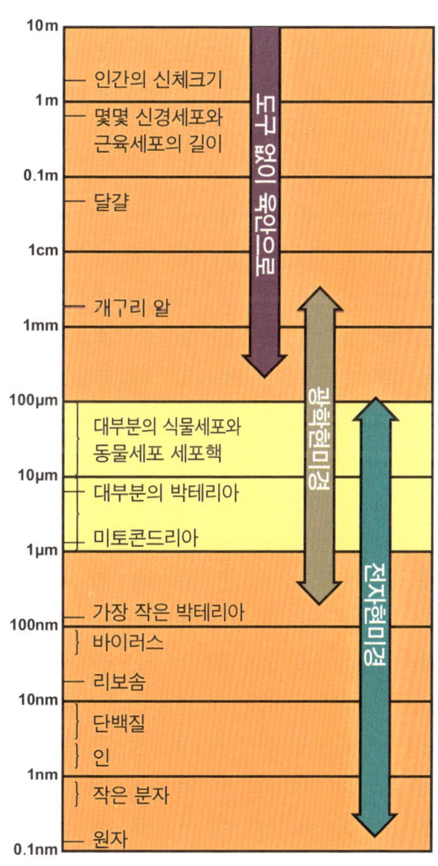

20세기에 발명된 전자현미경(1950년경 최초로 사용)으로 나노미터 영역의 구조들을 관찰할 수 있게 되었다. 전자현미경은 광선 대신 전자빔을 사용하여 물체를 관찰한다. 전자는 광학현미경에서 사용되는 가시광선에 비해 파장 길이가 확실히 짧기 때문에 분해능을 더욱 높일 수 있다. 그 때문에 전자현미경으로 리보솜이나 세포막의 구조 같은 기관들을 관찰할 수 있다. 단점은 살아 있는 유기체를 관찰할 수 없다는 것과 작업하는 장치를 준비하는 과정이 매우 복잡하고 비용도 많이 든다는 것이다. 주사전자현미경은 전자현미경의 특별한 형태로, 물체 표면의 형상을 관찰할 수 있다. 이때 한층 깊어진 피사계심도(초점심도)에 의해 3차원적인 영상이 생겨난다.

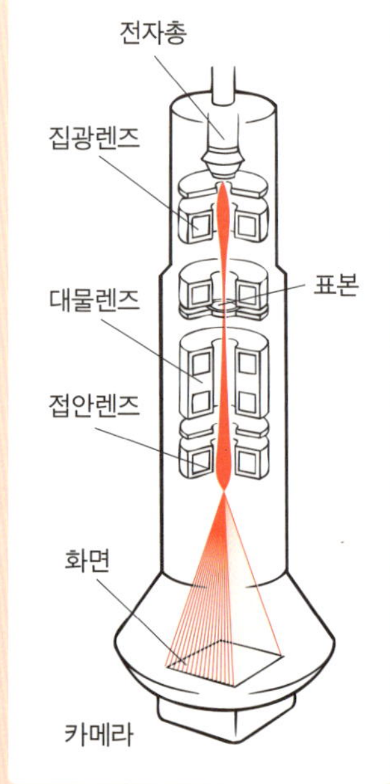

투과전자현미경.

작은 단위와 가장 작은 단위의 계산

흔히 혼동하는 단위와 자주 사용되는 단위는 아래와 같은 단위 환산표를 이용하면 좀 더 쉽게 이해할 수 있을 것이다.

1센티미터＝10밀리미터＝0.01미터＝10^{-2}m

1밀리미터＝1000마이크로미터＝0.001미터＝10^{-3}m

1마이크로미터＝1000나노미터＝백만분의 1미터＝10^{-6}m

1나노미터＝십억분의 1미터＝10^{-9}m

세포질

대부분의 세포는 세포질로 구성되어 있으며, 이는 찐득찐득한 사이토졸 ^{cytosol}과 세포에 형태를 부여하는 단단한 세포골격으로 만들어졌다. 세포질과 사이토졸은 정확하게 분리되어 있지 않기 때문에 이 두 용어는 흔히 동의어로 사용된다.

세포기관은 사이토졸 안에 삽입된 채 위치하며, 세포 신진대사의 많은 부분이 여기서 일어난다. 예를 들면 해당 과정을 통해 에너지가 만들어진다. 사이토졸은 대부분 물로 이뤄지며(60~90%), 그 안에 염, 단백질, 지질, 탄수화물이 용해되어 있다.

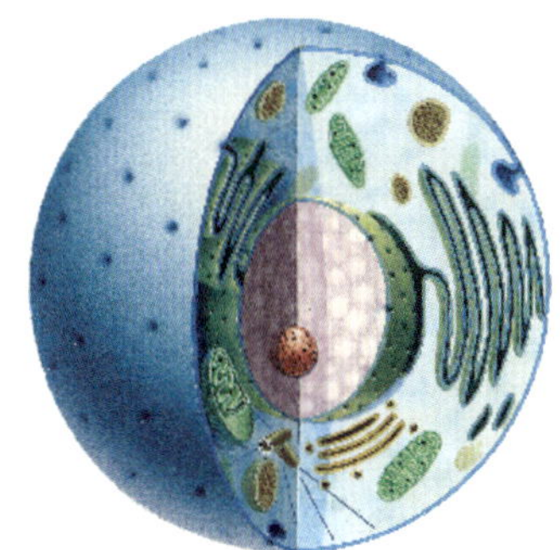

세포의 구조.

세포막

반투성의 세포막은 유동체인 사이토졸을 외부환경과 분리한다. 반투성이란 '반통과'라는 뜻으로, 특정 물질이 세포막을 통과할 수 있다는 말이다. 세포에서 외부세계나 다른 세포와의 접촉은 물질이 세포 내로 수용되거나 세포 밖으로 흘러나갈 수 있을 때에만 가능하다. 다른 한편으로 세포막은 외부세계로부터의 보호기능을 하여 세포 내부에 신진대사를 위한 필수적인 환경이 조성될 수 있게 한다. 이에 대한 예로는 물과 소금의 특정 농도를 유지하는 일을 들 수 있다.

다른 모든 생물학적인 막들과 마찬가지로 세포막은 찐득찐득하고 유동적인 이중 층의 인지질로 구성되어 있다. 그 위에 단백질이 쌓여 있거나 그 안에 축적되어 있다. 이때 단백질이 통로 및 펌프 역할을 함으로써 이온은 세포막을 통과할 수 있다(더 자세한 사항은 '세포 신진대사' 편 참조). 인지질층의 중요한 특성은 인지질이 소수성이라는 것인데, 그 말은 다음과 같은 의미를 갖고 있다.

- 친수성 성질을 가진 인지질의 머리는 세포막의 외부와 내부의 경계에 놓여 있다. 이것은 물로 이뤄진 세포 내부 그리고 다세포 유기체 세포들을 감싸고 있는 물로 이뤄진 액체 또는 단세포 유기체가 살고 있는 환경의 물과 교류한다.
- 이와는 반대로 소수성인 두 인지질의 꼬리는 세포막의 내부에 위치하며 같은 소수성의 물질끼리만 교류한다.

다음의 고전적인 세포막 구조모형은 1972년에 싱어[S. J. Singer]와 니컬슨[G. L. Nicolson]에 의해 고안되어 지금까지 사용되고 있다.

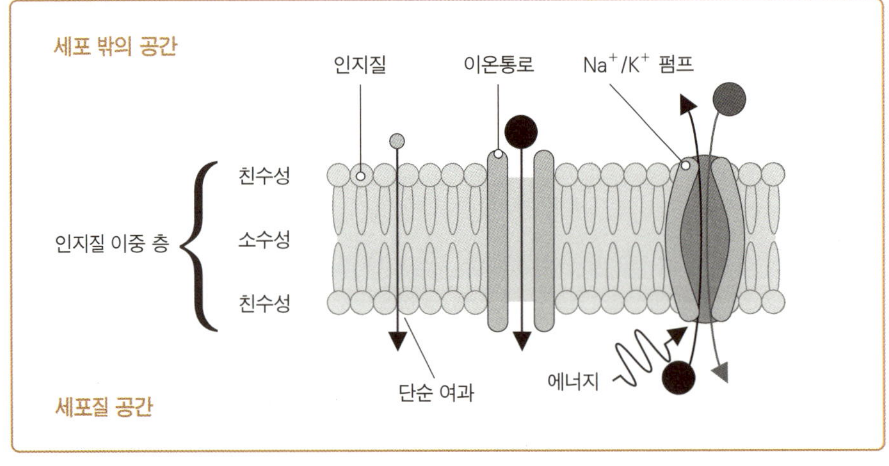

세포막의 구조.

세포막은 세포의 바깥쪽을 둘러싸고 있을 뿐만 아니라 미토콘드리아나 세포핵 같은 세포소기관을 세포질에 떠 있게 한다. 이로 인해 각기 다른 요구 사항을 가진 다양한 신진대사 과정이 주어진 환경에 따라 각 기관에서 동시에 진행될 수 있다. 세포핵 내에서의 유전인자 해독, 에너지 공급을 위한 미토콘드리아 내에서의 호흡 과정 등이 그 예다.

리보솜 - 소포체

리보솜에서 단백질이 생성된다. t−RNA의 도움으로 공급된 아미노산은 펩티드결합을 통해 완전한 단백질로 합성된다. 리보솜은 대부분 r−RNA와 단백질로 구성되며 두 단위체, 즉 대단위체와 소단위체로 구성된다. 아미노산에 의해 단백질이 합성되는 단백질 생합성 시 이 두 가지 단위체가 상호작용해야 한다(5장 참조).

리보솜은 세포질에 위치하면서 세포가 필요로 하는 단백질을 결합하는 일을 하는데, 이 경우 리보솜의 집합체를 '**폴리솜**^{polysome}' 이라 한다. 또한 리보솜은 소포체 표면에 위치한다. 소포체란 세포막에서 나오는 여과 시스템으로, 전체 세포질이 통과한다. 여기서

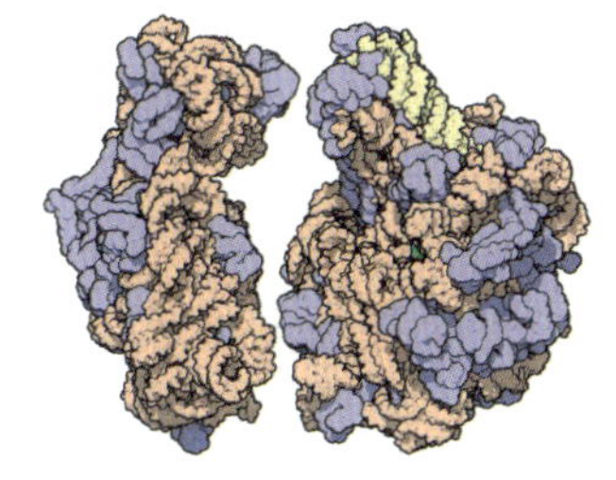

리보솜의 두 단위체.

단백질이 생성되면 다른 세포나 기관들로 운반된다. 췌장세포는 소포체에서 단백질 호르몬인 인슐린을 생산하는데, 이곳에서 생산된 인슐린은 이어서 근육과 간 그리고 다른 신체 세포로 옮겨간다. 이곳에서 인슐린은 혈액에 있는 글루코오스를 흡수하여 세포들에 전달한다. 리보솜을 보유한 소포

체를 **조면소포체**라고 하는데, 이 이름은 전자현미경으로 관찰할 때 리보솜으로 인해 소포체의 표면이 울퉁불퉁하게 보이는 데서 유래한다.

이와 반대로 표면이 매끈한 **활면소포체**는 리보솜이 없는 소포체로, 세포 내에 '교통망'을 만들어 물질을 운반하는 역할을 담당한다.

근소포체는 특정화된 소포체의 일종으로 세포근육에 존재하며 근육수축 과정에 필수적인 칼슘이온을 저장한다(211페이지 참조).

미토콘드리아

미토콘드리아는 세포의 **발전소**로 일컬어지는데, 이는 아주 정확한 표현이다. 왜냐하면 이곳에서 에너지가 생성되기 때문이다. 글루코오스가 분해되면 세포는 그 기능을 다 발휘하기 위해 필요로 하는 에너지를 방출한다. 가령 근육세포에서의 근육수축을 예로 들 수 있다. 이것은 두 단계에 걸쳐 발생하는데, 우선 **구연산회로**가 진행되고, **전자전달 과정** 또는 산화적 인산화가 이어진다(좀 더 자세한 사항은 '세포 신진대사' 편 참조).

미토콘드리아는 바깥막을 형성함으로써 세포질과는 이중 막으로 둘러싸인다. 이 바깥막을 지나 미토콘드리아 내부에까지 물질을 운반하기 위해서는 반드시 에너지가 있어야 한다. 구연산회로에 공급되는 효소는 미토콘드리아 내부에서 만들어지고, 전자전달계를 위한 효소는 미토콘드리아 내막에 존재한다.

그 밖에도 미토콘드리아는 세포핵과 무관하게 미토콘드리아 DNA 또는 **mDNA**라는 링 모양의 DNA와 리보솜을 몇 개 소유한다. 따라서 세포질로부터 매번 필요한 구성 성분들이 공급되지 않아도 미토콘드리아 내에서도 자체적으로 단백질이 생성된다. 또한 세포분열과 무관하게 미토콘드리아가 번식될 수 있다. 포유동물의 경우 mDNA는 어미, 즉 난자세포를 통해서만 유전된다. 왜냐하면 정자세포의 미토콘드리아는 수정 시 난자세포와 융합하지 않는 꼬리에 존재하기 때문이다.

공생이론

미토콘드리아의 발생과 관련하여 세포 내로 융화하는 원핵세포가 핵심이라는 의견이 지배적이다. 백만 년에 걸친 진화 과정에서 이 세포들은 그 고유한 특성을 상실하였다. 이 세포들의 유래는 mDNA에서 찾아볼 수 있는데, 링 모양 구조가 오늘날의 박테리아 DNA와 유사하다. 리보솜에서도 그 유래를 찾아볼 수 있는데, 미토콘드리아 리보솜의 두 단위체는 박테리아세포의 리보솜과 일치하나, 세포질의 리보솜과는 일치하지 않는다.

'CSI'식 수사

여성의 경우 mDNA는 그 어머니의 것과 100% 일치한다. 핵 DNA의 경우는 50% 일치한다. 이 같은 세대 간의 유전은 법의학에서 신원불명자의 신원을 확인하는 데 이용된다.

이때 mDNA의 링 모양은 시간이 흘러도 파괴되거나 소멸하는 일이 거의 없기 때문에 매우 효과적이다. mDNA는 뼈에서도 발견될 뿐 아니라, 세포핵이 없는 손톱 세포에도 존재한다.

세포핵

공 모양의 세포핵은 말하자면 세포의 지휘사령부다. 세포핵은 **염색체**를 구성하는 DNA가 유전자 정보를 담고 있고, 구조상 바깥쪽의 세포막과 일치하는 핵막이 세포질과 분리한다. 핵 내부에 위치한 세포질을 '핵질^{karyoplasm}'이라고 한다(karyon은 그리스어로 '핵'이라는 뜻이다). 핵은 핵공(핵막에 있는 기공)에 의해 세포질과 연결되고, 이로 인해 세포질과 핵 사이에 통제된 분자교환이 가능해진다. 핵막은 뇌 소포체의 세포막구조와 직접 결합한다.

핵이 분열(5장 참조)되는 동안 핵막이 없어짐으로써 염색체와 그에 따른 유전 물질이 딸세포로 균등하게 분배된다. 분열이 종료되면 핵막은 새로 형성된다.

그 밖에도 핵은 **인**(핵소체)을 함유한다. 동물의 경우에는 1개, 식물의 경우에는 여러 개의 인을 함유하는데 인은 리보솜 결합에 필수적이고, 핵분열 시 필요한 정보가 호출되면 분해되었다가 이어서 새롭게 형성된다.

세포골격

세포골격은 다양한 단백질로 구성된 섬유그물로, 전체 세포 내부를 통과한다. 기능이 뼈와 유사한 데서 이름도 그와 비슷하지만, 딱딱한 뼈에 비하면 탄력적이고 유동적이다. 세포골격은 세포와 세포막을 고정하고, 세포 내부에서 물질이 운반되는 것과 같이 세포들의 활발한 운동을 가능케 한다. 세포골격은 다음과 같은 요소로 구성된다.

- **미세섬유**(안티필라멘트라고도 함) : 세포의 외형을 고정하며 세포막 아래 층에 존재한다. 위족이나 미세융모에서처럼 세포막이 형성되거나 확대될 때 발견된다.
- **미세소관** : 섬모와 마찬가지로 운동 과정에 중요하다. 또한 세포분열 시 중요한 역할을 담당한다(15장 참조).
- **중간섬유** : 세포 내부의 역학적인 형태 유지에 기여한다.

골지체

딕티오솜^{dictyosome}이라고도 하는 골지체는 겹겹이 포개어진 4~5개의 빈 주머니 또는 빈 통으로 구성되어 있으며, 생체막으로 이뤄진다. 이것이 세포막을 거쳐 곧바로 리보솜으로 이어지며, 주머니에는 일련의 소포가 달려 있다. 이것

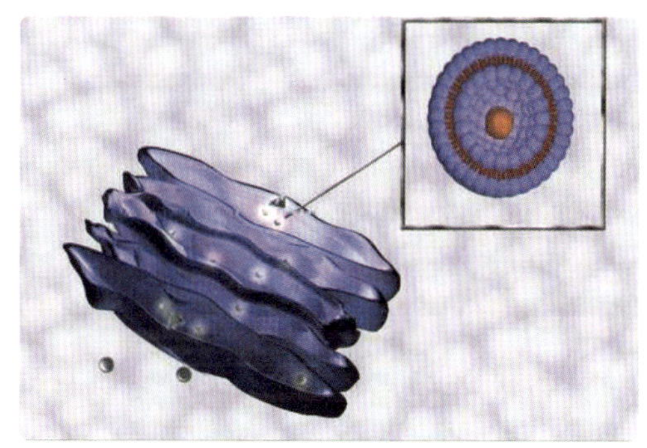

골지체.

은 골기소낭이라고 하는 것으로 리보솜에서 형성되는 단백질을 포장하여 운반한다. 이 소낭에 단백질이 채워지면 세포막으로 즉시 이동, 세포막과 함께 융합되어 **세포외유출**^{exocytosis}을 이용해 단백질을 외부로 방출한다('세포 신진대사' 편 참조). 골지체는 식물 세포의 경우 대부분 전체 세포들에 골고루 분배되어 있고, 동물의 경우는 주로 세포핵 근처에 존재한다.

다음 도표를 보면 세포 내 크기 관계를 어느 정도 상상할 수 있을 것이다.

기관	평균 크기
세포막	두께: 8nm
리보솜	지름: 15nm
미토콘드리아	길이: 몇 마이크로미터, 넓이: $1\mu m$ 미만
세포핵	포유류의 경우 신진대사활동과 무관하게 $5{\sim}15\mu m$

리소솜

동물의 세포에서만 발견되며 일련의 효소를 함유하고 있어 리소솜은 어떤 의미에서 보면 세포의 **소화기관**이라 할 수 있다. 이 효소를 이용하여 거대 분자를 분해한다. 탄수화물이나 아미노산 같은 리소솜 소화작용의 결과물은 세포질에 보내져 다시 이용된다.

필요한 효소(대부분 가수분해효소)로 구성된 소낭은 골지체 끝에 매달려 있는데, 여기서 리소솜이 생성된다.

세포기관이 손상되어 노화되면 리소솜은 쓰레기 방출기의 역할을 한다. 움직이는 생체막과 함께 손상된 부분을 감싸고, 효소를 이용하여 그 부분을 작은 분자로 분해한다. 이 분자는 방출되어 다시 사용됨으로써 완벽한 재활용이 된다.

식물 세포의 특수성

식물 세포는 이미 언급된 기관 외에도 식물 세포로 특징지을 수 있는 구조를 갖고 있다.

색소체는 다양한 형태로 존재하는데, 모든 색소체의 공통점은 미토콘드리아처럼 독립적으로 DNA와 리보솜을 소유한다는 것이다.

- **엽록체**는 식물의 초록색소인 엽록소를 함유하여 광합성 작용을 일으킨다. 이때 물과 이산화탄소에서 글루코오스와 산소가 만들어진다('세포 신진대사' 편 참조). 이와 관련하여 엽록체는 미토콘드리아와 대립한다고 생각하는데, 엽록체는 화학에너지를 형성하는 반면 미토콘드리아는 그

것을 분해하기 때문이다.

- 보통 염색체는 이중 막으로 둘러싸여 있는데 내부에 유동적인 기질이 존재한다. 엽록소를 함유하고 광합성 작용을 위한 필수 효소는 서로 연결된 층상구조인 틸라코이드^{thylakoid}에 존재한다.

- 엽록체는 빛에 노출되는 식물조직, 즉 잎과 줄기에 나타난다. 대신 감자 같은 식물의 뿌리에는 황백화색소체^{etioplast}가 존재하는데, 이때 엽록소는 분해되거나 전혀 형성되지 않는다. 그러나 이 황백화색소체에 빛을 쬐면 역시 엽록소를 형성한다.

- **유색체**^{chromoplast}는 광합성을 하지 않는 색소체다. 그 대신 노란빛 또는 주황빛을 띠는 카로티노이드나 붉은빛을 띠는 루테인 같은 색소를 가지고 있다. 소위 부차적 식물화학물질이라고 일컬어지며, 꽃잎이나 열매에도 존재한다.

- **백색체**^{leukoplasts}는 특정 색소체들을 저장하고 있으며, 저장소 역할을 하는 세포 안에 존재한다. 이때 녹말체^{amyloplasts}는 탄수화물, 단백질색소체^{proteinoplasts}는 단백질, 지방색소체^{elaioplasts}는 지방을 함유한다.

다양한 색소체 유형.

세포벽은 동물 세포와 대조적으로 식물 세포의 또 다른 특징이다. 세포벽은 세포막을 바깥에서 감싸고 있고, 식물 세포의 형태를 유지하는 딱딱한 보호골격이다. 세포벽은 단백질과 기타 다당류(폴리사카라이드)로 형성되어 있으며, 여러 층에 삽입된 다당류인 셀룰로오스로 구성된다. 나무는 원래 두껍고 단단한 세포벽에 지나지 않는다.

부차적 식물화학물질

부차적 식물색소가 또 다른 의미에서 대세를 이루고 있다. 몇 년 전까지만 해도 심근경색이나 당뇨병, 암 같은 성인병을 예방하는 건강한 식생활이 화제가 될 때면 언제나 비타민과 미네랄 물질이 '선두주자'였다. 그러나 지금은 생체에 작용하는 물질로 알려진 부차적 식물색소가 이 역할을 승계했다. 이름에서 알 수 있듯이 탄수화물, 단백질, 지방과는 달리 이것은 영양소의 특징을 가지고 있지 않은 식물의 함유 물질로, 건강에 긍정적인 영향을 끼치는 약리적인 효과가 밝혀지고 있다.

현재는 3만 종 이상의 생물작용물질이 알려져 있지만 전문가들은 이보다 훨씬 많을 것으로 추정하며, 그 수가 10만에 이를 수 있다고도 주장한다. 주물질은 카로티노이드, 플라보노이드, 피토스테롤, 폴리페놀, 사포닌, 파이토에스테르젠, 황화물^{sulfide}, 테르펜 등이다.

생체에 작용하는 물질은 많은 학문적 연구를 통해 실제로 암과 심장질환에 확실한 효과가 있다고 밝혀지고 있다. 콩에 풍부하게 함유된 파이토에스테르젠은 유방암이나 성호르몬과 관련하여 발전·성장하는 그 밖의 암 종류를 예방하는 역할을 한다고 알려져 있다. 카로티노이드는 전립선암이나 피부암에 걸릴 위험을 어느 정도 저하시켜주며, 마늘이나 양파에 들어있는 황화물은 다양한 질병을 유발하는 박테리아 같은 미생물에 역작용함으로써 면역체계를 보조한다.

또한 카로티노이드 같은 생물작용물질은 당근에 함유된 비타민(특히 비타민 A)을 영양보조물로 제조해 복용하는 것보다 생으로 섭취하는 것이 건강에 왜 더 좋은지에 대한 근거를 마련한다. 또 셀룰로오스로 이뤄진 당근은 매일 음식을 섭취하는 데 필수적인 식이섬유를 다량 함유하고 있다.

세포 내에서의/세포로의 운반 과정

　외부에 있는 생체막이나 세포막, 내부에 있는 미토콘드리아 막은 내부 환경과 외부 환경을 경계 짓는다. 말하자면 이 경계는 세포와 세포기관이 밖으로 '유출'되는 것을 저지하고, 다른 한편으로는 미토콘드리아, 세포질, 세포핵과 더불어 세포 내부 간 또는 외부 간의 소통과 물질교환을 가능케 한다. 이런 용도로 소통을 보장하는 다양한 운반체계가 존재한다.

융합

　융합 시 분자는 고농도의 장소에서 이와 연관된 분자들이 있는 저농도 장소로 이동한다. 이러한 이동은 전체 농도가 같아지고 완전한 혼합이 이뤄질 때까지 발생한다. 융합 과정의 기본은 에너지 소비가 필요하지 않은 브라운 운동Brownian motion(1827년 스코틀랜드의 식물학자 로버트 브라운이 발견한 현상으로, 액체나 기체 속에서 미소입자들이 불규칙하게 운동하는 것을 말함－역자 주)이다.

커피 잔 안에서의 융합.

삼투

융합 현상과 마찬가지로 삼투 현상에서도 농도의 균일화가 발생한다. 물
론 서로 다른 농도를 가진 두 장소 사이에 이동을 제한하는 반투성 막이 존
재한다. 생물학에서 좁은 의미의 삼투는 물 농도가 짙은 곳(물과 많이 섞인 용
액)에서 물 농도가 옅은 곳(용질 농도가 짙은 용액)으로 이동하는 물의 분배 현
상을 의미한다. 물이 막을 통과하여 나오고, 녹아 있는 물질은 일부 남아 있
다. 융합과 마찬가지로 삼투는 아주 작은 에너지만을 필요로 하는 수동적인
현상이다.

슈퍼마켓에서 경험하는 삼투압 현상

여러분은 아마도 슈퍼마켓에서 직원이 진열된 과일이나 채소에 물을 뿌리는 것을 보았을 것이다. 창문틀에 놓인 화분처럼 과일이나 채소에 물을 주는 것도 아닐 테고, 대체 왜 그러는 걸까?

삼투 현상이 답을 제공한다. 물을 뿌려주면 채소 잎 세포 외부의 물 농도는 내부보다 높아진다. 물은 세포벽과 반투성의 세포막을 통해 채소 잎의 세포 내부로 이동한다. 이로써 채소에 부피감이 더해져, 결과적으로 싱싱하게 보인다.

채소 코너.

여기서 몇 가지 중요한 용어를 설명한다.

- 용액의 **삼투압** 또는 삼투포텐셜$^{osmotic\ potential}$은 용액 안에 녹아 있는 부분 물질의 총수 단위다. 두 가지 용액의 삼투압 차이$^{osmotic\ gradient}$는 삼투가 일어나는 원동력이다.

- **삼투압 농도**는 녹아 있는 부분 물질의 농도를 의미하며, 리터당 몰^{Mol}로 표기한다.

- **동위원소** 안에서 삼투압은 동일하다. 일반적으로 인간생물학과 의학에서 동위원소는 혈관의 염도와 동일한 염도를 의미한다. 생리식염수가 그 좋은 예다. 저장성은 비교 용액보다 낮은 삼투압을, 고장성은 높은 삼투압을 의미한다.

활동적인 수송

　'활동적'이라는 단어가 말해주듯, 이것은 무엇인가 해야 한다는 뜻이다. 이 경우 이온이나 분자가 삼투압 차이에 반하여 움직인다. 즉, 농도가 얕은 곳에서 짙은 곳으로 이동한다. 생물학적인 융합의 원칙에 대립하기 때문에 이런 종류의 운반은 에너지가 필요하고, 이러한 운반을 전담하는 특정 단백질, 이른바 펌프에 의해 수행된다(이때는 활동적 작업이라는 용어가 어울린다). 예를 들면, 신경세포에 있는 세포막의 **나트륨-칼륨 펌프**를 들 수 있다. 이것은 나트륨이 세포 밖으로 나왔다가 다시 세포 안으로 들어가는 것을 돕는다.

세포외유출^{exocytosis} 현상 - 세포내유입^{endocytosis} 현상

　세포에서 나온 생산물은 소낭에 포장되어 있다가 엑소시토시스에서 유출된다. 이때 소낭 막의 인지질이 세포막의 인지질과 함께 녹으면서 소낭의 내용물이 밖으로 유출된다. 이런 방식으로 세포 내에서 생산된 물질이 밖으로 유출되고, 혈류와 함께 그것을 필요로 하는 장소에 도착한다. 세포내유입 현상은 이와 반대되는 과정을 말한다. 소낭과 함께 세포로 운반된 물질은 외부 환경의

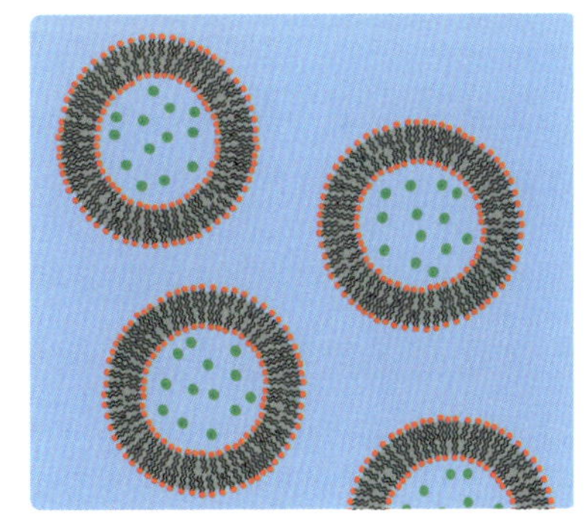

세포 단면도.

세포막과 함께 녹아 내부로 흡수된다.

세포 신진대사

전체 기관을 관찰하는 생리학과는 반대로 세포 신진대사는 세포 하나에서 발생하는 생화학적 반응을 말한다.

기본 개념

모든 각 세포의 신진대사는 다양한 과정으로 이뤄진다. 이들은 서로 교차하기도 하고, 동시에 발생하기도 하며, 서로 떨어져 이동하면서 주기적으로 진행된다. 생성물은 다시 다른 반응물로 전환된다.

세포 신진대사는 두 가지 형태로 구분된다.

분해적 신진대사 과정에서는 복잡한 분자가 분해되고, 이때 에너지가 방출된다. 고전적인 예로는 해당 과정(당분해 과정), 구연산회로 그리고 글루코오스를 물과 이산화탄소로 분해하는 전자전달 과정 등이 있다.

이와 반대로 **합성적 신진대사 과정**은 에너지를 사용하여 단순한 반응물에서 복잡한 생성물을 만들어내는 과정이다. 예를 들면, 광합성 시 햇빛(빛에너지)의 영향하에서 산소를 방출하면서 물과 이산화탄소에서 글루코오스가 만들어지는 과정이다.

신진대사작용은 대부분 에너지를 필요로 하기 때문에 일반 조건에서는 일어나지 않는다. 반응이 시작되기 전에 올라가야 하는 높은 계단으로 상상해 볼 수 있다. 이 계단은 너무 높아서 분자 혼자서는 끝까지 오를 수 없고, 반응을 위한 중개자나 촉매자의 도움이 필요하다. 특수화된 단백질인 효소가 세포의 신진대사 안에서 이러한 촉매 역할을 위임받는다. 효소는 살아 있는 세포의 조건에서도 신진대사반응이 일어날 수 있도록 그에 필요한 활성에 너지를 저하시킨다.

효소는 세포 신진대사의 촉매제, 즉 생체촉매다. 효소가 없다면 세포 내의 다양한 생화학적 반응은 전혀 일어나지 않고, 세포와 유기체는 죽게 된다. 효소는 특정 반응을 위해 필수적인 활성화 에너지를 저하하는 '반응중매 자' 역할을 한다. 효소 자체는 반응에 참여하지 않고 변함없이 머물러 있 다. 그러나 디음 반응에서 곤이어 다시 나타난다. 가히 탁월한 재활용(리사 이클링)이라 할 수 있다.

여기서 촉매의 기계적인 의미에 익숙해져 있을 여러분을 위해 촉매 효과 를 좀 더 자세히 설명하려고 한다. 촉매제는 휘발유나 가솔린으로 움직이 는 자동차 엔진에 작용하며 유해한 배기가스를 덜 유해하도록 정화한다. 만약 촉매제가 없다면 일산화탄소가 이산화탄소로, 탄화수소가 이산화탄 소와 수증기로, 질산화물이 질소로 전환되는 것은 불가능할 것이다. 이처 럼 촉매제의 작용으로 유해물질을 덜 함유한 배기가스가 배기관을 통해 배출된다. 자동차에서 이러한 촉매제는 주로 백금이나 팔라듐 같은 귀금 속으로 이뤄져 있다. 세포와 유기체에서는 이것을 '촉매효소'라 부르며, 단백질로 이뤄져 있다.

- 효소에 의해 화학반응을 일으키는 물질을 '기질'이라고 한다. 단백질 합성의 경우는 아미노산이 효소다.
- 활성중심은 기질과 결합하는 효소분자에 존재하는 부위다. 예정된 기질이 효소 분자에 이상적으로 접근하여 결합할 수 있도록 공간을 만들어준다. 마치 열쇠와 자물쇠의 원리와 비슷하다.
- 대개 효소의 활성장소의 특정기능은 정확하게 예정된 기질하고만 결합한다. 물론 실제로는 구조상 비슷한 다른 기질이 활성중심에 결합하여 화학반응이 일어나지 않는 경우가 종종 있다. "잘못된 열쇠는 자물쇠를 봉쇄한다." 이러한 경우를 '효소억제'라고 한다.
- 비가역 효소억제일 경우, 잘못된 열쇠는 자물쇠에 오랫동안 꽂혀 있고, 효소는 더 이상 투입되지 못한다. 예를 들면, 항생제인 페니실린은 불가항력적으로 필요한 효소를 차단하여 박테리아의 세포벽 형성을 억제한다. 그 결과, 박테리아는 더 이상 세포벽을 형성하지 못하고 죽는다. 페니실린의 효능을 이렇게 설명할 수 있다.
- 반대로 가역 효소억제는 '정확한' 기질의 농도를 상승시킴으로써 되돌릴 수 있다(경쟁 효소억제의 경우). 일반적으로 의학에서는 길항제를 이용하여 특정 신진대사 과정의 효소를 억제하여 원하지 않는 생성물을 저지함으로써 이러한 종류의 효소억제를 효과적으로 이용한다.
- 알로스테릭한 효소억제의 경우 억제제가 활성장소에서 생성되지 않고, 이른바 알로스테릭 중심에서 생성된다. 이 결합에 의해 활성중심의 공간적 구조는 기질이 더 이상 결합하지 못하게 변해버린다. 이런 종류의 효소억제는 억제제가 제거되면 사라진다.
- 세포 신진대사에서 알로스테릭한 효소억제는 최종산물의 억제 형태로 나타난다. 효소의 활성화가 효소에 촉진된 반응의 생성물에 의해 억제되는 것으로, 이는 중요한 규제 체제다. 최종산물이 충분하게 생성되면 결합반응이 중단된다. 그러다가 어느 정도 시간이 지나 생성물이 소비

되어 다시 부족해지면 억제가 멈춘다(억제제가 사라진다). 그러면 효소는 다시 활성화되고, 반응은 다시 일어나는 과정이 반복된다.

효소는 촉매반응의 종류에 따라 구분된다.

- 산화환원효소는 산화환원반응을 촉매한다.
- 전이효소는 분자그룹의 전이를 촉매한다. 예를 들면 아미노기 전이효소는 단백질 합성 시 아미노기의 전이를 촉매한다.
- 가수분해효소^{hydrolase}는 물을 사용하는 분자의 분해를 촉매한다.
- 분해효소^{lyase} 및 생성효소^{synthase}는 결합 또는 큰 분자, 예를 들면 DNA와 RNA의 분해 및 합성을 촉매한다.
- 이성질화효소^{isomerase}는 이성질체가 다른 것으로 전환되는 것을 촉매한다.
- 합성효소^{ligase}는 탄소–원소가 산소, 질소, 유황과 다른 탄소–원소와 결합하는 것을 돕는다.

광합성

광합성은 다음과 같이 수식으로 간략하게 요약할 수 있다.

$$6CO_2 + 6H_2O + \xrightarrow{\text{빛에너지}} C_6H_{12}O_6\text{(글루코오스)} + 6O_2$$

이것을 말로 설명하면 "이산화탄소 6개에 물 분자 6개를 더하면 빛의 영향하에서 글루코오스 한 분자와 산소 여섯 분자가 만들어진다"는 뜻이다.

광합성은 두 가지 과정으로 이뤄진다. 먼저 **명반응**이 일어난다. 빛에너지가 화학에너지로 전환되는 것이다. 이 화학에너지는 ATP(아데노신삼인산)와 NADPH(니코틴아미드 아데닌 디뉴클레오티드) 형태로 저장된다. **암반응**에서는 ATP와 NADPH를 사용하여 이산화탄소를 글루코오스로 합성한다.

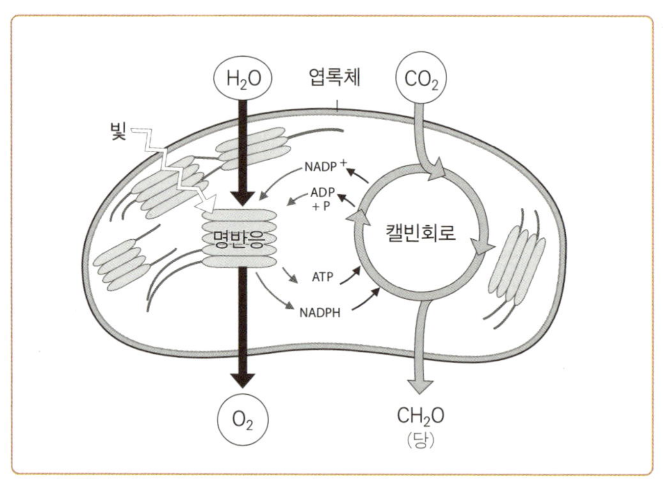

광합성에 대한 개요.

빛과 연관된 반응: 이때 엽록체에 있는 엽록소 분자가 빛에너지를 흡수한다. 빛에너지를 흡수한 엽록소는 잠시 에너지가 풍부해진다. 엽록소 분자가 원상태로 돌아오면 에너지가 다시 방출되고, 이 에너지는 ATP(이른바 광인산화) 생성 과정처럼 물을 수소와 산소, 전자로 분해하는 원동력이 된다. 전자는 여러 단계의 전자전달 순환 과정을 거치는데, 이때 물의 양성자와 결합하여 $NADP^+$가 $NADPH+H^+$로 전환된다. 여러 단계에 걸쳐 전자가 운반되면서 에너지가 발생하며, 이 에너지는 틸라코이드 ^{thylakoid} 내부에 있는 양성자를 운반하는 데 사용된다. 이로써 틸라코이드 내부에 엽록체가 있는 스트로마보다 훨씬 짙은 농도를 가진 양성자 농도 차이가 발생한다. 이로 인해 양성자는 다시 농도 차이에 맞춰 스트로마로 이동한다. 이때 양성자는

틸라코이드 막의 장벽을 넘어야 한다. 이것이 ATP 합성효소에 의해 만들어진 운반통로를 통과하면서 ADP와 무기인산에서 ATP가 생성되는 데 필요한 에너지가 만들어진다.

명반응의 방정식을 정리하면 다음과 같다.

$$12\,H_2O + 12NADP^+ + 18ADP + 18P \rightarrow 6O_2 + 12NADPH + 12H^+ + 18ATP$$

빛과 상관없는 반응: 빛에 의존하는 반응에서 생겨난 분자들, 즉 ATP와 $NADPH + H^+$(좀 더 정확하게는 $NADPH_2$이나 이해를 돕기 위해 이렇게 씀)는 이산화탄소로 형성된 글루코오스를 생성하는 데 이용된다. 이를 발견한 미국의 생화학자 **멜빈 캘빈**[(1911~1997)]의 이름을 따서 '캘빈회로'라고 한다. 이산화탄소는 5개의 탄소 원자를 소유한 당, 즉 리불로오스-1,5-비스포스페이트[ribulose-1,5-bisphosphate]로 전이된다. 이렇게 생성된 6개의 탄소 원자를 가진 분자들은 불안정하여 곧바로 각각 3개의 탄소 원자를 가진 두 분자로 분리된다. 이것은 ATP 인산화와 $NADPH + H^+$의 도움으로 글리세르알데이드-3-포스페이트(인산) 두 분자가 만들어진다. 여기에서 다시 아밀로오스[amylose]가 형성되고, 우선 틸라코이드에 저장된다. 다음 단계에서 아밀로오스는 이당류(사카로오스; 비정제설탕)로 분해되고, 식물의 '교통망'이라 할 수 있는 관다발계를 통해 식물 전체에 공급된다.

암반응의 방정식은 다음과 같이 정리할 수 있다.

$$6CO_2 + 12NADPH + 12H^+ + 18ATP \rightarrow$$
$$C_6H_{12}O_6 + 12NADP^+ + 6H_2O + 18ADP + 18P$$

분해 과정

음식물을 섭취함으로써 에너지가 흡수된다. 이때 세포를 위해 에너지가
사용될 수 있도록 하는 분해 과정이 필요하다. 이것은 연속해서 발생하는

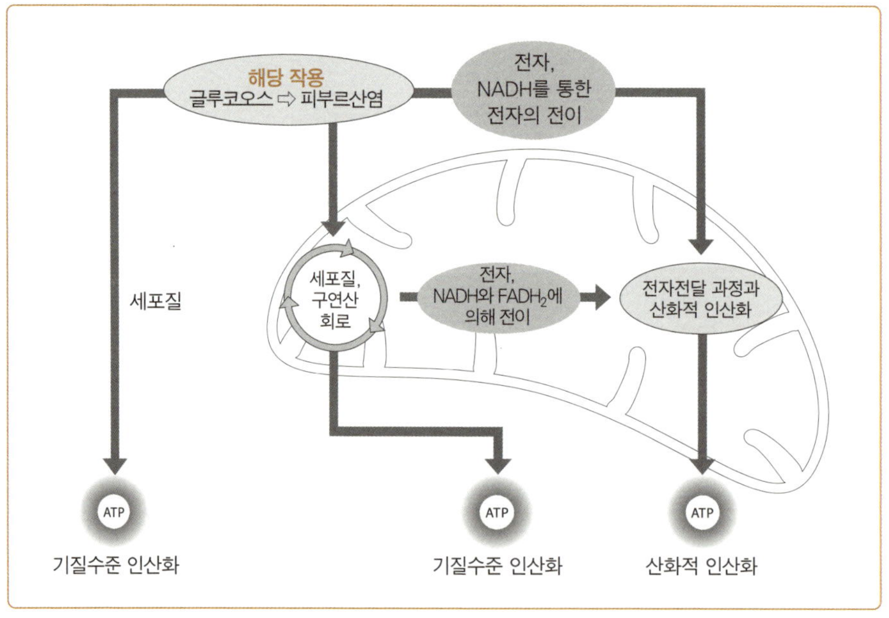

에너지 생성에 대한 개요.

일련의 과정에서 일어나는데, 해당 작용, 구연산회로 그리고 전자전달 과정
이 바로 그것이다.

해당 작용: 세포질에서 글루코오스가 피부르산염으로 분해된다. 6개의
탄소 분자로 형성된 당은 중간 단계를 거치면서 각각 3개의 탄소 원자를 가
진 2개의 분자로 쪼개진다. 이것이 연이어 산화되면서 방출된 전자가 NAD
에서 $NADH+H^+$가 합성되는 것을 돕는다. 이 밖에도 ADP 두 분자와 인산
두 분자가 결합하여 ATP 두 분자가 만들어진다.

해당 작용의 방정식은 다음과 같이 요약된다.

$$C_6H_{12}O_6 + 2NAD^+ + 2ADP + 2P \rightarrow 2C_3H_4O_3 + 2NADH + 2H^+ + 2ATP$$

구연산회로: 글루코오스에서 나온 피부르산염은 또 다른 분해작용이 계
속해서 일어나는 미토콘드리아에 이른다. 먼저 피부르산염은 CO_2의 방출과
NAD^+의 환원 과정 속에서 코엔자임A(조효소A)와 결합하는 아세틸기로 전
환된다. 이렇게 형성된 아세틸-조효소$^{acetyl-CoA}$[활성 식초산(활성 아세트산)
이라고도 함]가 구연산회로에 들어오고, 첫 단계로 옥살아세트산과 구연산
(시트르산)에 반응한다. 많은 중간 단계를 거치면서 구연산에서 수소(NAD^+
환원)와 CO_2 두 분자가 분리된다. 그 결과 옥살아세트산이 재생되고, 다시
처음부터 순환이 시작된다. 이 회로를 한 바퀴 돌 때마다 ATP 한 분자가 생
성된다.

전자전달 과정(호흡사슬): 해당 작용과 구연산회로를 통해 형성된 $NADH+H^+$
는 신진대사가 전자 수용체로서 그 역할을 다시 할 수 있도록 다음 단계에
서 다시 NAD^+로 환원된다. 그렇지 않으면 해당 작용과 구연산회로는 멈추

어버린다. 미토콘드리아와 그 내부 막에서 발생하는 산화의 종착역이자 전자의 전달체라고 할 수 있는 호흡사슬에서 이런 현상이 발생한다. 연속되는 네 단계의 산화환원 시스템을 거치면서 전자가 분자적 산소에 전이될 때까지 단계적으로 하나씩 전달된다. $NADH+H^+$의 양성자와 결합하여 하나의 물 분자(H_2O)를 형성하고 NAD^+를 환원시킨다. 전자가 전달되는 과정과 동시에 미토콘드리아 내부에서 나온 전자는 미토콘드리아 외막과 내막 사이에 있는 공간으로 운반된다. 이와 유사하게 광합성의 명반응에서도 양성자 농도 기울기가 발생한다. 이것은 세포막에서의 ATP 합성을 촉진하고, ADP와 인산결합을 통해 ATP가 생성되는 것을 가능케 한다.

산소가 부족할 경우, 호흡사슬은 진행되지 않으며 세포는 죽게 된다. 산소가 공급되지 않을 경우는 하나의 세포뿐만 아니라 인간이나 고등동물 같은 생명체는 살 수 없다.

연속적으로 발생하는 해당 작용과 구연산회로, 호흡사슬을 통해 글루코오스 한 분자에서 총 36개의 ATP 분자가 만들어진다.

생물 기관에서 호흡 시 폐를 통해 배출되는 **이산화탄소**는 세포 영역에서는 해당 작용과 구연산회로 과정을 통해 발생한다.

한 줌의 시안화칼륨

시안화수소산의 칼륨염으로, 일반적으로 '청산가리'라고 하는 시안화칼륨은 맹독이다. 맹독성을 띠는 이유는 호흡사슬에 있다.

시안 음이온(CN^-)은 보통 산소와 결합해야 할 호흡사슬효소(시토크롬-C-산화효소)와 동일한 장소에서 결합한다. 이 장소가 시안에 의해 차단되면 호흡사슬은 정지되어 죽는다. 결과는 산소가 결여될 때와 동일하다. 그래서 이것을 '내부 질식'이라고 한다.

독 조심!

특별한 경우의 지방산 분해: 에너지를 만들 때 글루코오스 같은 탄수화물만 사용되는 것이 아니라 지방과 트리글리세이드의 지방산도 사용된다. 먼저 트리글리세이드는 가수분해되고, 분자인 탄소 원소 3개와 결합한 글리세린은 해당 작용으로 계속 가공되면서 지방이 점차 분해된다. 그런 다음 탄소 원소의 각 이중 사슬이 분리(베타산화)되어 조효소와 결합하고 구연산 회로로 들어간다. 그러면 위에서 나열한 과정이 반복된다.

특별한 경우의 발효: 지금까지 설명한 모든 반응에는 산소가 필수적이다. 즉, 호기성 과정이 핵심이다. 산소가 없을 경우, 세포들은 산소 없이도 글루코오스를 부분적으로 분해할 수 있는데, 혐기성 반응이나 발효 과정이 이용된다. 이때 글루코오스는 해당 작용과 동일한 방법으로 분해된다. 물론 산화를 위한 산소가 없다면 급조된 $NADH+H^+$는 물을 만들기 위한 양성자를 내놓을 수 없다. 대신 양전자는 그로 인해 감소한 다른 물질로 이동한다.

- 젖산이 되는 피부르산염(젖산 발효) 또는

- 피부르산염에서 이산화탄소 분자가 떨어져 나오고, 생성된 아세트알데히드가 에틸알코올로 감소한다(알코올 발효).

발효는 물론 ATP 형태의 에너지 생성과 연관 지어볼 때, 산소를 이용하는 글루코오스 분해 과정보다 효과가 작다. 왜냐하면 호기성 해당 작용의 도움으로 글루코오스 한 분자당 ATP 두 분자가 만들어지고 연속적인 해당 작용, 구연산회로, 호흡사슬과 함께 36개의 글루코오스가 만들어지기 때문이다.

유용한 발효

버터밀크, 크박치즈 또는 케피어 요구르트 제조 등 다양한 음식산업에 젖산발효가 적용된다. 예를 들어 락토코쿠스나 락토바실루스 같은 젖산박테리아는 필요한 효소를 조달한다. 발효된 호밀 반죽 역시 젖산박테리아를 이용한 것이다. 이때 추진제 기능 외에도 젖산 자체로 훌륭한 맛을 내는 데도 일조하고, 이산화탄소의 생성으로 반죽을 부풀어 오르게 하기도 한다. 또한 초절임 양배추를 만들 때 생겨나는 젖산은 방부제 역할을 한다.

초절임 양배추.

이 밖에도 맥주나 와인을 제조할 때 알코올발효의 역할은 익히 알려져 있다. 맥주의 경우 효소가 추가로 첨가되고, 와인의 경우는 포도 껍질에 있는 누룩곰팡이가 필요한 효소를 조달한다.

운동상태를 결정하는 젖산

락테이트라는 젖산염은 신진대사 상태의 중요한 지표가 된다. 자전거 타기나 장거리 달리기 등 유산소운동을 하는 사람의 경우, 정기적으로 혈중 젖산 수치를 측정해야 한다. 이 수치가 이른바 호기성 운동을 할 때 어느 정도 운동을 할지, 운동 강도를 수정해야 할지 또는 높여야 할지를 확인시켜준다. 준비된 산소를 다 사용하면 근육은 글루코오스의 호기성 분해를 이용한다. 그러나 이것은 어느 정도 한계가 있어 축적된 락테이트는 혈중 pH 수치를 떨어뜨리고, 운동하던 사람은 피곤한 몸을 통해 자신의 비축물이 얼마 남지 않았음을 확인한다.

에너지 수확량을 볼 때 호기성 운동이 비호기성 운동에 비해 확실히 효과적이기 때문에 이러한 호기성 운동을 가능한 한 길게 연장하기 위해서 운동선수는 자신의 산소량을 최대로 높이려 한나. 이것은 정기적인 운동을 통해 폐활량을 높일 때 시도하며, 물론 산소공급량을 높여야 가능하다. 적혈구의 도움을 받아 산소는 폐에서 나와 활동하고 있는 근육으로

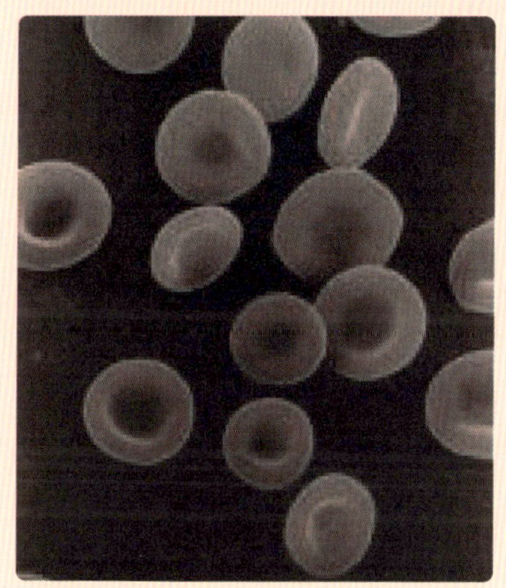

적혈구.

운반된다. 이런 맥락에서 고지 트레이닝을 살펴볼 수 있다. 약 2,000m 높이에서 공기 중 산소 함량(산소 부분압)은 떨어지고, 신체는 적응하기 위한 조치로 적혈구를 증가시킨다. 이로써 산소운반이 원활해질 수 있다(적혈구 트레이닝에 관한 사항은 7장 참조).

제 5 장

유전학

유전학의 한 분야는 유전 현상의 문제, 즉 "어떻게, 무엇이, 누구에게 유전되는가?" 하는 문제를 다룬다.

고전 유전학이 "아이의 머리카락은 누구에게서 유전된 것인가?" 하는 유전의 좀 더 가시적인 효과를 다루었다면 세포유전학은 염색체 영역에서 발생하는 유전적 현상을 연구하며, 분자유전학은 가시적 현상의 분자적 근거를 규명한다.

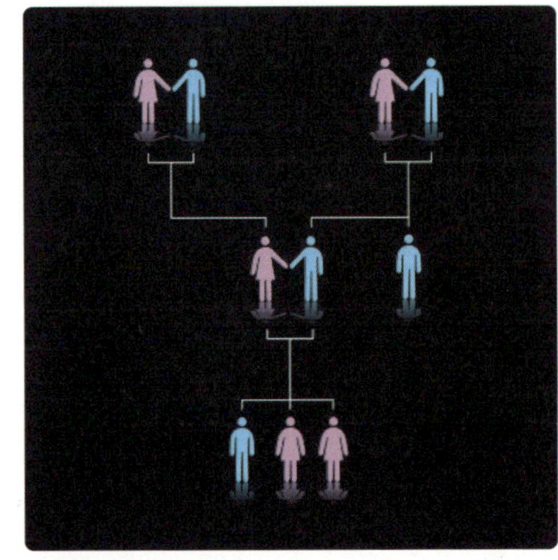

유전자 계보.

기본 개념

유감스럽게도 외국어처럼 생소한 유전학은 용어 없이는 이해가 불가능하므로 먼저 현대 유전학에서 사용하는 용어를 몇 개 설명하고자 한다. 이미 알고 있다면 다음 페이지로 건너뛰어도 좋다.

염색체는 섬유 모양의 구조로 되어 있고, 진핵세포의 경우 세포핵에 존재하며, DNA 형태에 유전자를 가지고 있다. 염색체라는 이름은 광학현미경 관찰에서 유래한 것으로 단어 그대로 번역하면 '염색된 몸' 정도 된다. 세포분열을 하는 동안 염색체는 특정 색소에 물든 굵고 짧은 젓가락 모양으로 식별된다. 염색체는 동원체에 의해 결합해 있고, 이중의 DNA를 함유한 2개의 염색분체로 이뤄져 있다. 한 종 안에서 염색체 수는 변하지 않는다. 인간의 경우 염색체 수는 체세포 안에서 46개, 생식세포 안에서는 23개에 이른다. 고등동물의 경우 '정상상태'에서 모든 염색체는 쌍으로 보이기 때문에 '이배성^{diploid}'이라고 한다. 염색체 수는 종의 발달 정도와는 상관이 없다. 집 닭은 78개, 고슴도치는 90개, 해초류는 심지어 148개의 염색체를 가진다.

성을 구분 짓는 염색체를 '성염색체'라 하고, 여성은 XX, 남성은 XY를 가지며, 그 밖의 염색체는 '상염색체'라고 부른다.

진핵생물의 염색체는 DNA가 히스톤 단백질 덩어리를 감싸고 있는 뉴클레오좀^{nucleosome} 구조들이 복잡한 크로마틴^{chromatin}(염색질)으로 이뤄져 있다.

유전자는 유전적 요소다. 초기 유전학에서는 형질이 유전을 담당하는 염색체의 한 부분으로 이해되었으나, 오늘날에는 DNA의 한 부분에 관한 것임이 밝혀졌다. 각 유전인자는 항상 동일 염색체의 특정 장소에 위치하는

데, 이를 '유전자 자리^{gene locus}'라고 한다.

대립유전자는 유전자의 형질발현을 말한다. 예를 들면 눈 색깔을 결정하는 유전자 자리를 위해 '갈색 눈'과 '파란 눈'의 두 대립유전자가 있다.

동형접합체란 부모에게서 받은 상동염색체 상에 있는 유전자 자리에 동일한 대립유전자가 놓여 있는 것을 말한다. 어떤 사람이 2개의 상동염색체에 각각 파란 눈의 대립유전자를 가지고 있으면 눈 색깔의 형질에 관해서 이 사람은 동형접합체다.

반대로 **이형접합체**란 상동염색체 상에 있는 유전자 자리에 서로 다른 형질의 대립유전자가 놓여 있는 것을 말한다. 위의 예로 비교하면, 한쪽 상동염색체에는 '파란 눈' 대립유전자를, 다른 쪽에는 '갈색 눈' 대립유전자를 가지고 있는 것이다. 따라서 이 사람은 눈 색깔을 특징짓는 데 있어 이형접합체다.

두 가지 서로 다른 유전자가 형질발현하여 한 가지 특징으로 나타날 수도 있다. 즉, **중간유전** 시 첫 세대의 후손에게는 유전자 형질이 혼합되어 발현된다는 것이다. 예를 들어 각각 하얀 꽃과 빨간 꽃을 피울 수 있는 식물 중 빨간 꽃을 피우는 식물을 하얀 꽃을 피우는 식물과 교잡하여 생겨난 후손은 중간유전으로 분홍빛의 꽃을 가진다.

유전의 또 다른 방식에는 **우성유전**과 **열성유전**이 있다. 이 유전 방식은 2개의 대립유전자 중 하나가 다른 것에 비해 우세하여 그 형질이 발현되는 것이다. 형질이 발현되지 못한 대립유전자는 '열성'이라 한다. 눈 색깔을 예로 들자면, 갈색 눈 대립유전자가 파란 눈 대립유전자를 억제한다. 따라서 한 염색체 상에 갈색 눈 대립유전자가 있고 상동염색체 상에는 파란 눈 대립유전자가 있는 사람은 갈색 눈을 갖게 된다. 열성 대립유전자인 파란 눈의 유전자가 상동염색체 2개 모두에 있을 경우에는 파란 눈을 가진다.

유전자형은 한 개인에게 존재하는 모든 유전정보의 총체다. 눈 색깔을 예로 들어보자. 어떤 사람이 파랑이라는 형질을 가진 대립유전자를 보유하고 거기에 속한 상동염색체에는 갈색이라는 형질을 가진 대립유전자를 보유하고 있다. 그러면 그의 유전자형은 파랑-갈색 정도가 될 것이다. 갈색 형질 발현에 두 대립유전자가 모두 있다면 그 유전자형은 갈색-갈색, 파랑 형질 발현에 두 대립유전자가 모두 있는 경우는 파랑-파랑일 것이다. 이 대립유전자의 경우 세 가지 유전자형이 존재한다.

표현형은 유전자형에 있는 유전정보가 어떻게 표현되는가 하는 것을 말한다. 예를 들면 갈색 대립유전자는 파랑 대립유전자에 비해 우성이다. 즉 갈색-갈색 또는 파랑-갈색 유전형 모두가 갈색 눈을 가질 수 있다. 이때 표현형은 갈색이다. 파랑-파랑 유전자형만 파란 눈으로 표현된다.

“마드무아젤, 당신이 멘델의 법칙을 공부했더라면…….” 벨기에의 전문 탐정 에르퀼 푸아로Hercule Poirot는 작은 회색 눈을 반짝이며 이렇게 입을 뗀다. 애거서 크리스티의 추리소설 《에르퀼 푸아로의 크리스마스》에서 푸아로의 유전학적인 지식이 살인자의 정체를 밝혀내어 사건을 해결하는 결정적인 단서를 제공한다. 푸아로는 파란 눈의 대립유전자가 열성이라는 사실에서 파란 눈을 가진 사람은 절대로 갈색 눈을 가진 자식을 가질 수 없다는 것을 알고 있었다. 이것으로 그는 범인은 가짜 손녀이며, 단지 유산 일부를 부당하게 손에 넣으려 했다는 사실을 밝혀낸다. 유전적 지식이 그 증거가 된 것이다.

범인의 흔적을 찾아서.

고전 유전학 - 멘델과 그의 동료

19세기 중엽 아우구스티누스회 수도사였던 그레고르 멘델이 브륀Brünn(오늘날 체코의 브르노)에 있는 자신의 수도원 정원에서 완두콩을 교배하려고 했을 때만 해도 그는 염색체에 대해서는 알지 못했다. 물론 유전자라는 개념에 대해서도 알지 못했다. 그러나 멘델은 유전 현상의 규칙성을 발견했으며, 그것을 기반

그레고르 멘델.

으로 20세기에 확인해본 결과 여전히 훌륭하게 들어맞는 가설을 세웠다. 그

가 발견한 멘델의 세 가지 법칙은 지금도 유효하다.

멘델 법칙의 발전

수년간 빈에 있는 대학에서 멘델은 자연과학적인 현상과 연구에 대한 자신의 호기심을 키워 나갔다. 이러한 그의 호기심과 동료 수도사의 식물재배에 대한 관심이 동기가 되어 유전 규칙을 발견하게 되는 실험을 시작한다.

우연이었는지 계획적으로 선택한 것인지는 모르겠으나 멘델이 정원의 완두콩을 연구 대상으로 선택한 것은 결국 잘한 일임이 밝혀졌다. 왜냐하면 완두콩은 다양한 변이를 제공하기 때문이다. 예를 들면, 보라색 꽃과 하얀색 꽃을 가지는 변이가 있다. 이때 꽃 색깔이라는

멘델의 연구 대상.

특징을 '형질'이라고 한다. 이 경우 형질의 변이는 보라 또는 하양이고, 이것이 **형질상태**다. 또 완두콩은 짧은 세대를 가지고 있으며, 세대마다 다양한 후손이 나온다. 따라서 상대적으로 짧은 기간에 많은 결과를 얻을 수 있다는 장점이 있다.

멘델은 하얀색 꽃을 피우는 완두콩의 꽃에 보라색 꽃을 피우는 완두콩의 꽃가루를 묻힌 다음 그 완두콩이 피우는 씨를 관찰했다. 그리고 부모 식물을 부모세대(P: Parental Generation), 파생된 식물을 자녀세대(F: Filial Generation)라고 표기했다. 이에 따라 F1은 첫 번째 자녀세대, F2는 두 번째 자녀세대다. 두 번째 자녀세대의 실험은 멘델이 두 번째와 세 번째 법칙을

세우는 것을 가능케 했으며, 만약 그가 F1 세대만 관찰했더라면 이 두 법칙
은 발견하지 못했을 것이다.

하나의 형질(꽃 색깔)로 구분되는 동형접합체인 2개의 개체(P 세대)를 서로
교배하면 첫 자녀세대(F1)에서 나오는 자녀는 관찰된 형질에 관한 한 균일
하다. 여기서 **균일 법칙**이 유래한다. 균일성은 부모의 성이 바뀌어도 변하
지 않는다(상호성). 따라서 F1 세대의 멘델의 완두콩은 모두 보라색이었다.

그렇다면 하얀색 꽃이 되는 원인은 사라진 것일까? 멘델은 계속해서 교배
했고, F2 세대에서 완두콩의 4분의 3은 여전히 보라색을 가지만 4분의 1
은 할아버지, 할머니라 고 할 수 있는 조부모의 한 부분이었던 하얀색 꽃을
피운다는 것을 발견했다. 이에 멘델은 다음과 같은 결론을 내린다.

이형접합체인 제1 자녀세대 2개의 개체를 서로 교배하여 생기는 F2 세대
의 자녀 형질은 균일하게 나타나지 않고 1 : 2 : 1의 비율로 나뉜다.

이러한 멘델의 두 번째 법칙은 유전자형으로 구분하면 1:2:1로 나타나지
만, 우성과 열성의 표현형으로 구분하면 그 비율은 3:1이 된다.

두 가지 서로 다른 형질 속에서 서로 구분되는 식물들을 교배하면서 멘델

은 자신의 세 번째 법칙을 발견한다.

노란색이나 초록색 씨를 가진 완두콩과 울퉁불퉁하거나 반질반질한 씨를 가진 완두콩이 있다. 노랗고 반질반질한 씨를 가진 식물을 울퉁불퉁한 초록색의 씨를 가진 다른 식물과 교배하면 F1 세대에서는 균일 법칙에 의해 노랗고 반질반질한 씨를 가진 식물만 나타난다. 이것들을 계속해서 교배하면 F2 세대에서는 노랗고 울퉁불퉁하거나 반질반질한 초록색 씨를 가진 식물들이 생겨난다. 여기서 다음과 같은 결론을 이끌어낼 수 있다.

> ### 멘델의 제3법칙: 독립의 법칙
>
> 1개 이상의 형질로 구분되는 동종의 두 개체를 교배하면 각각의 형질은 서로 독립적으로 유전된다.

멘델이 몰랐던 사실

멘델의 사망 이후 그의 발견은 잊혀졌다가 20세기 초 유전학자 카를 코렌스[Carl Correns(1864~1962)], 휘호 더프리스[Hugo de Vries(1848~1935)], 에리히 체르마크[Erich Tschermak(1871~1962)]에 의해 다시 발견된다. 멘델의 법칙에서 벗어나는 예외가 많기 때문에 법칙[law]이라는 호칭 대신 멘델의 규칙[rule]이라는 호칭을 붙인 사람은 코렌스다.

휘호 더프리스.

멘델은 자신의 실험에서 완두콩의 꽃 색과 씨의 상태라는 상대적으로 단순한 유전을 연구했다. 오늘날 밝혀졌듯이 이 모든 형질은 각각 하나의 유전자에 의해 결정되는 형질들이다. 이것을 **단일인자 유전**이라고 하며 씨 껍질의 경우는 해당하지 않는다. 이 경우 멘델의 실험에는 영향을 끼치지 않았던 2개의 유전인자가 있었는데 가장 중요한 일련의 예외들이나 멘델의 발견을 보충·발전시킨 예들을 소개한다.

카를 코렌스.

우성의 정도: 이미 앞에서 하나의 대립유전자가 다른 대립유전자에 비해 우성이면 열성유전자의 형질은 억압되는 반면 우성유전자의 형질은 완전히 발현될 수 있다는 것을 알았다. 이 경우, 그에 해당하는 유전자가 다른 유전자에 비해 완전한 우성이어야 한다. 그러나 일반적으로 자연에서는 **불완전한 우성**이 존재한다. 즉, 열성유전자의 형질은 우성의 형질에 비해 경미하지만 그래도 명백히 나타난다는 것이다. 예를 들어 하얀 금어초와 빨간 금어초를 교배하면 자녀인 제1 세대에서는 분홍빛의 꽃을 피우는 금어초가 나타난다. 이 후손들을 계속해서 서로 교배하면 빨간색의 유전적 특징이 사라진 것이 아님을 발견하게 된다. 즉, 다음 세대(F2 세대)에 빨간 꽃, 분홍 꽃, 하얀 꽃이 1:2:1의 비율로 핀다. 빨간 꽃을 피우는 색소의 능력은 이전과 같이 발휘되었으나, 하얀색의 대립유전자를 완전히 제압하지는 못했다. 빨간색과 하얀색의 대립유전자는 정확히 1:1의 비율로 나타났고, 고전적인 표현을 빌리자면 중간유전이 나타났다. 물론 요즘은 불완전한 우성이라는 표현을 쓴다.

공동우성에서는 서로 다른 2개의 대립유전자가 서로 상관없이 우성유전에 의해 독립적으로 표현형에 영향을 준다. 모든 대립유전자는 공동우성적 관계를 가진다. 그 예로 인간의 혈액형 유전, MN식 혈액형 유전, 다양한 효소 시스템의 유전을 들 수 있다. MN 시스템은 적혈구 표면의 당단백질 부류에 대한 내용을 담고 있다. 대립유전자 M과 N이 존재하고 한 사람이 이 두 유전자를 모두 가지고 있으면 이 사람은 형질 MN을 가진다. 그러나 이 형질은 금어초 꽃 색깔의 경우처럼 두 유전자의 혼합형태가 아니라, 적혈구 의 형질을 나타내는 하나의 고유한 특성이다. 유전적 프로파일링 시대 이전 에는 이 MN 시스템이 부계와 일반 친척 연구에서 중요한 부분이었다.

우성과 표현형의 상호관계: 유전학의 분자적 기반을 깊게 연구하면 할수록 우성과 열성, 공동우성 등 이들 간의 경계가 더욱 모호해진 다. 예를 들면 멜라닌 색소 생합성의 경우 이 색소를 만들지 못하는 개체들이 있다. 이른바 알비노들이 다. 이 특수한 경우는 인간에게만 있는 것이 아니라 동물세계에도 퍼져 있다. 설치류, 새, 수륙양용 동물, 심지어 물고기에서도 발견된다(잘 알려진 '하얀 쥐').

하얀 쥐.

  알비노증의 분자적 기반을 관찰하면 티로신 아미노 산의 배열에서 멜라닌 색소를 형성하는 효소 중 하나가 빠진 것이 발견된 다. 효소 하나의 부재가 신진대사 과정에 작용하는 많은 효소를 대표하여 그 특징을 나타내는 것이다. '멜라닌 색소의 부재'라는 특성이 부모에게서 유전되면 이에 해당하는 개체는 알비노다. 그러나 한쪽 부모에 의해 멜라닌 합성을 위한 유전자가 정확히 유전되면, 일반적으로 이러한 인간 또는 쥐나 새는 더 이상 색으로는 구분되지 않는다. 즉, 표현형은 정상 색이고 이 유전 자는 열성인 것처럼 보인다. 그러나 생화학적인 방법으로 이와 관련된 효소 의 활동을 관찰하면 양쪽 부모에게서 정상적인 멜라닌 색소의 합성을 위한 효소를 물려받은 개체와 비교했을 때 효소의 활동이 약화되었음을 발견할 수 있다. 즉, 이 경우 열성유전은 중간유전(불완전한 우성)이 된 것이다.

복수 대립유전자란 한 유전자 장소에 2개 이상의 대립유전자가 존재하는 것을 말한다. 꽃의 색처럼 빨간색 또는 흰색이 아니라 노란색이 추가된다. 복수 대립유전자의 대표적인 예는 인간의 **ABO – 혈액형 시스템**이다. 이 경우 '혈액형 형질'이라는 유전자 장소에 대립유전자 iA, iB, iO가 있다. iA는 적혈구 상에 항원 A, iB는 항원 B를 만들고, iO는 아무런 항원도 만들지 않는다. 이때 iA와 iB는 공동우성으로 유전되고, iO는 이 둘에 비해 열성이다. 그 결과 AO와 AA, BO와 BB, AB와 OO의 혈액형 – 유전자 타입이 생겨나고 여기서 기인하는 표현형이 A, B, AB, O다.

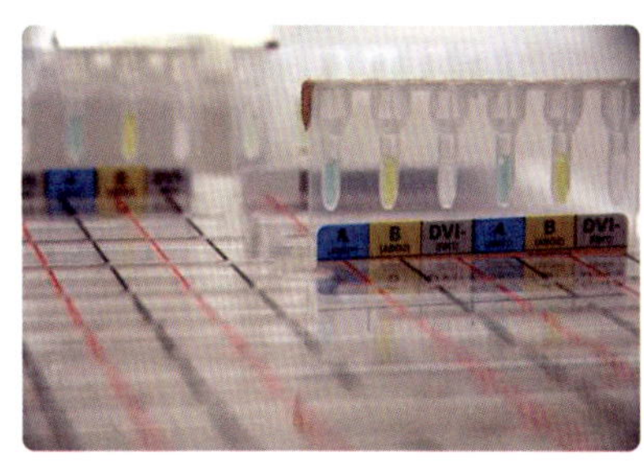

ABO 시스템.

MN 시스템처럼 혈액형 시스템도 흔히 친자 결정에 사용되었는데, 요즘은 진단에도 사용된다. 혈액형이 O형인 아이는 한쪽 혈액형이 AB형인 부모에게서 생겨날 수 없고, 혈액형이 B형인 아이는 부모 한쪽이 O형일 경우 생겨날 수 없다.

다음 표는 부모에게서 대립유전자를 물려받은 아이가 어떤 유전자 타입의 혈액형을 가지는지 보여준다.

	아버지 A	아버지 B	아버지 O
어머니 A	AA	AB	AO
어머니 B	AB	BB	BO
어머니 O	AO	BO	OO

다형질 발현: 특정 대립유전자가 형질 A뿐만 아니라 형질 B를 가진다. 또는 일반적으로 여러 개의 형질을 가진다고 할 수 있다. 이를 다형질 발현 또는 다형질의 대립유전자라고 한다. 멘델의 완두콩에서 꽃의 색을 결정했던 대립유전자는 완두콩의 표피 색도 결정한다. 대체로 다형질 발현은 예외적인 규칙이며, 다형질 대립유전자 또한 인간의 여러 질병의 원인으로 밝혀지고 있다. 이에 대한 좀 더 많은 정보는 '인간유전학' 장에서 다룰 예정이다.

다형질의 의약품

의약품이나 약품의 효능과 연관하여 쓰는 다형질 발현이라는 용어는 유전학과는 아무런 관련이 없다. 이 경우 다형질은 한 의약품이 서로 다른 기관에 영향을 줄 수 있다는 뜻이다. 고전적인 아세틸살리실산[ASS]은 통증에 작용하는 동시에 혈액 응집력을 저하한다. 심장혈관 질환 시 ASS를 처방함으로써 혈전으로 인해 심장혈관이 다시 '막히는' 것을 저지하는 것이 후자의 장점을 이용한 예다.

폴리진[polygene](다원유전자) 유전은 다형질 발현의 반대말로 이해될 수 있다. 많은 유전자에 의해 하나의 형질이 결정된다. 폴리진에 의해 결정되는 형질은 우리가 잘 알고 있는 완두콩의 꽃 색깔처럼 2개 또는 여러 개의 다양한 형태로 나타나는 형질뿐만 아니라 다양하게 발현되는 형질들이다. 이에 대한 고전적인 예는 인간의 신장이다. 키가 190cm 또는 160cm인 사람뿐 아니라 161cm, 162cm 등 발현되는 형질이 다양하다.

상위성은 하나의 유전자가 하나 또는 다른 많은 유전자의 표현형에 영향을 미치는 현상을 말한다. 어떤 의미에서는 '사장' 유전자다. 전문적인 용어로는 '상위유전자'라고 하고, 영향을 받는 유전자는 '고용됐다'고 한다. 닭, 래브라도견, 토끼 등 다양한 집짐승에 색소억제유전자[PIG]가 존재한다. 이 유전자는 실제로 형성된 이들 동물의 색소가 털 세포에 보관되는지를 조절한다. 형태 A에 있는 PIG는 색소를 보관하는 일을 권장하고, 형태 B에 있는 PIG는 색소의 보관을 저지한다. 어떤 수탉이 색소를 형성할 수 있어도 형태 B에 PIG를 가지고 있다면 이 수탉은 색소를 보관하지 못하기 때문에 알비노다.

표현형에 영향을 미치는 환경: 많은 형질이 유전자에 의해서만 결정되는 것은 아니다. 그보다 유전자의 형질발현은 환경의 영향을 많이 받는다. 위에서 언급한 신장의 경우, 유전자에 의해 키의 범위가 주어지고 '영양섭취'라는 환경적 요소에 의해 실제로 형질이 발현된다.

자연이냐 양육이냐?

유전자나 환경이 특정 형질과 연관이 있느냐는 질문은 여러 분야에서 토론돼 왔다. 이 문제를 대변하는 말이 '자연이냐 양육이냐?'하는 질문이다. 즉 자연적으로 주어진 유전적 상태인가, 아니면 영양섭취라는 환경의 영향인가? 그사이 대부분 학자들은 질문이 정확지 않다는 데 의견을 모았다. 대치되는 규칙이 아니라 '또한 역시'라는 것이다. 신장은 유전자와 환경에 영향을 받는다. 체중도 마찬가지다. 만약 여러분이 원하는 이상적인 체중을 갖기가 쉽지 않다면 그 원인은 여러분의 어머니에게 있을 수 있다. 또한 당뇨병이나 고혈압 같은 질병도 유전자와 환경, 이 두 요소가 함께 작용해 나타난다.

세포유전학

　다세포 생명체는 세포 하나에서 발생한다. 이 세포는 대부분 수정된 난자이거나 접합체다. 단세포 생물체는 물론 단순하게 이분법에 따라 증식하고, 고등식물도 보통 세포에 의해 생겨날 수 있다. 삽목법에 의한 번식이 그 예다. 하나의 세포 또는 접합체에서 한 인간을 구성하는 수십억에 이르는 세포 수가 되기 위해 세포는 여러 번 분열해야 한다. 이러한 세포분열은 염색체상의 유전정보가 딸세포에 균등하게 전달되는 것을 보장하는 특정한 법칙에 의해 진행된다.

　세포분열은 하나의 세포에서 두 세포로, 두 세포에서 네 세포로 계속 분열하는 단순분열을 유도하는 '**유사분열**'과 상동염색체가 절반이 되어 반수의 성세포가 생기는 '**감수분열**'로 구분할 수 있다. 피부세포 같이 조직이 규칙적으로 회복하는 것 또는 부상 후 완치되는 과정에서 볼 수 있듯이 유사분열은 평생 발생한다.

　반대로 감수분열은 생식세포에서 발생한다. 인간의 경우, 남성의 고환에서 발생하는 생식세포의 감수분열은 사춘기에서 시작하여 고령까지 가능하다. 여자의 경우는 좀 더 복잡하다. 난자세포가 생기는 조상 세포, 즉 난모세포는 태아 발생 단계의 여섯 달째까지 분열한다. 출생 몇 주 전 모든 난모세포는 1차 감수분열을 마치는데, 이 시점에서 염색체는 한 쌍을 이뤄 키아스마타^{chiasmata}와 함께 놓인다. 망상기라고 일컬어지는 이 단계는 사춘기가 시작될 때까지 정지되어 있다가 사춘기부터 4주마다 하나의 난자세포가 배란 직전 1차 중기로 들어선다. 두 번째 감수분열은 난자세포가 수란관에 의해 이동하는 동안 시작되고, 남자의 정자가 들어오면 종료된다. 감수분열에 대한 자세한 정보는 101페이지에서 얻을 수 있다.

무엇보다 **체세포분열**은 세포주기의 단지 한 부분만을 포함하며 절대 길지 않다. 성장·분화 과정이 일어나는 휴지기는 가장 오랜 시간이 걸리며 그중 **휴지기**는 다시 다음과 같이 나뉜다.

- **G_1기**(첫 번째 휴지기; G는 영어단어 gap, '간격'을 의미함) : 세포 성장과 함께 이후에 이어지는 S기를 준비하는 단계(히스톤을 위한 mRNA와 각종 효소 합성)
- **S기** : DNA 합성기(S는 synthesize, '합성하다'라는 의미)
- **G_2기**(두 번째 휴지기) : 계속되는 성장과 분배를 위한 첫 번째 준비 단계
- **G_0기**(휴식기) : 더 이상 분열되지 않는 매우 특수화된 세포나 다시 필요해질 때까지 휴식기에 머물러 있는 줄기세포에 있다.

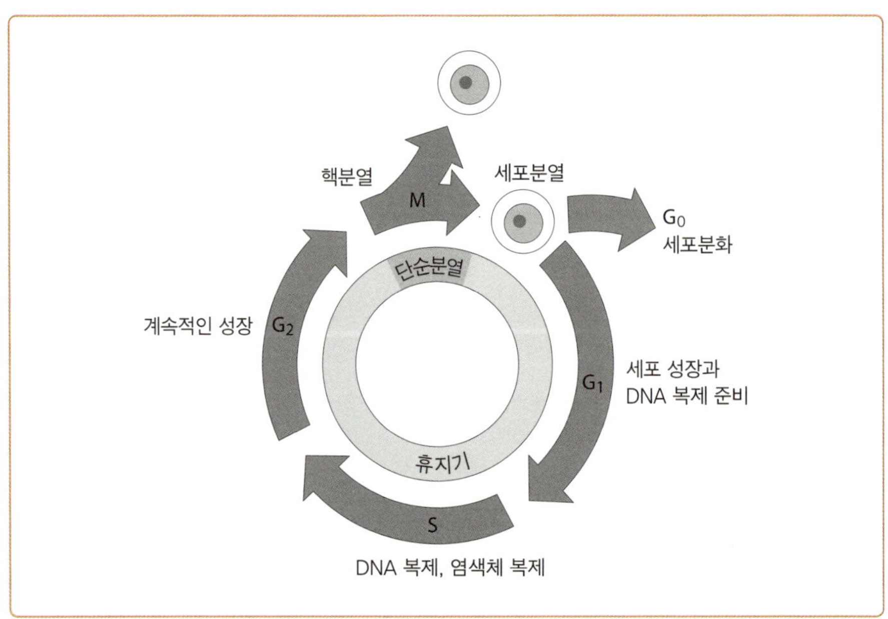

세포주기의 과정.

G₂기에 이어 체세포분열과 세포질 분열이 일어나면 세포주기는 처음부터 다시 시작된다. 인간의 세포는 하루 동안 단 한 번의 세포주기를 가진다. 이 때 체세포분열은 거의 1시간, S기는 그것의 약 절반의 시간이 걸리고, 두 G 기는 매번 약 4~6시간이 걸린다.

체세포분열

체세포분열은 세포 번식의 중요한 과정으로, 체세포분열 없이는 아무것도 되지 않는다. 체세포분열 없이는 염색체의 유전물질이 마음대로 분배될 것이며, 발생하는 딸세포는 살지 못할 것이다. 손상된 피부세포의 복구도 불가능해 손가락을 베인 상처도 절대 치료되지 않을 것이다.

한 세포의 DNA 총체, 즉 DNA가 염색체에 어떻게 배열되어 있는가 하는 총체적 유전정보를 '게놈'이라고 한다. 진핵세포의 경우, 보통 여러 개의 DNA 분자로 구성되어 있고, 원핵세포의 경우는 흔히 링 모양으로 폐쇄된 하나의 분자로 구성되어 있다. 염색체는 수백 개에서 수천 개에 이르는 유전자를 보유한다.

> 인간 세포의 DNA 전체 길이는 약 2m에 이른다. 이것은 세포 지름의 약 5만 배다.

세포가 분열하지 않는 한 염색체는 긴 실타래 모양의 염색사로 세포핵에 존재하며 광학현미경으로도 관찰되지 않는다. 실제 세포분열 전에 발생하는 S기에서 DNA가 합성된 후, 염색체는 함께 좁아지고 두꺼워지고 짧아져 광학현미경으로 관찰된다.

세포주기의 체세포분열^{Mitosis}기에서 발생하는 세포분열은 다시 다섯 단계로 나뉜다.

전기 ⇨ 전중기 ⇨ 중기 ⇨ 후기 ⇨ 말기

전기에서는 염색체가 서로 응집한다. 염색체가 광학현미경으로 관찰되는 단계다. 핵 내부에 있는 인(핵소체)은 용해되고, 모든 염색체는 각각 2개의 동일한 자매염색분체로 구성된다. 이 자매염색분체는 동원체^{centromere}에 함께 매달려 있고, 코헤신이라는 특수화된 단백질에 의해 결합한다. 핵 바깥에서는 중심체와 미세소관으로 구성된 방추체가 형성된다. 중심체는 그들 사이에 있는 미세소관이 길어지면 결국 서로 분리된다.

전중기에서는 세포막이 허물어지고, 방추체의 미세소관이 세포핵 영역에서 자란다. 염색체는 두꺼워지고 짧아지며, 모든 염색분체는 중심체에 달린 특수화된 단백질 복합물인 동원체(방추사 부착점^{kinetochor})를 나타낸다. 이 동원체에 몇 개의 미세소관이 부착되고, 이것이 갑작스러운 염색체 이동을 야기한다.

전체 시간의 3분의 1에 해당하는 세포분열의 가장 긴 부분인 **중기**에서는 중심체가 서로 마주 보고 있는 세포극에 붙어 있다. 염색체는 이른바 중기판 또는 적도면이라는 세포 중심에 모이고 양 세포극에 의해 분리된다. 모든 염색체에서 마주 보던 세포극에서 떨어져 나간 동원체는 미세소관과 결

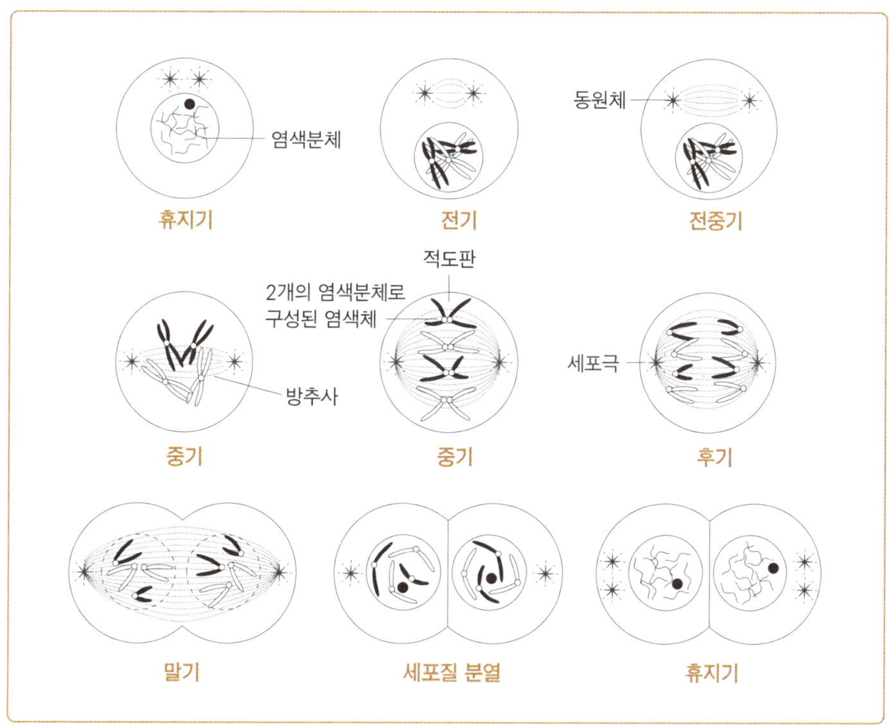

유사분열의 구성.

합한다.

유사분열의 가장 짧은 부분으로 흔히 몇 분 정도 소요되는 **후기**에서는 효소에 의해 코헤신이 분해된다. 이렇게 해서 자매염색분체가 완전히 분리된다. 이제 염색체라고 하는 것이 더 걸맞은 염색분체는 대립하고 있는 세포극 쪽으로 각각 이동한다. 이것은 동원체와 결합한 미세소관이 짧아지면서 가능해지는데, 이른바 미세소관이 염색체를 자기 쪽으로 끌어당긴다고 할 수 있다. 미세소관은 분당 약 1㎛씩 짧아진다. 동원체에 부착되지 않은 미세소관이 길어지면 결국 세포는 뻗어 나간다. 후기가 종료되면 모든 세포극에 완전한 상동염색체가 놓이게 된다.

끝으로 **말기**에는 염색체를 둘러싼 새로운 세포핵이 생겨난다. 염색체의 응축이 다시 줄어들고 유사분열은 종료된다.

그 뒤를 이어 **세포질 분열**이 발생한다. 이때 두 세포핵 주변의 나머지 세포들이 분배되고, 모세포와 정확히 동일한 유전 물질을 가지는 새로운 딸세포가 2개 생겨난다.

동물 세포의 경우 함입에 의하여 세포질 분열이 발생하는데, 세포질에 생기는 깊은 주름을 통해 세포질이 분리되는 것을 식별할 수 있다. 이때 앞서 언급한 중기판에서 발생했던 것과 동일하게 세포 표면이 밖에서 안으로 오목하게 들어가는 것이 핵심이다. 함입으로 생기는 주름에 액틴필라멘트와 미오신 분자로 구성된 단백질이 세포질 쪽을 향하며 수축한다. 이 단백질은 골격근육에서 운동 과정을 담당하기도 한다. 액틴과 미오신의 상호작용이 심화하면서 주름은 더욱 깊어지고, 결국 세포질이 실로 묶은 듯 조여지면서 새로운 세포를 가지는 2개의 구획으로 분리된다. 이들은 각각 하나의 세포핵을 가지고 다른 기타 세포기관들도 갖춘다.

함입과 분리를 방해하는 딱딱한 세포벽 때문에 식물의 세포질 분열은 이와는 다르게 발생한다. 말기에는 골기체에서 만들어진 형성 물질을 소유한 소낭이 새로운 세포벽을 위하여 미세소관을 따라 앞 단계의 중기판 자리로 이동한다. 이곳에서 소낭이 녹아 세포판이 된다. 세포벽을 구성하는 요소들을 가진 세포판은 원형질막에 도달할 때까지 자랐다가 함께 녹는다. 이렇게 분리된 원형질막을 가진 2개의 새로운 세포가 생성되고, 이것은 소낭이 운반하지 않은 성분들로 형성된 세포벽에 의해 분리된다.

분열, 끝은 없는가?

앞에서 고도로 특수화된 신경세포 같은 몇몇 세포는 전혀 분열하지 않는다고 설명했다. 반대로 줄기세포 같은 세포들은 분열은 하지만, 그것이 필요할 경우 그에 상응하는 '명령'이 떨어져야 한다고 설명했다. 그런데 세포들이 더 이상 분열하면 안 된다는 것을 어떻게 '안단' 말인가?

지금까지 얻은 지식에 의하면 세포질에는 일련의 분자가 존재하는데, 이것이 연속적으로 일어나는 세포주기 과정을 조정한다. 이 분자들은 특정 조절지점에서 세포주기를 멈추거나 그것이 계속 진행되도록 조절한다. 예를 들면 그것들은 세포에 새로운 세포들을 위해 필요한 분자들이 이미 충분히 만들어졌는지를 알린다. 만약 그렇다면 주기는 계속되고, 그렇지 않다면 필요한 분자가 공급될 때까지 또는 "너와 같은 유의 세포가 충분히 있다"는 신호가 울릴 때까지 주기는 중단된다. 그런 다음 신경세포 같은 성인 인간의 대부분 세포가 존재하는 G_0 단계로 넘어간다.

이러한 신호를 보내는 분자에서 중요한 역할을 하는 것이 단백질로, 특히 **사이클린**cyclin과 **단백질 키나아제**가 있다. 키나아제는 다른 단백질의 인산화를 주도하는 효소로, 이것으로 인해 인산화가 활성화되거나 억제된다. 단백질 키나아제의 활동은 다시 사이클린에 의해 조정된다. 키나아제는 사이클린 분자와 결합할 때에만 활성화되는데, 세포주기가 진행되는 동안 사이클린의 농도는 변화(여기서 이름이 유래함)하며, 그 결과 사슬 끝에 있는 단백질이 특정 시점에서 활성화된다. 유사분열의 조정에 함께 작용하는 이런 복합체는 유사분열을 돕는 유사분열 촉진인자MPF로, 포유동물의 경우를 예로 들면 이것은 전중기 단계에서 핵막이 용해되는 것을 발동시키는 인자다.

이 밖에도 특정 세포의 성장을 돕는 특수한 **성장인자**가 존재한다. 혈소판으로 구성된 성장인자^{PDGF}(혈소판 유래 성장인자)는 소위 섬유아세포^{fibroblast}라고 하는 결체조직세포의 전 단계 분열을 야기한다. 그 후 이것은 다시 결체섬유조직을 형성한다. 부상을 당하면 혈소판이 활성화되고, 위와 같이 새로운 세포가 상처의 회복을 위해 투입된다.

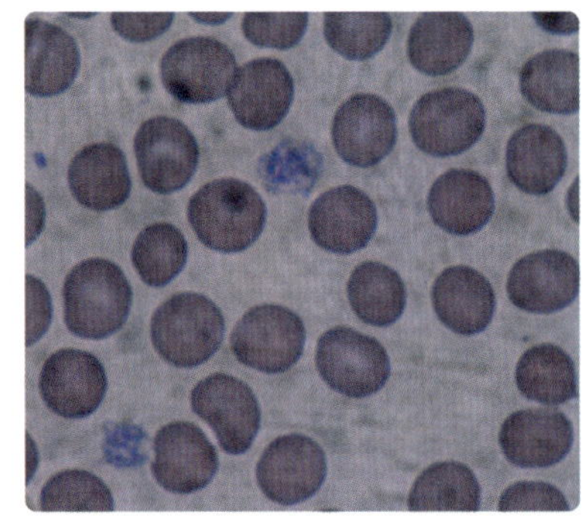

혈소판.

또한 물리적 매개변수가 세포분열을 멈출 수 있다. 특정한 세포 밀도에 도달하면 세포증식이 중단된다. 하나의 세포 배양 시 세포가 계속 분열하다가 서로 접촉하는 경우 분열을 멈추는데, 이를 **접촉억제**라고 한다.

그런데 이러한 규칙체계에 장애가 생길 수 있다. 정지신호에 더 이상 반응하지 못하는 세포들이 생기기도 하고, 상응하는 분자의 신호를 받지 않았는데도 분열하는 세포들도 있다. 이렇게 조절이 불가능한 분열은 발암의 원인이 된다. **암세포**의 경우 세포의 수가 많을 때 분열을 억제하는 능력을 상실하고, 성장인자와 사이클린−키나아제 복합체와의 상관관계 또한 사라진다. 원칙적으로 이들은 영원히 분열하고, 정해진 수의 분열이 이미 진행되었어도 멈추지 않을 수 있다.

감수분열

대부분의 동물과 식물종의 경우, 각 세포에는 이배체의 염색체 쌍이 존재한다. 유성생식에서 이배체 세포가 다른 이배체 세포와 융합하면 후손 제1세대에는 사배체의 쌍이, 제2 세대에서는 팔배체의 쌍 등이 초래될 것이다. 우리의 경험으로 볼 때 이런 경우는 없으므로 체세포가 생성되는 어느 한 시점에서 염색체 쌍이 절반으로 분리되는 일이 발생해야 하는데 이것은 감수분열에서 발생한다. 감수분열은 연이어 발생하는 2개의 분열로 구성된다.

첫 분열 단계에서는 염색체 쌍이 분열되고, 두 번째 단계에서는 유사분열과 비슷하게 반수체 염색체를 가진 자매염색분체가 나뉜다. 감수분열이 한 번 일어나면 하나의 이분체 세포에서 4개의 반수체 세포가 만들어진다. 그러므로 유사분열과는 달리 반쪽 세포는 원래 상태의 세포와 유전적으로 차이가 있다.

나무가 너를 바꾼다!* – 유전 물질의 교환

유사분열에서는 발견할 수 없으며 감수분열에서만 일어나는 현상을 특히 **염색체 교차**(크로싱오버 Crossing–over)라고 한다. 제1 전기가 진행되면서 2개의 염색분체로 구성된 상동염색체가 서로 짝을 짓는다. 이 단계에서 상동염색체의 일정 할당 부분을 가진 염색분체 일부가 자매가 아닌 염색분체를 가로지르는데, 이때 겹쳐진 부분을 '교차점'이라고 한다. 염색분체는 잘리고 곧이어 교차한 부분에 잘린 염색분체의 '치료'가 시작된다. 이 과정에서 분리 전 염색체와는 다른 유전적 정보를 가지게 된 염색체가 생긴다. 즉 유전형이 새롭게 구성, 즉 재조합recombined되는 것이다.

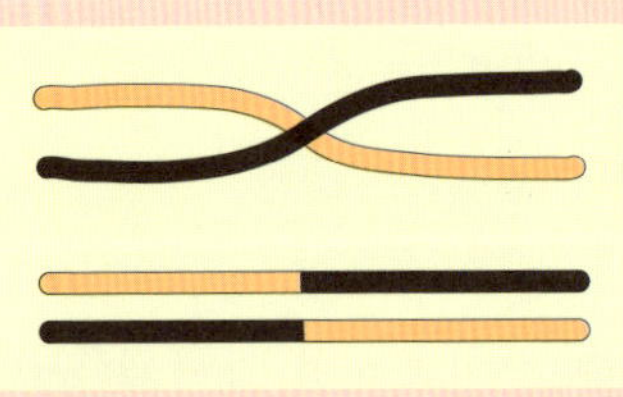

염색체 교차.

두 상동염색체 사이에서 발생하는 2개 유전자의 교환 및 신조합이 확실할수록 2개의 유전자는 서로 멀리 떨어진다. 이러한 교환 빈도에 따라 서로 상대적인 위치의 유전자 지도가 제작된다.

* 아이들이 나무를 둘러싸고 가운데 있는 아이가 "나무가 너를 바꾼다!"고 외치면 모든 아이가 새로운 나무를 찾는 독일 게임 – 역자 주

다음에서 추가로 붙는 'I'과 'II'는 감수분열의 첫 번째 단계와 두 번째 단계를 의미한다.

전기 I: 염색체가 짧아지고 응축한다. 상동염색체는 나란히 배열된다. 크로싱오버가 종결되면 염색체는 서로 분리되기 시작해 단계가 끝날 때쯤 중앙판 쪽으로 이동한다. 방추체 형성과 세포막 붕괴는 유사분열 과정과 유사하다.

중기 I: 상동염색체는 중앙판에 나란히 배열된다. 한 염색체의 염색분체는 방추극 한 극의 미세소관과 결합하고, 파트너 상동염색체의 염색분체는 맞은편 극에 있는 미세소관과 결합한다.

후기 I: 상동염색체가 분리되어 극으로 이동한다. 이때 자매염색분체는 동원체를 지나 계속해서 서로 결합하고, 동일한 방추사 극으로 함께 이동한다.

말기 I: 첫 번째 말기가 시작될 때 반수체의 염색분체 쌍이 모든 세포의 반쪽에 나타난다. 각각의 염색체는 2개의 자매염색분체로 구성되고, 염색체 교차의 결과로 이전 단계인 전기 I은 비상동 염색분체의 염색체 분체 DNA 할당량을 보유한다. 그러나 세포핵은 다시 형성될 필요가 없다. 후기 I과 동시에 동물 세포의 경우는 함입에 의해, 식물의 경우는 세포판에 의해 세포질 분열이 실행된다.

전기 II: 방추사가 형성되고 염색체는 중앙판으로 이동한다.

중기 Ⅱ: 유사분열과 마찬가지로 염색체는 중앙판 쪽으로 향한다. 전 단계에서 일어난 염색체 교차 때문에 염색체의 자매염색분체는 유전적으로 더 이상 동일하지 않다. 동원체(방추사 부착점)는 미세소관과 연결되고, 이때 자매염색분체는 각각 마주 보고 있는 극의 미세소관과 연결된다.

후기 Ⅱ: 자매염색분체를 결합하던 코헤신이 분해되면서 염색분체는 분리된다. 그 후 분리된 염색분체는 새로운 자립적인 염색체로서 맞은편의 세포극으로 이동한다.

말기 Ⅱ: 세포막이 새로 형성된다. 염색체가 길어지고 얇아지면서 두 번째 세포질 분열이 발생한다.

유사분열과 감수분열을 간단히 비교해 공통점과 차이점을 정리했다.

특징	유사분열	감수분열
DNA 복제	유사분열의 시작전 간기에서	감수분열의 전기 Ⅰ 전중기에서
세포분열의 수	1	2
상동염색체의 첨가	무	유
생성되는 딸세포의 수	2	4 (예외: 포유동물의 난자 생성. 이때 거의 모든 세포질을 가지는 난자세포와 2개의 극체가 생긴다.)
딸세포가 유전적으로 물려받는 것	이배체	반수체
동물에서의 역할	수정된 난자세포에서 만들어진 다세포 생명체의 체세포 발달: 성장·파괴된 조직의 재생	성세포(생식체)의 생성, 염색체 쌍의 반쪽 분열, 유전 자료의 새로운 조합

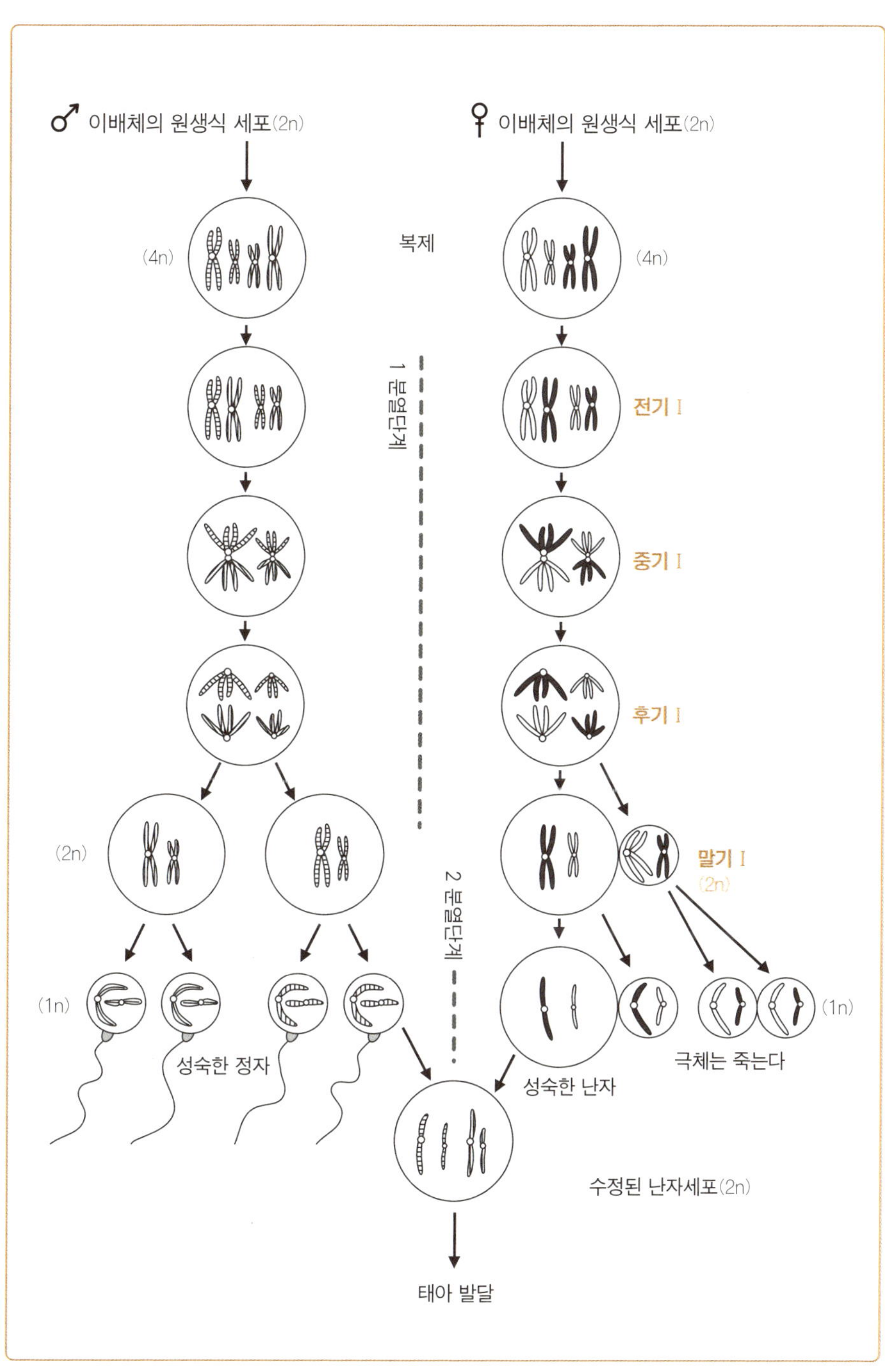

감수분열의 과정.

♂ 이배체의 원생식 세포(2n)
♀ 이배체의 원생식 세포(2n)
복제
(4n)
(4n)
전기 I
중기 I
후기 I
1 분열단계
말기 I
(2n)
(2n)
2 분열단계
(1n)
성숙한 정자
성숙한 난자
극체는 죽는다
(1n)
수정된 난자세포(2n)
태아 발달

분자유전학

지금까지 세포 영역에서 발생하는 세포분열 과정을 설명했다. 그렇다면 분자 영역에서는 어떤 일이 발생할까? 염색체 복제에서는 어떤 일이 일어날까? 이러한 질문을 던질 수 있다면 여러분은 이미 분자유전학에서 제기되는 질문의 핵심에 서 있는 셈이다.

DNA 복제

세포가 분열되기 전에 먼저 DNA가 복제되어야 한다. 이 경우를 일컬어 '**동일복제**'라고 한다. 여기서 동일이라는 말은 분자 영역에서 볼 때, 딸 DNA 분자가 모 DNA 분자와 동일한 유전정보를 갖는 것을 의미한다. 이는 세포 영역에서 관찰할 때, 유사분열에서 딸세포는 모세포가 갖는 동일한 염색체 정보를 가진 것과 동일하다.

DNA 복제는 세포주기의 S기에서 발생한다. 즉, 유사분열 이전에 복제된 DNA 내용이 딸세포에 분배되는 단계다. 간단히 다음과 같은 단계들로 구분할 수 있다.

DNA 가닥이 풀리고 느슨해짐: 앞서 4장에서 언급한 것처럼 DNA는 S기를 제외하고는 일반적으로 각각 2개의 DNA 가닥으로 구성된 이중나선 구조로 존재한다. 당과 인산염 사슬이 사다리 모양의 이중나선 기둥을 이루고, 여기서 염기가 갈라져 그 내부로 이어진다. 이때 2개의 가닥은 정해진 방향으로 향한다. 한 가닥은 3′→5′ 방향, 맞은편의 다른 가닥은 5′→3′ 방향으로 뻗어 간다. 이것을 DNA 가닥의 '상보성'이라고 한다. 3′-말단에서 디옥시리보의 세 번째 C 원자는 결합을 위해 비어 있는 상태다. 즉, 인산염에 결합해 있지 않다. 5′-말단에는 다섯 번째 탄소 원자가 인산염과 결합한 채 놓여 있다. 즉, 결합을 위해 비어 있지 않다. 이렇게 해서 3′-말단에서 언제나 DNA 사슬 연장이 가능하고, 당의 자유로운 탄소 원자와 결합할 수 있다. 그 반대의 경우는 불가능하다.

복제의 첫 단계로 이중나선구조가 '풀린다'. 이와 더불어 이른바 **DNA 헬리케이즈**라는 특수화된 효소가 DNA를 따라 활동한다. 이 효소는 ATP를 이용하여 상호보완적인 염기 가닥 간의 수소결합을 끊고, 그 결과 2개의 DNA 가닥이 존재하게 된다. 이로써 DNA 전체는 Y자 모양이 된다. 즉, 위에는 2개의 가닥으로 이뤄진 DNA가 Y자의 두 팔 모양으로 뻗어 있고, Y의 발부분은 여전히 결합해 있는 이중나선으로 형성되어 있다. Y자의 열린 부분은 복제하고 있는 포크 모양이다. 분리된 가닥이 곧 다시 결합하는 것을

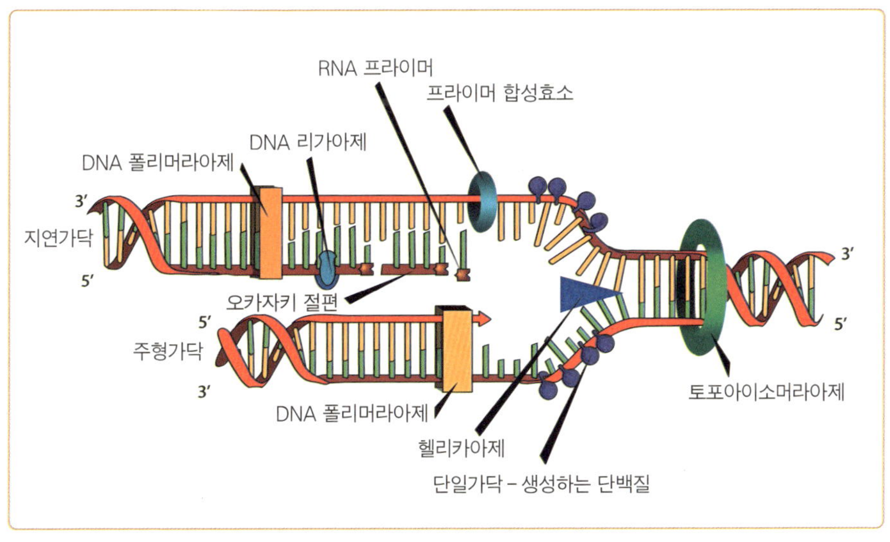

DNA 복제.

막기 위해 단백질이 부착된다. 가닥 분리에 의해 팽팽하게 당겨지지 않고, 아직 이중나선구조로 되어 있는 나머지 DNA는 열린 부분과 당-인산 기둥의 이동을 위해 다른 효소, 즉 **DNA 토포아이소머라아제**에 관여한다.

복제의 시작: 새로운 DNA 분자가 만들어지기 위해서는 우선 '**프라이머**'라는 개시분자가 잠시 존재해야 한다. DNA 합성을 위한 효소인 **DNA-폴리머라아제**(복제효소)는 하나의 가닥을 새롭게 연장할 수 없고 기존의 두 가닥만 연장할 수 있기 때문에(즉, 앞에서부터 새로 시작할 수 없기 때문에) 프라이머는 필수적이다. 프라이머는 다시 프라이머 합성효소인 RNA-프리메이즈(RNA 중합효소)를 통해 만들어진다. 이 중합효소는 열려 있는 DNA 단일가닥과 결합하여 약 10개 염기쌍 길이 정도의 짧은 RNA 조각들을 합성한다. 그다음 DNA-복제효소가 이 조각들에 결합한다.

실제적인 DNA 합성: DNA 합성에 여러 개의 DNA-복제효소가 참여한다. 박테리아의 경우 3개, 진핵생물인 경우 적어도 11개가 참여한다.

다음에는 비교적 단순한 박테리아의 복제효소 활성을 설명한다. 진핵세포에서의 복제효소 작용 과정은 복잡하지만 유사하다.

첫 번째 단계에서 DNA pol III가 프라이머에 결합하면 계속해서 뉴클레오티드가 결합한다. 이때 열려 있는 DNA 가닥은 원본 역할을 한다. 이미 언급했듯이 특정 염기가 다른 특정 염기에 결합할 수 있다. 아데닌은 티민, RNA의 우라실과 DNA의 구아닌은 사이토신과 수소결합을 한다. 새로 형성되는 DNA 가닥은 주형가닥으로서 리더 역할을 한다. 이에 상보적으로 따라가는 지연가닥 합성에서는 pol III가 계속 활동하고, 항상 뉴클레오티드가 연결된 주형가닥과는 반대로 먼저 오카자키 DNA 조각들이 만들어진다. 박테리아의 경우 약 1,000~2,000개에 이르는 뉴클레오티드, 진핵생물의 경우 약 100~200개 길이의 뉴클레오티드가 결합한 이 짧은 DNA 조각들을 '오카자키 절편'이라고 한다. 지연가닥의 새로 형성된 DNA는 먼저 RNA 프라이머로 이뤄지고, 이어서 거기에 연결되는 DNA 뉴클레오티드들이 오카자키 절편을 이룬다. 다음 단계에서 DNA pol I이 프라이머를 제거하고 만들어진 이 틈새는 이에 상응하는 DNA 뉴클레오티드들에 의해 채워진다. 결국 각 조각은 전체 DNA 가닥과 연결되어야 한다. 이 일을 담당하는 효소가 **DNA 리가아제로**, DNA 연결효소인 리가아제가 각 조각의 공유결합을 담당한다.

본문에서 DNA 가닥의 연장은 3′-말단에서만 일어난다는 것을 알았다. 오카자키 절편과 RNA 프라이머의 5′-말단에서는 무슨 일이 일어날까? 이곳에는 뉴클레오티드를 결합할 수 있는 효소가 없기 때문에 원래의 가닥이 복제되지 않는다. 따라서 여기에 인코딩되어 있는 유전적 정보도 분명히 상실될 것이다.

박테리아는 이러한 장애를 슬기롭게 극복한다. 박테리아의 경우 DNA가 링 모양의 분자로 존재하기 때문에 끝이 없으나, 진핵세포에서는 그 부분이 사라진다. 그러나 일반적으로 DNA가 놓여 있는 염색체 끝에 소위 **텔로미어**telomere(말단소립)라는 뉴클레오티드가 존재하는데, 이곳은 단백질로 인코딩하지 않기 때문에 문제가 해결된다. 인간 염색체의 텔로미어는 약 100~1,000회 정도 반복되는 염기서열 TTAGGG로 구성되어 있다.

그러나 이 영역에 있는 DNA 역시 복제되지 않는다. 5′-말단의 연결 가능성 부재라는 문제는 여전히 남아 있다. 복제되지 않는 부분은 유전정보를 보유하지 않고, 거기에는 인코딩되지 않은 염기배열이 연속적으로 반복한다. 분열이 발생하고 시간이 흐르는 동안 텔로미어는 점점 짧아지고 늙은 세포, 즉 노인 세포의 텔로미어는 젊은 세포에 비해 확실히 짧아 생물학적 노화의 징조가 되고, 이에 연관된 세포들은 더 이상 분열하지 않는다. 그렇다면 생식세포에는 무슨 일이 일어날까? 분열이 일어날 때마다 텔로미어가 공급되어야 한다면 그리고 그 후에 유전적 정보가 사라진다면 후손에게 유전정보를 아무런 이상 없이 물려주는 것이 불가능해진다. 이런 사태를 방지하기 위해 **텔로메라아제**라는 특별한 효소가 존재한다. 이 효소는 생식세포와 그것의 전구 물질에서 활동한다. 이것이 텔로미어를 연장하고 항상 원래의 길이로 다시 복귀시킨다.

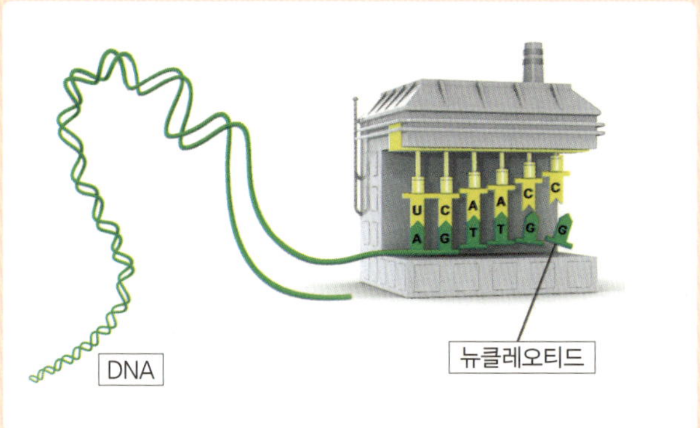

텔로메라아제.

여기서 누구나 귀가 솔깃해질 질문을 해본다. 텔로메라아제가 다른 신체 세포에서도 활동한다면 세포들은 더 이상 노화되지 않을 것이다. 그렇다면 인간도 늙지 않을까? 안티에이징 의학은 이 영역을 연구하고 있다. 물론 이 주제에 대한 부정적인 측면도 있다. 텔로메라아제가 아무 이유 없이 대부분의 신체 세포에서 활동하지 않는 것이 아니다. 이 효소의 비활성화는 다른 신호들과 함께 암세포들의 특징인 무한적이고 무절제한 분열을 저해하기 때문에 암세포에서 텔로메라아제가 발견되는 것은 놀라운 일이 아니다. 물론 이 측면도 연구되고 있다. 텔로메라아제의 활성화가 정말로 암 발생 원인 중 하나라면 치료방법의 가능성을 모색할 수 있기 때문이다.

복구작업: 염기쌍의 특수성에 기인하여 실제로 DNA 복제가 정확하게 실행되어야 함에도 실수가 발생한다. 그러므로 DNA 복제효소는 원 가닥의 도움으로 뉴클레오티드가 합성된 후, 정확한 쌍이 만들어졌는지를 '체크'한다. 잘못된 뉴클레오티드, 즉 잘못된 염기쌍이 발견되면 해당 뉴클레오티드는 즉시 잘려나가고 정확한 뉴클레오티드가 첨가된다. 올바른 과정을 벗어난 실수들은 두 번째 과정에서 특별한 수선효소인 뉴클레아제 등에 의해 감지되어 절단·퇴출당한다. 뉴클레아제는 원본 역할을 하는 원래 가닥의 도움으로 이들을 수정한다. 이 모든 과정에 관여하는 메커니즘에 따라 '절단수선'이라고 일컫는다. 그러나 이러한 정성에도 실수가 남아 있는 경우가 있다. 이 실수가 DNA의 어느 장소에서 발견되는가에 따라 유전자 돌연변이의 원인이 된다('돌연변이' 부분 참조).

돌연변이 유발인자

복제 시 실수에 의해 우연히 DNA가 손상될 수 있다. 그러나 그 유발인자가 생명체 세포 외부에 있는 요인들이라고 생각해볼 수도 있다. 이러한 외부요인을 '돌연변이 유발인자'라고 한다. 주로 X – 레이나 방사선, 자외선, 특정 화학물질과 의약품, 흡연 성분

돌연변이를 유발하는 흡연.

등을 생각할 수 있다. 유발인자의 효과는 비단 DNA 복제 기간에만 제한되는 것이 아니라, 세포주기의 모든 시점에서 나타날 수 있다. 이러한 유발인자가 강하게 작용할수록 더 많은 실수가 발생한다. 그러면 수선 시스템의 용량은 바닥나고 불멸의 돌연변이가 발생하며 이는 다음 복제 때 '올바른' 원래의 DNA로 감지되어 모든 딸세포에게 그대로 전해지게 된다.

보다 빠른 이해를 위하여 다음 표에 박테리아의 DNA 복제에 관여하는 가장 중요한 효소들과 그들의 기능을 정리했다.

효소	기능
헬리케이즈	복제되어야 할 부분에 있는 DNA 이중가닥을 풀어준다.
토포아이소머라아제	인산과 당의 결합을 분리하여 가닥을 풀고, 다시 당과 인산을 결합함으로써 복제포크 쪽에 강하게 꼬여 있는 DNA 이중나선을 느슨하게 하는 일을 담당한다.
프리메이즈	주형가닥과 지연가닥에 RNA 프라이머를 합성한다.
DNA pol I	프라이머로 합성된 리보뉴클레오티드 가닥을 분해해 만들어진 틈새를 주형가닥에 맞는 디옥시리보뉴클레오티드(dNTP)로 채운다.
DNA pol III	새로운 뉴클레오티드를 DNA 가닥의 디옥시리보의 비어 있는 $3'-$말단에 연결함으로써 원래 주형가닥을 바탕으로 새로운 DNA 가닥을 만든다.
DNA 리가아제	각각의 DNA 조각들, 특히 오카자키 절편들이 공유결합할 수 있도록 한다.

조심, 햇빛 화상!

긴 겨울이 지나고 봄이 오면 피부에 와 닿는 햇살이 좋기만 하다. 그러나 햇빛 또는 자외선도 문제를 일으킬 수 있다. 이 말은 햇빛에 의한 피부 화상만을 의미하는 것은 아니다. 무엇보다 '피부 아래'에서 발생하는 결과를 의미한다. UV-자외선은 지나치면 돌연변이 유발인자로 작용할 수도 있다. 너무 오랫동안 일광욕을 하면 신체 자체의 수선효소가 더 이상 일할 수 없을 정도로 DNA가 손상될 수 있다. 그 결과 최악의 경우는 불멸의 돌연변이가 발생한다. 무엇보다 이것이 인접한 2개의 티민 공유 결합에 존재하면, 그 결과 DNA의 공간적 구조가 파괴되고 심각한 문제를 일으킨다. 이것은 다시 DNA 복제에 영향을 주고, 이로 인해 잘못된 DNA 가닥들이 생겨나 피부암을 유발한다.

자외선 차단.

그러므로 피부과 의사들은 일광욕을 할 때는 항상 알맞은 보호지수를 갖춘 자외선 차단제를 바를 것을 권장한다. 아기나 어린아이들은 자외선에 직접 노출돼서는 안 되고 적당한 옷을 갖춰 입은 상태에서 외출해야 한다.

유전암호: 유전자에서 단백질로

앞서 세포에 대한 장에서 다음과 같은 사항을 설명했다.

- 디옥시리보핵산(DNA)은 전체 생명체를 위한 유전정보를 보유한다.

• 이 정보는 리보핵산(RNA)의 도움으로 단백질로 결정되는 설계서로 전환된다.

이것이 정확히 어떻게 기능하는지는 다음 페이지에서 경험할 수 있을 것이다. 무엇보다 염기 및 DNA의 염기배열 순서는 유전정보가 단백질로 '전환'되는 데 중요한 역할을 한다. DNA 및 RNA의 염기들은 단백질을 위해 아미노산을 인코딩한다. 염기언어는 단백질언어로 전환된다. 간단히 표현하면 분자 영역에서 한 유전자는 단백질을 위해 암호화하는 DNA 조각이다. 일반적으로 백개에서 수천 개에 이르는 뉴클레오티드가 있다. 각각의 모든 유전자는 단백질의 아미노산 연속물과 유사한 고유한 **염기 배열**, 즉 염기 연속물을 소유한다.

이때 세 염기, 즉 **트리플렛**^{triplet} 연속물이 각각 하나의 아미노산을 위해 존재한다. 예를 들면, 트리플렛 ACC는 트레오닌^{threonine} 아미노산을 위해 존재한다. 하나의 아미노산을 코드화(암호화)하는 트리플렛을 코돈^{codon}이라고 한다. 하나의 트리플렛은 오직 하나의 아미노산에 배정된다. 그러나 아미노산은 이로 인해 여러 개의 트리플렛에 의하여 코드화될 수 있다. 이와 관련하여 유전적 코드의 과잉에 대해 언급하기도 한다. 단백질을 형성하는 주 아미노산이 20개가 있다는 것을 기억한다면 이해가 가는 말

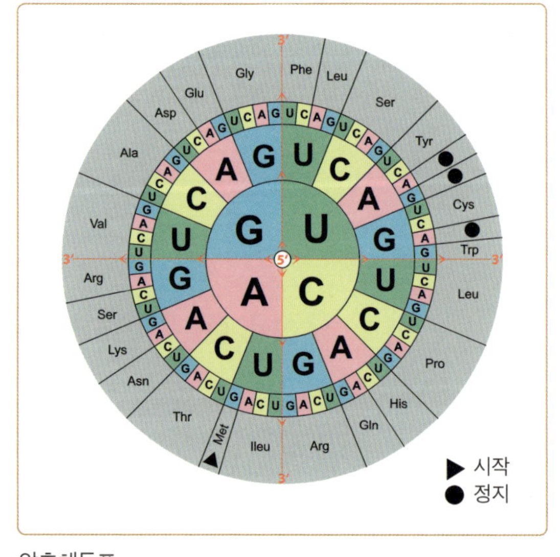

암호해독표.

이다. 각각 3개의 연속물로 존재하는 4개의 염기가 있을 경우, 아미노산 하나를 인코딩하기 위해서는 이론적으로 $4^3 = 64$개일 가능성이 있다. 시작코돈과 정지코돈을 빼면 아미노산에 비해 확실히 많은 트리플렛이 남아 있다. 예를 들면, 트레오닌은 트리플렛 ACA 또는 ACG에 의해 암호화될 수 있다. 유전적 코드(암호)에서 중요한 것은 소수의 예외를 제외하고는 보편적이라는 것이다. 즉, 트레오닌 아미노산은 가장 작은 단세포에서도 인간의 경우와 정확히 동일한 염기 트리플렛에 의하여 코드화된다는 점이다. 이러한 보편성은 유전공학의 기초가 된다. 더 자세한 것은 124페이지를 참조한다.

DNA 복제에서처럼 단백질 합성도 연속적으로 이어지는 여러 단계로 이뤄진다.

전사^{transcription} : 첫 '읽기' 단계는 DNA 정보를 단일가닥의 RNA 가닥으로 다시 옮겨 적는 것이다. 전달자 RNA 또는 메신저-RNA(mRNA)는 단백질 합성을 위한 전령자로서 정보를 정보출처인 DNA가 존재하는 핵에서 단백질 합성의 장소, 즉 리보솜이 위치하고 있는 세포질로 전달한다. 형식적으로 mRNA의 합성은 RNA를 위한 특징적인 차이를 제외하고는 DNA 단일가닥을 원본으로 하는 DNA 복제 과정과 일치한다. 즉 당에서는 디옥시리보오스 대신 리보오스, 염기에서는 티민 대신 우라실이 쓰이며, 발생 장소는 세포핵이다.

mRNA 합성의 기본은 DNA 복제의 합성과 유사하다. 진핵세포의 경우, 생성된 mRNA를 1차 전사체^{primary transcript, pre-mRNA}라고 한다. 박테리아의 경우와는 달리 mRNA가 세포핵을 떠나 단백질 합성이 시작되기 전에 mRNA가 먼저 계속해서 변화해야 하기 때문이다.

전사 과정은 다음의 세 단계로 이뤄진다.

* 개시^{initiation}
* 신장^{elongation}
* 종결^{termination}

개시 단계에서는 우선 RNA 중합효소(진핵세포의 경우는 RNA 폴리머레이즈 II)가 두 가닥을 연결하는 수소결합을 분해함으로써 DNA를 '사용 가능'하게 한다. mRNA를 읽는 DNA 가닥을 코드유전자 가닥이라고 하는데 기본적으로 2개의 가닥은 각각 코드유전자 가닥으로 기능하고, 항상 정해진 하나의 유전자를 특정 단일가닥이 담당한다.

그런데 RNA 중합효소는 어디서 전사를 시작해야 하는지를 어떻게 알까? 유전자 부분이 전사되기 직전에 염기 연속체가 놓이고, 효소에 의해 이것이 인지된다. 여기에서 중합효소가 결합한다. 이에 상응하는 DNA 부분을 프로모터^{promotor}라고 한다. 진핵생물의 전사인자는 RNA 폴리머레이즈가 정확한 프로모터 지역을 찾는 것을 돕는다. 즉 이 인자가 존재해야 읽기가 시작된다. DNA의 경우와 마찬가지로 mRNA 합성에서도 뉴클레오티드가 오직 비어 있는 당의 3′−말단(이 경우 리보오스)에 연결될 수 있다.

이어서 mRNA 가닥들이 **신장**할 때 RNA 중합효소(폴리머레이즈)는 코드유전자 가닥들을 따라 움직이고, 이때 약 20개 정도 되는 염기쌍으로 된 각각의 짧은 DNA 조각들을 빼앗아 이것을 DNA 원본 가닥에 상응하는 뉴클레오티드와 서로 결합시킨다. 진핵세포의 경우, 초당 40개의 염기가 읽힌다. 사슬의 끝에서 새로 만들어진 RNA가 DNA 원본과 분리되고, DNA는 다시 이중나선구조를 키운다. 한 유전자는 동시에 또는 연달아 직후에 오는 여러 개의 RNA 폴리머라아제에 의해 읽힐 수 있다. 이로 인해 결국 특정 시간당 만들어지는 단백질량이 증가한다.

유전자가 말단에 오면 읽기 또한 멈춘다. 이때 **종료**를 위한 신호로 특정한 종결 영역이 작용한다. 그에 따라 프로모터 영역은 시작 신호로 작용한다. 이 영역에 도달하면 유전자는 특정 전사인자와 함께 RNA 중합효소와 새로 만들어진 mRNA가 DNA와 분리할 수 있도록 작용한다.

박테리아의 경우는 전사가 진행되고 있는 동안 mRNA의 단백질 번역이 미리 부분적으로 시작된다. 진핵생물은 생성된 mRNA가 먼저 핵에서 나와 세포질로 이동해야 한다. 그전에 mRNA의 이전 형태인 프리^pre−mRNA가 가공 과정을 통해 실제적인 mRNA로 개조되어야 한다.

RNA 가공: RNA의 양끝이 변한다. 5′−말단은 소위 **캡−구조**^cap−structure를 가지는데, 이것은 개조된 구아닌−뉴클레오티드다. 3′−말단에는 50~200개의 아데닌−폴리뉴클레오티드가 결합하여 **폴리−A 꼬리**를 형성한다 이 두 가지 변형된 형태는 mRNA가 세포질로 이동하기 위해 준비 중이라는 신호 역할을 하고, 핵산이 리보뉴클레아제 효소 등에 의해 미리 분해되지 않도록 보호한다. 결국 mRNA가 번역이 진행되는 리보솜에 정확히 결합하기 위해서는 이 변화가 필수다.

1차 전사체의 가공 시 중요한 또 다른 과정은 가닥에서 나온 특정 부분이 없어지는 것이다. 이것을 RNA의 **스플라이싱 과정**이라고 한다. 형성되어야 하는 단백질의 아미노산 연속체에 대한 정보를 가지고 있지 않은 부분, 즉 **인트론**들은 잘려나간다. 진핵생물의 경우 한 유전자는 코드화하는 부분, 즉 **엑손**과 많은 수(1200개의 독해 된 염기 중 약 800개)의 코드화하지 않은 부분으로 번갈아 가며 구성되는데, 이 사실은 유전자 프로파일링 시 유리하게 작용한다. 이러한 유전자를 모자이크 유전자라 부르기도 한다.

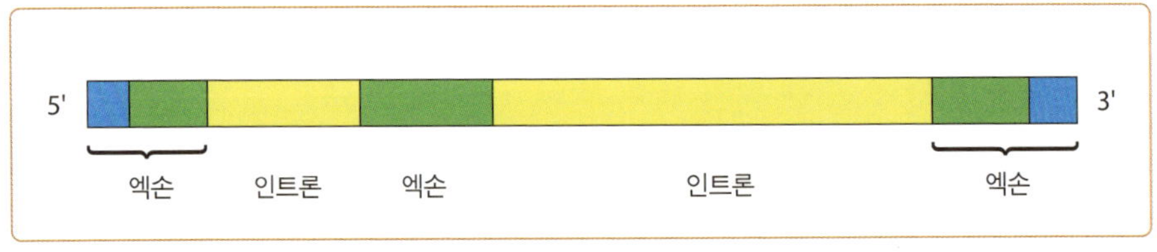

도식으로 나타낸 유전자 구성.

흥미로운 것은 1차 전사체의 동일한 부분이 항상 잘려 나가는 것이 아니라는 사실이다. DNA 상의 동일한 유전자 정보에서 어떤 엑손이 남아 있는지에 따라 서로 다른 단백질이 합성될 수 있다. 이러한 **대체 스플라이싱**은 이전에 생각했던 것보다 인간 게놈이 확실히 적은 유전자를 가진다는 사실의 근거가 된다. 인간 게놈은 20,000~25,000으로 초파리^{Drosophila melanogaster}의 경우보다 약 2배 더 많을 뿐이다. 이 밖에도 인트론은 감수분열 시 염색체의 교차(102페이지 이하 참조)가 발생하고, 그 결과 유전 물질이 새롭게 조합될 수 있다는 개연성을 증가시킨다. 내용이 많을수록 중복이 일어나기 쉽기 때문이다. 이때 코드화하는 관련 부분이 없을 경우, 염색체 교체에 의해 엑손에서 정보가 소멸하는 일이 발생할 위험이 확실히 감소한다.

번역^{translation} : 번역은 세포질의 리보솜에서 일어난다. 이때 실질적인 번역은 mRNA의 염기 연속체(염기언어)에서 출발하여 생성되는 단백질의 아미노산 연속체(아미노산 언어) 방향으로 진행된다. 이때 운반 RNA(tRNA)의 도움으로 mRNA가 단백질로 교환된다. tRNA 하나는 약 80개의 뉴클레오티드로 구성된다. 수백 개에서 수천 개에 이르는 mRNA와 비교했을 때 극소에 해당하는 수다. 다리 역할을 하는 수소결합으로 인해 tRNA는 2차원적 관점에서 관찰했을 때, 특징적인 클로버 잎 모양으로 펼쳐진다.

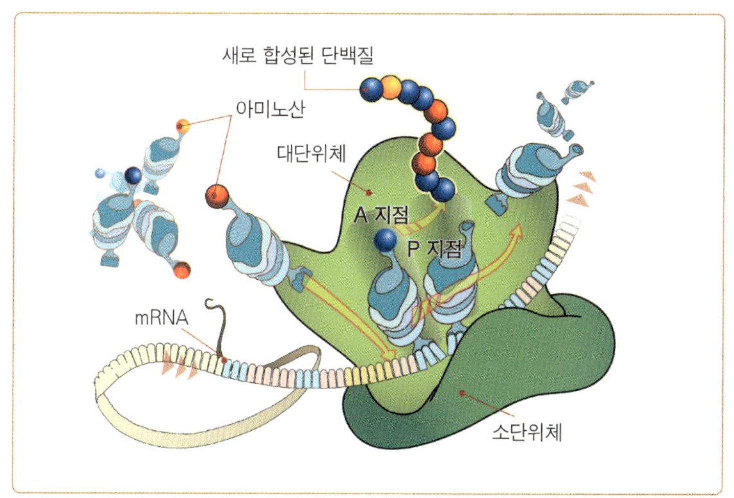

리보솜에서 일어나는 번역.

tRNA의 특징적인 모양은 그 기능을 위해 필수적이다. 이들이 세포질에 있는 자유로운 아미노산을 리보솜으로 운반하면 아미노산은 비어 있는 tRNA의 3′-OH 말단에 결합한다. 이렇게 생겨난 복합체를 **아미노아실-tRNA**$^{aminoacyl-tRNA}$, 줄여서 aa-tRNA라고 표시한다. 이 결합 장소의 맞은편에 있는 tRNA의 뉴클레오티드 연속체에 3개의 염기로 이뤄진 이른바 **안티코돈**^{anticodon}이 존재한다. 안티코돈은 그에 맞는 mRNA의 코돈과 함께 수소결합을 한 후 염기쌍을 만들어낼 수 있다. 예를 들면, mRNA의 염기배열 GGG는 글리신 아미노산을 위해 코드화한다. 여기에 맞는 tRNA을 위한 안티코돈은 CCC다. 그러면 안티코돈의 위치에 있는 CCC 배열을 가진 tRNA는 mRNA의 GGG 코돈과 결합하여 글리신을 공급한다.

tRNA에 꼭 맞는 아미노산이 결합하도록 하는 것이 아미노아실-tRNA 합성효소다. 이 효소는 20개의 서로 다른 형태로 존재하는데, 각각의 아미노산을 위해 각기 다른 특기를 가지고 있다. 각각의 모든 아미노산은 그것의 고유한 tRNA뿐만 아니라 거기에 결합하는 고유한 효소도 가지고 있다.

합성효소는 단백질 옆에서 적합한 tRNA의 안티코돈을 인지하기 때문에 정확한 결합을 보장한다.

워블 가설^{wobble hypothesis}(흔들림 가설): 코돈과 안티코돈이 서로 짝을 만나는 과정을 연구하던 중 각각의 모든 아미노산을 위해 그것을 운반하는 특별한 하나의 tRNA가 존재한다는 사실이 밝혀졌다. 그러나 고유한 하나의 tRNA가 모든 61개의 가능한 아미노산 코돈을 위해 존재하는 것이 아니라 약 40개만을 위해 존재한다. 이는 동일한 tRNA가 여러 개의 코돈을 인지하고 결합해야 한다는 것을 의미하고, 실제로 기능한다. 코돈 및 안티코돈의 세 번째 염기는 각각 그 앞의 염기들에 비해 중요성이 떨어진다. 실제로 안티코돈의 5′- 위치에 있는 염기 U는 mRNA의 맨 끝(3′-) 위치에 있는 A와 G 모두와 짝을 맺는 것을 볼 수 있다. 염기쌍을 만드는 과정에서 볼 수 있는 이러한 유연성을 '워블(흔들림)'이라고 한다. 워블 가설은 같은 아미노산을 위해 코드화하는 트리플렛이 왜 마지막 염기에서 차이를 보이는지를 설명해준다. 예를 들면 안티코돈 UCU를 가진 tRNA는 코돈 AGA나 AGG와 쌍을 만들 수 있다. 이 둘은 모두 아르기닌이라는 같은 아미노산을 위해 코드화한다. 이렇게 해서 항상 정확한 아미노산이 단백질에 삽입된다.

단백질 합성이 일어나는 발생 장소인 **리보솜**은 리보 RNA(rRNA)와 크고 작은 2개의 단위체로 조립된 단백질로 구성된다(4장 참조). 이러한 2개의 단위체로 이뤄진 단백질의 구조는 순서대로 배열된 단백질 합성을 위해 기초적인 의미를 가진다. 왜냐하면 이것이 한편으로는 mRNA, 다른 한편으로는 아미노산이 장착된 tRNA 간의 접촉을 중재하기 때문이다. 각각의 모든 리보솜은 mRNA를 위한 결합 장소와 tRNA를 의한 3개의 결합 장소를 가지고 있다.

- **P 지점**(펩티딜−tRNA를 위한 지점)은 tRNA가 마지막으로 공급된, 이미 합성된 단백질 조각이 달린 아미노산과 결합한다.
- **A 지점**(아미노아실−tRNA를 위한 지점)은 tRNA의 아미노산이 막 단백질에 삽입되면 해당 tRNA와 결합한다.
- **E 지점**(출구를 위한 지점)에서 tRNA의 아미노산이 연결에서 풀리면 드디어 tRNA가 리보솜과 분리된다.

리보솜은 아미노아실−tRNA와 그에 속한 mRNA의 코돈이 접촉할 수 있도록 형성된다. 또 모든 아미노산이 자라고 있는 새롭게 공급된 단백질 사슬에 최적으로 삽입될 수 있도록 각각 인도한다. 또한 다른 효소처럼 촉매 작용을 한다. 그래서 '리보효소^{Ribozym}'라는 용어가 나온 것이다. tRNA의 아미노아실이 단백질 사슬로 이동하고, 새로운 펩티드결합이 발생한다. 이렇게 점점 길어지는 사슬은 결국 터널을 관통하여 리보솜의 대단위체를 떠난다.

전사와 유사하게 번역도 연이어 일어나는 단계로 나눌 수 있다.

- 개시
- 연장
- 종료

개시에서 mRNA가 저장되고, 처음으로 공급된 아미노산을 가진 tRNA와 2개의 리보솜 단위체가 서로 접근한다. 먼저 메티오닌^{methionin}을 가진 시작−tRNA가 소단위체 리보솜과 결합한다. 이 결합체는 캡−구조의 도움으로 mRNA를 인지하고, tRNA의 안티코돈에 속하는 코돈에 도달할 때까지 그것을 따라 움직인다. 또한 이 결합이 번역을 위한 시작 신호가 된다. 이어서 대단위체 리보솜이 접근한다. 이제 리보솜은 기능을 완수할 능력을 갖추었다. 이 시점에서 메티오닌을 가진 시작-tRNA는 준비를 마친 리보솜의 P 지점에 위치한다. A 지점은 비어 있고, 최초의 아미노아실-tRNA를 기다리고 있다.

연장에서는 mRNA의 코돈 정보에 맞춰 아미노산을 함유한 tRNA 분자들이 공급된다. 이 아미노산은 펩티드결합을 통해 최초의 메티오닌 또는 생성 중인 단백질 사슬과 연결되어 있다. 이때 mRNA는 5′-말단과 함께 코돈에서 코돈으로 리보솜을 통과하며 이동한다. tRNA는 안티코돈과 함께 각각 속한 아미노산에 접근하는 데 성공한다. 나중에 이 아미노산들은 생성되고 있는 단백질의 카르복실 말단에 연결될 것이다. 이때 다음과 같은 세 가지 과정이 중요하다.

- 아미노산이 장착된 tRNA의 결합
- 펩티드결합의 형성
- mRNA의 이동

단백질 합성의 마지막 단계는 **종료**다. 이것은 mRNA의 특별한 정지코돈 stop-codon이 리보솜의 A 지점에서 멈추자마자 가동된다. 소위 분리인자라고 하는 단백질이 A 지점에서 결합하고, 생성된 단백질 사슬의 분리를 촉매한다.

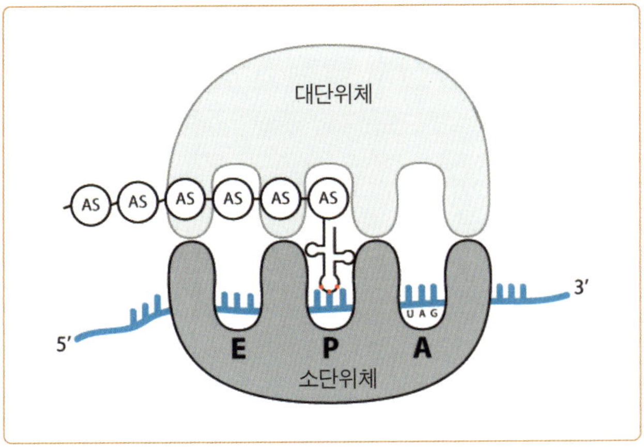

리보솜의 구성.

단백질 변형: 생성된 단백질은 실제적인 번역에 이어 세포 안에서 자신의 기능을 발휘하기 전에 흔히 변형된다. 예를 들면, 단백질은 당이나 지질, 인산그룹 등과 결합할 수 있다. 또한 이와는 달리 인슐린 호르몬의 경우처럼 단백질 사슬의 한 부분이 효소적으로 끊어지는 일이 발생할 수도 있다. 인슐린의 경우, 먼저 프로인슐린proinsulin의 형태로 만들어지고, 단백질 가운데에서 나온 여러 개의 단백질이 떨어져 나가면서 활발한 형태로 변화된다.

1956년, 프랜시스 크릭은 DNA → RNA → 단백질이라는 이 엄격한 순서를 분자생물학의 중심원리central dogma라고 표현했다. 이것은 오늘날에도 대체로 들어맞는다. 1970년대 중반에는 특별한 경우 이 순서가 뒤바뀔 수 있다는 사실, 즉 RNA에서 DNA가 합성될 수 있다는 사실이 발견됐다. 이를 소위 역전사reverse transcription라고 한다. 이에 대한 좀 더 자세한 사항은 6장에서 설명할 예정이다.

유전자 발현의 조절

충분히 상상할 수 있듯이, 위에서 기술한 전사와 번역이라는 유전자 해독의 아주 복잡한 과정은 보다 포괄적인 감시가 필요하다. 이것은 세포주기의 어떤 시점 또는 어떤 특정 발달 단계에서 어떤 단백질이 필요하고, 어떤 것이 있어서는 안 되는지를 조절하는 일을 담당한다.

박테리아 세포의 경우는 상대적으로 단순하다. 그것은 환경이 요구하는 데로 유전자가 발현되게 되어 있다. 예를 들어 가까운 매체에 트립토판 아미노산이 결여됐을 경우, 트립토판 형성에 필요한 유전자가 해독된다. 박테리아가 충분한 트립토판을 제조하면 아미노산 스스로 자신의 형성을 억제한다. 즉, 생성물을 억제하는 것이다. 그러면 유전자의 발현은 중단되고, 그에 따라 mRNA는 더 이상 만들어지지 않는다. 이렇게 박테리아는 환경 변화에 빠르고 효과적으로 반응할 수 있는 상태가 된다.

진핵생물의 경우는 훨씬 더 복잡하다. 진핵생물은 원핵생물처럼 그렇게 빠르게 환경 변화에 반응할 필요가 없다. 그러나 다세포 생명체는 적어도 필요할 경우 세포의 전문성에 따라 유전자 발현에 차이를 줄 수는 있다. 장세포에서는 산소를 흡수하는 일을 담당하는 세포와는 달리 효소가 공급되어야 하고, 그에 맞는 다른 유전자가 읽혀야 한다.

다음의 예들은 다양한 영역에서 유전자 발현의 조절이 일어나는 것을 보여준다.

- 한 특정 유전자를 위해 mRNA가 제조돼야 하는지, 그렇지 않은지는 **전사** 영역에서 결정될 수 있다. 전사인자가 이 결정을 담당하는데, 전사인자는 DNA의 프로모터 부분에 결합해 있거나 결합해 있지 않다. 억제하

는 전사인자는 억제인자, 촉진하는 전사인자는 활성인자라고 한다.

- **번역** 영역에서는 조절 단백질이 mRNA의 특정 연속체와 결합하여 리보솜이 이곳을 통과하는 것을 방해함으로써 리보솜의 두 단위체인 mRNA와 메티오닌을 가진 tRNA에서 나오는 개시복합체의 형성이 억제된다.

- 마지막으로 **단백질** 영역에서 조절이 가능하다. 인슐린의 예처럼 단백질이 자신의 최종적인 활동형태로 만들어지지 않거나 인산염의 결합처럼 특별한 활성반응이 일어나지 않는다.

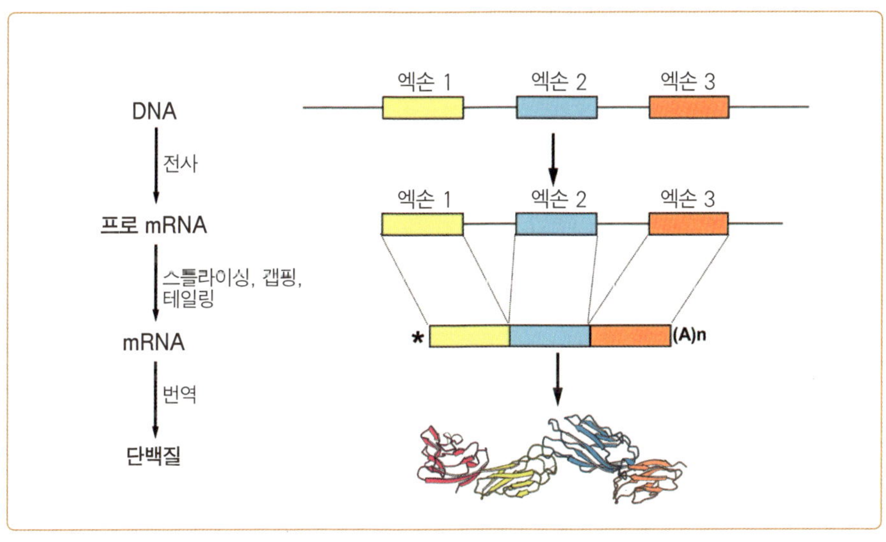

유전자 발현.

돌연변이

진화의 가장 중요한 원동력(14장 참조)은 특별한 이유가 없는 우연적인 유전형태의 변화, 즉 돌연변이에 있다. 유전정보가 수백만 년 넘게 항상 동일하게 유지되었다면 오늘날과 같은 다양한 생명체는 발달하지 않았을 것이다. 그렇다면 이러한 유전형태 변화는 어떤 양상을 가질까? 원칙적으로는 DNA 복제 시 또는 세포분열로 인해 새롭게 만들어진 염색체가 딸세포로 분리·분배되는 과정에서 발생하는 실수가 핵심이다.

우선 돌연변이가 어떻게 발생하는지에 따라 그 종류가 구분된다.

- 유전자 돌연변이
- 염색체 돌연변이
- 게놈 돌연변이

유전자 돌연변이의 경우 하나의 유전자만 이와 관련되므로(자세한 사항은 'DNA 복제' 참조) DNA 상에서 직접 발생한다. 이때 염기가 다른 것과 바뀌거나 **점 돌연변이**가 발생한다. 이 돌연변이가 어떤 작용을 하는지는 아미노산이 그에 따라 변화하는지, 그렇지 않은지, 또한 관련 유전자가 아미노산을 코드화할 때 이 아미노산 배열의 변화가 다시 전체 단백질 기능에 어떤 영향을 미치는지에 달려 있다(4장 '단백질' 부분 참조). 유전자 코드의 과잉 때문에 점 돌연변이는 흔히 표현형에 영향을 주지 않는다.

염기가 탈락(결실^{deletion})하거나 삽입(인서트^{insert})되는 경우를 **래스터**^{raster} **돌연변이** 또는 프레임시프트^{frameshift} 돌연변이라고 한다. 래스터가 유전정보를 읽을 때 전달자 RNA에 의해 변하기 때문이다. 돌연변이 뒤에 놓인 모든 염기 트리플렛이 잘못 읽히고 거기에 있던 모든 정보가 사라진다. 일반적으로 아미노산의 변화에 비해 확실히 심각한 영향을 미치고, 대부분 기능을 상실한 단백질이 만들어진다.

염색체 돌연변이는 염색체 내의 구조가 변하는 것을 말한다. 감수분열 시 염색체는 분열을 통해 서로 분리되며, 이때 분리된 조각들은 사라진다(**결실**^{deletion}). 또는 자매염색분체가 **중복**^{duplication}되거나 다른 염색체에 **삽입**^{insertion}한다. 분열할 때 이 조각들이 우연히 서로 옆에 놓이게 되면(**전위**^{translocation}) 결국 비−상동염색체 사이에 있는 분리된 염색체 조각들은 서로 교환된다. 이러한 염색체 분리 후 원래 염색체 안으로 분리된 조각들이 들어오는 것이 가능해지고, 그 반대의 경우도 가능하다(**전도**^{inversion}).

일반적으로 염색체 돌연변이는 신체적 · 정신적 발달에 현저한 영향을 미친다. 그 예로 자주 언급되는 것이 신생아 5만 명 중 1명꼴로 드물게 발생하긴 해도 5번 염색체 끝의 결실로 발생하는 고양이울음증후군(묘성증후군)이다. 해당 아동은 발달 저하, 신체적 기형, 잦은 감염 등 기타 증상들을 보

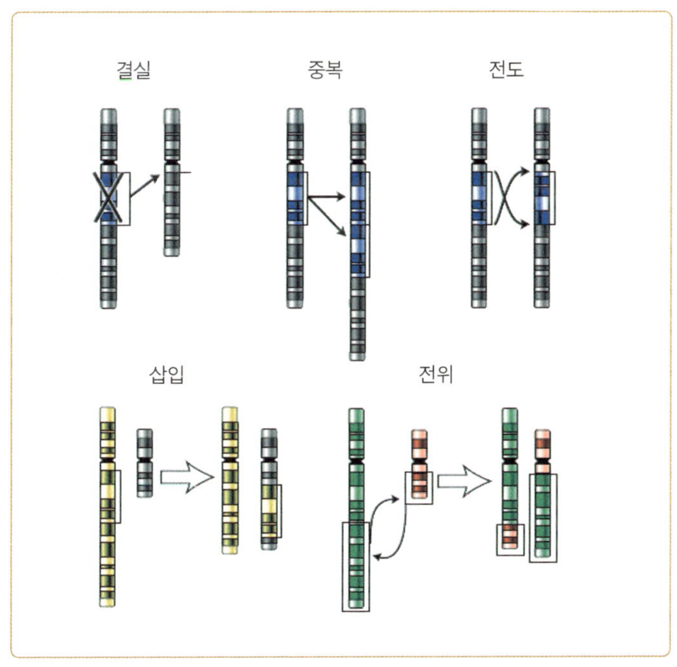

염색체 돌연변이.

인다. 염색체 9번과 22번 사이의 특징적인 전위를 '필라델피아 염색체'라고 한다. 이것은 암과 연관된 것으로 밝혀진 최초의 염색체로, 이 염색체를 가진 환자들은 만성 골수성 백혈병으로 고통받는다. 환자 중 95%가 이 염색체를 가진다.

게놈 돌연변이는 염색체 수가 변하는 것이다(**염색체 이수성**). 염색체 하나가 결여되면 상동염색체는 단 하나의 염색체만 가지는데, 이러한 염색체를 모노솜^{mososome}(일염색체)이라고 한다. 또는 염색체가 여러 개일 수 있는데, 이 경우 상동염색체는 대부분 3개의 염색체를 가진다^{trisomy}(삼-염색체성). 그 원인은 일반적으로 감수분열 시 또는 드물게 유사분열 시 염색체가 잘못 분배되기 때문이다. 가장 잘 알려진 예는 이를 최초로 설명한 존 랭돈 다운$^{John\ Langdon\ Down(1828\sim1896)}$의 이름을 따서 다운 증후군이라 불리는 인간의 21번 삼-염색체성일 것이다. 이에 해당하는 사람은 몸이 작고 두툼하며, 선천적인 심장질환을 갖는 경우가 많고, 호흡기 감염에 쉽게 걸리며, 정신적 발달장애도 보인다. 상염색체^{autosome}의 모노솜은 인간의 경우 자세히 묘사되지 않고 있는데, 이에 해당하는 생명체는 살 수 없는 것으로 추정된다. 반면에 성염색체의 모노솜은 잘 알려져 있는데, 소위 울리히 터너 증후군$^{Ullrich-Turner\ Syndrom}$이라고 한다. 이 경우 여성 성염색체만 있어 X0 타입이라고 한다. 이에 해당하는 사람은 여성의 성 기관을 가지고 있긴 하나 난소가 완전히 발달하지 않기 때문에 생식능력이 없다.

전체 염색체 쌍의 한쪽만 가지면 '반수체'라고 한다. 고등식물의 배우체(304페이지 참조)는 규칙적으로 반수체다. 이배, 삼배 등 정상적인 염색체 쌍은 삼배체, 사배체 등으로 부른다. 일반적으로 식물의 경우는 **배수체**가 널리 퍼져 있고, 예외라기보다는 보통이다. 예를 들면 바나나와 밀은 항상 6배체이고, 물고기나 양서류 같은 배수체 동물도 잘 알려져 있다.

또한 1999년에 처음으로 남미산 설치류인 사배체 빨간비스카차$^{Octomys\ mimax}$
가 발견되었다. 전체적으로 생명체에 미치는 배수체의 영향은 이수체의 영
향보다는 훨씬 작은 것으로 보인다.

유전공학 – 유전자 치료

　지구상에 정착하여 유용한 식물을 재배하기 시작하면서 인간은 식물의 생
식 등에 개입하고 이를 조절하기 시작하였다. 특히 원하는 특성을 가진 식
물이나 동물의 특성을 선별하거나 원하지 않는 생명체의 생식을 억제하면
서 사육이 시작되었다.

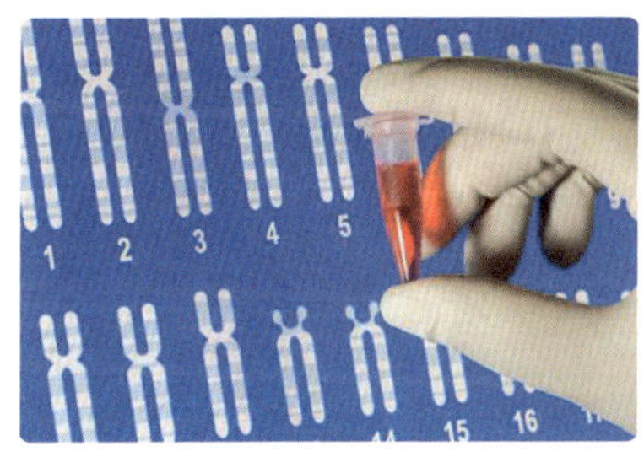

유전공학.

　그사이 생물과학 기술에서 응용 유전
학은 괄목할 만큼 성장했다. 오늘날 의
약품이나 비타민, 기타 물질들을 제조하
거나 더욱 능률적이고 저항력이 강한 식
물을 재배하기 위해 학문이나 연구에서
새로운 방법을 개발하거나 기타 많은 것
들을 위해서 살아 있는 세포를 이용하려는 시도가 행해지고 있다.

유전학 방법론의 기초

유전학 기술의 목표 중 하나는 생명체(일반적으로 박테리아)가 낯선 유전자,

주로 인간 유전자의 생산물을 만들어내도록 유도하는 것이다. 그런데 어떻게 박테리아가 명령을 따라 이것을 수행하도록 하는 것일까?

그 밖에도 많은 양의 생산물을 만들어내기 위해 '**유전자 복제**'를 통해 '숙주세포'의 도움으로 번식시킴과 동시에 생산물을 위해 인코딩된 유전자가 추가된 DNA 분자를 만든다. 우선 해당 유전자를 분리해야 하는데, 예를 들면 인슐린을 위해 DNA 공여체인 '인간 세포'에서 해당 유전자를 분리한다. 그와 더불어 세포와 핵막을 파괴하고, 히스톤 단백질을 DNA에서 분리하여 DNA를 축출한다. 그러면 운반체와 함께 유전자가 숙주로 이동한다. 운반체 역할은 주로 플라스미드plasmid라는 박테리아에서 나온 링 모양의 DNA 분자에 의해 수행된다(6장 참조).

이어서 이른바 제한효소에 의해 원하는 유전자를 보유하고 있는 부분이 인간의 DNA에서 정확히 절단되어 분리된다. 제한적 엔도뉴클레아제라고도 하는 이 제한효소는 특정 염기서열의 DNA를 절단할 수 있고, 여러 개의 작은 조각들로 나눌 수도 있다. 이때 각각의 제한효소는 DNA 상의 효소를 인지하는 특별한 배열을 나타낸다. 효소는 생성된 DNA 조각의 끝이 단일가닥으로 구성되도록 약간 자른다.

동일한 제한효소에 의해 운반체 DNA에서 한 조각이 절단되면 최종 결과로 상호보완적인 접착성 말단cohesive end이 생겨나 공여체 운반자인 DNA의 상보적 말단에 결합한다. 리가아제 효소의 도움으로 이 결합은 더욱 공고해진다. 이렇게 폐쇄적으로 조합(재조합)된 DNA 가닥이 생성되면 재조합된 DNA를 이에 맞는 박테리아 용액에 넣어 숙주인 박테리아 내부로 이동시킨다. 이때 박테리아는 세포막을 통해 DNA를 직접 내부로 흡수할 수 있다. 이 과정을 **형질전환**transformation이라고 한다. 해당 플라스미드를 흡수한 박테리아가 확인되면 이것은 알맞은 배양기에서 번식된다. 끝으로 운반된 인간 유전자의 생산물(예를 들면 인슐린)이 제조된다.

인체에 유용한 대장균^{Escherichia coli}

유전공학으로 제조되는 의약품으로는 1982년 미국에서 처음으로 상품화되어 판매된 인간 인슐린이 있다.

그 밖에도 인간 DNA 안에 있는 인슐린 호르몬(단백질)을 위해 인코딩된 바로 그 유전자를 유전학적인 방법으로 대장균이라는 박테리아 게놈에 이동시킬 수 있다. 대장균은 인간에게 문제가 되지 않는다. 이 균은 인간의 대장에 서식하는 장 내 세균 중 대부분을 차지하는 무해한 균이다. 대장균은

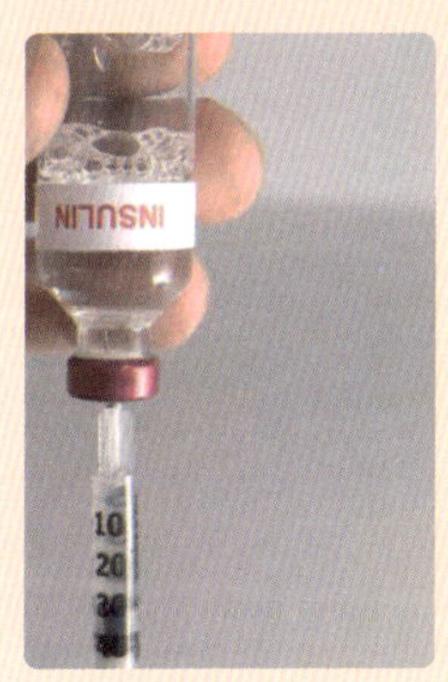

많은 양의 인슐린을 합성하고 이 인슐린은 많은 작업단계를 거쳐 분리·정화되는데, 그 결과물은 인간 몸에 의해 생산된 호르몬과 동일 작용을 한다.

1922년, 프레더릭 밴팅과 찰스 베스트에 의해 처음으로 인슐린이 분리된 이래 당뇨병 환자들은 더 이상 인슐린 부족으로 사망하지 않게 되었다. 가축이나 돼지의 췌상에서 얻어진 인슐린은 몇 개의 아미노산에서 인간의 것과 구분된다. 물론 세월이 지나는 동안 (인슐린으로 당뇨를 치료하는 것은 시간이 걸리는 치료법이다) 동물 인슐린에 알레르기반응을 보이는 당뇨병 환자 수가 증가했다. 하지만 독일에서 약 15년 동안 박테리아 게놈의 재조합으로 제조된 인간 인슐린이 판매된 이후 이 문제는 현저하게 감소했다.

유용한 균인 대장균으로 제조할 수 있는 것은 인슐린만이 아니다. 그 외에도 성장 호르몬이나 그 밖의 호르몬, 혈액응고를 용해하는 의약품, 암 치료제, 예방백신 등이 가능하며 이를 연구 중인 제약회사협회^{VfA}의 보고에 따르면, 2010년 독일에서 이러한 종류의 의약품이 적어도 144개, 작용제는 108개가 허가되었다.

젤 전기영동법으로 혼합된 핵산이나 단백질 같은 거대분자들을 분자 크기에 따라 분리할 수 있다. 예를 들면, 단백질 절편들을 함유한 혼합 물질을 젤에 올려놓고, 거기에 전기를 흘려보낸다. 그러면 음전하를 띤 DNA 절편들이 이동한다. 이때 젤이 여과기 역할을 하는데, 젤 안에서 큰 절편들은 천천히, 작은 절편들은 빨리 이동한다. 절편들이 완전히 분리된 후 생겨난 고도로 특수화된 밴드들은 다른 샘플의 밴드들과 비교하여 2개의 샘플에서 나온 DNA가 동일한지를 확인한다. 이른바 **블로팅**을 이용하여 연구 대상 세포가 특정 유전자를 보유하고 있는지(서던 블로팅으로 단백질 검사), 특정 유전자가 전사되었는지(노던 블로팅으로 RNA 검사), 특정 유전자 생산물이 합성되었는지(웨스턴 블로팅으로 단백질 검사)를 확인하는 것이다.

우선 조사할 성분들을 젤 전기영동법으로 분리하고, 블로팅에서는 대부분 니트로셀룰로오스로 구성된 필터 위에 이 성분들을 올려놓는다. 그런 다음 방사능으로 표시된 유전자 탐침이나 형광 색소로 표시된 단백질 항체를 첨가한다. 유전자 탐침은 연구할 유전자나 mRNA에 상보적으로 작용하는 뉴클레오티드로 구성되어 있기 때문에 유전자 탐침이나 항체는 검사 물질이 찾고 있는 구조를 함유하고 있으면 거기에 달라붙는다. 마지막 단계에서 단백질 복합체 항체의 형광반응이나 방사능 탐침으로 인해 X선 필름이 까맣게 탄 것을 보고 찾고자 했던 결과물을 직접 확인할 수 있다.

폴리머레이즈 연쇄반응^{PCR : polymerase chain reaction}을 이용하면 최소량의 DNA를 매우 효과적으로 빠른 시간에 대량 복제할 수 있어 현대적 연구와 현대 의학, 법의학 분야에서 더 이상 배제할 수 없게 되었다. 이 기술은 1985년 미국의 화학

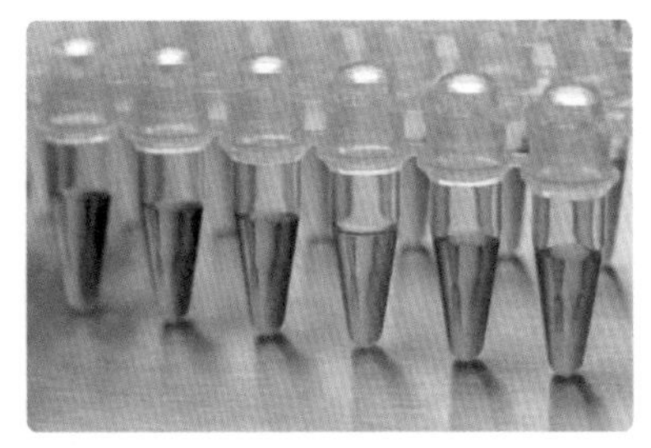

폴리머레이즈 연쇄반응.

자 캐리 멀리스^{Kary Mullis(1944년 출생)}에 의해 개발되었고, 그는 이 공로로 1993년 노벨상을 받았다.

PCR은 세 가지 소단계로 이뤄진다.

* 먼저 DNA를 가열한다(DNA 변성) : 이때 이중나선구조가 풀리고 DNA는 단일가닥이 된다.
* 냉각 후 2개의 프라이머를 첨가한다. 이것은 복제될 DNA 부분을 양쪽에서 표시한다.
* 프라이머가 DNA 폴리머레이즈에 의하여 3′–말단에서 시작하여 연장되면 PCR에서 복제효소^{Taq–polymerase : Thermus aquaticus}(세균의 복제효소에서 이름을 따옴. 열에 안정적인 복제효소)가 작용하여 분당 약 1,000개의 염기가 만들어진다.

유전적 지문

여러분은 아마도 유전적 지문에 대해 자주 들어 보았을 것이다. 텔레비전의 픽션 시리즈물에서만 아니라 신문에서도 다음과 같은 기사를 접할 수 있다.

"유전적 지문에 의하여 그가 범인임이 확실히 밝혀졌습니다."

'유전자 지문' 또는 유전적 프로파일이란 무엇을 의미할까? 모든 개인의 DNA는 유일하며 개별적이다. 오직 그 사람에게만 그 형태와 그 순서로 존재하는 것이다. DNA에 의해 인코딩되는 단백질 형성은 모든 사람에게 동일하고, 그에 따라 그 부분에 있는 DNA도 동일하게 형성된다. 유전적 프로파일에서는 이른바 인코딩하지 않는 부분을 연구한다. 즉, 단백질로 번역되지 않는 DNA 부분인 인트론을 연구한다. 이때 개별적으로 반복되는 짧은 염기 배열이 나타난다. 이것을 짧은 직렬반복Short Tandem Repeats: STR이라고 한다. 하나의 동일한 DNA 부분에 부착된 STR이 반복되는 수는 사람마다 크게 차이가 있다. 예를 들면 어떤 사람에게는 TCAG 배열이 15회 나타나는 데 비해 어떤 사람의 경우는 35회나 나타난다. PCR을 통하여 다양한 STR 순서를 가진 DNA가 복제되면 STR의 반복 수를 젤 전기영동법을 통해 조사할 수 있다. 약 20개의 세포를 가진 아주 작은 샘플도 이런 방법으로 분류할 수 있다. 보통 재판에 사용할 때는 이러한 STR을 13개 검사한다. 일란성 쌍둥이를 제외한 서로 다른 두 사람이 정확히 동일한 염기 연속체를 가질 확률은 수백만분의 1이다.

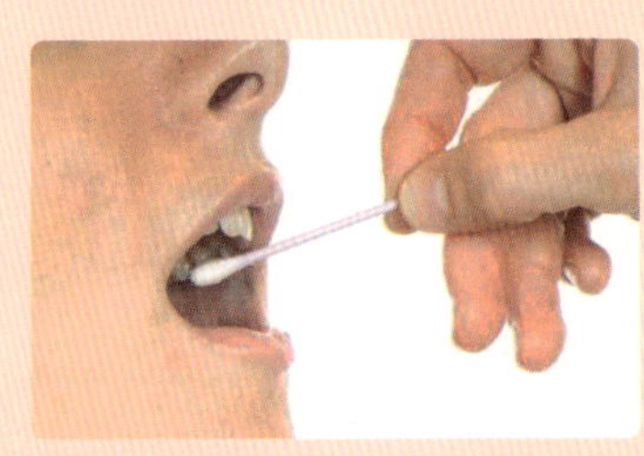

DNA 분석.

특수한 경우: 어떤 사람이 골수이식을 받았다면 그의 혈액세포는 골수를 기증한 사람의 것과 동일하다. 이런 경우 골수이식의 영향을 받지 않은 조직표본이나 머리카락을 검사해야 한다.

이 밖에도 유전적 프로파일은 대량학살(뉴욕의 세계무역센터 테러 등) 시 희생자의 신원을 파악하거나 친자 확인을 위해 사용된다. 실제로 브리스톨 대학의 알렉 제프리스Alec Jeffreys(1950년 출생)가 이끄는 연구 팀이 개발한 방법을 1985년 영국에서 최초로 동일한 목적에 사용했다. 독일에서는 1988년 이후 법정 판결을 위해 유전적 프로파일을 증거로 채택하는 것이 허용되고 있다.

적용 예

유전학 방법론은 **식물재배**에도 응용된다. 식물에 특별한 유전자를 투입하면 두 번째 단계에서 이 유전자는 이 식물의 '정상적인' 원래 유전자와 교배된다. 그 결과 원하는 특성을 가진 자손이 만들어진다. 이는 무엇보다도 특정 제초제나 곤충에 저항할 수 있는 특성을 말한다. 또한 특정 비타민을 생성하거나 영양이 부족하고 건조한 토양에서도 잘 견딜 수 있는 유전자와 같이 유용한 유전자를 실험한다.

이식유전자 동물을 만드는 것은 이식유전자 식물에 비해 훨씬 어렵다. 왜냐하면 낯선 DNA를 이식하기가 매우 어렵고, 대부분 고등동물의 한 세대 길이는 식물보다 훨씬 길기 때문이다. 이식유전자 동물은 의약품 제조에도 이용되는데, 예를 들면 혈액응고에 가담하는 단백질(안티트롬빈) 합성에 이용될 수 있다. 연구실과는 달리 고전적인 가축사육에서는 이 방법은 거의 응용되지 않지만 물고기 사육에서는 사용되는데, 물고기는 그 기술이 상대적으로 간단하기 때문이다. 송어나 잉어의 경우에는 성장을 가속화하기 위해 다른 동물의 성장인자를 삽입한다.

복제 양 돌리

포유동물은 정자세포와 난자세포가 융합해야만 생겨날까? 다른 방법도 있다. 1996년, 세계 최초의 복제 포유동물인 양 돌리가 엄마의 체세포(젖가슴)에서 탄생했다. 스코틀랜드의 로슬린 연구소에서 키스 캠펠과 이언 윌머트는 DNA 형태로 유전정보를 보유한 젖세포의 세포핵을 유전정보를 미리 삭제한 기증 난자세포에 이식했다. 이렇게 유전정보를 '접종'받은 난자세포를 '대리모 양'이 배에 품었고, 결국 1996년 돌리가 태어났다.

복제 양 돌리.

의학계에서는 의견이 분분했으나, 생물학에서는 복제가 전혀 생소한 것이 아니었다. 박테리아나 여러 단세포 생물과 식물들은 오직 혼자서 번식하거나 이분열을 통해 부분적으로 무성번식한다. 이러한 식물의 번식은 생명체 주기에서 아주 정상적인 과정이다. 또한 일란성 쌍둥이도 생물학적인 관점에서는 복제다.

줄기세포란 과연…… 무엇인가?

줄기세포$^{stem\ cell}$에 대한 논쟁(전능성, 만능성, 성체 줄기세포, 쥐의 줄기세포, 인간의 줄기세포, 탯줄에서 나오는 줄기세포 등)이나 토론은 많은 사람에게 이해하기 어려운 주제다.

기본적으로 줄기세포란 동물의 배아 초기 단계에서 나오는 상대적으로 분열되지 않은 세포다. 줄기세포의 특별한 점은 하나의 줄기세포에서 여러 가지 다양한 세포와 세포 유형들이 유래한다는 것이다. 그래서 조직을 자라게 할 수 있다는 희망이 줄기세포의 특성과 결합해 다양한 치료방법이 연구되고 있다. 질병이나 사고로 손상되거나 파괴된 조직들을 줄기세포를 이용하여 대체하거나 파킨슨병(전달 물질인 도파민을 만드는 세포가 사멸하는 퇴행성 뇌 질환), 하반신마비를 동반하는 척수골절 후 신경조직을 새롭게 형성하는 경우 등에서 희망을 갖게 된 것이다.

전능성 줄기세포와 만능성 줄기세포는 배아 초기 단계에서 나타난다. **전능성** 세포는 원칙적으로 하나의 완전한 유기체를 형성할 수 있지만 **만능성** 세포는 모든 종류의 조직을 형성할 수 있는 능력은 있으나, 배조직(배에 의해 형성된 태반의 일부)이 아니므로 완전한 태아를 만들지 못한다. **성체줄기세포**는 성인에게서 나오는데, 배아의 발달과는 달리 스스로 일련의 분화세포로 발전할 수 있다.

예를 들면, 모든 혈액세포는 골수의 조혈 줄기세포에서 유래한다. 이 줄기세포는 필요에 따라 적혈구나 백혈구 또는 혈소판 전 단계에서 분화된다.

그동안 피부와 눈, 치수에서도 줄기세포가 분리되었다. 심지어 몇 년 전에는 오랜 시간에 걸쳐 최대로 분화된 것으로 여겨진 신경조직에서도 처음으로 신경 줄기세포가 나타났다.

눈에서도 줄기세포를 분리할 수 있다.

성체 줄기세포는 영양 용액이나 신체 밖에서 다양한 성장인자를 추가함으로써 배양할 수 있다. 물론 이 줄기세포는 제한된 조직만 형성할 수 있다. 혈액 줄기세포를 이용한 백혈병 치료법은 이미 실용화 상태이며, 2007년 한 연구 팀이 처음으로 쥐의 피부세포를 배아 줄기세포로 역분화할 수 있다고 보고했다. 이 줄기세포는 새로운 쥐를 자라게 하는 능력을 갖추었는데, 이를 '**유도줄기세포**'라고 한다. 줄기세포에서 유래한 규제 작용을 하는 유전자를 피부세포에 투입하고, 이때 벡터^{vector} DNA로 레트로바이러스를 사용한다. 그러나 윤리적 이유 때문에 '보통'의 배아 줄기세포보다 이런 종류의 줄기세포를 선호한다. 이것을 인간 세포에 전이할 수 있느냐에 대한 해답을 찾고자 지금도 많은 연구자가 활발히 연구 중이다.

인간유전학

인간의 경우 귓밥이나 머리, 이마의 경계선 모양 같은 많은 특성이 멘델의 규칙에 따라 유전된다. 그러나 인간유전학에서 무엇보다 흥미로운 점은 유전되는 질병이다. 이때 상염색체와 X-염색체의 유전 과정 그리고 열성유전과 우성유전이 구분된다.

X-염색체로 유전되는 질병으로는 색맹이나 혈우병^{hemophilia} 같은 혈액질환이 있다. X-염색체 유전의 경우, 하나의 X-염색체만 가지고 있는 모든 남자는 해당 유전자에 한해 반수체다. 이때 동형접합체와 이형접합체가 등장한다.

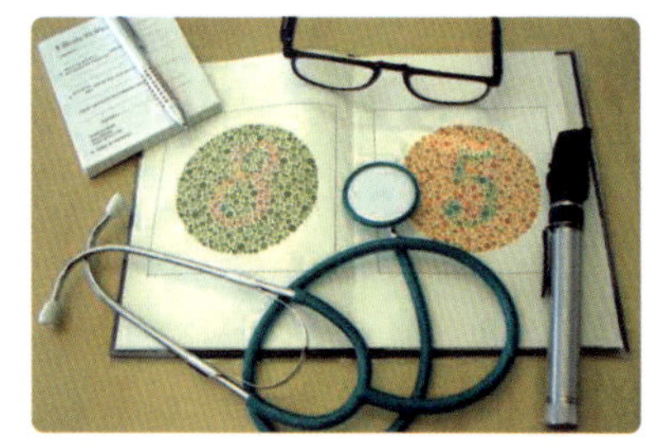

색맹 검사.

질병을 유발하는 모든 대립유전자는 존재하기만 하면 발현되지만 관련 유전자를 가진 여자들은 X-염색체의 특성이 우성으로 유전됐을 때만 그 병에 걸린다. 그러나 열성유전의 경우에도 유전 가능성은 여전히 남아 있다. 통계적으로 봤을 때 아들 중 절반이 대립유전자의 존재로 병에 걸리며 다른 절반은 대립유전자가 전이되지 않아 건강하다.

상염색체가 열성으로 전이되는 질병으로 **낭포성 섬유증**을 들 수 있다. 이것은 7번 염색체 상의 염기쌍 3개가 결실되어 나타난다. 이로 인해 염화물 이온을 운반할 능력이 없는 결함 있는 단백질이 생성된다. 이 결함은 계속해서 폐렴을 유발하는 기관지 가래로 나타난다. 또한 췌장이나 소화기관 등 다른 장기도 이에 해당할 수 있다.

헌팅턴병^{Huntington}은 상염색체의 **우성유전**으로 서서히 진행되며 신경조직에 치명적인 퇴행성 질환으로, 대립유전자를 가진 모든 사람이 이 병에 걸린다. 이런 질병의 유전은 대립유전자를 보유하는 사람이 모두 사망하기 때문에 저절로 제한되는 것이 보통이다. 그러나 문제는 헌팅턴병의 경우, 대립유전자가 약 40세부터 나타난다는 것이다. 그전까지 보유자는 건강한 것처럼 보인다. 또한 40세 정도가 되면 대부분 이미 자녀를 가지기 때문에 통계적으로 그들 자녀 중 절반이 유전자를 보유하여 이 병에 걸린다.

이러한 모든 종류의 질병은 (예를 들면 '돌연변이' 부분에서 소개한 염색체 돌연변이처럼) 이미 가족들에게 발생했을 경우 **인간유전학적 조언**이 의미가 있다. 멘델의 법칙에 따라 유전되는 질병의 경우, 유전계보를 분석함으로써 자녀가 질병에 걸릴 위험성에 관한 전문가의 의견을 들을 수 있다.

착상 전 진단이란?

독일에서는 2010년 7월 연방최고법원의 결정 이후 위원회, 협회, 조합, 국회, 일반 국민 사이에서 이 주제에 대한 집중적인 토론이 벌어지고 있다. 반대하는 사람이나 찬성하는 사람이나 모두 격렬하다. 착상 전 진단 또는 줄여서 PID pre-implantation diagnostics 란 과연 무엇일까?

우선 PID는 시험관에서 인공수정에 의해 생기는 수정란에서 진행된다. 시험관 아기 IVF: In-vitro-fertilization 는 정자를 세포질 내에 주사 ICSI: intracytoplasmic sperm injection 함으로써 생기는 수정란을 의미하며, '일반적인' 임신은 이에 해당하지 않는다.

이렇게 해서 생긴 수정란을 자궁에 착상하기 전, 며칠 시간을 두고 검사한다. 우선 총체적인 유전 형태를 보이는 세포를 하나 채취하여 그 게놈을 검사한다. 예를 들면, 헌팅턴병이나 뒤센형 근위축증, 21

귀한 아이?

번 염색체가 3개인 다운 증후군 같은 질병과 연관된 유전자 변화가 있는지를 검사하는 것으로, 다른 세포들은 문제없이 건강한 태아로 발달할 수 있다. 어떤 질병이 검사될 것인지는 부모에 의해 결정된다. 기본적으로 단일 유전자의 유전 과정, 즉 단지 하나의 유전자 변화로 인해 발생하는 유전적 질병을 PID로 조사하는 것이다. 대부분 질병처럼 여러 요소에 의해 좌우되는 질병, 즉 여러 개의 유전자에 영향을 받거나 유전자와 환경의 상호작용에 의해 생겨나는 질병은 PID로 검사할 수 없다.

임신기간 동안 정기적으로 하는 초음파검사 같은 일반적인 출생 전 진단은 PID와 아무런 관계가 없다. 또한 태아가 특정 질병에 걸릴 위험이 있을 때 하는 양수검사나 융모막검사와도 관계가 없다.

제6장

미생물학

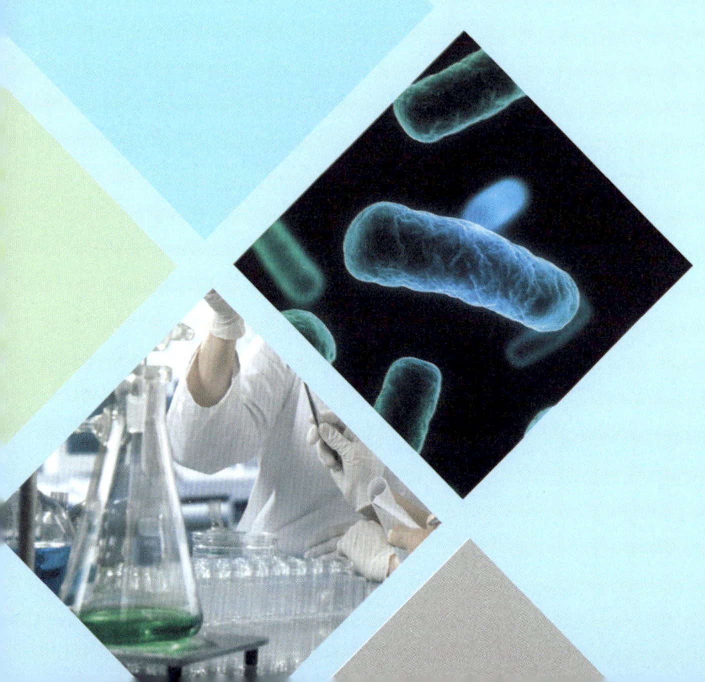

이름에서 이미 알 수 있듯이 **미생물학**의 대상은 좀 더 좁은 의미에서 보면 유전학과 마찬가지로 바이러스, 박테리아, 곰팡이, 원생동물 등 확실히 동물과 식물세계로 분류할 수 없는 단세포 생물들의 체계, 발생, 구성, 기능 등이 여기에 속한다.

박테리아

모든 박테리아는 원핵생물procaryote로, 진핵생물의 상대적 개념이다. 이름에서 pro는 그리스어로 '이전', caryo는 '너트 종류'로 세포핵의 구조를 묘사하는 말로, 이름에서 이미 다른 것들과 구분되는 중요한 특징을 발견할 수 있다. 원핵생물은 진핵생물eucaryote(eu는 '진짜, 옳은, 좋은'이란 뜻)과는 반대로 그것이 소유한 유일한 세포 안에 자립적인 세포기관으로 구분할 수 있는 세포핵을 가지고 있지 않다.

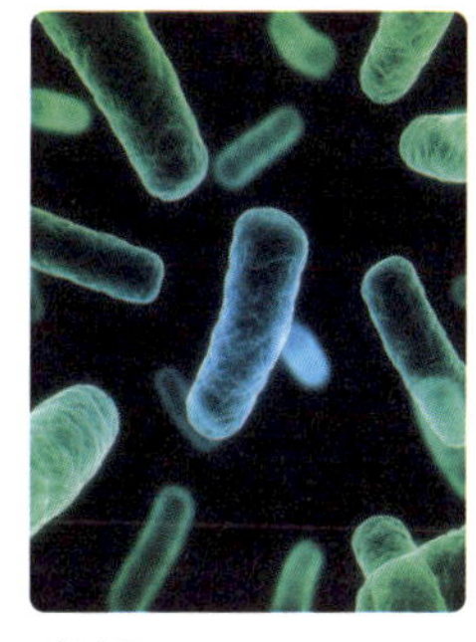

간상균.

구성

박테리아는 광학현미경으로 관찰했을 때 둥근 모양의 짧은 젓가락 모습을 한 세포다. 거기에 세포핵이 없다는 특성이 가미된다. 진핵세포와 상반되는 박테리아 세포의 차이점을 좀 더 살펴보면 다음과 같다.

- **박테리아 세포**는 진핵세포에 비해 확실히 작다. 진핵세포의 크기가 약 10~1,000㎛인 데 반해 박테리아 세포는 보통 1~10㎛이다.
- 세포핵이 없으므로 세포질에 있는 DNA에 **유전정보**가 링 모양으로 자유롭게 존재한다. 이를 박테리아 염색체라고도 한다. 또 뉴클레오티드나 핵양체라 하기도 하지만, 핵막에 의해 세포질과 확실히 나뉘어 있지 않다.
- 그 밖에도 많은 박테리아가 **플라스미드**를 보유한다. 링 모양의 작은 DNA 분자로, 스스로 번식하고 소수 또는 수백 개의 유전자를 보유할 수 있다. 박테리아에서 빠른 속도로 확산하는 항생제 내성의 원인이 되는 것이 이 플라스미드다.
- 박테리아는 미토콘드리아나 색소체 같은 **기관**이 없다.
- 박테리아의 **리보솜**은 작고 색다른 모양이다(원심분리 시 침강속도는 70S).
- **세포벽**은 곰팡이처럼 키틴질이나 대부분 식물 세포처럼 셀룰로오스(섬유소)와는 전혀 다르게 구성되어 있다(이하 참조).
- 많은 박테리아가 세포벽 외부에 다당류나 단백질로 구성된 **캡슐**을 가

지고 있다. 이것은 물기가 없어져 건조해지는 것을 방지하고, 표면에 부착되는 것을 돕는다. 질병을 유발하는 박테리아 병원체의 경우, 이 캡슐은 숙주의 면역체계 공격으로부터 박테리아를 보호한다.

- 표면에 있는 또 다른 **접착구조**로는 섬모와 돌기가 있고, 이들은 단백질로 구성된 머리카락과 비슷한 구조들이다. 돌기는 일반적으로 섬모보다 짧고 풍부하다. 필리[pili]라는 성 섬모는 특수한 형태로, 유전자 내용이 교환되기 전에 박테리아 간의 접촉을 중개한다.

- 이미 알려진 모든 종류의 박테리아 중 절반 정도에 해당하는 박테리아가 수류에 의해 수동적으로 이동할 수 있고, 스스로 전방으로 이동할 수도 있다. '이동기관'은 대부분 단백질로 구성된 편모로, 세포 전체에 분포(주 **편모**)되어 있거나, 한두 곳에 집중(**극성 편모**)되어 있다. 진핵세포에 있는 이러한 구조와는 달리 박테리아의 편모는 좀 더 가늘고 확장된 질막에 둘러싸여 있지 않다.

- 콜레라나 페스트, 발진티푸스, 티푸스 같은 심각한 감염을 유발하는 몇몇 박테리아들은 인간이나 포유동물을 감염시킬 때, 필요에 따라 세포벽에서 실 종류의 속이 비어 있는 돌기를 형성한다. 이 돌기를 이용해 잠재적 숙주세포와 결합하고, 숙주의 면역저항을 무력하게 만드는 특수한 단백질을 통해 숙주세포로 잠입해 스스로 퍼져 나갈 수 있다.

원래 의학에서 시작된 박테리아의 분류는 체계적으로 배열하는 데 유익한 것으로 밝혀졌다. 이는 염색했을 때 드러나는 형태에 따른 분류로 덴마크의 의학자 한스 크리스티안 그람[Hans Christian Gram(1853~1938)]의 이름을 따서 이른바 '그람염색법'이라고 칭하고, 그람양성 박테리아와 그람음성 박테리아로 구분한다. 그람양성 박테리아는 광학현미경으로 관찰했을 때 검보라색의 강한 모습으로 나타난다. 이에 반해 그람음성 박테리아는 좀 더 얇고 분홍색

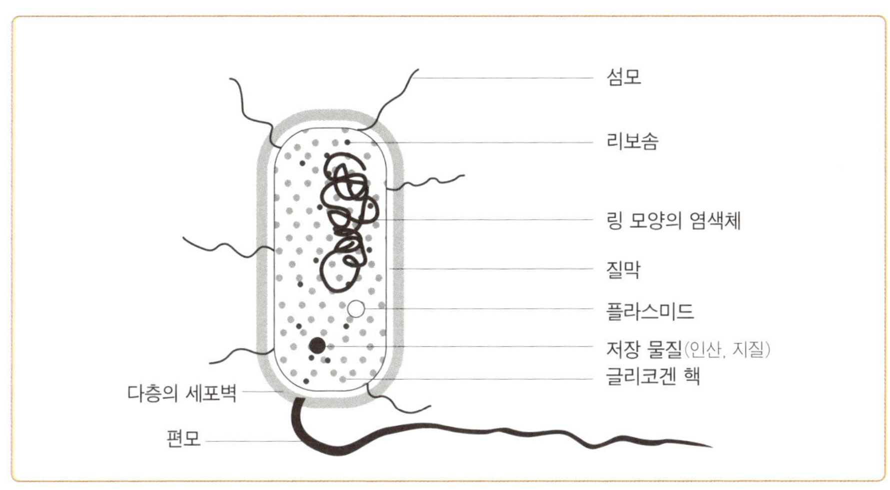

박테리아 세포의 세밀한 구성.

또는 붉은색으로 보인다. 이렇게 형태가 다르게 나타나는 것은 **세포벽**의 구성 차이 때문이다.

연구소에서.

　　그람양성 바테리아의 경우, 세포벽이 여러 층의 펩티도글리칸으로 구성되어 있다. 이것의 성분은 '뮤레인'이라고 일컫기도 한다. 이때 펩티드 사슬과 결합한 당 파생물질(N−아세틸글루코사민과 N−아세틸무아미노산)이 중요한데, 이들은 서로 얽혀 그물을 만든다. **그람음성 박테리아**는 여러 층의 세포벽이 펩티도글리칸으로 되어 있고, 포린단백질porin을 함유하는 탄수화물과 결합한 지질인 리포폴리사카라이드로 구성된 외막으로 싸여 있다. 간략하게 정리하자면, 먼저 박테리아를 보라색으로 물들인 다음 요오드용액으로 씻어낸다. 이어서 1차 염색약을 탈색시키기 위해 알코올로 여러 번 씻는다. 그람양성 박테리아의 두꺼운 세포벽에는 그 두께로 인해 보라색이 그대로 남아 있다.

그러나 얇은 펩티도글리칸층으로 되어 있는 그람음성 박테리아에는 색이 남아 있을 수 없으며, 그 결과 광학현미경 상에 그 특징적 형태가 드러난다. 항생제의 여러 가지 효능은 세포벽의 이러한 구성에 영향을 미친다. 인간에게는 펩티도글리칸이 없기 때문에 특별히 박테리아 세포만 손상을 입는다.

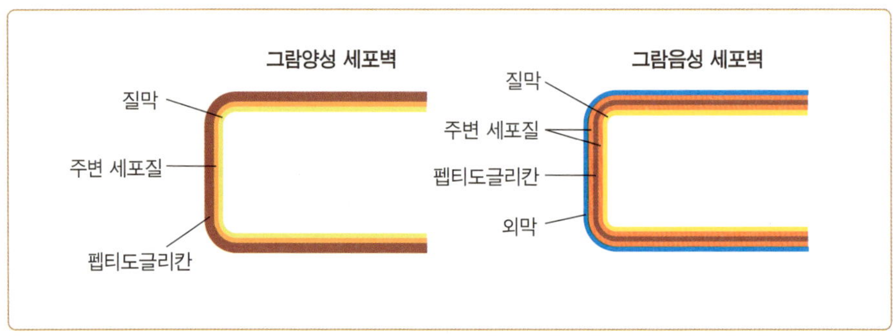

그람염색법.

다음의 표를 통해 진핵생물 세포와 원핵생물 세포 간의 차이를 한눈에 비교해 볼 수 있다.

	원핵생물	진핵생물
크기	약 1~10㎛	약 10~100㎛
세포벽	펩티도글리칸으로 구성	• 식물의 경우 셀룰로오스로 구성 • 곰팡이는 키틴 • 동물에게는 없음
리보솜	70S	80S
세포핵	없음	있음
미토콘드리아	없음	있음
색소체	없음	• 식물과 해초에 있음 • 동물에게는 없음
조면소포체	없음	있음
골지체	없음	있음
염색체	하나이고, 대부분 링 모양	여러 개이고, 선 모양

박테리아의 신진대사

박테리아는 신진대사를 통해 외부에 적응할 수 있다. 박테리아가 먹지 못하거나, 견디지 못하거나, 이용하지 못하는 것은 거의 없다고 할 수 있다. 예를 들어, 사해나 미국에 있는 대규모 소금호수처럼 소금의 농도가 33%(바닷물은 평균 3.5%의 농도)나 되는 염해에도 박테리아는 살고 있다. 고세균(이하 참조)에 속하는 할로박테리아는 해가 되는 소금을 내부 세포에서 다시 방출할 수 있는 체제를 새롭게 만들었다. 박테리아 다이노코쿠스 래디오두란스 $^{Deinococcus\ radiodurans}$는 인간을 사망에 이르게 하는 방사선량의 약 3천 배나 되는 30만 그레이의 방사선에도 잘 버틴다. PCR에 사용되는 태크^{taq} 폴리머레이즈를 학자들에게 처음으로 제공한 테르무스 아쿠바티쿠스$^{Thermus\ aquaticus}$라는 박테리아는 70℃나 되는 온천에서도 편안하게 산다.

기본적으로 박테리아와 모든 유기체는 생화학적인 분자들을 합성하는 데 필요한 탄수를 형성하기 위한 에너지와 화학적 에너지를 생산하기 위한 환원당(4장 참조) 양을 어떻게 조달하는가에 따라 분류된다. 이때 네 가지 주요 형태가 있으며 에너지원(화학 또는 광합성 생물), 전자공여체(유기적＝화학합성 생물, 무기적＝무기영양 생물), 탄소의 출처(유기적 또는 무기적)에 따라 구분된다.

- **광무기독립영양**^{photolithoautotrphs} 원핵생물은 광합성 작용을 한다. 즉 이산화탄소나 탄산수소염 같은 다른 무기적 결합으로부터 유기적 결합을 이루기 위해 빛에너지를 이용한다. 이 그룹에는 시아노박테리아가 있다.
- **화학무기독립영양**^{chemolithoautotrophs} 원핵생물은 유기적 물질을 합성하기 위해 이산화탄소나 그와 유사한 결합을 이용한다. 그러나 빛에너지 대

신에 암모니아(NH_3)나 황화수소(H_2S), 철 이온(Fe^{2+}) 같은 환원된 무기 물질을 전자의 원천으로 이용하며, 이를 즉시 에너지원으로 사용한다 (더 자세한 사항은 3장 참조). 몇몇 학자의 의견에 따르면 진화 과정에서 최초로 형성된 영양 형태라고 한다. 대표적인 예로는 황세균이 있다.

- **광유기영양**photoheterotrophs 원핵생물은 에너지원으로 빛을 이용하며, 탄소의 출처로는 유기물이 필요하다. 이런 영양 형태는 몇몇 특수한 호염균(고농도의 소금 필요)과 광합성세균Rhodobacter, 클레로플렉서스Chloroflexus 같은 바다 박테리아의 경우에서 발견된다.
- **화학유기영양**chemoheterotrophs 원핵생물은 탄소 결합과 에너지를 얻기 위해 유기분자들이 필요하다. 원핵생물 중 가장 널리 퍼진 타입으로, 거의 모든 박테리아가 이 방법을 이용한다.

잠깐 진핵생물을 살피면, 이 그룹에 속한 거의 모든 식물과 해초는 광무기독립영양생물이다. 하지만 곰팡이, 동물, 대부분 단세포 생물과 심황이나 초종용 같이 기생으로 살아가는 몇몇 식물은 화학유기영양생물이다.

산소 수요 및 **산소 내성**과 연관하여 미생물을 세 가지 그룹으로 구분한다.

- **절대적 호기성** 호흡사슬이 시작되려면 생명체에게는 산소가 필요하며, 산소가 없는 환경에서는 죽고 만다. 원핵생물의 경우 뇌막염증, 임질을 일으키는 나이세리아Neisseria속이나 모락셀라Moraxella속이 여기에 속한다.
- **선택적 비호기성** 생물은 산소가 있든 없든 살 수 있다. 산소가 없으면 호흡사슬의 전자들이 다른 결합으로 전이된다. 예를 들면 질산(NO_3^-)

이나 황산(SO_4^+)은 이러한 방법으로 생겨난다. 많은 선택적 비호기성 생물체는 발효 과정을 배제하고 살아간다. 많은 원핵생물이 선택적 비호기성 생물체에 속한다. 예를 들면 폐렴이나 골수염을 유발하는 스타필로코쿠스^{Staphylococcus}속이 여기에 해당한다.

- **절대적 비호기성** 생물은 산소가 없는 환경에서 살지 못하면 죽는다. 가령 디프테리아 유발균인 코리네박테리움 디프테리아^{Corynebacterium} ^{diphtheriae}의 경우 최소한의 산소 농도 내성은 있으나, 산소가 없는 환경에서 확실히 더욱 번창한다. 클로스트리듐^{Clostridium}속도 이 그룹에 분류되는데, 여기에 속한 박테리아는 가스화재와 심각한 식중독을 유발하는 균들을 포함한다. 흥미로운 것은 후자의 경우로, 보톡스 생산의 원본이자 공급원인 클로스트리듐 보툴리눔이다. 보톡스는 보툴리눔 독신^{botulimumtoxin}의 줄임말이다.

질소고정: 진핵생물은 자신에게 필요한 질소를 몇 개의 유기 질소원에서 끄집어낸다. 이와는 달리 원핵생물은 공기 중의 질소를 암모니아(NH_3) 형태의 유기질소로 변화시킬 수 있다. 이 질소는 자신의 신진대사를 위해서 사용된다. 이

콩과 식물인 완두콩.

와 연관하여 중요한 것은 땅에 사는 박테리아속인 리조비움^{Rhizobium}('근립균')속으로, 이것은 콩과 식물의 뿌리와 공생하며 살아간다. 세균이 콩과 식물에 필수 영양소인 질소화합물을 공급하면 식물은 그 보답으로 구연산회로의 구성 성분인 호박산과 푸마르산염을 세균에 제공한다. 공생과 생명체의 다른 공동생활에 대한 좀 더 자세한 사항은 7장에서 설명할 예정이다.

박테리아 유전학의 특이성

5장에서 단백질 생합성 같은 아주 복잡한 과정들에 대하여 설명했기 때문에 박테리아의 유전적 특징에 대해서는 어느 정도 이해했을 것이다. 여기서는 박테리아 유전학의 특이성에 대해 살펴본다.

박테리아는 아주 빠른 속도로 환경에 적응하는 능력을 갖췄다. 하나의 유일한 세포만으로는 다세포 생명체들의 외부를 싸고 있는 피부층 같은 보호 체계를 갖출 수 없으므로 이러한 적응능력은 필수불가결하다. 박테리아의 신속한 적응은 크게 세 가지 체제로 이뤄진다.

- 빠른 번식
- 돌연변이
- 유전물질의 새로운 조합

빠른 번식과 돌연변이: 박테리아는 단순한 이분법으로 번식하기 때문에 다음 세대를 얻기까지 시간이 짧게 걸린다. 즉, 박테리아 수가 짧은 시간에 두 배가 된다는 뜻이다. 앞에서 인슐린 생산에 필요한 유용한 균인 대장에 서식하는 아주 일반적인 대장균과 같이 단순한 형태의 경우, 번식하는 데 20분 정도 걸린다. 그러나 결핵균(마이코박테리움 투버쿨로시스$^{Mycobacterium\ tuberculosis}$)과 같이 복잡한 박테리아의 경우는 18시간이나 걸린다. 하지만 다음 세대까지 약 20~30년이 걸리는 인간과 비교했을 때는 여전히 짧은 시간이다. 유전학자들이 가장 좋아하는 동물 중의 하나인 초파리의 경우는 2주 걸린다.

보통 박테리아의 딸세포 유전정보는 모세포의 그것과 정확히 들어맞는다. 왜냐하면 감수분열에서 발생하는 유전자의 새로운 조합 같은 일은 벌어지지 않기 때문이다. 그렇지만 박테리아는 DNA에 기록된 '지식상태'를 매우 빨리 변화시키고 이에 덧붙여 배울 수 있다. 그 예가 박테리아 사이에서 아주 빠른 속도로 번식하는 항생제 저항균이다(더 자세한 사항은 156페이지 참조).

그런데 그토록 작은 균이 어떻게 그런 일을 할 수 있을까? 열쇠는 돌연변이를 동반한 빠른 번식에서 나오는 조합 안에 숨어 있다(돌연변이에 관해서는 5장 참조). 진화 또는 가장 잘 적응한 개체의 생존이라는 의미에서 빠르게 번식하고, 그 당시 처한 환경조건에 가장 잘 적응하는 박테리아가 그 많은 수의 박테리아 중에서 생존한다. 예를 들면 항생제가 있음에도 박테리아는 생존한다.

돌연변이의 확산

계산 예: 인간의 장에는 매일 200억 마리의 새로운 대장균이 생겨난다. 달리 표현하면 2×10^{10}이다. 대장균의 경우 점 돌연변이, 즉 DNA 상의 염기 변화는 평균적으로 1:백억(1×10^{-7})의 빈도로 나타난다. 다시 말해 이러한 변화된 유전자를 가진 새로운 대장균이 매일 2천 개가 생겨난다는 뜻이다.

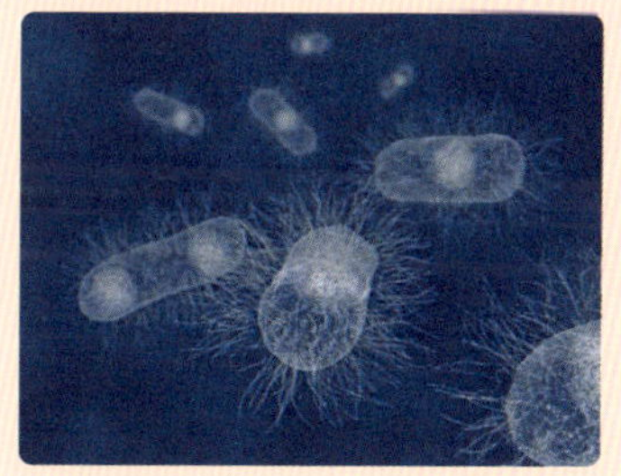

대장균.

대장균은 총 4,300개의 유전자를 가진다. 이 중 돌연변이는 매일 9백만에 이른다. 정말 인상적이지 않은가? 당연히 돌연변이는 기본적으로 아주 드물게 발생하는 현상임에도 빠른 번식이 이루어지면 아주 많은 수의 '개체' 조합 속에서 그 수가 아주 커질 수 있다.

유전 물질의 새로운 조합: 감수분열 없이도 박테리아는 돌연변이를 일으키는 것 외에 유전적인 다양성을 높일 가능성이 있다. 다른 동료 박테리아에게 DNA 형태로 있는 유용한 정보를 직접 전달하는 것이다. 이때 형질전환, 형질도입, 접합이라는 세 가지 방식이 이용된다.

형질전환에서 박테리아는 자신의 환경 내에 있는 낯선 DNA를 자신의 세포로 흡수한다. 예를 들어, 무해한 대장균은 질병을 유발하는 병원균으로부터 병원균의 특성을 전달하는 유전자를 흡수할 수 있다. 이것은 병원균 종족의 개체(여기서는 종 간의 종족을 의미함)들이 죽을 때 발생한다. 죽은 세포가 용해되고 유전 물질이 방출되면 지금까지 무해했던 대장균은 이른바 유해한 세포들의 DNA 조각들을 합병한다. 이것은 박테리아 세포막에 있는 낯선 DNA를 세포로 흡수할 수 있도록 특수화된 단백질 복합물을 통해 이뤄진다. 동종의 박테리아 또는 서로 다른 종족 사이에서도 DNA가 이를 흡수한 세포와 유사하면 동족교환에 의해 게놈에 편입될 수 있다. 그렇게 되면 보통의 대장균이 설사병을 동반하는 병원균으로 변한다.

형질도입에서 바이러스는 박테리아를 감염시킨 뒤 세포의 유전 물질을 다른 세포로 전달한다. 이때 바이러스가 번식하는 동안 우연히 일어나는 사건이 중심이 되는데, 바이러스가 박테리아의 DNA 부분을 자신의 DNA로 잘못 인식하여 받아들인다. 그러면 다음 박테리아를 감염시킬 때 바이러스가 받아들인 DNA 조각이 새로운 세포의 DNA와 재조합되면서 새롭게 감염된 세포로 전이된다. 해당 DNA 조각으로 전달된 새로운 유전정보가 박테리아에게 유익한 것이면 다시 빠

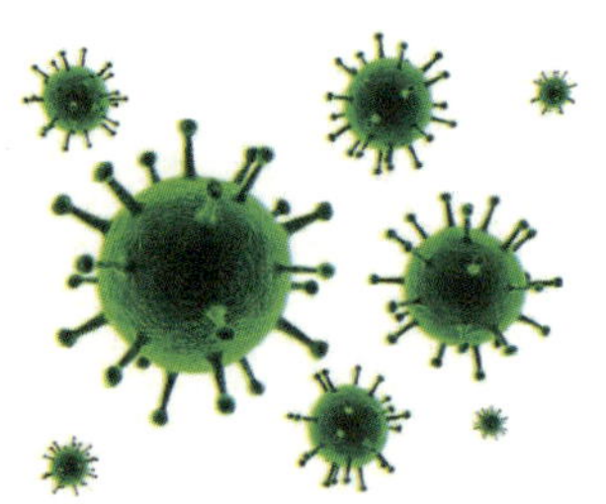

바이러스.

르게 번식한다.

성(섹스)과 연관하여

성 섬모는 모든 박테리아세포에서 형성되는 것이 아니다. 소위 F-인자라고 하는 특정 유전자 정보가 이를 위해 필요하다(F는 영어의 fertility, 수정 능력을 말한다). F-인자가 소유하는 약 25개의 유전자는 박테리아의 염색체나 플라스미드에 위치한다.

접합은 살아 있는 2개의 박테리아 세포끼리 유전 물질을 직접 교환하는 것이다. 이것은 각 경우마다 항상 한 방향으로만 일어난다. 하나의 박테리아 세포가 DNA 공여자이고, 다른 세포는 수용자로서 DNA를 받아들인다. 두 세포간의 접촉은 공여세포의 성 섬모를 통해 발생하며, 성 섬모는 수용세포의 표면에 붙는다. 이어서 섬모가 짧아지고, 두 세포가 직접 닿을 때까지 다른 세포가 가까이 접근한다. 결국에는 이른바 짝짓기다리라고 할 수 있는 DNA 전이를 위한 통로가 만들어진다.

플라스미드 위에 성 섬모 형성을 위한 정보가 놓이는 것을 F-플라스미드 또는 F⁺세포라고 한다. 이것은 접합 시 DNA 공여자가 되고, F 인자가 없는 F⁻세포들은 수용자다. F 인자는 다른 유전적 정보들과 마찬가지로 접합 시 전이될 수 있다. 이와 달리 F 인자가 염색체 위에 있는 경우, '**Hfr 세포**(Hfr은 영어로 high frequency recombination, 즉 고빈도 재조합이란 뜻)'라고 한다. 이 경우, 접합 시 다른 염색체 세포가 전이될 수도 있고, 자신의 염색체로 흡수될 수도 있다. 그 결과 재조합된 박테리아 세포가 생기고, 그것의 유전정보는 서로 다른 두 세포에서 유래한다.

R-플리스미드 또는 수용 플라스미드는 자신의 플라스미드에 항생제에 대한 내성을 가능케 하는 정보를 가지고 있다. 예를 들면, 특정 항생제가 세포에 도달하는 것을 방해하는 단백질을 형성하는 정보를 가질 수 있다. 또는 항생제를 분해하여 효능을 무력화시키는 단백질을 인코딩한다. 이 R-플라스미드를 통해 어떻게 특정 항생제를 최상으로 방어할 것인가에 대한 정보를 문제없이 전달할 수 있다. 이 모든 것은 R-플라스미드의 많은 수가 동시에 성 섬모를 위해 인코딩하는 유전자를 보유할 수 있기 때문에 더욱 강화되어 전달을 좀 더 수월하게 한다. 또한 R-플라스미드는 하나의 항생제뿐만 아니라 10개에 이르는 항생제에 대한 내성 정보를 가지고 있다. 그 밖에도 성 섬모를 통해 동일한 종의 박테리아에게뿐만 아니라 드물긴 하나 다른 종의 박테리아에게도 정보를 전달할 수 있다. 대장균의 한 종류인 내성 황색포도상구균은 현대 의학에서 항생제 내성 문제의 시발이 된 그룹의 하나인 포도상구균에 가끔 내성 유전정보를 전달한다.

병원에서 도리어 병을 얻는다?

병원감염에 대한 얘기를 종종 들었을 것이다. 이 말은 병원에서 치료되어야 할 감염에 의한 질병을 의미하는 것이 아니다. 여기서는 환자들이 병원에서 감염되는 것을 말한다.

전문용어로 노소코미날 감염^{nosocominal infection}이라고 하는 병원감염을 유발하는 가장 중요한 병원균은 MRSA다. 다양한 내성을 가진 황색을 띠는 포도상구균인 스타필로코쿠스 아우레우스^{Staphylococcus aureus}

병원에서의 감염.

다. MRSA는 기존의 항생제 대부분에 내성이 있다. 즉, 항생제로는 이 균을 죽일 수 없다는 말이다. 병원균이 이렇게 다양한 내성을 가지게 된 이유는 항생제가 자주 쓰이는 병원 같은 환경에서 이른바 항생제에 익숙해진 것이다. 처음에 많든 적든 한 병원균이 우연히 하나 또는 여러 개의 항생제에 내성을 가지게 되면 이 병원균은 생존에 우월해진다. 내성을 가지고 있지 않은 다른 동료가 죽어가는 것을 보며 기분 좋게 번식하는 것이다. 게다가 박테리아는 그들의 유전정보, 특히 이 경우 '어떻게 내성을 키우는가?' 하는 정보를 플라스미드로 교환함으로써 아주 쉽게 서로 전달할 수 있다. 플라스미드는 자신의 박테리아 염색체와는 상관없이 번식하며, 심지어 더 빠르기까지 하다.

대응책

MRSA나 항생제 내성을 저지할 수 있을까? 만약 그렇다면 어떤 방법이 있을까?

내성의 원인 중 하나는 병원에서 잘못 행해지는 항생제 치료로 이는 의사들에게 책임을 물을 수 있다. 또 다른 원인은 손을 제대로 소독하지 않았기 때문이다.

여러분도 항생제 내성이 널리 유포되는 것을 막는 일에 일조할 수 있다. 가정에서 집안 청소를 할 때 일반 세척제를 쓰는 것만으로도 충분하다. 광고에서 선전하는 것처럼 살균 세제를 사용하는 것은 과도한 처사다. 감염 물질을 다

지나친 청결이 화를 부른다?

루거나, 집안에 감염 병원균이 있거나, 의사가 처방한 경우가 아니라면 지나치다. 위에서 설명한 것과 같이 살균 세제에 대한 내성이 항생제 내성과 함께 박테리아 사이에서 서로 전달되기 때문에 과한 사용은 스스로 아주 빠르게 내성의 종족들을 키우는 것과 같다.

만약 여러분이 박테리아에 의한 질병으로 항생제를 처방받았다면 처방된 기간대로 복용해야 한다. 이틀이나 사흘 후에 증상이 호전되었다고 해서 복용을 중단해서는 안 된다. 그렇다면 여러분은 항생제에 대한 확실한 저항력을 가진 박테리아들을 선별해 키우고 있을 뿐만 아니라 그 저항력은 다른 병원균에게 전달될 수 있다.

가축을 사육할 때 항생제를 사용하거나 오용하는 것 역시 박테리아의 내성을 유포하는 데 일조하는 일이다. 수의사가 사용하는 항생제가 인간 의학에서 사용되는 것과 동일하지 않더라도 화학 구조 속에서 유사해지는 만큼 가축의 대장균이 형성한 내성이 인간 의학에서 사용되는 항생제에 대한 내성을 초래할 수 있다.

의학에서의 박테리아

박테리아 감염에 의한 발병은 과거나 지금이나 전 세계적으로 가장 중요한 건강상의 문제 중 하나다. 그러나 그와 더불어 감염 질환이나 병원균은 그 당시 인간의 상황을 반영하는 거울과 같다.

- 감염 질환 및 병원균은 변화된 환경 시스템의 결과다. 일례로 배설물 같은 쓰레기 처리와 물이나 생필품 공급 간의 구분이 충분히 이뤄지지 않은 채 점차 시골에서 도시로 이주하면서 박테리아로 인한 설사병이 잦아지는 것이다.
- 인간의 면역체계가 변화하여 생기는 결과다. 장기이식 이후 요구되는 치료와 암 화학요법, 이 두 가지는 몸이 스스로 면역 방어하는 것을 억제하여 인간에게 해를 주지 않고 함께 살 수 있는 박테리아를 병원균이 되게 만든다. 이른바 '기회성감염'이라고 할 수 있다.

위험한 감염 질환.

인류의 역사 내내 감염 질환은 두려운 존재였다. 몇 가지를 꼽자면 페스트, 콜레라, 장티푸스 같은 전염병이다. 이것들은 어떤 한 개인에게만 해당하는 것이 아니라 한 나라의 모든 국민의 생존을 위협한다. 예를 들면 언론매체에서 "새로운 치명적인 병균이 몰려오고 있습니다."라고 떠들거나 그와 유사한 상황이 발생했을 때 사람들을 이보다 더 혼란스러운 공항 상태로 몰아넣을 수 있는 질병은 거의 없다.

감염방지법, 음식 및 식수 공급에 관한 법률 등 감염 질환과 관련된 많은 법률에서도 주제가 되는 질병들은 없다. 보통 알려진 질병은 예방접종을 권하거나 보건위생국에서 위생조치를 명하는 등 예방을 위한 국가적 차원의 조처를 내리는 경우가 거의 없다.

다른 한편으로 감염 질환은 정확한 진단과 치료가 가능한 질병에 속한다. 대부분 병원균은 실험실에서 관찰되며, 반세기에 걸쳐 효과가 더욱 뛰어난 새로운 항생제와 다른 의약품들, 예방접종 같은 예방법들이 제공되고 있다. 당뇨병이나 심근경색 같은 심장질환, 뇌출혈 같은 현대적 문명 질환은 확실히 통제하기가 어렵다. 물론 미생물도 독창적이고 항생제에 빠르게 적응하며, 예방주사에도 별다른 영향을 받지 않는다. 무엇보다 내성이 키워드다.

살균과 소독으로 박테리아도 사멸시킬 수 있다!

통증을 충분히 없애지 못한다는 것 외에 수천 년이 지나도록 현대적 의미의 수술 같은 방법을 실행하지 못한 중요한 근거가 된 것은 바로 감염이다. 인간이 그런 유의 수술을 받은 후 시름시름 앓다가 죽어가는 일은 불가항력적으로 보였다. 원인을 설명할 수 없었고 '나쁜 바람', 좋지 않은 기분, 신령한 힘이나 그와 비슷한 것이 원인이라고 생각했다. 사람들은 그에 대한 방어 대책을 알지 못했다.

19세기 중반, 수술을 위한 마취, 즉 통증을 없애는 일이 가능해지면서 상황은 달라졌다. 환자가 통증으로 쇼크를 일으키거나 아예 수술에 동의하지 않거나 하는 일 없이 수술하는 것이 가능해졌다. 때문에 이제는 수술 후에 발생하는 감염이 진짜 문제였다. 이 시기와 맞물려 루이 파스퇴르가 주장한 '미생물에 의해 병이 유발된다'는 세균이론이 부각되기 시작했다. 그 당시 파스퇴르는 미생물을 '틈새곰팡이'라고 명명했고, 이 용어가 나중에 박테리아로 바뀌었다.

로베르트 코흐Robert Koch가 1876년 바실루스 안트라시스Bacillus anthracis에 의해 탄저병이 유발된다는 것과 1881년 마이코박테리움 투버쿨로시스Mycobacterium tuberculosis에 의해 결핵이 유발된다는 것을 증명하면서, 드디어 미생물이 병을 유발하는 병원균이라는 의견이 받아들여졌다.

나중에 파스퇴르와 코흐의 연구가 이그나즈 제멜바이스Ignaz Semmelweis(1818~ 1865)의 발견으로 학문적 근거를 얻게 된다. 제멜바이스는 1847년에 이미 산모를 진찰할 때 염화칼슘액으로 손을 닦는 것만으로도 출산 후 박테리아로 인해 나타나는 자궁염증인 산욕열이 발생하는 빈도를 크게 줄일 수 있다는 것을 발견했다. 이러한 생각은 그가 살아 있는 동안에는 받

이그나즈 제멜바이스.

아들여지지 않았지만 미생물의 감염능력을 저하하는 외과적 **소독**의 기초를 마련했다. 그러던 중 영국의 외과의사인 조지프 리스터Joseph Lister(1827~ 1912)가 파스퇴르의 세균이론을 읽고 나서 상처에 감염될 때 박테리아가 중요한 역할을 한다는 것을 인식해 환자의 수술 환부를 화학적 페놀인 콜타르성 산에 담갔던 재료로 봉합하기 시작했다. 이것이 현대적 소독의 시작이었다. 후에 피부에 강렬한 자극을 주는 콜타르성 산보다 몸에 훨씬 덜 유해한 소독제품들이 개발되었고 지금은 수많은 종류가 있다.

독일의 외과의사인 에른스트 폰 베르크만Ernst von Bergmann(1836~1907)은 이를 한 단계 더 발전시켰다. 그는 박테리아와 싸우는 것보다 박테리아가 아예 환부에 접근하지 못하도록 하는 것이 더욱 의미가 있다고 생각해 수술 전에 수술 도구들을 열과 수증기[오토클레이브(자동압력기)로 소독하기]로 **살균**(모든 미생물을 박멸하는 것)하는 것을 생각해냈다.

에른스트 폰 베르크만.

검은 죽음(흑사병)은 아직 잠들지 않았다

중세 때, 특히 13세기에 아시아에서 시작된 페스트가 전 유럽을 휩쓸었다. 1347년부터 발생한 전염병인 페스트에 의해 전 세계 인구의 거의 3분의 1이 사망했다.

예르시니아 페스티스$^{Yersinia\ pestis}$라는 이름을 가진 박테리아 병원균은 쥐벼룩(나중에 밝혀진 바로는 이)에 의해 전염되었다. 이 병원균은 곤충에게 물려도 전염되었으며 몇 시간 또는 며칠 후 열, 두통, 관절통을, 그리고 임파선종 페스트의 경우는 그 이름을 만들어낸 특징적인 증상인 임파선종(경부림프절종창), 특히 겨드랑이와 사타구니의 림프샘이 붓는 증상이 나타난다.

'닥터 슈나벨'(부리 박사: 중세 때 페스트를 치료하던 의사들의 특이한 복장에서 유래함. 특히 부리를 통해 숨을 쉬어 붙여진 이름―역자 주)

그런데 예르시니아 페스티스(페스트균)는 어떻게 벼룩이나 인간 같은 다양한 숙주 속에서 살아남을 수 있을까? 여기서 병원균의 뛰어난 적응력이 드러난다. 병원균은 특수화된 단백질을 이용하여 환경 온도를 인지하는 능력이 있다. 벼룩 속에서 병원체는 약 24℃쯤에 있고, 인간의 경우는 누구나 알고 있듯이 37℃ 정도다. 박테리아는 24℃에서 일단 대기하고 있다가 좋은 시간이 오면, 즉 인간 숙주의 형태가 나타나면 활동한다. 박테리아가 신진대사를 높이고 다량 번식하면 첫 증상이 나타나는 것이다.

학자들은 중세의 대규모 전염병을 가끔 탄저병이나 발진티푸스로 추정하기도 했지만, 실제로는 페스트였다는 것을 증명할 수 있었다. 인류학자들은 유럽 여러 국가에서 페스트로 사망한 시체의 뼈에서 DNA를 분리할 수 있었다. PCR 같은 방법을 동원해 DNA를 확인함으로써 페스트균이 정말로 끔찍한 주범임을 밝혀낸 것이다.

오늘날 페스트는 흔히들 멸종되었다고 생각하지만 절대 그렇지 않다. 세계보건기구WHO는 매년 3천 건에 이르는 페스트 사례를 발표한다. 특히 아프리카와 중국, 인도, 남아메리카에서 나타난다. 물론 현대적 항생제 덕분에 환자들 대부분이 효과적인 치료를 받을 수 있다.

좋은 박테리아

진화의 의미에서 볼 때 사실 박테리아로서는 그저 환경에 적응한 것뿐인데, 항상 나쁘고 많은 사람을 죽게 한다는 잘못된 인상을 심어줄까 봐 여기에서는 '좋은' 박테리아를 소개한다. 의약품 생산자로서의 대장균은 이미 알고 있을 것이며, 그 밖에도 몇 가지 박테리아가 유용하게 쓰이고 있다.

인간의 장, 특히 대장에는 약 천억 개의 박테리아가 있다. 스프로스필제는 단순한 단세포와 함께 전체적으로 **대장균군**을 형성한다. 예를 들면 소장에는 비피도박테리아와 락토바실루스Lactobacillus spp 같은 선택적 비호기성 생물이 있고, 대장에는 박테로이드Bacteroides spp 같은 절대적 비호기성 생물이 존재한다. 대장균은 신체 자체의 면역방어에서 중요한 기능을 수행한다. 여러 가지 혈액응고 인자 합성 시 필요한 비타민 K를 형성하고, 풀린 섬유 물질을 제거하며, 생성되는 짧은 지방산 사슬에 의해 장 세포에 영양이 공급되도록 관리하는 등 많은 일을 하고 있다.

장에 균이 서식하는 것은 엄마의 대장균으로부터 나오는 젖먹이 신생아 때부터 이미 시작된다. 첫 접촉은 출산에서 시작되고, 구강을 통해 세균을 전해 받는다. 장에 처음으로 서식하는 균들은 대장균과 다양한 스트렙토코쿠스Streptococcus(연쇄상구균), 락토바실루스(유산균) 등이다. 아기가 젖을 먹

은 며칠 뒤에는 비피도박테리아가 첨가
된다.

병을 유발하지 않지만 생리학적으로
중요한 박테리아 균이 장에만 있는 것은
아니다.

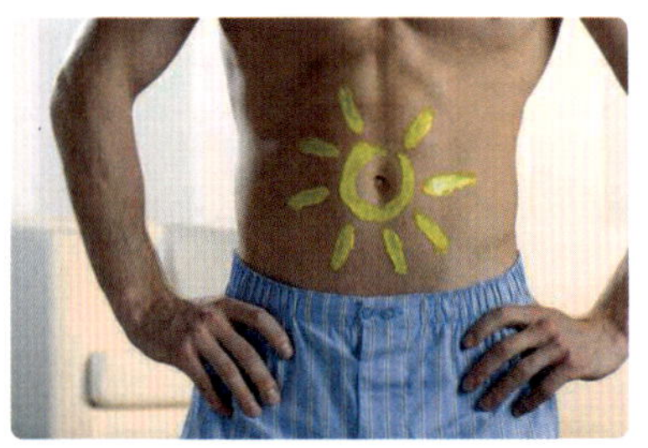

유익한 대장균군.

- **피부**에도 많은 박테리아가 존재한다. 우선 스타필로코쿠스^{Staphylococcus},
  마이크로코쿠스^{Micrococcus}와 기타 속들이 있다. 가장 전형적인 피부 균은
  스타필로코쿠스 에피데르미디스^{Staphylococcus epidermidis}(표피 포도상구균)이
  며, 라틴어로 '에피데르미스^{epidermis}(상피)와 연관된'이란 뜻으로, 맨 위
  에 있는 피부층을 일컫는다. 피부 균은 땀샘에서 분비되는 분비물을 이
  동시켜 몸냄새를 형성하는 데 기여한다. '현대인'은 이를 원치 않아 다
  양한 향수로 이에 대항하고 있지만, 사실 몸냄새는 또 다른 문화에서는
  사회적·성적 의미를 가진다.

- 보통 신장, 수뇨관, 방광 부위의 **비뇨생식로**에는 균이 존재하지 않는
  다. 즉, 미생물의 서식지가 아니라는 말이다. 그러나 항문 근처의 요도
  에는 소수의 엔터로코쿠스^{Enterococcus}(장구균)와 연쇄상구균, 유산균이 살
  고 있다.

- 성인 여성의 질에는 '간균'이라는 유산균이 우세하다. 그 밖에 다양한
  비호기성 미생물이 있다. 유산균에 의해 젖산이 생산되면 질은 산성
  pH 수치를 띠게 되고, 이것이 다른 병원균의 성장을 억제한다. 그런데
  임신기간이나 월경기간에는 이 균의 조합이 달라진다. 그래서 이 기간
  에 연쇄상 구균이나 곰팡이, 대장균에 의한 질감염이 잦아지는 원인 중
  의 하나다.

특수한 고세균

아르키아^{archaea}(고세균)는 상대적으로 늦은 1970년경에 최초로 설명되었다. 그 당시 아르카아는 박테리아의 큰 부류 중 하나로 분류되었는데, 세월이 흐르면서 많은 학자가 박테리아의 다른 두 영역(이전에는 남조류라고 칭했던 시아노박테리아와 함께)과 원핵생물에 동등하게 맞설 아르키아 자체의 상위 영역을 만드는 것이 정당하다고 생각할 정도로 박테리아와는 근본적으로 많은 차이를 드러내고 있다. 그 당시 아르키아는 오이리아케오타^{euryarchaeota}(유리고세균)와 크렌아케오타^{crenarchaeota}(크렌고세균)로 구분되었다. 추측건대 아마도 다른 그룹들이 계속 생겨날 것이다.

기본적으로 아르키아의 많은 종류는 극한의 조건(극한의 오필리아)에 적응한다. 여러분은 소금물에서 사는 할로박테리아속을 알고 있을 것이다. 이 그룹을 대표하는 또 다른 균은 피크로필루스 오스히메^{Picrophilus oshimae}로서, 순수한 염산에 거의 상응하는 0.003 pH 수치를 선호한다. 이것은 스테인리스강도 녹일 수 있는 수치다. 또 다른 아르키아는 에너지를 획득하기 위한 매우 독특한 취향을 가지고 있다. 이것들은 수소를 산화시키는 데 산화탄소를 이용하고, 이때 메탄(CH_4)을 형성한다. 이러한 신진대사의 특이성으로 인해 **메탄생성 세균**이라고도 부른다. 늪에서 발생하는 늪 가스의 경우, 이 유기체가 만드는 메탄이 핵심이다. 다른 메탄생성 세균은 반추동물의 소화분비물에 서식한다. 이 밖에도 하수처리장에서 유해한 물질을 분해할 때와 바이오가스 생산시설에서 메탄을 생산할 때 유용하게 쓰인다. 그러나 메탄생성 세균은 그리 호평받지 못하는데, 그것은 전 세계적으로 인간에 의해 직접 또는 간접으로 야기되는 온실가스의 거의 20%의 책임이 여기에 있기 때문이다.

다음의 표는 박테리아와 아르키아의 구성과 생화학적 구조를 대비해서 정리한 것이다.

	박테리아	아르키아
핵막	없음	없음
막에 둘러싸인 세포기관	없음	없음
펩티도글리칸 세포벽	있음	없음
RNA 폴리머라아제	한 가지 타입	여러 가지 타입
유전자 안의 인트론	극히 드물다	많이 있다
DNA와 연결된 히스톤	없음	여러 종류에 있음
링 모양의 염색체	있음	있음

바이러스

앞서 4장에서 생명의 기준으로 번식능력과 신진대사의 유무를 언급했다. 이러한 기준으로 볼 때 바이러스는 생물학의 경계영역에 속한다. 왜냐하면 숙주를 벗어나서는 독립적인 신진대사를 하지 못하고, 자신이 감염시킨 숙주세포 없이는 번식하지도 못하기 때문이다.

다른 한편으로 바이러스는 생물학에서 큰 역할을 담당한다. 바이러스를 통해 분자생물학의 결정적인 지식을 획득할 수 있었다. 또한 박테리아의 유전적인 과정에 대한 정보를 얻는 데에도 도움을 주었다. 이 정보는 기본지식을 확장시켰을 뿐만 아니라 박테리아 감염과 대항 가능성을 제공했다. 바이러스는 자신이 감염시킨 세포에서 스스로 필요한 것들을 끌어내기 위하여 독특하고 유일한 메커니즘을 고안했다. 그 밖에도 유전공학에서는 유전

물질을 다른 세포로 이동시키는 운반자의 역할을 담당한다.

바이러스(이 단어의 유래에 대해서는 의견이 분분하다. '독'이라는 뜻의 라틴어 virus에서 유래됐다고도 하고, 역시 '독'이라는 뜻을 가진 visam이라는 산스크리트어에서 유래됐다고도 함)는 19세기 말 식물 질환의 병원체인 담배모자이크병의 원인으로 발견되었다. 처음에는 그 원인으로 아주 작은 박테리아를 의심했으나 곧 차이점이 발견됐다. 예를 들면 병원체가 담배 외부에서는 번식하지 못하는 것이었다. 네덜란드 식물학자인 마르티누스 바이제린크[Martinus Beijerinck(1851~1931)]는 이를 바탕해 처음으로 바이러스에 대한 생각을 발달시켜 나갔다. 그는 1935년, 병원체인 담배모자이크바이러스를 병원체로 분리함으로써 자신의 이론적 구상을 확인시켰다. 그 뒤로는 전자현미경이 발달하기 시작하면서 계속해서 다른 바이러스를 직접 확인할 수 있게 되었다. 오늘날 알려진 가장 작은 바이러스는 지름 20㎚(2천만 분의 1m)이며, 이는 리보솜보다 작다. 천연두바이러스가 속한 가장 큰 형태들도 겨우 몇백 나노미터다.

구성

모든 바이러스의 주요 구성요소는 **머리**다. 그 머리 안에 '제대로 된' 생명체와 마찬가지로 단백질로 둘러싸인 바이러스 유전 물질을 가지고 있거나, 레트로바이러스처럼 RNA로 구성된 유전 물질을 가지고 있다(좀 더 자세한 사항은 뒤에서 다룬다). DNA나 RNA는 두 가닥 혹은 단일가닥, 선 모양 또는 링 모양으로 존재한다. 몇몇 바이러스의 경우 여기에 숙주세포에 있지 않은 특별한 효소가 더해진다. 가장 잘 알려진 예는 HIV(인간면역결핍바이러스[Human Immunodeficiency Virus]; 그러므로 절대 AIDS 바이러스가 아니다)의 역전사효소[RT]다. 핵산은 일반적으로 몇 백 개의 유전자를 보유하고 있지만 그보다 훨씬 적을 수도 있다. 박테리아와 비교하자면 가장 작은 박테리아 게놈은 항상 200개의 유전자를 보유한다. 어떤 바이러스(예를 들어 박테리아에 침투하는 **박테리오파지**)는 아래쪽 끝에 있는 특수한 섬유를 가진 꼬리 부분을 가지고 있어 이것이 박테리아 세포에 붙을 수 있게 도와준다. 접착 후 원통형의 꼬리를 통해 유전 자료를 박테리아 안으로 침투시킨다.

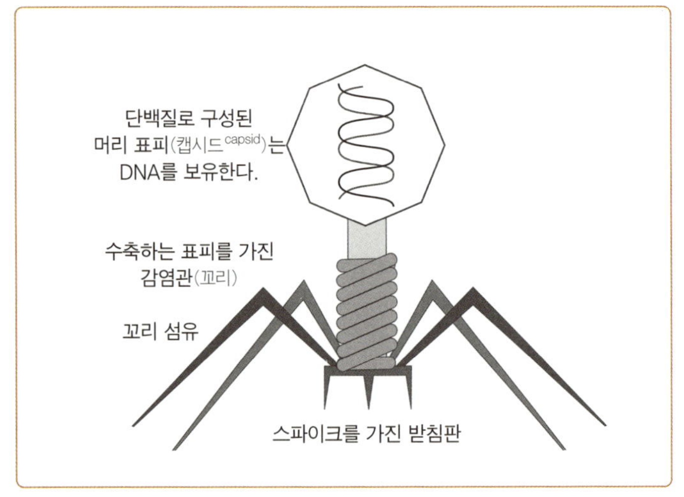

T 계열 파지.

유전 자료는 하나 또는 여러 개의 다양한 단백질, 즉 **캡시드**로 구성된 표피에 둘러싸여 있다. 가끔 캡시드에 핵산이 더해지면 이것을 뉴클레오캡시드라고 한다. 몇몇 바이러스의 경우, 예를 들어 감기 병원체인 인플루엔자 바이러스는 인지질과 단백질로 구성된 막으로 된 껍질이 캡시드를 추가로 감싸고 있다. 이 단백질은 바이러스에 적합한 숙주세포를 인지하고 이를 감염시킬 때 중요한 역할을 한다. 많은 바이러스는 숙주에 맞춰 엄격하게 정형화되어 있다. 박테리아파지는 인간 세포를 그냥 내버려둔다. 이 **숙주범위**는 수백만 년이라는 진화의 시간 속에서 형성된 것이다. 여러분이 앞서 4장의 효소 부분에서 알게 된 것처럼 바이러스는 일종의 자물쇠 원칙에 의하여 숙주세포를 인식한다.

바이러스 캡시드의 단백질은 숙주세포 외피의 단백질에 '들어맞는다'. 이러한 정형화는 숙주의 종류가 아니라, 바이러스가 침투하는 세포의 종류와 관련이 있다. 리노바이러스는 호흡기 상단에 있는 세포에 결합한다. HIV는 인간 면역세포의 하단 그룹, 즉 T-림프구에 침투한다.

물론 다양한 포유동물, 예를 들어 여우나 박쥐, 인간에게까지 침투하는 광견병바이러스 같은 바이러스도 있다. 또한 나일 강의 동부와 북부에서 독감과 비슷한 질병(웨스트나일열병)을 유발하는 웨스트나일바이러스는 모기, 새, 말, 인간을 감염시킨다.

증식

앞에서 바이러스는 숙주세포 안에서만 증식한다고 했다. 바이러스는 에너지를 얻기 위한 신진대사 효소나 단백질 합성을 하기 위한 리보솜도 없기 때문에 다른 방도가 없다. 그렇다면 이때 숙주는 어떤 기능을 담당할까?

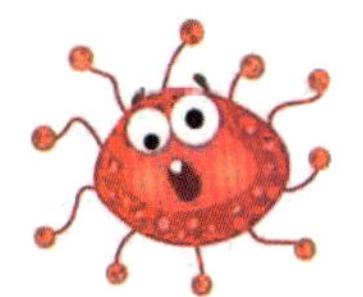

바이러스의 증식은 숙주세포를 감염시켜 바이러스의 게놈을 침투시키는 것에서 시작된다. T계 파지 같은 박테리오파지의 경우는 원통형의 꼬리 부분을 이용하여 침투하고, 다른 경우로는 바이러스가 엔도시토시스(4장 참조)를 통해 숙주세포에 흡수된다. 바이러스의 캡시드가 부가적인 막에 싸여 있다면 이 막은 숙주세포의 세포막과 함께 즉시 녹아버려 게놈이 흡수될 수 있다.

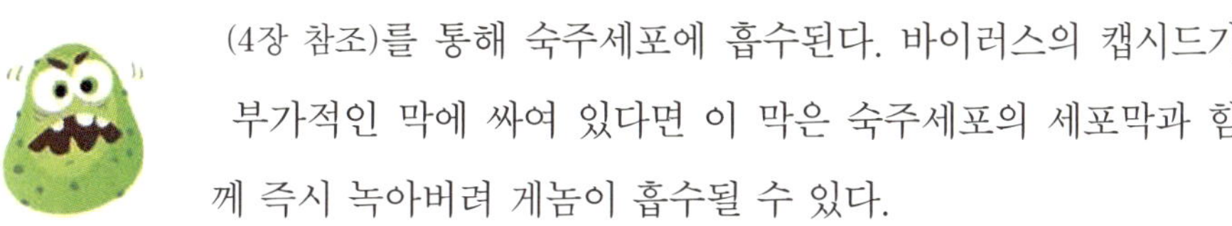

감염 후 바이러스는 한편으로는 게놈을 증식시키고, 다른 한편으로는 캡시드를 위한 단백질을 형성하는 데 숙주세포를 이용한다. 이 밖에도 필요

한 성분은 숙주에서 유래된 아미노산과 뉴클레오티드, ATP 
등이다. DNA로 구성된 유전 물질을 가진 바이러스는 자신
의 DNA를 복제하기 위해 숙주의 DNA 복제효소를 이용한다.
이때 바이러스의 DNA는 mRNA 형성을 위한 원본을 공급한다.
RNA 바이러스, 즉 RNA 형태로 유전정보를 인코딩한 바이러스는 복제를
위해 자신의 RNA-의존성 RNA-복제효소를 동반한다. 바이러스 게놈에
있는 형성정보가 해독되었으므로 RNA 형성을 위한 정보 또한 숙주 게놈에
편입되고, 그 후 감염된 세포에 의해 바이러스 RNA가 합성
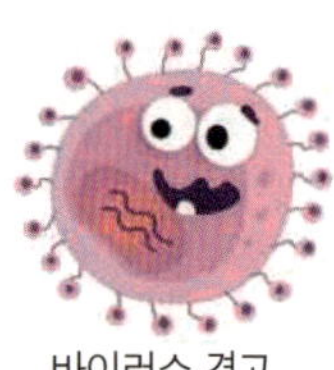
된다. 또한 가져온 RNA는 유전정보 역할뿐 아니라 동시
에 단백질을 합성하는 mRNA 역할도 아주 쉽게 수행한
바이러스 경고
알람!
다. 이 경우 플러스 RNA 가닥(plus-RNA-strand)에 대해
이야기할 수 있다. mRNA 상에 있는 유전정보 RNA를 다시
쓰는 것과는 달리, RNA를 직접 사용하는 것을 의미한다. 반대의 경우는 마
이너스 가닥 RNA(minus-strand-RNA)라고 한다.

충분한 양의 바이러스 단백질과 핵산이 형성되면 성분들은 즉흥적으로
비리온virion에 모이는데 이것을 '셀프 어셈블리Self Assembly(자기 집
합)'라고도 한다. 마지막 단계가 되면 수백 개에서 수천 개의
새 바이러스가 숙주세포에서 방출된다. 새로운 바이러스는 다
음 세포에 침투하기 위해 떼 지어 몰려나온다. 이렇게 해서 감염
이 유포된다. 그러면 바이러스에 대항하던 자체 면역방어와 함께 질환의 증
상을 유발했던 숙주세포는 보통 저절로 죽는다.

잠자는 바이러스를 깨우지 마라!

비리온이 번식 후 떠났다고 해서 세포들이 반드시 죽는 것은 아니다. 숙주 세포는 자신의 세포핵을 바이러스 DNA에게 숙소로 제공하며 이것을 계속 지니고 있을 수 있다. 흡사 축소판 염색체와 같다. 예를 들면 헤르페스 심플렉스Herpes simplex 단순포진 바이러스가 그런 경우다. 신경세포의 핵 속에서 몇 년을 조용히 지내다가 스트레스가 원인이 되면 감염 질환이 나타난다. 특정 약을 복용하거나 다른 악화 요인으로 인해 바이러스의 DNA가 다시 복제되고 감염력이 있는 바이러스를 방출한다. 그 결과 입술 주변, 부분적으로 구강 점막 관련 부분이나 성기 부분에 물집이 생기는 전형적인 단순포진 증상이 나타난다.

약으로는 단지 증상만을 치료할 수 있을 뿐이다. 항상 새롭게 번식하고 방출되는 바이러스에 대항하는 방법은 유발 인자를 찾아 가능한 한 그것을 방지하는 것이다.

특수한 경우인 레트로바이러스: HIV 같은 바이러스는 아주 독특한 것을 생각해냈다. 그들의 유전정보는 단일가닥 RNA의 동일한 2개의 분자로 구성되어 있다. 이때 이 단일가닥 RNA는 mRNA 합성을 위한 원본으로 직접 쓰이는 것이 아니라 먼저 DNA에 다시 기록되어야 한다. 그런데 한 가지 문제에 당면한다. '정상적인' 세포에는 정보를 RNA에서 DNA로 '거꾸로' 기록할 효소가 없다는 것이다. 이미 앞서 5장에서 살펴본 일반적인 과정, 즉 DNA → RNA → 단백질로 이어지는 일방통행 과정이 나타나기 때문이다. (원핵생물의 배세포와 종자세포에 있는 텔로메라아제는 예외다.) 이 문제를 처리하기 위해 레트로바이러스는 이른바 역전사효소라는 특별한 장비를 갖추었다. 이 효소는 이름 그대로 RNA에서 DNA로 거꾸로 전사하는 일을 한다.

이때 바이러스가 가져온 특별한 tRNA가 프라이머의 역할을 한다.

　레트로바이러스에 감염된 후 역전사효소의 분자들은 숙주세포의 세포질로 방출된다. 여기서 효소는 바이러스 RNA에 상보적인 두 가닥의 DNA 형성을 촉매한다. 이어서 세포핵에 도달하고, 거기서 바이러스 효소인 인테그라아제의 도움을 받아 우연의 법칙에 따라 염색체 상에 있는 숙주의 DNA에 통합된다. 이 단계에서 통합된 DNA를 '프로바이러스'라고 한다. 숙주의 RNA 복제효소는 프로바이러스의 DNA를 읽고 mRNA를 형성한다. 이것은 다시 바이러스 단백질의 합성을 도와 집합·방출되어 세포를 감염시키는 새로운 비리온을 위한 게놈의 역할을 한다.

　역전사효소는 HIV 감염 치료에 사용되는 이른바 **항-레트로바이러스제**(역전사효소 억제제)를 무력화시키는 결정적인 역할을 한다. 순서가 뒤바뀐 DNA는 RNA 원본에 대한 의존성 때문에 합성 시 오류가 나타나기 쉽다는 문제가 있다. 또한 일반적인 '수정작업체제'가 없기 때문에 돌연변이가 자주 발생한다. 이에 따라 역전사효소의 구성이 달라지며, 결과적으로 이것은 다시 약품에 대한 바이러스 내성을 유발한다. 이같이 잦은 돌연변이가 HIV 감염

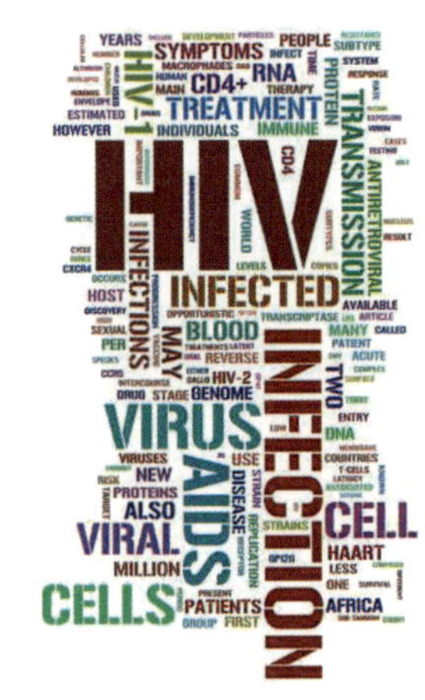

HIV는 에이즈와 동일하지 않다.

을 치료하기 어렵게 하고, 면역 물질 개발(예방접종의 효능체계에 대해서는 11장 참조)을 어렵게 만드는 원인 중의 하나다. HIV 치료에 이용되는 다른 약품들이 겨냥하는 물질은 인테그라아제로, 그것의 활동을 억제한다(소위 인테그라아제 억제제). 이런 문제 때문에 새로운 치료제는 바이러스가 숙주세포에 결합하여 감염이 발생하는 것을 미리 방지할 수 있어야 할 것이다.

기본적으로 유효한 점: HIV 감염은 에이즈와 동일한 의미가 아니다. 원인이 될 수는 있지만 꼭 그런 것은 아니다.

다음 표는 가장 중요한 바이러스에 대한 사항을 각각의 유전정보 형태와 함께 정리한 것이다.

바이러스의 종류	바이러스 표피	유발하는 질환의 예
두 가닥 DNA		
아데노바이러스	없음	호흡기 질환, 각막 및 결막 염증, 위-장 감염, 어린이 방광염과 면역 약화, 뇌막염
헤르페스바이러스	있음	엡스타인바아바이러스Epsteinbarr virus: 얼굴에 헤르페스감염(단순포진 제1타입)과 성기 부분(다순포진 제2타입), 대상포진(수두)
파포바바이러스	없음	인유두종바이러스human papilomavirus(휴먼파필로마바이러스): 유두, 후두, 자궁경부암
폭스바이러스 (마마바이러스)	있음	오르토폭스바이러스: 천연두, 소천연두
단일가닥 DNA		
파보바이러스	없음	파보바이러스 B19: 홍반, 가끔 관절염, 유산을 유발할 가능성이 있는 임신 기간의 염증
두 가닥 RNA		
레오바이러스	없음	로타바이러스: 설사 질환
단일가닥 RNA(플러스 RNA)		
코로나바이러스	있음	가벼운 감기에서 심각한 폐렴까지
플라비바이러스	있음	황열, C형 간염, 웨스트나일열병
피코르나바이러스	없음	리노바이러스(감기), 폴리오바이러스(소아마비), A형 간염
토가바이러스	있음	루벨라바이러스(풍진)
단일가닥 RNA(마이너스 RNA)		
필로바이러스	있음	에볼라바이러스, 마르부르크바이러스(출혈성 열병)
오르토믹소바이러스	있음	인플루엔자바이러스(진정한 독감)
파라믹소바이러스	있음	홍역바이러스, 유행성 이하수염(볼거리)바이러스
랍도바이러스	있음	광견병바이러스
DNA 합성을 위한 원본으로서의 단일가닥 RNA		
레트로바이러스	있음	에이즈를 유발할 수 있는 HIV, RNA 종양바이러스(여러 백혈병 형태)

의학에서의 바이러스

진성 독감은 심각한 질환으로, 일상에서 흔히 볼 수 있는 독감과 혼동해서는 안 된다. 일반 독감은 대부분 리노바이러스나 아데노바이러스 같은 바이러스에 의해 유발되는 유행성 감기로 불쾌한 증상을 일으키지만, 일반적으로 완화된다.

하지만 진성 독감은 인플루엔자바이러스에 의해 유발되고(그래서 이 독감의 이전 이름이 인플루엔자다) 두통, 관절통, 고열을 동반한 채 전체적으로 몸살을 앓으며, 노인들의 경우 또는 신체의 면역방어에 장애가 생기는 경우는 치명적인 폐렴을 초래할 수 있다.

지난 몇 년간 대대적인 발병의 원인으로 돼지, 새 또는 다른 종류의 아주 다양한 동물들이 언론매체에 오르내렸다. 이들의 공통점은 인플루엔자바이러스의 최초의 숙주였다는 것이다.

독감의 다양한 형태는 바이러스 캡시드의 외피에 있는 단백질에 의해 분류되는데, 세계보건기구의 HN 분류로 더욱 정확하고 확실하게 분류할 수 있다. H는 헤마글루틴^{haemagglutin}, N은 뉴라미니다아제^{neuraminidase}를 의미한다. 뉴라미니다아제는 숙주세포의 표피 위에서 보호기능을 하는 점액을 분해하고, 바이러스는 헤마글루틴의 도움으로 세포에 쉽게 들러붙어 결국 세포를 감염한다. 이때 H1은 헤마글루틴의 서브타입 1을, H2는 서브타입 2 등을 나타낸다. 뉴라미니다아제의 경우도 마찬가지다. H1N1은 2009년과 2010년에 '돼지 독감 바이러스'라는 이름으로 우리를 불안에 떨게 했던 병원균이다.

때문에 독감의 예방백신은 HN 특성에 맞추어져 있다. 이러한 이유로 매년 바이러스의 새로운 서브타입에 대항하는 새로운 예방백신이 개발되어야 한다. 헤마글루틴과 뉴라미니다아제의 구성은 돌연변이에 근거하여 아주 빠르게 변화하기 때문이다. 이처럼 예방을 어렵게 하는 항원의 변화를 항원변경antigen-drift이라고 한다.

특수한 경우인 클라미디아chlamydia, 리케차rickettsia, 마이코플라스마mycoplasma

앞에서 박테리아는 세포벽을 가지고 있고 숙주세포 밖에서 번식할 수 있다는 것을 살펴보았다. 그러나 항상 그렇듯이 예외가 없는 법칙이란 없는 만큼 여기서는 그 예외를 소개하려고 한다.

클라미디아는 예외 없이 동물 세포의 내부에서 자란다. 에너지 생산이 ATP 형태로 이뤄지기 때문이다. 스스로는 생산할 능력이 없다. 흥미로운 것은 세포벽이다. 일반적인 박테리아와는 달리 펩티드글리칸 합성을 위한 효소가 준비되어 있는데도 이 효소 없이 잘 버틴다. 그 대신 클라미디아 세포벽은 리포폴리사카리드와 단백질을 보유하고 있다. 세포 내에서 성장하기 때문에 실험실에서 이것을 증명하기는 어렵다. 이 때문에 진단과 치료가 지연되는 결과가 자주 초래된다.

예를 들면, **클라미디아**^{Chlamydia trachomatis}는 가끔 심각한 수란관 감염을 불러일으킨다. 이것은 불임의 원인이 되거나 수란관 임신을 초래하는 결과를 낳는다. 이런 이유로 건강보험의 검사목록에 클라미디아 검사를 의무적으로 포함해 17~25세 여성에 한해 매년 검사받을 것을 권장하고 있다. 이 밖에도 각막 및 결막염을 유발하는 클라미디아 트라코마티스는 선천적 시각 장애의 가장 흔한 원인이다.

동물 숙주세포 내부에서 사는 **리케차**는 클라미디아와는 달리 펩티도글리칸을 함유한 세포벽과 독립적인 에너지 신진대사를 한다. 그다지 유쾌하지 않으나 리케차는 발진티푸스와 진드기로 인한 발진열의 병원균으로 알려져 있다. 역시 주의할 것은 진드기에 물려서 감염되는 보렐리오제^{Borreliose}나 뇌막염^{FSME Frühsommer-Meningoenzephalitis}과 혼동해서는 안 된다는 것이다.

마이코플라스마는 숙주세포 밖에서도 성장하고 살 수 있는 능력이 있다. 그러나 손상되지 않은 숙주의 점액 표피세포에 붙어 살아야 한다. 세포벽이 없다는 사실이 다른 박테리아와 구분되게 하며, 세포벽의 합성을 방해하는 고전적인 페니실린 같은 항생제를 무력하게 만든다. 병원균으로는 폐렴과 요로계 염증, 성기 부위 감염을 유발할 수 있다.

끝으로 다음 표에서 박테리아와 '특이한 경우들', 바이러스를 간단히 비교했다.

	박테리아	마이코플라스마	리케차	클라미디아	바이러스
기본단위	자립적인 단세포	자립적인 단세포	단세포	단세포	아세포의 미립자
세포벽	있음	없음	있음	있음	없음 (캡시드+경우에 따라 외피)
핵산	RNA+DNA	RNA+DNA	RNA+DNA	RNA+DNA	RNA 또는 DNA(절대 둘 모두는 아님)
번식	자립적인 세포분열	자립적인 세포분열	숙주세포 내에서만 세포분열	숙주세포 내에서만 세포분열	바이러스 재료를 합성하기 위해 숙주세포를 변환시킴
자립적인 에너지 획득	있음	있음	있음	없음	없음
자립적인 단백질 합성	있음	있음	있음	있음	없음
고전적인 항생제에 대한 반응	있음	있음 (세포벽 합성을 공격하지 않는 한 생제에 반응)	있음	있음	없음

특수한 경우인 프라이온

오랫동안 사람들은 바이러스를 '감염시키는 가장 작은 어떤 존재'라고 생각하며 그것을 생명체라고는 여기지 않았으므로 미세입자라고 했다. 1971년, 미국의 식물 병리학자 테오도르 디너[Theodor Diener(1921년 출생)]는 감자의 걀쭉병을 유발하는 병원체에 대한 논문을 발표했다. 이 병은 그때까지 오랜 기간 바이러스에 의해 발생한다고 생각했던 병이다. 디너는 RNA로 구성된 이 병원체가 단백질의 도움 없이도 생식할 수 있고, 이때 숙주세포의 효소를 이용한다는 것을 증명했다. 결국 **바이로이드**^{Viroide}라고 이름 붙여진 이 미세입자는 식물 재배와 연관하여 널리 알려지며 두려움의 대상이 되었다. 카당카당^{Cadang-Cadang}이란 이름의 바이로이드 질병은 필리핀에서 천만 그루 이상의 코코넛 야자수를 파괴했다.

코코넛 야자수.

단백질 없이 핵산만 가진 바이로이드와는 반대로 **프라이온**은 단백질은 있지만 핵산이 없다. 광우병(BSE)에 걸린 소를 통해 인간에게 전이되는 이 미세입자에 대한 깊은 연구가 요구되고 있지만 소수의 발병 사례로 인해 실제로 설명하기 어려운 경우다.

사실 프라이온은 전혀 새로운 것이 아니다. 이미 1900년도쯤에도 쿠루병이 보고되었다. 이 병은 프라이온의 또 다른 병으로, 파푸아뉴기니족에서 발생했다.

1960년대의 인류학 연구들은 원주민들이 사람을 잡아먹는 의식을 통해 이 병이 옮겨진다는 것을 증명했다. 미국의 의사인 스탠리 프루시너^{Stanley Prusiner(1942년 출생)}는 1970년대 중반에 양의 스크래피^{scrapie}병과 진저병을 연구하던 중 이 병원체가 지금까지 알려진 종류들에서 나온 것이 아니라는 것을 발견하고, 1982년에 드디어 이 병원체의 경우 감염력이 있는 단백질이 중요한 역할을 한다는 것을 확신했다. **프라이온의 가설**이 탄생하는 순간이었다.

프라이온의 경우, 원래 아미노산 연속체와 관련될 때는 단백질이 '정상적'이지만, 공간 속에서 잘못 형성된다. 이런 프라이온이 정상적으로 형성된 단백질을 가진 세포에 들어오면 공간구조의 변화는 당연히 잘못 형성된 변수로 작용한다. 이어서 여러 개의 프라이온 분자들이 결합하여 프라이온 복합체를 이루고, 다른 단백질의 형성이 변화되는 것을 촉매한다. 많은 양의 프라이온 복합체는 결국 정상세포의 기능을 방해하고 질환을 초래한다. 인간에게 잘 알려진 병은 광우병에 걸린 소고기를 먹고 난 후 나타나는 크로이츠펠트 야코프병^{CJK:Creutzfeld-Jakob}이다.

프라이온 질병의 경우 문제점은 두 가지다.

- 첫 번째는 잠복기가 매우 길다는 것이다. 다시 말해, 감염에서 첫 증상이 나타날 때까지 수년 또는 한 세기가 걸릴 수도 있다. 그래서 초기에는 슬로 바이러스질환^{slow virus diseases}이라는 이름이 붙기도 했다. 이 때문에 전염병을 막기 위한 일반적인 조치인 적기에 발견하여 원인을 제거하는 것이 불가능하다.
- 두 번째는 저항력이 뛰어나다는 것이다. 끓이기, 굽기, 볶기 같은 일반적인 조리방법과 −20℃의 냉동에도 그 전염성이 파괴되지 않는다.

원생생물

원생생물은 (거의 항상) 원핵생물에 속하는 단세포 생명체다. 전체적으로 이 종류들은 다양하게 형성되어 있다. 생물학에서는 흔히 역사적인 이유에서 지금도 원생생물의 세계에 대해 이야기한다. 여기에 속하는 생물들은 계통을 따져볼 때 곰팡이나 동물, 고등식물과 친척 관계를 보인다.

원핵생물의 대부분은 원생생물에 속한다. 원핵생물 세포와 진핵생물 세포의 차이점은 앞의 146페이지에 있는 도표에 정리하였다.

원생생물은 하나의 유일한 세포로 이뤄져 있지만, 이 세포는 고도로 복잡하다. 특별한 조직과 기관을 이룰 수 있는 다세포 생명체와는 달리 원생생물은 자신이 가지고 있는 하나의 세포로 잘 꾸려나가야 하기 때문에 이것은 필수다. 이러한 이유로 앞서 4장에서 살펴본 것처럼 세포기관이 있어 분야가 구분되어 있다. 추가로 많은 원생생물들이 그 외의 세포기관들을 가지고 있는데, 예를 들면 세포 속으로 들어와 넘친 물이 다시 세포 밖으로 나갈 수 있도록 돕는 액포가 있다.

영양섭취와 관련해서는 147페이지에서 언급한 모든 것이 실제로 나타난다. 여기에 광합성 능력과 유기영양이 혼합된 혼합영양 유기체가 더해진다. 생식에는 차이가 더 크다. 단순히 이중분열로 생식하는 원생생물과 복잡한 번식효소를 가지고 성적인 생식을 하거나 그렇지 않은 것을 교대로 하는 또 다른 원생생물도 있다.

원생생물.

분류

다음의 원생생물은 중요한 그룹에 포함된다.
- 방산충
- 유공충
- 포자충
- 섬모충
- 조류공생체

원생생물의 체계적인 분류는 논쟁의 여지가 매우 많아 계속해서 토론 중이다. 중요한 계통군은 다음과 같다.

- 와편모충류와 섬모충(짚신벌레 포함), 포자충(말라리아 병원균인 플라스모디움[plasmodium] 말라리아 원충속)과 톡소플라스마[toxoplasma]를 포함하는 **알베올라타**[alveolates]
- 유글레나, 트리파노소마[trypanosome](파동편모충: 수면증의 병원체), 라이슈마니아[leischmania](리슈마니아증의 병원체)를 포함하는 **유글레나류**
- 갈조류, 황조류, 황록조류, 규조류를 포함하는 **크로미스타**
- 볼복스를 포함하는 **클로로파이타**[chlorophyta](녹조식물문)

어디로 귀속될지 정해지지 않은 그룹
- **아메바**(아메바성 이질의 병원체)를 포함하는 아메바문
- **유공충**을 포함하는 육질편모충문
- 태양충과 방사충을 포함하는 방산충문

소개한 분류 외에도 오래된 분류 중에서 가끔 다음과 같은 종류를 발견할 수 있다.
- 원충
- 조류
- 진동균층
- 나균류

원생동물의 종류는 매우 다양하고, 여기에 속하는 모든 것에 대한 적당한 분류체계가 없다는 것을 다시 한 번 밝힌다.

대표적인 그룹들의 간단한 정보

섬모충강은 여러분도 알고 있는 짚신벌레속을 포함한다. 섬모충은 세포 외피에 앞으로 추진하는 기관인 섬모를 가지고 있어 이런 이름을 갖게 되었다.

이 단세포의 특징은 대핵(체세포를 위한 핵)과 소핵(생식을 위한 핵)이라는 2개의 세포핵을 가지고 있다는 사실이다. 대핵은 배수체로 신진대사와 추진 운동을 통제한다. 소핵은 반수체이며, 번식은 이중분열에 의해 이뤄진다. 이 과정에서 대핵이 없어지고 소핵의 융합으로 딸세포의 대핵이 만들어진다.

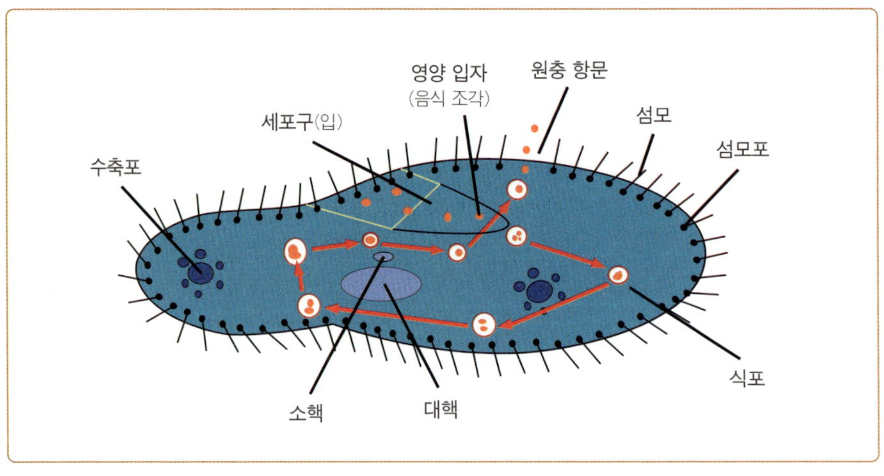

짚신벌레.

포자충류는 널리 알려진 단세포류로 플라스모디움속에 속하고, 다양한 형태의 말라리아를 유발하는 병원체다. 유성생식과 무성생식이 교차하는 복잡한 번식 사이클이 특징이다. 그 밖에도 생식 시 숙주를 교환하고, 숙주 속에서 서식하던 기관을 추가로 바꾼다. 주로 공격한 세포 내부에 머무르며 숙주세포의 면역체계를 무력하게 만든다. 두 번째 특이한 점은 독특한 외피구조다. 그것은 유일한 하나의 단백질 분자가 수백만 개가 되어 이뤄진다. 숙주가 이 단백질을 인지하고 항체를 만들면 그사이 포자충의 다음 세대에서는 단백질의 분자구조를 변화시킨다. 그러면 형성된 항체는 이를 더 이상 인식하지 못한다. 특히 복잡한 번식은 말라리아의 예방제 개발을 어렵게 해 지금까지의 임상시험 결과 2개의 효능 물질만이 존재할 뿐이다.

또 다른 포자충류의 대표자는 톡소플라스마속이다. 돼지고기를 날것으로 먹거나 고양이의 변을 통해 감염될 수 있다. 일반적으로 질환 증상이 나타나지 않아 위험하지 않지만 임산부가 감염될 경우 태아가 손상을 입을 수도 있다.

클로로파이타는 이름에서 알 수 있듯이 광합성을 하고, 많은 현재 고등동물의 선구자다. 여기에 속하는 녹조류는 초미세구조를 가지며, 색소에서 현재 육상식물들과 유사점을 보인다.

초기 다세포 유기체로 넘어가는 단계로 단세포인 해조류가 여기에 속하며, 볼복스속에 속하는 단세포 녹조류들은 세포질다리로 결합한 수백 개의 단세포로 이뤄진 군체형을 이룬다. 단세포는 세포분열을 할 수 없으므로 생식은 군체형으로 있을 때 가능하다.

많은 단세포가 **아메바**문에 속하며, 오늘날 이들은 분류보다는 삶의 형태로 이해된다. 공통점은 서로 떨어져 다른 종류로 발전해나가는 추진운동법이다. 하나의 아메바는 세포 어디에서나 만들 수 있는 위족을 앞쪽으로 밀면서 매우 효율적으로 전진한다. 위족은 하나의 받침에 부착되며, 결국 세포의 나머지는 세포 내부의 장력에 의해 끌려간다. 먹이가 눈에 띄면 사방에서 그것을 둘러싸고 식포를 형성한다. 박테리아나 더 작은 단세포인 먹잇감은 효소에 의해 분해된다. 이 식세포는 앞서 4장의 대식세포 활동에서 배운 메커니즘과 일치한다.

유공충은 모래나 바위 또는 바다나 담수에 서식하는 해조류에 붙어 산다. 이름은 foramen(이탈리아말로 '구멍')과 ferre(라틴어로 '실어 나르다')가 합성된 것으로, 구멍이 뚫린 껍질이 특징이다. 이 껍질의 기초 성분은 유기 물질이며, 그 안에는 보통 석회라고 부르는 탄산칼슘이 저장되어 있다. 석회 껍질에 있는 구멍에 추진운동과 영양분 섭취를 담당하는 실 모양의 섬세한 세포 융기가 돌출되어 있다. 우리가 알고 있는 유공충의 90% 이상은 죽은 상태이며, 이 화석껍질은 바다 밑 침전물의 중요한 구성 성분이다.

방산충에는 담수에 사는 태양충(헬리오조아^{heliozoa}속)과 바다에 사는 방산충(학명 래디오라리아^{radiolaria})이 있으며 이산화규소로 만들어진 복잡한 외부골격을 가지고 있다. 방산충이 사멸하면 바다 밑으로 떨어져 수백 년 또는 수세

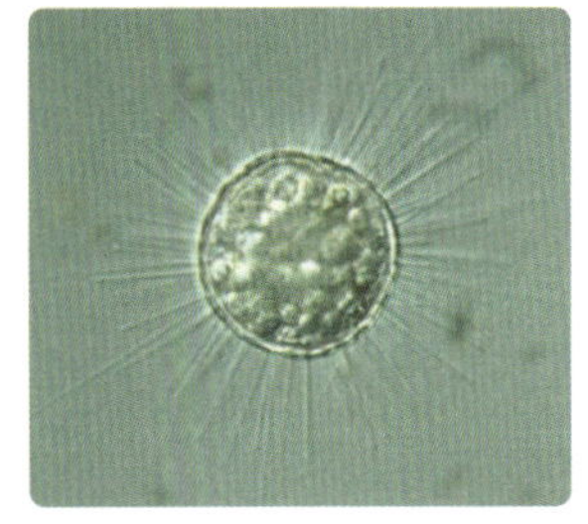

태양충.

기를 지나면서 이산화규소로 구성된, 두께가 수백 미터가 넘는 퇴적층이 형성된다. 소위 방산충 퇴적층이라고 하며, 인도양이나 태평양에서 발견된다. 모든 방산충은 공통적으로 추진운동과 영양분 섭취를 위해 위족을 형성할 수 있다.

눈 속에 해조류가 있다?

단세포 녹조류인 클라미도모나스 니발리스$^{\text{chlamydomonas nivalis}}$ 또는 스노 해조류는 고산지대의 빙산이나 만년설 지역 같은 극한의 환경 속에서 살아 해조류라는 이름을 무색하게 만든다. 커다란 군체형을 이루며 자라는 이 해조류는 강한 자외선을 받으면 붉게 빛나 '붉은 눈'이라고도 일컬어진다. 붉은색의 원인은 세포 속에 저장된 카로티노이드 때문이다.

섞여 있는 두 가지: 지의류

지의류는 공생한다. 2개가 하나의 유기체로 보일 정도로 가까운 공생관계를 형성한다. 전형적으로 지의류는 단세포나 다세포의 녹조류나 시아노박테리아 같은 광합성을 하는 유기체와 곰팡이류의 균체로 구성되어 있다. 곰팡이의 경우는 점균, 즉 자낭균이 중요하다. 공생관계를 형성할 때 광합성 작용을 하는 수백만 개의 조류세포는 균사로 형성된 그물에 엮여 있다. 조류는 건조될 위험으로부터 보호받고, 곰팡이에 의해 공기에서 나오는 물과 미네랄 성분을 형성한다는 장점을 취한다. 곰팡이는 조류가 광합성을 해서 만든 산소와 많은 시아노박테리아에게 필요한 대기 질소를 고정적으로 공급받을 수 있다.

지의류.

공생관계에서 균체는 항생 작용이 매우 적은 전형적인 이끼산$^{lichen\ acid}$을 형성해 천적으로부터 자신을 방어하고 자외선으로부터 보호한다. 지의류는 공생관계에 있을 때만 나무줄기나 돌 등에서 발견되는 특징적인 형상을 나타낸다. 현재 대부분의 지의류는 몇 가지 종으로 분류되고 있으며 지금까지 1만 3천 종 이상이 발견되었다.

자랑스러운 나이!

지의류는 장수하는 생물에 속하고 수백 년을 살 수 있다. 심지어 그린란드의 지도이끼$^{Rhizocarpon\ geographicum}$처럼 어떤 것은 4,500년 이상이나 사는 것도 있다.

균류

균류는 그 종류가 매우 다양하다. 서로 다른 두 종류를 대표하는 곰팡이들은 더 이상 친척으로 볼 수 없다. 예를 들면 숲에서 쉽게 발견할 수 있는 전형적인 곰팡이는 그 외형상 우리 주변에서 오래된 음식에서 볼 수 있는 곰팡이와 크게 다르지 않다. 곰팡이균이라는 이전의 이름이 말해주듯 이 곰팡이도 균류에 속한다.

공통적으로 모든 균류는 동물과 마찬가지로 종속영양생물이다. 다시 말해 균류는 스스로 유기적인 분자를 생산할 수 없다. 물론 균류는 일반적인 의미에서 '잡아먹지'는 않고, 환경에서 나오는 영양을 직접 흡수한다. 균류는 주변에 있는 복잡한 결합을 흡수할 수 있도록 더 작은 분자로 분해하는 아주 효능이 높은 효소를 비밀스럽게 만들어낸다. 또 다른 균류는 직접 다른 생물(식물이나 동물)에 침입해 그것의 영양분을 흡수하거나 숙주 자체를 영양분으로 섭취할 수 있게 해주는 효소를 가지고 있다.

일반적인 사항

균류는 칸디다^{Candida}균이나 사카로마이세스^{Saccharomyces}균 같은 효모처럼 단세포 생물로 자라거나 다세포인 길고 가는 실 모양의 **균사** 형태로 자란다. 몇몇 종류는 이 두 가지 형태를 모두 나타낸다.

다세포 균류는 대부분 사방으로 뻗은 균사 그물을 형성한다. 균사는 긴 실 모양의 세포로 '격막'이라는 분리벽에 의해 여러 부분으로 나뉘어 있다. 균류의 세포벽 재료는 아세틸글루코사민으로 구성된 중합체인 키틴이다. 균사는 소위 **균사체**라고 하는 두껍게 엮인 그물을 형성하고, 이것은 균류의 영양원 속에서 자란다. 균사체는 그 가지가 갈라져 나가 상대적으로 커다란 표면을 가지고 있다. 그래서 약 $1cm^3$ 바닥에 1km 길이의 균사가 존재할 수 있고, 이것은 다시 바닥과 함께 $300cm^2$의 접촉 면적을 형성한다.

균체의 성장은 영양을 섭취하기 위해 소유하는 면적의 표면 확대 길이에 달려 있다. 이때 균사의 부피는 동일하게 머물러 있다. 이 때문에 균사는 움직이지 않아도 균사와 함께 뻗어 나가므로 그 빠른 성장 덕분에 새로운 장소에 정착할 수 있다.

균사는 대각선으로 뻗어 있는 격막에 의해 형성되는 하나의 세포들로 구성되어 있다. 물론 이 격막은 계속 이어져 있는 막이 아니라 구멍이 있어 미토콘드리아, 리보솜, 세포핵 같은 한 세포의 기관들이 다른 세포들로 이동할 수 있다. 이처럼 격막이 존재하지 않는 균류를 **다핵체**(시노사이트^{coenocyte}) 균류라고 한다. 이 경우 하나의 거대한 세포질 구역에 천 개 정도의 세포핵이 존재한다. 이런 다핵체는 세포분열이 이어지지 않은 채 여러 번 반복되는 핵분열에 의해 생겨난다.

광대버섯.

좀비 개미

혹시 아늑한 환경에서 사는 것을 꿈꾸는가? 그렇다면 그곳은 사우나의 목욕물처럼 따뜻하고 습기도 적당해야 할 것이다. 식사도 별 어려움 없이 빨리 준비되어야 할 것이다. 그런데 여러분이 이 모든 것을 스스로 할 마음이 없다면?

당신이 균류라면 이 모든 것은 아주 간단하다. 먼저 개미를 한 마리 잡는다. 그 안에 여러분이 해야 할 일을 입력한다. 개미가 명령을 다 수행하면 죽게 내버려두고, 여러분은 자신이 편하게 지내는 것만 신경쓰면 된다.

정말로 이렇게 하는 균류가 있는데, 브라질 아열대 지역에서 발견되는 기생성 버섯인 오피오코르디셉스 유니리테리리스^{Ophiocordyceps unilateralis}다. 이것은 왕개미(camponotus속)의 특정 종류에 특수화되어 균사로 개미의 머리에 직접 침투해 자신의 희생물을 감염시킨다. 학문 분야 기자 캐서린 하르몬이 명명한 대로 '좀비 개미'가 된 개미는 일반 균류를 피하기 위해 자신이 살던 나무에서 기어 내려가 잎으로 가서 그 잎을 꽉 물고 죽는다. 그런데 불특정한 곳을 깨무는 것이 아니라 아주 계획적으로 즙이 많은 잎맥을 물고 죽는다. 이때 개미는 어떤 환경 조건을 지배할 것인지를 아주 특별하게 선별하는데, 균류가 항상 꿈꾸는 ─ 그것이 자라기 좋은 최적 조건인 ─ 95%의 습기와 20~30℃ 사이 온도를 선택한다.

왕개미.

그러면 오피오코르디셉스는 개미의 머릿속에서 자신의 희생물의 거의 두 배의 길이로 자라 개미 머리 밖으로 나올 수 있을 때까지 번식한다. 이때 개미의 외부 골격층은 보호막 역할을 한다. 오피오코르디셉스는 좀비 개미를 둘러싼 $1m^2$ 사방에 자신의 포자를 뿌린다. 많은 수의 다른 개미가 이곳에 살고 있으므로 균류의 자손은 문제없이 자신의 미래의 좀비를 찾아다닌다.

균사는 살아 있는 동물을 잡아먹을 수 있도록 특수화되어 있다. 다른 균류들은 특수화된 균사인 흡기를 형성해 이 흡기에서 숙주에게서 영양분을 취하거나 숙주와 영양분을 교환할 수 있다. 이러한 균류들의 식물과의 공동생활 형태를 마이코라이자^{mycorrhiza}(균뿌리)라고 한다. 균사체는 식물의 뿌리보다 땅속에 있는 미네랄 성분을 더 잘 흡수할 수 있기 때문에 이를 담당한다. 식물은 균류에게 탄수화물 같은 유기적 결합을 제공한다. 이와 유사한 경우로는 질소를 고정하는 리조븀^{rhizobium}(뿌리혹박테리아) 박테리아속에서 찾아볼 수 있다. 이 박테리아는 식물을 위해 질소를 고정하는 대신 유기적인 탄소결합을 얻는다.

마이코라이자 균류는 두 가지 형태로 분류할 수 있다.

외균근^{ectomycorrhiza}의 경우 뿌리 표면에 균사 그물이 형성된다. 뿌리의 내부에서도 자랄 수 있지만 세포벽을 뚫지는 못한다.

내균근^{endomycorrhiza}의 경우는 반대로 뿌리 세포벽을 뚫고 들어가 뿌리 세포벽의 막 안쪽에서 자란다. 이런 밀접한 접촉을 통해 영양분 교환을 더 쉽고 효과적으로 할 수 있다.

번식

대부분 균류는 포자를 형성하여 유성 및 무성생식을 할 수 있다. 이 포자는 대량으로 생산된다. 보비스트^{bovist}의 경우 수십억 개의 포자를 한 번에 방출하고, 바람이나 물을 통해 확산한다. 어떤 것은 아주 멀리까지도 이동해 적당한 장소, 다시 말해 습하고 따뜻하고 영양이 풍부한 곳에 떨어져 싹을 틔우고 새로운 균사체를 형성한다.

유성생식: 대부분 균류의 세포핵과 포자는 반수체다. 이배체도 나타나기는 하나, 단명한다. 유성생식은 2개의 균사체로, 성적 유혹 성분인 페로몬^{pheromon}을 배출하는 것으로 시작된다. 페로몬은 균사의 특수화된 수용체에 결합하여 페로몬의 근원지 방향으로 퍼져 나간다. 이렇게 퍼져 나간 균사는

페로몬을 방출한 균사와 융합하여 두 균사체의 세포질이 뒤섞이는 이른바 **원형질융합**이 발생한다. 이때 수용체의 구조는 균사가 동일한 균사체와 서로 융합되는 것을 저지한다. 페로몬은 자신의 수용체와는 서로 맞지 않는 것이다.

돌버섯.

반수체인 2개의 세포핵은 즉시 융합하지 않고, 옆에 유전적으로 다른 세포핵이 나란히 배열된다. 이런 종류의 균사체를 '이핵공동체'라고 한다. 대부분 균류의 경우, 두 핵은 감수분열의 교차와 유사한 메커니즘을 통해 유전적 물질을 서로 교환할 수 있다(101페이지 참조). 이핵공동체인 균사체가 자라면 융합 없이 핵이 평행으로 분리된다.

원형질융합에서 핵융합까지 걸리는 시간은 차이가 있다. 몇 시간 또는 며칠, 심지어 수세기가 흐를 수도 있다. **핵융합** 시 반수체인 2개의 핵이 융합하여 이배체 세포가 된다. 이렇게 생겨난 접합체는 대부분 균류의 경우 여러 개의 이배체 과정 단계를 형성한다. 핵융합 후 감수분열이 이어지고 다시 반수체가 만들어지며 이때 균류의 확산을 책임지는 포자가 형성된다.

무성생식: 많은 균류가 유성생식 이외에도 무성생식을 하며, 약 2만 종의 균류는 무성생식만 한다고 알려져 있다.

일련의 균류는 유사분열을 통해 균사체에서 반수체 포자가 형성됨으로써 무성생식을 한다. 곰팡이균류가 그 경우로, 이런 방식의 번식이 육안으로 확인되는 균사체가 생성되면 이는 흔히 말하는 곰팡이다. 다른 균류들, 소위 분열 효모균(Schizosaccharomyces종)은 단순한 세포분열을 통해 번식한다. 대부분의 효모는 두 번째 단계에서 모세포와 분리되는 눈을 형성한다. 하나의 효모 세포는 이러한 눈을 형성하는 일을 20~30회 수행할 수 있고 그 후에 죽는다. 박테리아의 이분열과 다른 점은 잠재적으로 무한하게 할 수 있다는 것이다. 많은 균류의 경우, 두 가지 형태가 교대로 나타날 수도 있다. 예를 들어, 칸디다는 쪼개질 수도 있고 눈을 형성할 수도 있다.

유성생식의 종류는 식물학 분류에서 균류를 구분하는 전형적인 기준이 된다. 유성생식 단계를 거치지 않는 것으로 알려진 균류의 경우 많은 단세포 생물이 여기에 속하는데, 이를 **불완전균류**^{Deuteromycete}라고 한다.

분류

균류는 계통발생의 친족관계에 따라 다섯 가지 그룹으로 분류된다.

통곰팡이나 편모를 가지고 있어 편모균류로 일컬어지는 **호상균**^{chytridiomycota} 중 지금까지 알려진 약 천 종은 땅 밑이나 바다에서 산다. 또한 되새김질하는 동물의 위나 장에 있는 수생균류는 식물의 재료를 동물이 이용할 수 있는 형태로 분해한다. 호상균문에 속하는 대부분의 균류는 단세포로 자라고, 어떤 것은 균사를 이용해 군체형을 이룬다. 이것은 소위 '유주자'라고 하는 움직이는 포자를 형성하는 균류들의 유일한 그룹이다.

접합균^{zygomycete}는 유성생식 시 형성되는 접합구조로 인해 이런 이름을 얻었다. 빵이나 과일, 각종 음식물에 피는 약 천 종의 곰팡이균류가 이 그룹에 속한다. 예를 들면 빵곰팡이는 균사와 함께 영양원의 표면에 퍼져 나가는데, 이 경우는 빵의 표면이다. 균사는 깊게 파고들어가 영양분을 흡수한다. 무성생식

곰팡이 핀 빵.

단계에서는 수포 모양의 포자를 담아두는 까만 포자낭이 만들어지는데, 현미경으로 관찰했을 때 곰팡이라고 인식되는 것이 바로 이것이다. 각각의 모든 포자낭에는 수백 개의 반수체 포자가 발달하고, 이것은 방출된 후 공기에 의해 퍼져 나간다. 최상의 경우는 정착할 수 있는 적당한 음식물을 다시 찾는 것이다. 여기서 균류는 새로운 균사체로 자라난다.

환경조건이 열악해지면 접합균류는 유성생식으로 전환한다. 이때 서로 다른 교배형을 가진 균사체, 다시 말해 이 경우에는 서로 다른 분자적 특징을 가진 균사체가 서로 만나야 한다. 원형질융합 후에 유주자낭이 형성되고 이어서 핵융합이 일어난다. 유주자낭은 무성생식 시 형성되는 포자낭과는 달리 건조와 저온 등 열악한 환경조건에 잘 견디는 특징을 가지고 있다. 균류의 입장에서 다시 환경조건이 좋아지면 유주자낭에서 세포핵의 감수분열이 일어남으로써 다시 반수체 포자가 형성된다. 그 후 유주자낭은 보통의 포자낭으로 자라나서 새로운 영양원에 정착할 수 있는 포자를 방출한다.

사구체균^{glomerulomycete}은 약 백 종 정도 되는데, 균류 중 상대적으로 작은 그룹이다. 그러나 여기에 속한 균류는 거의 내균근을 형성하기 때문에 환경적으로 중요한 의미를 가진다. 모든 식물종의 90%가 이 균류와 공생한다. 좀 더 자세한 내용은 13장을 참조하라.

자낭균은 약 6만 5천 종이 보고되었다. 육지나 담수 및 바닷물에서 발견되는 자낭균은 '분생자'라는 대량의 포자를 형성해 무성생식한다. 대부분의 다른 균류와는 달리 포자낭에서 포자가 만들어지는 것이 아니라 특수화된 균사의 끝, 즉 분생자자루가 분리되어 만들어져 거기서부터 바람에 의해 퍼져 나간다.

유성생식의 경우, 자낭균의 번식기관은 자낭과^{ascocarp}라는 자실체다. 이 안에는 유성생식 후에 반수체 포자를 보관하는 주머니 모양의 자낭이 들어있다.

자낭균은 맥주효모 같은 단세포 생물에서 복잡하게 구성된 곰보버섯 같은 산 버섯까지 다양하다. 해조류나 시아노박테리아와 지의류를 형성하는 많은 균류가 이 그룹에 속한다(183페이지 참조).

식용 곰보버섯.

담자균은 일반적으로 사람들이 '제대로 된' 버섯이라고 생각하는 그것이다. 양송이버섯이나 뽕나무버섯(꿀밀버섯) 같은 식용 버섯과 독이 강한 알광대버섯 등 약 3만 종이 이에 속한다. 이 그룹의 이름은 담자기^{basidium}라는 특수화된 세포에서 유래됐다. 이곳에서 핵융합이 일어나고 곧이어 감수분열이 일어난다.

담자균의 순환발전 과정에는 오랫동안 살아서 특징화된 이핵공동체인 균사체가 존재한다. 이 균사체는 다양한 핵 쌍들의 융합과 유전적 자료의 새로운 조합을 가능케 한다. 균사체의 유성생식은 환경적 자극에 의해 발생하고 균사체는 자실체를 형성한다. 여러분이 산에서 채집하거나 슈퍼마켓의 채소 코너에서 구입하는 양송이버섯이 바로 그 자실체다. 자실체는 물을 흡수하여 성장하고, 이핵공동체인 균사체에서 나온 세포질에 의해 성장한다. 담자기를 보호하기 위해 층 또는 관으로 구성된 자실체 아랫부분에는 유성포자, 즉 담자포자가 이핵공동체인 담자기 안에서 만들어진다.

핵융합 시 담자기의 두 세포핵이 융합하고 그 결과 이배체의 세포핵이 생성된다.

주름버섯의 자실층.

그 후 4개의 반수체 핵이 만들어지는 감수분열이 이어진다. 담자기에서 4개의 세포핵 중 각자 하나씩 가지고 있는 4개의 담자뿔이 성장하며 이곳에서 대량의 담자포자로 발전한다. 우리에게 익숙한 양송이버섯의 자실층은 바람을 통해 유포되는 백만 개의 담자포자를 배출할 수 있다.

이 버섯에는 뭔가 있다!

혹시 마술 버섯^{Magic Mushrooms}에 대하여 들어본 적이 있는가? 예를 들면 실로사이브^{psilocybe}속, 코노사이브^{conocybe}속, 이노사이브^{inocybe}속들과 담자균문에 속하는 몇몇 속이 여기에 속한다. 독일에도 적당히 퍼져 있는 계란모자버섯^{Psilocybe semilanceata}이 여기에 가장 근접한 버섯이다. 그럼 대체 왜 '마술'이라는 이름이 붙었을까? 이 버섯의 내용물인 실로사이빈은 LSD에 함유된 것과 비슷한 강한 환각제 효능을 가지고 있다. 부작용으로는 메슥거림, 구토, 심한 어지럼증이 나타난다.

이미 우리의 선조는 오래전부터 이 특성을 이용해왔다. 몇몇 학자의 견해에 따르면 이탈리아 북부에서 발견된 신석기 시대의 벽화에 '마술 버섯'을 의식에 사용한 것이 보인다고 한다. 최근의 역사에서 보여주는 예로는 16세기 헤르난도 코르테스^(1485~1547)가 일으킨 정복 전쟁 기간 중 환각제 성분이 있는 버섯을 멕시코 원주민인 아스텍인들이 사용했다는 내용이다.

남아메리카와 동남아시아, 시비리아 민족들은 지금도 실로사이빈 성분을 함유한 버섯들을 영적 의식에서 보조기구로 사용하고 있다. 또한 중부 유럽의 청소년들은 일명 '실로사이빈 파티'를 연다. 물론 마취제 관련법(조항 I: 유통 가능한 마취제의 금지)에 의하면 이러한 야생식물의 재배, 수집, 유통은 금지되어 있다.

의학에서의 균류

　　의학에서 균류는 식물학과는 달리 무성생식의 형태에 따라 분류된다. 유성생식의 형태는 인간의 몸에서는 형성될 수 없기 때문이다. 외부 형태적 기준에 의하여 종자균^{blastomycete}과 사상균^{hyphomycete}으로 구분한다.

　　인간에게 끼치는 영향에 따라서는 균류를 세 그룹으로 구분한다.
- 필수적 병원성 균류
- 선택적 균류(선택적 병원성)
- 비병원성 균류

　　필수적 병원성 균류가 인간을 덮치면 항상 질병을 유발한다. 그것은 일반적인 기생균에 속하지 않고 질병이라는 진단이 내려지면 그 존재가 드러난다. 그 예가 잘 낫지 않는 피부질환을 일으키는 피부사상균^{dermatophyte}이다. 또한 면역력이 떨어진 사람의 경우 내부 장기에도 침입할 수 있다.

　　선택적 균류는 보통 인간이나 환경에 정착하는 부류에 속한다. 그것들은 선택적 병원균으로, 예를 들어 숙주의 면역체계가 약해져 있거나 균류의 관점에서 유리한 요인들이 나타났을 때 질병을 유발할 수 있다. 이런 경우 번식을 아주 활발하게 해서 질병을 초래한다. 그 예가 효모균, 즉 칸디다 알비칸스$^{candida\ albicans}$균이다. 이것은 입과 인후에 서식하는 보통의 기생균으로, 성기

이스트.

부분에도 기생하는데, 무엇보다도 이 부분에 감염을 일으킬 수 있다. 보통의 기생균, 예를 들면 질에 있는 락토균이 항생제 치료로 인해 얇아지면, 그 결과 칸디다균은 참지 못하고 화를 일으키게 된다. 또한 '아주 보통인' 곰팡이균도 면역체계가 정상적이지 않으면 심각한 장기 감염을 일으킬 수 있다.

비병원성 균류는 질병을 유발하지 않는다. 빵을 만드는 데 쓰는 이스트와 같이 사카로마이세스^{Sacchromyces}에 속하는 것들이 그 예다. 균류가 진균류 같은 감염으로 인한 질환을 유발할지, 어느 정도일지는 여러 가지 요인에 달려 있다. 또한 균류의 상황뿐 아니라 숙주의 상황에도 달려 있다.

균류의 입장에서 볼 때 감염에 유리한 요인들은 다음 사항들을 포함한다.

- **부착성**, 다시 말해 숙주의 피부나 점막의 분비물에 의해 떨어져 나가지 않고 오랫동안 붙어 있을 수 있는 능력이다. 예를 들어 칸디다균의 경우, 부착성은 숙주세포 표면에 있는 수용체와 서로 교류하는 균류 표면에 있는 특정 단백질에 의해 정해진다.
- **침투력**은 세포 표면에서 피부나 점막 또는 기관에 침투하여 거기서 번식하는 능력이다. 이때 기관을 용해하는 효소, 예를 들면 균에 의한 손톱감염 시 손톱의 케라틴을 용해해 숙주의 보호체계를 망가뜨리는 특수한 효소들이 균류를 돕는다.

숙주의 입장에서도 균에 의한 감염을 유리하게 하는 몇 가지 조건이 있다.

- 피부를 완화하는 습도나 온도 상승 같은 외부조건이 바로 그것이다. 오랜 시간 목욕을

피부사상균으로 인한 기저귀 발진은 자주 발생한다.

한 뒤 손가락 끝을 보면 피부가 부풀어 올라 매우 부드러워진다. 그러면 피부사상균이나 효모균은 최적의 번식조건을 가지게 된다. 젖먹이 아기들이나 어린아이들의 기저귀 부위에서 그 전형적인 예를 찾아볼 수 있다. 거의 모든 아이가 적어도 한 번쯤은 이른바 기저귀 발진을 경험했을 것이다.

• 또한 직업적인 이유로 피부가 화학물질과 계속 접촉하면 그 부분의 피부에 있는 기생균이 변화할 수 있다. 아주 작은 상처나 긁힘에도 피부가 손상되어 건강한 피부가 외부세계와 쌓고 있었던 장벽이 허물어지면서 균류가 활동하기가 수월해진다.

• **내부적 요인**으로는 면역체계에 해를 입힐 수 있는 모든 질병이 포함된다. 또한 당뇨병이나 동맥경화로 인한 혈액순환 장애도 이에 포함된다.

균류는 감염유발요인으로 직접 나타나지는 않고 곰팡이균 포자처럼 알레르기 유발요인 또는 특정 곰팡이균인 맥각균이나 아플라톡신 등과 같이 독(톡신^{toxin}) 생산자로, 끝으로 알광대버섯처럼 독버섯으로 나타난다.

학문적으로 밝혀진 새로운 사실: 피부 균의 게놈을 해독하다

감염생물학을 연구하는 예나의 라이프니츠^{Leibniz} 연구소 학자들은 인간에게 심각한 피부감염을 야기하는 두 가지 균류의 게놈을 최초로 완전하게 해독했다.
'그래, 좋아. 내가 뭘 갖고 있어?' 아마도 균들은 이렇게 물을 수도 있겠다.
오늘날 게놈에서 밝혀진 균 단백질 구성에 대한 지식은 효과적인 치료를 위한 출발점을 제공한다. 생물에 침투하는 백선균^{trichphyton}속에 속하는 어떤 균의 경우, 균 단백질은 피부세포 최상부에 있는 케라틴 보호층을 용해하여 균이 피부를 뚫고 침투해 피부 안에서 계속 퍼져 나갈 수 있게 하는 일을 담당한다. 이러한 균 단백질의 활동을 저해하는 의약품이야말로 효과적인 치료를 가능케 할 것이다.

피부감염은 건강한 사람에게는 위험하지 않지만 오래가고 치료하기도 어렵다. 균이 편하게 지낼 수 있는 최상부의 피부층은 거의 피가 흘러나오지도 않고, 약이 그 감염 자리에 도달하기도 어렵기 때문이다. 그래서 이 경우 정확한 장소에 치료하는 것이 최우선적인 방법이다.

세일럼의 마녀들

17세기 말 세인의 이목을 끈 마녀사냥이 자행되던 시절, 당시 뉴잉글랜드에서 사형 판결을 받은 세일럼의 '마녀들'은 단지 독신균에 시달렸을 뿐이다?

일련의 의학 역사학자들은 에르골린 알칼로이드ergoline alkaloid(맥각 알칼로이드)와 리세르그산lysergic acid(파생어: LSD)의 전구 물질처럼 호밀을 먹으며 자라는 맥각균claviceps purpurea에 의해 형성되는 물질이 환각과 특이한 행동양상, 경련 및 발작, 그 밖의 다른 증상들을 유발했다고 생각한다.

빗자루를 타고 하늘을 나는 마녀.

중세 및 고대 시대에도 유럽에는 항상 유사한 질병이 발생했고, 안토니우스의 불(맥각 중독증을 일컬음. 수도사 안토니우스가 이 병을 치료했다고 해서 붙여진 이름 ― 역자 주)처럼 이런 질병은 그 당시 마녀의 탓으로 돌아갔다.

‘좋은’ 균류

균류는 불쾌한 질병을 일으키기도 하지만, 그 이용가치 또한 크다. 다양한 환경 시스템 속에서 유용하게 쓰일 뿐더러(자세한 사항은 13장에서) 요리에서도 유용하게 쓰인다. 요리 메뉴를 풍부하게 할 뿐 아니라 로크포르치즈나 블루치즈 같은 치즈도 생산하고 우리가 즐겨 마시는 콜라에도 음료 첨가물인 레몬산을 획득하기 위해 누룩곰팡이(아스페르길루스^{aspergillus})속의 균이 이용된다.

송로버섯을 찾아서

여러분은 아마도 트러플 돼지에 대해 들어봤을 것이다. 송로버섯은 강한 냄새를 풍겨 균류의 먹잇감이 되기도 하는데, 자신의 포자를 확산시킬 수단이 되는 포유동물이나 곤충들을 유혹하기 위한 도구로 자연직으로 주어진 깃이다. 이 드리플 향 물질은 수퇘지가 짝짓기할 때 내보내는 유혹물질과 유사하다. 그래서 짝짓기를 하기 위해 암퇘지가 수퇘지가 있는 곳

송로버섯(트러플버섯).

을 찾아나설 거라고 계산하여 트러플 돼지를 파견하게 되었다. 물론 돼지를 생각하면 부당한 일이지만 송로버섯의 높은 판매가격은 동물의 사랑을 부질없는 것으로 만들어버렸다.

또한 어떤 특정한 균류가 없었더라면 우리는 지금도 감염으로 인한 질환을 퇴치하는 데 여전히 어려움을 겪고 있을 것이다. 1928년 어느 날 아침, 알렉산더 플레밍이 한 달간의 휴가를 마치고 어수선한 자신의 연구실에 들어섰을 때, 그는 박테리아속인 포도상구균^{staphylococus}이 들어 있는 배양기에 핀 곰팡이가 주변의 박테리아를 모두 박멸시킨 것을 발견했다. 하지만 그와 멀리 떨어져 있던 포도상구균은 여전히 살아 있었다.

아마도 플레밍은 처음에는 매우 화가 났을 것이다. 그래서 곰팡이를 걷어내고 박테리아를 신선한 배양기에서 다시 자라게 했을 것이다. 이어서 이 곰팡이를 다시 박테리아 무리에 집어넣었을 때, 그는 나중에 자신이 페니실리움 노타툼^{Penicillium notatum}이라고 명명한 곰팡이가 성홍열, 폐렴, 디프테리아, 뇌막염의 병원체인 그람양성 박테리아를 박멸한다는 것을 발견했다.

1929년, 플레밍은 자신의 발견을 발표했다. 그러나 균 배양물에서 효능 물질을 분리하는 기술적인 어려움으로 인해 자신의 생각을 관철하지 못했다. 하지만 제2차 세계대전은 충분한 자본과 함께 페니실린을 대량생산하기 위해 집중적으로 연구할 동기를 부여했고, 드디어 페니실린 생산이 가능해졌다.

역사의 모럴인 작업실을 절대 말끔히 청소하지 말라! 대단한 발견이 당신을 기다리고 있을지 누가 알겠는가?

해부학과 생리학-
동물의 왕국

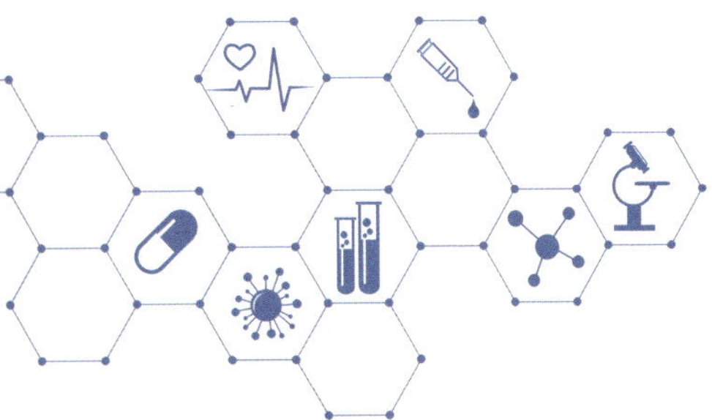

인간은 어떻게 기능하는가? 이 흥미진진한 질문에 대하여 우리는 멋진 예를 가지고 그 대답을 풀어보려고 한다.

그 밖에도 기관들이 특정 환경에서 어떻게 특정 기능에 맞추어지는지, 예를 들면 유독 물질과 배설물을 배출하기 위한 시스템, 산소를 흡수하기 위한 시스템 등을 반복해서 비교하고 설명할 것이다.

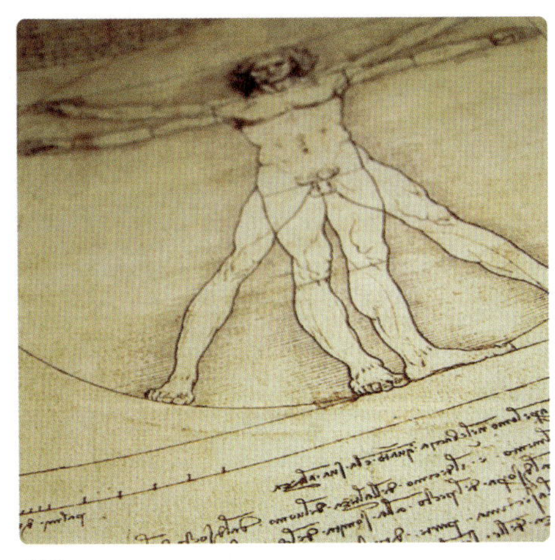

인간.

세포에서 조직으로 - 조직에서 기관으로

다세포 생물의 발생과 함께 세포의 기능이 분화되었다. 비슷한 일을 하는 세포들은 조직으로 통합되었고, 이렇게 해서 기관이 형성되었다. 따라서 기관 안에서 서로 다른 기능을 담당하는 다양한 조직의 유형들이 존재하게 되었다. 췌장(이하 참조)은 효소를 생산하고 방출하는 외분비 조직 부분과 호르몬을 생산하고 그것을 혈액으로 방출하는 내분비 부분으로 구성되어 있다. 또한 함께 작업하는(예를 들어 물질의 흡수와 배출 같은 하나의 총괄적인 기능을 수행하는) 여러 기관은 끝으로 기관계를 형성한다.

세포와 환경

생물이 더 이상 단세포 생물로 존재하지 않고 물질의 흡수, 교환 등 외부 환경과 직접 교류하지도 않으면서 여러 세포로 이뤄져 있다면 이 세포들은 서로 교류하며 정보를 교환해야 한다. 그렇지 않다면 뒤죽박죽이 될 것이다.

세포 사이에 있는 공간인 세포 간극은 물(공간 사이에 존재하는 액체)과 세포간물질 또는 세포외기질로 채워져 있다. 이 물질들은 **프로테오글리칸**proteoglycan(단백당)으로 구성된 기본 물질 안에 존재한다. 프로테오글리칸은 상대적으로 적은 단백질이 가운데에 있고, 풍부한 탄수화물 사슬이 이 단백질을 공유하며 매달려 있는 물질이다. 이때 탄수화물이 차지하는 비율이 95%에 이른다. 수백 개의 프로테오글리칸 분자들은 비공유 상호작용을 통해 서로 모인다.

프로테오글리칸으로 이뤄진 기본 물질에는 **글리코프로테인**glycoprotein(당

단백질)으로 구성된 섬유(다시 말해 공유결합한 당 분자를 가지는 긴 단백질 사슬)가 저장되어 있다. 이와 연관하여 가장 잘 알려진 섬유성 글리코프로테인이 바로 인간 유기체에 있는 단백질 전체 양의 약 절반을 차지하는 **콜라겐**이다. 이 밖에도 소위 인테그린^{integrin}이라는 세포의 특정 표면 단백질에 결합하는 **피브로넥틴**^{fibronectin}이 중요하다. 이것은 세포 외 부분에서 결합점을 소유하는 경막 단백질이다. 이러한 결합을 통해 세포 간극과 세포 내부와의 소통이 가능해진다.

물론 세포와 세포 간극 간에만 결합이 있는 것이 아니라 세포와 세포 사이, 특히 상피세포 간(이하 참조)에도 접촉이 있다. 세포 간의 결합은 서로 다른 세 가지 타입으로 구분한다.

- 밀착연접^{tight junction}
- 부착결합^{adhering junction}
- 간극결합^{gap junction}

밀착연접은 세포 간극을 밀착시켜 세포 사이의 물질이 무절제하게 녹아들어 가지 못하도록 한다. 흡사 허리띠처럼 전체 세포를 묶어 세포막의 구성 성분을 고정하는 막 단백질로 구성되어 있다. 척추동물의 경우, 이러한 밀착연접은 혈액과 뇌 사이의 물질 교환을 통제하는 뇌혈관 장벽을 만들고 뇌에 가능한 한 안정된 외부환경이 주어지도록 하여 뇌를 보호한다. 무척추동물의 경우는 소위 격막접합^{septate junction}이 이와 비슷한 기능을 수행한다. 세포

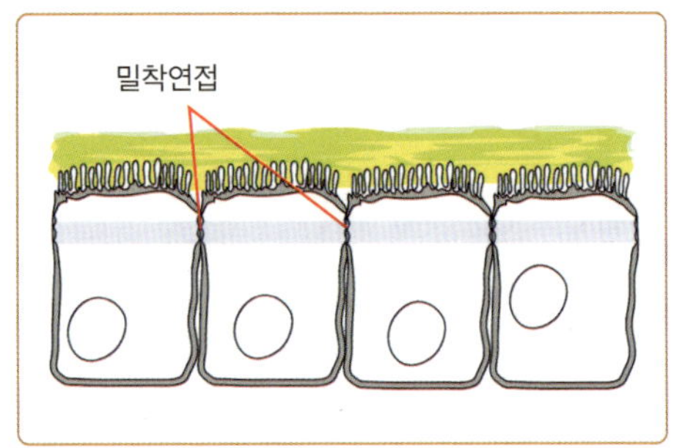

그림으로 보는 밀착연접.

와 세포가 접촉하는 이러한 결합방식은 전체적으로 세포를 촘촘하게 밀봉하는 역할을 한다.

부착결합은 데스모솜^{desmosome}(교소체)의 다양한 형태를 포함하며, 이것들은 모두 세포 간의 체계적인 결합을 담당한다. 전형적인 부착결합 분자는 세포의 내부에 있는 세포골격의 액틴필라멘트^{actinfilament}를 다른 세포들과 결합하는 카드헤린^{cadherins}이다.

마지막으로 **간극결합**은 '가장 공개적인' 소통방식이다. 말 그대로 세포질 내에 한 세포에서 이웃 세포로 통하는 통로를 만든다. 이 통로는 단백질로 구성되어 있고, 세포막에 기공을 형성한다. 이 기공을 통해 이온이나 포도당, 아미노산 등의 저분자 물질이 이동한다. 이 결합방식은 전형적으로 심근세포에서 찾아볼 수 있다.

조직유형

동물의 조직은 다음과 같이 4개의 기본 카테고리로 분류할 수 있다.

- 상피조직
- 결합조직
- 근조직
- 신경조직

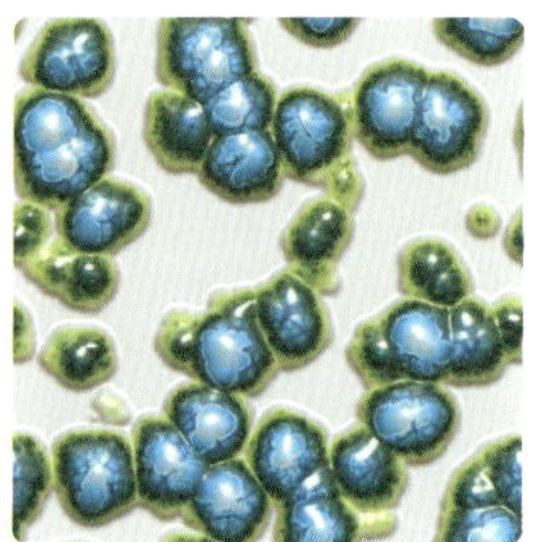

세포조직.

상피조직

상피조직은 촘촘히 서로 포개진 세포들의 층으로 이뤄져 기관들과 신체 내부공간을 감싸고 있다. 즉, 내부에서는 기관들, 몸 표면에서는 신체 내부와 외부세계를 구분한다. 촘촘하게 서로 밀접해 있기 때문에 각각의 조직세포 사이에는 소량의 세포간물질만이 존재할 뿐이다. 그 밖에도 호르몬과 같이 분비물 형성에 특수화된 세포들을 가진 샘(선)이 있다.

상피조직은 세포층으로 구성되어 있는데, 이 세포층의 수에 따라 단층과 다층의 상피조직으로 구분한다. 특이한 경우는 이행상피로서 하나의 세포층으로 구성되어 있으나, 세포들의 높이가 서로 달라 다층 같은 인상을 주는 상피조직이다. 단백질과 서로 엉켜 있는 콜라겐 섬유를 함유한 특수화된 세포외기질인 기저세포막은 상피조직과 다음 조직층을 구분한다. 이때 콜라겐 섬유는 세포들을 서로 구분하고, 세포들과 그 하부에 있는 결합조직을 고정한다.

상피조직의 형태에 따라 타일 같이 납작한 모양의 세포들이 나란히 배열된 **평면상피**, 주사위 또는 프리즘 모양의 세포로 되어 있는 **입방상피**, 길게 뻗은 원통 모양 세포로 된 **원주상피**로 구분한다.

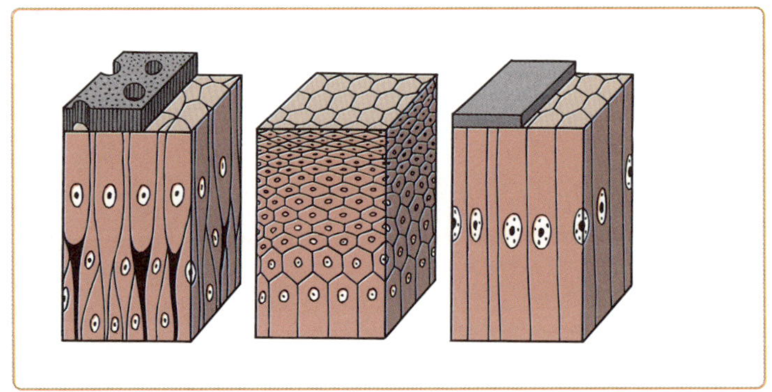

상피조직.

몇 개의 예를 들어 좀 더 자세히 설명하면 아래와 같다.

단층평면상피는 무엇보다도 혈관 내벽[여기서는 엔도테리움endothelium(내피)이라 칭한다]이나 폐포를 형성한다. 물질교환이 중요한 역할을 하는 곳이라면 어디서든지 이것을 발견할 수 있다.

다층평면상피는 피부 안(여기서는 최상부에 있는 세포층이 죽고, 밖을 향해 보호층을 형성해 딱딱해진 평면상피)과 식도의 윗부분, 항문에서 발견된다. 기본적으로 세포에 심하게 무리가 가거나, 세포가 벗겨진 곳이면 어디든지 존재한다. 이때 최하부에 있는 상피세포층에서는 즉시 세포분열이 일어난다. 새로운 세포는 천천히 최하부 층에서 위쪽으로 이동하고 그곳에서 죽은 세포를 대체한다.

입방상피는 갑상샘이나 침샘 또는 신장의 수뇨관에 있는 분비물을 배출하는 세포와 밀접한 연관이 있다.

단층원주상피는 식도의 나머지 밑 부분부터 직장까지 해당하는 위와 창자기관에서 발견되며, 영양분 흡수와 운반을 전담한다.

이행원주상피는 섬모상피조직, 다시 말해 콧속과 기도처럼 섬모가 있는 상피조직을 형성한다.

특이한 경우인 유로테리움urothelium(위중층원주상피)은 신우, 수뇨관, 방광, 요도의 시작 부분 같은 요도계에서 발견할 수 있다. 이것은 다층의 원주상피조직으로, 속이 비어 있는 기관들을 채우는 내용물을 가진 최상층은 평평하며 평면상피조직과 동일하다. 이 밖에도 최상부의 세포들은 특별한 막으로 덮여 있는데, 이 막은 소변으로부터 세포를 보호한다. 이러한 특별한 형태가 존재하는 이유는 예를 들면 방광이 빈 상태인지, 가득 찬 상태인지 등 요도계에 있는 다양한 내용물의 상태에 적응하기 위함이다.

결합조직

결합조직은 그 이름이 이미 기능을 말해주고 있다. 그것은 다른 조직들을 결합하고 보조하고 안정시킨다. 이때, 세포로부터 만들어지고 외부로 방출되는 상대적으로 많은 세포외기질에는 결합조직이 적게 존재한다. 이 기질에는 단백질 섬유가 삽입되어 있으며, 각각의 결합조직에 따라 기질의 밀도가 다르다. 포유동물의 경우 결합조직의 종류를 소성결합조직, 연골조직, 치밀결합조직, 지방조직, 혈액과 뼈의 여섯 가지로 크게 나눈다.

결합조직에 존재하는 세포는 크게 두 유형으로 구분된다. 첫 번째는 **섬유아세포**(피브로블라스트[fibroblast])로, 움직이지 않으며 세포외기질을 섬유와 결합한다. 다른 하나는 골수로서, 혈액이나 대식세포 같은 면역세포를 생성한다. **대식세포**는 조직을 두루 순찰하며 이물질이나 박테리아, 늙은 세포를 인지하여 이를 식세포를 통해 흡수하거나 무해하게 만들고, 더불어 다시 사용할 수 있는 세포 구성 성분을 공급한다.

결합조직의 유형에 따라 섬유아세포는 다르게 명명될 수 있다. 좁은 의미에서 섬유아세포는 소성결합조직과 치밀결합조직에서만 발견되고, 연골조직에 있는 것은 연골아세포(콘드로블래스트[chondroblast]), 뼈에 있는 것은 뼈모세포(오스테오블래스트[osteoblast])라고 부른다. 엄밀하게 말해 −블래스트[blast]라는 어미는 세포외기질을 활발하게 생산하는 세포에만 붙여진다. 그리고 −사이트[cyte]라는 어미는 합성이 더 이상 일어나지 않을 때 붙인다.

세포외기질에 삽입된 섬유에는 세 가지 유형이 있다. **콜라겐 섬유**는 장력을 탄성과 결합한다. 콜라겐은 잘 찢어지지 않지만 탄력이 없다. 즉, 콜라겐 섬유는 찢어지지 않아 길게 잡아당길 수는 있지만, 장력이 사라져도 원래의 형태로 돌아오지는 않는다. 엘라스틴 단백질(탄력소)로 만들어진 **엘라스틴**

섬유는 그 이름이 말해주듯 잘 늘어남과 동시에 높은 탄력성을 가진다. 즉, 장력이 사라지면 원래의 형태로 다시 돌아온다. 마지막으로 콜라겐 섬유처럼 콜라겐 단백질로 이뤄진 **세망 섬유**는 매우 가늘게 사방으로 뻗어 있으며 콜라겐 섬유와 함께 망을 형성한다. 이 망을 통해 결합조직은 주변 조직과 결합한다.

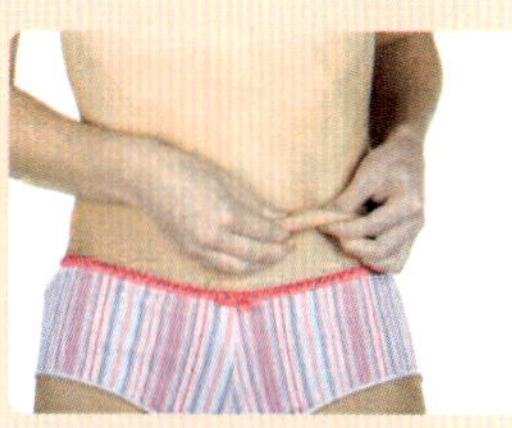

피부 속의 엘라스틴 섬유.

피부에 주름을 만든 후 이것을 위로 잡아당겼을 때, 콜라겐 섬유와 세망 섬유 덕분에 우리의 피부는 뜯겨 나가지 않는다. 그리고 엘라스틴 섬유는 잡아당기는 것을 중단했을 때, 피부가 다시 제자리로 돌아오게 하는 일을 담당한다.

예를 들어 설명하면 이렇다.

소성결합조직은 포유동물에서 가장 흔한 결합조직 유형이다. 이것은 세 가지 섬유유형, 즉 콜라겐 섬유와 엘라스틴 섬유, 세망 섬유로 구성된다. 또한 상피조직을 그 하단에 있는 조직과 결합하고, 있어야 할 자리에 기관을 고정한다. 간이나 비장 같은 장기를 통과하는 결합조직의 스트로마^{stroma}(기질)는 이러한 소성결합조직으로 만들어진다.

연골조직의 특징은 콜라겐 섬유를 많이 함유하고 있다는 것이다. 콜라겐 섬유는 단백질과 결합한 황산화 탄수화물로 이뤄진 복합체인 콘드로이틴황산$^{chondroitin\ sulfate}$으로 구성된 세포외기질에 삽입되어 있는데, 콘드로이틴황산은 연골에 그 특징적인 형태와 압력에 대한 탄성을 부여한다. 연골은 모든 포유동물의 초기발달에서 발견되는 최초의 골격이다. 상어나 가오리류처럼 골격이 연골로 되어 있는 물고기는 이 골격이 뼈로 대체되지 않은 채 평생 유지한다. 척추의 인대 또한 연골로 구성되어 있으며, 이로 인해 변형이 가능한 탄력 있는 압력패드를 형성한다. 관절도 연골로 되어 있어 서로 연결된 뼈들을 감싸고 보호한다. 귓바퀴에서는 형태를 부여하는 역할을, 기도와 기관지에서는 이들이 열려 있을 수 있게 하는 지지 고리의 역할을 한다.

연골은 혈관이나 신경을 가지고 있지 않으며, 융합을 통해 연골을 덮고 있는 얇은 세포층인 연골막에서 공급되어야 한다. 하지만 성인의 관절연골은 예외다. 여기에는 연골막이 없고, 활액낭이라는 관절의 내부 표피에서 공급된다.

치밀결합조직은 소성결합조직에 비해 확실히 많은 콜라겐 섬유를 함유하는 대신 세포외기질은 적게 함유한다. 이 조직은 콜라겐 섬유의 방향에 따라 구분되는데, 섬유 쪽 방향으로 장력이 높은 결합조직을 아교성·규칙성 결합조직으로 구분한다. 이것은 근육을 뼈와 결합하는 건과 뼈들이 서로 결합하는 관절의 인대에서 발견된다. 반대로 세망결합조직에서는 콜라겐 섬유가 모든 방향으로 뻗어 있고, 서로 여러 번 교차하여 다양한 방향의 장력을 보장한다. 간이나 비장의 피막, 피부 표피 아래에 있는 피부층인 진피에서 발견된다.

지방조직은 결합조직에 속하며, 아디포사이트^{adipocyte}(지방세포)라는 결합조직세포에 들어 있는 트리글리세리드^{tryglyceride} 형태로 된 지방이 여기에 저장되어 있다. 세포외기질은 많지 않으며, 거의 전체가 지방세포로 채워져 있다. 이때 하나의 지방액포를 가진 세포(백색지방)와 내부에 여러 개의 지방액포를 가진 세포(황색지방)로 구분된다.

지방조직은 가능한 한 빨리 몸에서 내보내고 싶은 물질이 아니라, 우리 몸에서 중요한 역할을 하는 물질이다. 보통은 영양분이 없을 때, 피하지방조직에 에너지를 저장하는 역할을 하는데 이것은 진화적으로 봤을 때, 비유하자면 어디서나 맥도널드를 발견할 수 없었던 석기 시대의 잔재로 설명될 수 있다. 또한 겨울잠을 자는 포유동물의 지방은 이 기

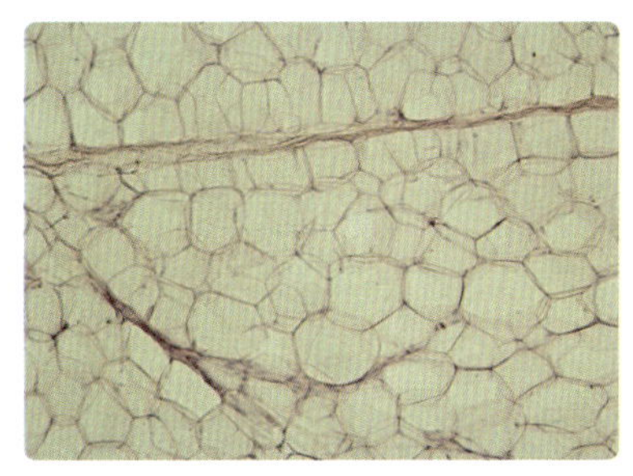

지방조직.

간에 열을 형성하는 기능을 한다. 황색지방조직의 경우, 지방이 분해되면서 생성되는 에너지가 직접 열로 변화한다. 또한 지방조직은 신장이나 눈 같은 예민한 기관들을 감싸는 보호패드를 형성한다.

놀랍게도 **혈액**은 결합조직이다. 다른 결합조직 형태와 다른 점은 혈장이라는 액체성 세포외기질이라는 것이다. 이 결합조직세포는 한곳에 머무르는 것이 아니라 혈액의 흐름과 함께 이동하기 때문에 전혀 다른 이름을 갖게 되었다. 그래서 면역방어를 위한 백혈구와 혈소판처럼 산소의 운반체인 적혈구로 구분된다. 이것은 원래 완전한 세포가 아니라 이전 단계의 세포인 거핵구세포^{megakaryocyte}가 떨어져 나간 조각으로, 혈액 생성에 중요한 역할을 한다. 혈액세포에 대한 자세한 사항은 아래 백혈구와 적혈구의 혈액순환계 부분과 6장에서 다뤄졌다.

끝으로 **뼈**는 세포외기질로 이뤄져 있다. 세포외기질은 제삼인산칼슘에 저장되어 있고, 수산화인회석라는 형태로 되어 있어 뼈에 강도와 안정감을 부여한다. 여기에 뼈를 탄력 있게 유지하고 과도하게 깨지는 것을 방지하는 콜라겐 섬유가 더해진다. 뼈를 구성하는 세포는 뼈모세포다. 뼈는 골격이 연골로 이뤄진 물고기를 제외한 척추동물의 내부 골격을 형성하고, 이와 반대로 곤충의 경우는 키틴으로 구성된 외부골격을 형성하며, 전체 기관을 보호하는 역할을 한다. 이 밖에도 뼈는 예민한 기관들을 보호한다. 흉곽의 갈

비뼈는 폐를, 두개골은 뇌를 보호한다. 뼈 내부의 골수에서는 다양한 혈액 세포가 만들어진다. 젖먹이 아기나 어린아이들의 경우 모든 뼈에 골수가 있지만, 나이가 들면서 허벅지뼈처럼 긴 관으로 된 뼈의 혈액을 생성하는 골수는 주로 지방조직으로 구성된 황골수로 대체된다. 따라서 혈액 생성은 골반이나 흉골 같은 짧고 평평한 뼈에서만 이뤄진다.

근조직

근조직은 실용적인 움직임을 담당하는 조직의 한 종류로, 수축성 단백질인 액틴과 미오신을 함유하며, 이 둘은 모든 움직임마다 함께 작업한다. 척추동물의 경우 근조직을 가로무늬근, 평활근, 심근의 세 가지로 구분한다. 거미나 환형동물 같은 이른바 유체골격을 가진 척추 없는 동물들의 경우 비스듬한 줄무늬가 있는 또 다른 근육세포 유형을 가지고 있는데, 특히 그중에서도 단축 능력이 있다. 이해를 돕기 위해 예로는 다음과 같다.

가로무늬근은 골격근이라고도 한다. 이름만으로도 주로 어디에서 이 근육조직을 발견할 수 있는지 알 수 있다. 이것은 근육의 건을 지나 골격에 붙어 있으며, 신체의 무작위적인 움직임을 책임지는 근육을 형성한다. 흉곽근과 횡격막근, 후두와 혀에 붙어 있는 근육이 여기에 속한다.

가로무늬근에는 나란히 배열된 여러 개의 세포핵을 함유한 근육세포인 이른바 근섬유가 뭉쳐 있다(소위 신시튬^{syncytium} 합포체). 광현미경으로 보면 이 세포들에 가로무늬가 그려져 있는 것처럼 보여 이런 이름이 붙었는데, 이 모양은 수축성 단백질의 특징적인 배열로 인한 것이다. 세포 내부에는 나란히 연결된 수백 개의 근섬유 분절로 이뤄진 근원섬유가 있다. 근섬유 분절은 근육세포의 기능적인 통일성을 형성한다. 근섬유 분절에는 두꺼운 미오신필라멘트가 합성되어 있고, 그사이에 이보다 더 얇은 액틴필라멘트가 삽입되어 있으며 소위 Z−선에서 다음 Z−선으로 뻗어 있다. A−밴드는 미오신과 액틴이 놓여 있는 부분, I−밴드는 액틴만 있는 부분, H−밴드는 미오신이 있는 부분이다. 세포 안에서의 배열은 H−밴드, I−밴드, A−밴드, I−밴드, H−밴드, 기타 등등이다.

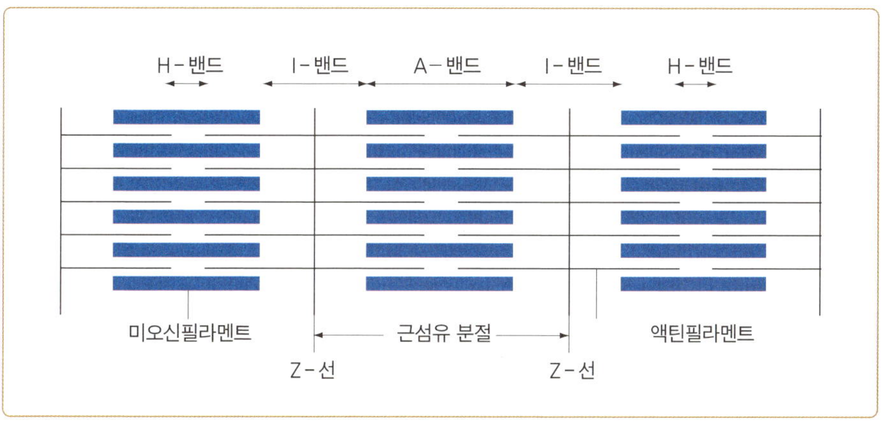

가로무늬근.

미오신필라멘트 사이에 있는 액틴필라멘트가 이동하고, H−밴드가 사라지면 근수축이 발생한다. 이를 통해 근섬유 분절이 짧아지면서 전체 근육 또한 짧아진다. 다른 세포들의 소포체에 해당하는 근소포체로 이뤄진 담당 신경의 활동전위를 근거로 칼슘이온이 방출되면 수축이 일어난다(좀 더 자세한 사항은 10장 참조). 칼슘이온은 액틴필라멘트와 미오신필라멘트 사이를 오가며 이 둘이 미끄러지고 활주하게 한다. 보통 칼슘을

뚜렷한 근육.

근소포체로 다시 펌프질해서 보내는 일을 담당하는 이온펌프는 ATP에 붙어 있는데, 사후에는 작동하지 않는다. 왜냐하면 ATP가 더 이상 형성되지 않기 때문이다. 칼슘의 농도가 짙어지면 액틴과 미오신필라멘트가 결합하고, 이 결합상태가 유지된다.

평활근은 위장관이나 방광 같은 내부 장기의 근육이나 혈관에서 발견된다. 근소포체 형태로 존재하는 액틴과 미오신필라멘트가 없기 때문에 평활근이라는 이름이 붙었다. 광학현미경 상으로 볼 때 같은 모양으로 관찰되며, 가로무늬근과는 달리 각각의 평활근은 하나의 세포핵을 가진다.

평활근의 수축은 자율신경계에 의해 조정된다. 물론 수축은 칼슘의 방출로 인해 발생하는데, 아세틸콜린 같은 전달 물질이나 단지 역학적 팽창이라 할 수 있는 활동전위가 원인이 될 수 있다. 수축은 저절로 천천히 진행되고 골격근의 수축보다 더 오래 유지된다.

마지막으로 **심근**은 가로무늬근과 평활근의 혼합 형태로, 이름이 말해주듯 심장근육에서만 발견된다. 심장근육조직은 심장의 가장 큰 부분으로 심근층을 형성한다. 심근층은 안쪽으로는 4개의 심방을 감싸고 있는 심 내막과 경계를 만들고, 바깥쪽으로는 심 외막과 경계를 이룬다. 광현미경으로 볼 때 심근은 골격근처럼 가로무늬 줄로 보이나 액틴과 미오신필라멘트의 특징적인 배열을 보인다. 그러나 평활근처럼 자율신경계에 의해 조정된다. 심장근육 섬유는 나무줄기처럼 사방으로 뻗어 나간다. 그것은 하나의 세포핵을 소유하지만 간극결합과 부착결합으로 구성된(위 참조) 소위 개제판을 통해 결합하여 조화롭게 함께 일한다.

규칙적인 심장의 수축은 다양한 심장박동 속에 존재하는 특수화된 근육세포에 의해 이뤄지고(특히 동방결절은 '심장순환계' 부분 참조), 자연 발생적인 활동전위에 의해서 규칙적으로 발생한다. 심근 내의 또 다른 수축을 위한 신호는 특수한 근육세포에 의해 보장되고 신경자극에 의해 발생하지 않는다.

심장은 완전히 스스로 박동할 수 있다. 실제로 반사체계의 수축 횟수는 자율신경계의 영향을 받는다.

신경조직

신경세포 또는 뉴런^{neuron}은 신경계의 기본단위로서, 활동전위라는 전자 신호를 전달하는 역할을 전담한다. 뉴런은 실질 세포체인 핵 주위부와 최소한 2개의 다양한 돌기로 구성되어 있다. 세포에 정보를 전달하는 뉴런 위에 있는 돌기(구심성 뉴런)를 수지상세포라고 하는데, 뉴런 1개에 여러 개의 수지상세포가 부여될 수 있다. 뉴런에서 떨어져 있는 신경세포의 정보를 전달(원심성 세포)하는 것은 축삭돌기다. 이때 각각의 신경세포는 하나의 뉴런만을 가진다. 축삭돌기는 시냅스를 거쳐 다른 신경세포나 내분비선 또는 근육에서 종료된다.

핵 주위부에는 미토콘드리아나 세포핵 같은 나머지 기관 세포들이 집중되어 있으며 뉴런의 소포체를 니슬소체$^{nissl\ body}$라고 한다. 세포체에는 신경전달물질이 생산된다. 즉 신경세포 간 또는 신경과 근육세포 간의 정보전달을 보장하는 전달 물질을 생산한다.

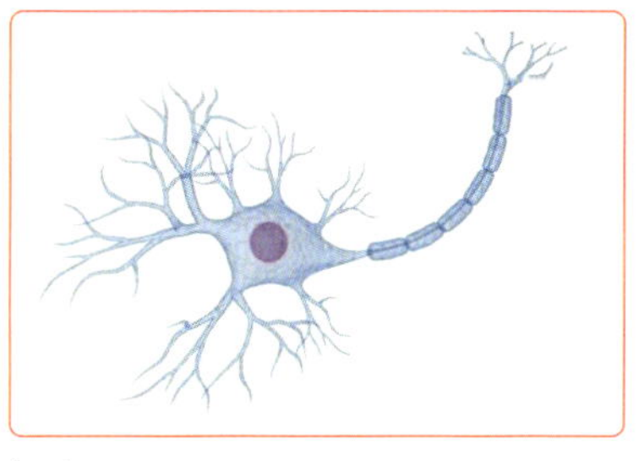

뉴런.

신경세포는 이른바 아교세포라는 보조세포와 결합해 있는데, 말초신경계에 속하는 이 세포는 중추신경계에서 돌기 교세포의 보조기능을 담당하는 슈반세포로 구성되어 있다. 척추동물의 경우, 슈반세포는 축삭^{axon}(액손)이라는 수초에 싸여 있는 수초마디를 형성한다. 무척추동물의 경우는 수초마디가 존재하지 않으므로 신경섬유에 수초가 없다.

수초마디는 미엘린으로 구성되어 있어 미엘린마디라고도 한다. 이때 세포질의 구성과 마찬가지로 인지질과 단백질의 복합체가 핵심적인 역할을 한다. 다발성 경화증Multiple Sclerosis의 경우 미엘린이 파괴되어 신경학적 증상을 나타내는 '탈수초성 질환'을 초래한다. 미엘린마디는 랑비에Ranvier(1835?~1922)(미엘린마디를 발견한 프랑스의 화학자이자 병리학자, 해부학자, 조직학자-역자 주) 결절 부분에 의해 일정 간격을 두고 끊어져 있고, 각각의 미엘린마디 사이에는 축삭이 있다. 미엘린마디의 장점은 자극 전달속도를 가속화한다는 것이다. 왜냐하면 활동전위가 전체 축삭을 미끄러져 가게 하지 않고 랑비에 결절 부분에 의해서만 다음 축삭돌기로 전달되기 때문이다(이른바 도약성 자극전달). 말하자면 미엘린마디는 결연체 같은 역할을 한다. 합쳐 있는 축삭은 미엘린마디와 함께 광학현미경상에서 신경섬유로 보이는 다발을 형성한다.

기능에 따라 뉴런을 세 가지 유형으로 구분할 수 있다.

- **역동적 뉴런** 또는 모토뉴런, 원심적 뉴런은 근육세포나 내분비샘세포로 정보를 전달하고 거기서 수축과 호르몬 분비물을 배출하는 작용을 한다.
- **감각적 뉴런**은 감각기관이나 다른 기관들의 정보를 받아 전달한다.
- **상호적 뉴런**은 신경세포의 주요 부분을 차지한다. 또한 신경세포 간의 정보를 서로 전달한다.

활동전위를 발생시키고 전달하는 신경세포와 시냅스의 기능에 대한 좀 더 자세한 사항은 10장을 참조하면 된다.

혈액순환계

처음에 이야기했듯 생명체의 모든 세포 하나하나가 직접 외부환경과 접촉하지 않을 경우, 순환계는 필수적이다. 순환은 세포를 위해 외부환경을 문 앞인 세포막까지 대령한다고 할 수 있다. 다음은 폐쇄적 순환계의 발달에 관한 사항이다.

위수관gaster vascular계

이름이 이미 그 의미를 말해주고 있다. 독립적인 순화시스템이 아니라 영양분과 유동 물질을 위한 공동의 이동시스템을 의미한다. 라틴어로 gaster는 '위'라는 뜻이고, vas는 '통'이라는 뜻이다. 복부혈관은 주위의 수분과 결합할 때 유일하게 개방된다. 이 시스템의 섬세한 분지는 모든 세포가 시스템에 아주 가까이 연결될 때까지 사방으로 뻗어 나간다. 이런 종류의 복부혈관 시스템은 자포동물이나 편형동물에서 발견되며, 전체적으로 생명체가 하나 또는 소수의 세포층으로 구성된 경우에 발견된다.

개방순환계

말 그대로 생명체가 여러 층으로 복잡하게 구성되어 있을수록 영양분의 교환은 어려워진다. 따라서 단순한 복부혈관 시스템만으로는 충분하지 않다. 이 경우, 고도로 발전된 생명체에 알맞은 물질이 전달매체에 의하여 세포까지 전달될 수 있도록 연결하는 순환계가 발달해야 한다. 순환계는 그 안에 이동된 유동 물질과 함께 전체 몸을 통과하여 생명체의 외부환경을 각각의 세포에 연결한다. 이 세포들을 위해 순환계는 산소와 영양분을 전달하고 배설물을 배출한다.

개방순환계 안에서 순환하는 유동 물질은 생명체와 분리되지 않고, 심문이라는 구멍을 가진 시스템 안에서 유동 물질이 직접 주위를 적신다. 이 경우 세포 사이로 운반된 유동 물질을 혈액림프라고 한다. 하나 또는 오징어처럼 여러 개의 심장수축을 통해 혈액림프는 혈관을 통과하며 혈관망으로 옮겨지고. 한편으로는 혈액림프 사이의 교환이 일어나며, 다른 한편으로는 체세포 간의 교환이 발생한다.

이런 개방적 시스템은 조개 같은 연체동물이나 갑각류, 거미·곤충 같은 절지동물에서 찾아볼 수 있다.

조개는 개방적 순환계를 가지고 있다.

폐쇄적 순환계

폐쇄적 순환계는 다음과 같이 이뤄져 있다.

- 동력, 심장
- 관 시스템, 혈관
- 관 시스템을 순환하는 유동 물질, 혈액

이러한 폐쇄된 시스템에서는 혈액이 혈관을 통해서만 나오고, 오직 한 방향으로만 흐른다. 세포 사이에 있는 유동 물질과는 분리된 채로 있기 때문에 혈관 내 유동 물질이라고 한다. 세포 간 유동 물질과 혈관 내 유동 물질은 함께 세포 내 유동 물질과 대조적인 세포외물질을 형성한다.

우선 순환계의 형태를 살펴보면, 심장에서 나온 전체 혈액은 우선 좌심방에서 나와 뻗어 있는 대동맥으로 갔다가 다시 여러 개의 동맥으로 간다. 여기서 다시 소동맥으로 퍼져 나가고 드디어 모세혈관으로 이동한다. 모세혈관은 공급받은 기관의 세포와 직접 교류한다.

기관의 세포들과 물질을 교환한 후 모세혈관은 소정맥으로 넘어가고, 다시 더 큰 대정맥으로 이동한다. 하반신의 정맥은 하대정맥vena cava inferior과, 상반신에서 나온 정맥은 상대정맥cena cava superior과 합류한 뒤 두 정맥은 우심방으로 보내진다.

혈액은 우심방에서 삼첨판을 통해 우심실로 가고, 거기서부터 폐동맥판을 통해 2개의 폐동맥arterae pulmonales으로 이동한다. 이것은 다시 폐 내부의 더 작은 혈관으로 뻗어나가 폐 모세혈관까지 간다. 폐 모세혈관은 폐포alveole에

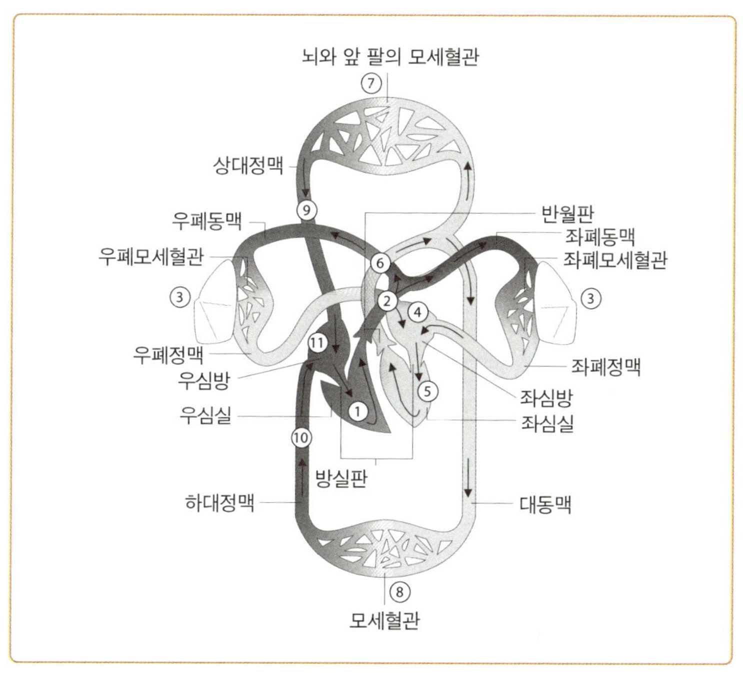

심장의 순환계.

서 들이마신 공기의 형태로 외부세계와 연결된다. 여기서 혈액으로 산소가 흡수되고 이산화탄소와 수증기가 숨을 내쉬며 배출된다. 폐 모세혈관은 4개의 폐정맥 venae pulmonales을 거쳐 좌심방에 도착할 때까지 점점 두꺼워지는 혈관으로 합쳐진다. 여기서 승모판을 통해 좌심실로 이동하고, 이어서 반월판을 통해 대동맥으로 가면 순환은 종료된다.

이제 하나하나 자세히 살펴보자. 인간의 **심장**은 흉골 뒤 약간 왼쪽, 갈비뼈 아래에 위치한다. 이른바 심근층이라는 심근세포로 대부분 이뤄져 있다 (212페이지 참조). 전체적으로 심장은 4개의 판에 의해 우심방, 좌심방, 우심실, 좌심실로 그 영역이 서로 분리된다. 심실은 상대적으로 얇은 벽을 가지고 있고 가장 먼저 흘러들어온 혈액의 저장소 역할을 한다. 이때 작고 두꺼운 근육층을 필요로 한다.

그런 다음 **심실**에 모인 **심방**이 팽창되면 혈액이 그쪽으로 흘러간다. 심방의 임무는 심장에서 멀리 떨어진 기관까지도 잘 전달될 수 있도록 혈액에 충분한 진동을 주는 것이기 때문에 심실에 비해 확실히 더 두꺼운 근육층을 갖고 있다. 우심실은 폐순환을 담당하는 반면, 좌심실은 신체의 순환을 책임지기 때문에 좌심실의 심근층이 특히 강하다. 그러나 시간당 혈액을 펌프질하는 양은 두 심실이 동일하다. 만약 심방이 질병에 의해 그 기능을 다하지 못해 혈액이 폐나 다른 기관에 정체되면 치료가 요구된다.

심장은 일정 주기로 수축하고 확장된다. 이것을 각각 **심장수축**과 **심이완**이라고 일컫는다. 심장박동은 특히 동방결절이라는 특수화된 심근세포에서 발생한다(아래 참조). 심장에 의해서 공급되는 분당 혈액량을 **심박출량**이라고 하고, 순환 시 수축에 의해 방출되는 혈액량을 박출량이라고 한다. 여기에 심장이 분당 수축하는 횟수인 심박수가 더해진다. 심박출량은 박출량과 심박수에 의해 산출되는데, 심장질환의 중요한 척도가 된다. 심박출량이 너무 적어지면 혈액이 충분히 공급되지 못하므로 기관이 손상된다.

파라미터	정상수치
심장박출량	70㎖
심박수	분당 75회
심박출량	분당 5L

표에서 볼 수 있듯이 심박수는 심박출량과 그에 따른 혈액공급에 공헌한다. 이것이 우리 몸이 힘들 때(근육이 더 많은 산소와 영양분, 즉 더 많은 혈액이 필요할 때) 심박수와 심장박출량까지 상승하는지를 설명해준다. 이렇게 심장은 일을 함으로써 증가한 근육의 혈액 수요를 맞춘다.

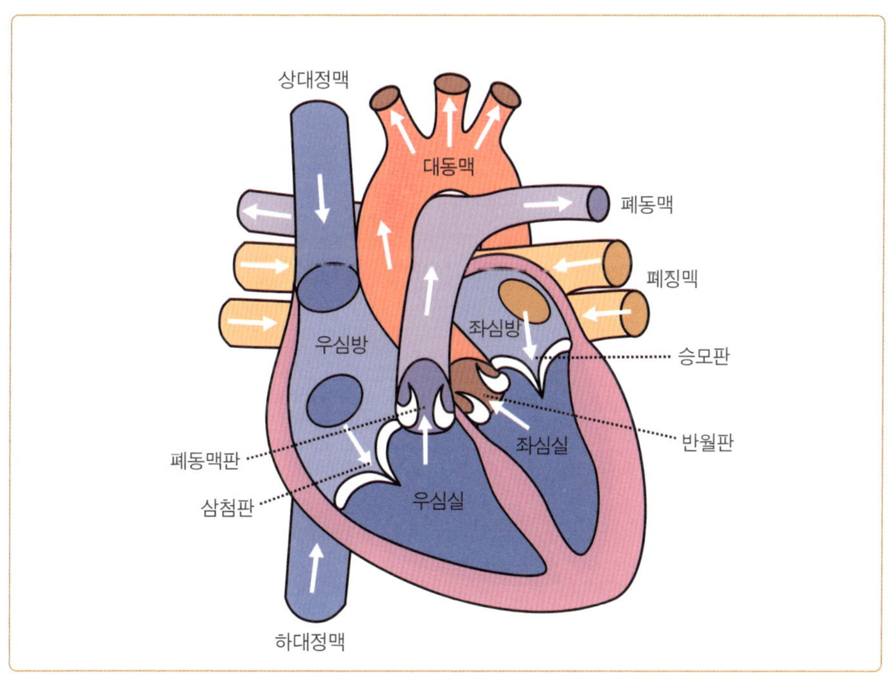

인간의 심장.

혈액의 '일방통행'은 **심장판막**에 의해 조절된다. 총 4개의 심장판막은 결합조직으로 구성되어 있고, 심방과 심실 사이에 놓여 있다. 삼첨판은 오른쪽, 승모판은 왼쪽에 있다. 심실과 혈관 사이에는 방출되는 혈관을 위해 오른쪽에는 폐동맥판, 왼쪽에는 반월판이 있다. 이때 판막은 심방과 심실의 압력이 특정 한계 수치에 도달할 때마다 열리고, 혈액은 다음 장소로 흘러간다. 압력이 감소하면 피가 역류하지 않도록 판막은 닫히는데 판막질환의 경우 이 닫힘 장치에 이상이 생겨 혈액이 역류하는 것이므로 치료가 요구된다.

척추동물의 경우, **심장박동 리듬**은 심장에서 저절로 생겨나기 때문에 이 경우를 소위 자율리듬autorhythm이라고 한다. 이는 심장이 외부의 영향을 받지 않고 저절로 일정 주기마다 수축할 수 있도록 몇몇 심장근육 세포들이 특수화되어 있기 때문에 가능하다. 이 때문에 신경전달이 필요하지 않다. 그러나 심장 안에서 이런 심장근육 세포들이 모두 자신이 하고 싶은 일을 하는 것은 아니다. 그렇다면 질서 있게 펌프질하는 것이 가능하지 않을 것이다. 하지만 **동방결절**이라는 시간발생기가 있어 이 세포들을 조절하는데, 대체로 심장의 상대정맥 입구에 위치한 우심방 벽에 모여 있는 자율리듬 세포들이 동방결절을 이룬다. 동방결절 세포들은 신경세포와 유사하게 전기적 자극을 형성하고(10장 참조), 이것은 즉시 2개의 심방으로 확산한다. 특히 심장세포와 결합해 있는 개제판의 간극결합이 이를 담당한다. 이렇게 두 심방은 동시에 수축할 수 있다. 이 시간 동안 동방결절의 자극은 **방실결절** 또는 AV 결절이라는, 거의 심실 쪽으로 가는 경계에 있는 우심방과 좌심방 사이의 벽에 위치한 다음 단계의 자율리듬 세포 무리에 도착한다. 여기서부터 자극은 심방들이 심실 수축 전에 완전히 비울 것을 허락할 때까지 잠시 기다렸다가 심실 벽으로 확산한다. 전기적 신호는 방실결절에서 시작해 소위 자극전달 시스템을 가진 섬유를 통해 심장 전체로 뻗어 나간다.

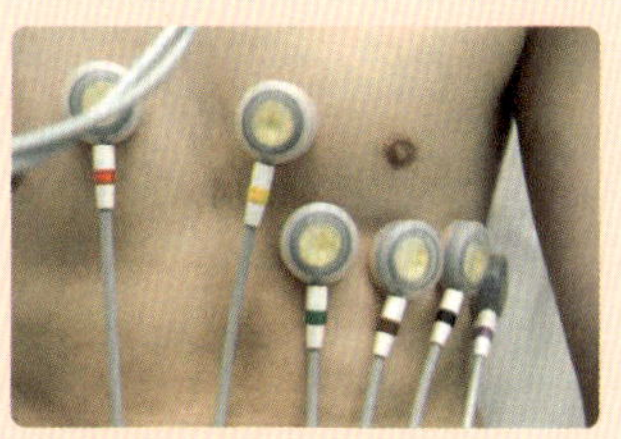

심전도 검사.

지금까지 심장이 어떠한 외부 자극 없이 독자적으로 박동하는 것을 알아봤다. 그런데 일상생활에서는 이런 '제멋대로인' 심장을 통제하는 것이 중요하다. 이 일은 자율신경계가 담당하는데(10장 참조) 자율신경계의 교감신경계가 심장박동을 가속하고(즉 규칙적이고 자발적인 수축이 자주 일어날 수 있도록 동방결절을 돕고), 부교감신경 부분에서는 동방결절을 저지하여 심장박동의 속도를 저하한다.

펌프 후에 혈액이 들어오는 관이 **혈관**이다. 해부학적 원칙을 엄격히 준수하여 심장에서 뻗어 나가는 혈관을 동맥, 심장으로 들어가는 혈관을 정맥이라고 한다.

대부분 혈관은 3개 층으로 이뤄진다.

- 내피, 한 겹의 상피조직으로 혈관과 직접 결합해 있다(내막^{intima}).
- 평활근과 탄성섬유로 된 중간층(중막^{media})
- 탄성섬유를 가지고 있는 외막 결합조직층(외막^{externa})

동맥의 경우 정맥에 비해 근육층이 훨씬 분명하다. 동맥의 기능을 생각하면 이 점이 쉽게 설명된다. 동맥은 심장에서 나오는 높은 압력을 가진 혈액

(수축기 혈압)을 수용하고, 심장이 2개의 수축 사이에서 확대될 때의 혈압(이 완기 혈압)을 유지해야 한다. 따라서 혈압을 측정할 때 볼 수 있는 120/80 같은 두 수치가 중요하다. 첫 번째 수치는 수축할 때의 수치로, 심장의 수축력을 말해준다. 두 번째 수치는 이완할 때의 수치로서, 동맥이 혈관에 대항하여 내놓는 압력을 의미한다. 이것이 탄성적인 복원력을 가진 근육층을 보장한다. 이 밖에도 근육은 내부공간의 서로 다른 강도의 수축을 통해 동맥이나 정맥의 내강을 넓히거나 좁혀, 기관의 모세혈관 그물에 혈액이 많이 또

는 적게 도달하도록 하는 역할을 한다. 이것이 전체적으로 신체의 다양한 부위에서 혈압을 조절하고 수요에 맞게 조절하는 것을 가능하게 한다. 이 밖에도 혈액 속에서 순환하는 호르몬처럼 근육도 자율 신경계의 뉴런에 의해 조절된다.

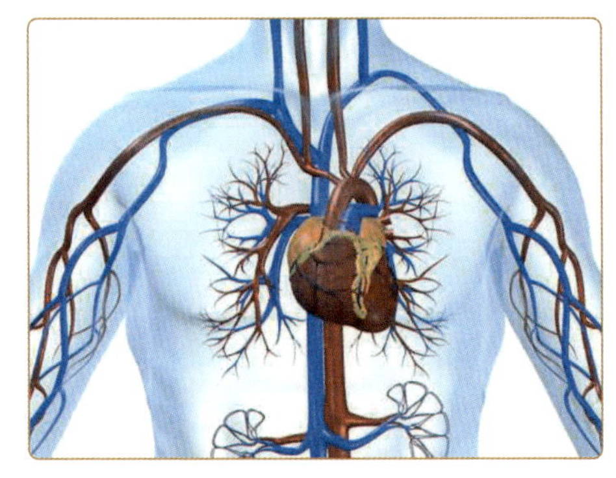

인간 몸속에 존재하는 동맥과 정맥.

반대로 **정맥**은 모세혈관 그물을 장악하는 낮은 압력에서 나와 심장으로 돌아가는 혈액을 운반하기 때문에 그 벽은 확실히 적은 근육량을 필요로 한다. 이 밖에도 정맥을 둘러싸고 있는 골격근은 수축을 통해 정맥벽에 전달되고, 운반된 혈액이 전달되는 일을 책임진다. 이것은 혈액이 심장으로 다시 흘러가는 것을 수월하게 한다. 물론 이것은 에워싼 근육이 실제로 수축할 때 가능한 일로, 만약 오래 앉아 있어 혈액의 귀환이 잘 이뤄지지 않으면 발이 부어오를 수 있다.

정맥벽은 다른 특이한 점을 보이기도 하는데, 바로 정맥판막이다. 주름진 내막은 심장이 한 방향으로만 흘러 역류하지 않도록 한다. 정맥판막이 그 기능을 다하지 못하면 특히 중력법칙에 의해 다리 쪽으로 혈관이 역류하여 정체되는 현상이 발생하고, 이를 방치했다가는 하퇴궤양^{ulcus cruris}을 초래할

수 있다.

　가장 작은 혈관인 **모세혈관**은 양쪽에 외막이 없고, 내막과 그것을 둘러싼 바닥막으로 구성되어 있다. 바닥막은 세포와의 물질교환을 수월하게 하며 물질이 교환될 때 융합이 중요한 역할을 한다. 내막 세포 사이에 있는 작은 입구(창)를 통해 이온이나 글루코오스 또는 물 같은 용해 물질이 모세혈관에 도달하거나 모세혈관에서 방출된다. 산소나 이산화탄소 같은 지방용해 물질은 세포를 통해 직접 이동한다.

　전체적으로 가지처럼 분사되는 순환계는 놀랄 만큼 널리 팽창되는 네트워크로 구성되어 있다. 모든 혈관을 이어서 배열하면 성인의 경우 그 길이가 약 25,000km에 이른다. 이것은 적도를 기준으로 했을 때, 거의 지구 부피의 두 배에 이르는 길이다.

물고기는 단순한 순환계를 갖고 있다

지금까지 살펴본 심장순환계는 형태상 실제로 좌심방에서 하대정맥으로 이어지는 체순환계와 우심방에서 상대정맥까지의 폐순환계라는 2개의 서로 다른 순환계로 이뤄져 있다.

물고기는 하나의 심방과 하나의 심실이라는 **단순한 순환계**를 가지고 있다. 심장에서 나온 혈액이 아가미에 도달하며, 아가미 모세혈관에서 산소 흡수와 이산화탄소 배출이 발생한다. 다시 혈액은 혈관으로 이동하고 여기서 나머지 신체기관에 공급된다. 마지막으로 신체 모세혈관계에서 세포와의 교류가 이뤄진다.

물고기의 심장을 떠난 혈액은 2개의 모세혈관계에 차례로 밀려들어 오기 때문에 매번 혈압이 현저히 떨어진다. 아가미 모세혈관 그물에서 발생하는 혈액 저하는 혈액이 나머지 몸에 전달되는 것을 제한한다. 그러나 물고기는 물속에서 살기 때문에 근육의 수축과 이완이 상대적으로 느린 혈액순환에 힘을 실어주는 역할을 하여 혈액이 몸 전체로 퍼져 나가는 것을 돕는다.

양서류와 갑각류는 불완전하게 분리된 심실을 가진 이중순환계를 가지고 있다. 새와 포유동물은 위에서 묘사한 연속적 혈액순환이 발생하는 4개의 심실로 된 심장을 가지고 있다.

금붕어.

이중순환계의 장점

단순한 순환계는 상대적으로 몸속의 혈압이 낮다는 단점이 있다는 것을 알았다. 2개의 순환은 이것을 방지한다. 인간의 경우 가스를 교환하는 호흡계인 폐를 지나면 몸에서 순환할 때보다 혈압이 확연히 떨어진다. 그러나 산소가 풍부한 혈액이 다시 한 번 심장으로 흘러가 여기서 다시 자극을 받게 되면 뇌나 근육 같은 신체기관에 골고루 전해지게 된다.

딱정벌레나 식용달팽이 같은 작은 동물들의 경우, 개방순환계를 지배하는 소량의 유체압력으로 버티지만, 기린 같은 경우 이것만으로 버티기는 어려울 것이다. 때문에 몸집이 큰 동물은 폐쇄적인 이중순환계를 이용해 기관에 혈액을 충분히 공급하는 데 필요한 혈압을 생산한다. 흥미로운 것은 연체동물의 경우로, 오징어나 두족류처럼 몸집이 크고 활동적인 종들은 폐쇄순환계를 가진다.

혈액공급을 조절하는 일, 다시 말해 특정 기간 동안 한 기관이나 기관계가 더 많은 혈액이 필요할 때 다른 기관의 혈액공급을 줄이는 것과 같은 일은 폐쇄순환계에서는 가능하지만 개방순환계에서는 할 수 없다.

마지막으로 **림프계**를 언급하자면, 림프는 모세혈관에서 혈관 내 액체가 유체압력과 침투압에 의하여 세포외공간으로 흘러나와 생기는 액체다. 모세혈관 그물에서 나오는 혈액의 85%만이 다시 모세혈관 그물로 돌아간다. 내용물만 볼 때 하루에 약 4L의 체액이 손실되는데 이 양이 실제로 손실되는 것을 막는 것이 림프순환계가 하는 일이다. 유출된 체액이 림프모세혈관에 모이면 림프모세혈관은 더 큰 림프관에 통합된다. 이것은 다시 흉관을 지나 상대정맥으로 흘러들어가, 그 결과 체액은 자신의 발원지인 혈관계로 다시 돌아간다.

림프관 시스템에서의 운반은 정맥의 운반과 비슷하다. 림프판이 체액의 역류를 막고, 에워싸고 있는 근육운동이 환류를 돕는다. 림프의 흐름이 저해되면 체액의 역류정체 현상이 일어나고 조직 안에 부종이 발생한다. 이것이 림프부종이다. 림프관에 있는 림프마디는 림프를 걸러내는 한편 면역방어를 돕는다(자세한 것은 11장에서 다룰 예정이다).

운반되는 체액, 즉 **혈액** 자체를 잠시 살펴보자. 이것은 약 55%가 혈구이고, 약 45%가 혈관 내에 있는 액체, 즉 혈장으로 조합되어 있다. 혈장은 대부분 물로 이뤄져 있고(90%), 그 밖에 단백질과 미네랄 물질을 함유한다.

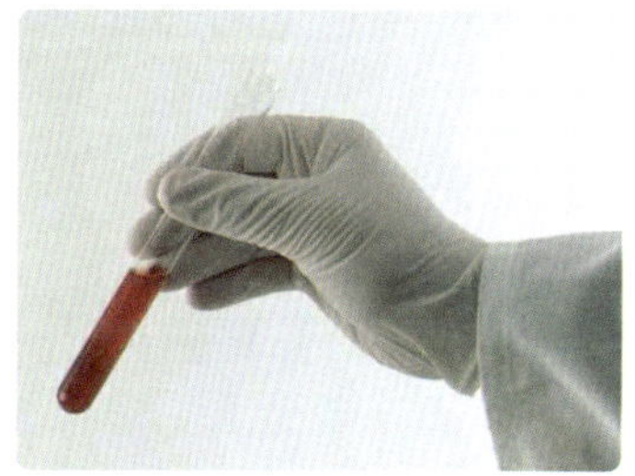

혈액 검사.

혈장의 많은 부분이 물로 이뤄져 있을 때, 그 속에 녹아 있는 이온인 전해질은 아주 중요한 의미를 가지게 된다. 상대적으로 제한된 좁은 공간 속에서 전해질의 농도를 지속적으로 유지하는 것은 세포가 그 기능을 하는 데 필요한 최우선적인 전제조건이다. 세포내공간과 세포외공간 사이에 있는 칼륨이온과 나트륨이온이 서로 다르게 분배되면 신경세포 과민의 원인이 된다(이와 관련된 자세한 사항은 10장 참조). 또한 pH 수치를 7.35~7.45로 지속적으로 유지하는 혈액의 완충기능은 이온[이 경우 중탄산염. 화학적으로 정확하게는 탄산수소염(HCO_3^-)] 없이는 이뤄지지 않는다.

이 밖에도 혈장단백질이 완충기능을 도우며 알부민과 적혈구에 존재하는 헤모글로빈이 이에 기여한다. 혈장단백질은 완충기능뿐 아니라 용해되는 혈액응고 인자를 공급하고 있다.

혈구에는 세 가지 종류가 있다.

- 백혈구^{leukocyte}
- 적혈구^{erythrocyte}
- 혈소판^{thrombocyte}

백혈구는 면역방어를 담당하며, 과립구, 림프구, 단핵구의 다양한 형태로 나뉜다(자세한 사항은 11장 참조).

붉은색 혈색소인 헤모글로빈을 가진 **적혈구**는 산소를 운반하는 임무를 담당하며, 폐에 있는 산소를 흡수하여 그것을 다시 조직에 공급한다(이상 '호흡' 부분 참조).

마지막으로 **혈소판**은 혈액응고단백질과 함께 인체에 상처가 생기면 신체 자체의 혈액응고 시스템이 손상을 복구할 수 있도록 작용한다. 즉 혈관벽이 손상되면 혈소판이 발생해 상처가 난 곳으로 가서 상처를 틀어막는 혈전을 생성한다. 그와 동시에 혈소판은 정상적인 경우에는 비활성화 상태에서 순환하는 혈액응고 인자를 각각 단계적으로 활성화하는 물질을 방출한다. 이 단계적 연쇄반응의 끝에는 분자가 피브리노겐^{fibrinogen}(섬유소원)에서 피브린(섬유로 된 단백질)으로 변화되어 혈소판 혈전을 안정시켜서 상처를 치료하는 역할을 한다.

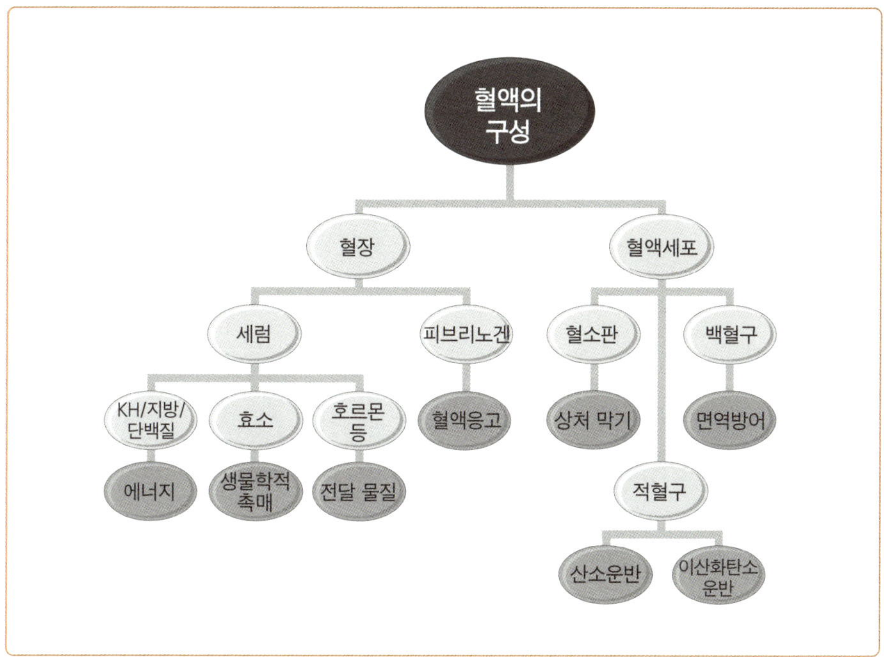

혈액 구성 성분의 기능들.

혈액응고 인자의 중요성은 흔히 그렇듯이 기능을 하지 않거나 결여될 때 인식할 수 있다. 전형적인 혈액응고장애로는 혈우병hemophilia이 있는데 이 경우, 인자 중 하나가 결핍되는 것이다. 헤모필리아 A의 경우는 VIII 인자, 헤모필리아 B의 경우는 IX 인자가 결핍된다.

이와 반대로 혈액응고가 지나치게 되면 혈관이 막히는 혈전증을 초래한다. 또한 혈전에서 일부가 떨어져 나가면 혈액의 흐름과 함께 작은 혈관으로 운반되어 혈관을 막는 결과를 초래할 수 있는데, 이것이 색전증이다. 특히 위험한 것은 폐에서 일어나는 폐색전증과 뇌출혈의 형태로 나타나는 뇌

색전증이다.

호흡

식물은 자신이 필요한 산소와 에너지를 자급자족한다. 하지만 동물 세계와 인간의 경우는 이렇게 간단하지 않다. 인간과 동물은 산소와 에너지를 함유한 물질을 외부에서 가져와야 한다. 이를 위해 특수화된 기관을 알맞게 형성하는데 에너지가 풍부한 기질은 '물질 흡수' 부분에서 다루고, 여기서는 우선 산소의 흡수에 대해 알아본다.

호흡가스의 교환은 육지에 사는 척추동물의 경우(이 부분은 대부분 척추동물에 한해서 다룰 것인데) 폐에서 발생한다. 그러나 공기가 폐에 도달하기 전에 먼저 상·하부 **호흡기**를 통과해야 한다. 여기서 호흡한 공기가 물기를 머금어 신체온도로 따뜻해진다. 또한 호흡기 조직을 감싸고 있는 정교한 섬모와 기관지 분비선에서 공급된 점액이 호흡한 공기 속 이물질을 걸러내고 다시 공급하는 일을 담당한다.

상부 호흡기에는 코와 부비강이 포함된다. 후두개를 가진 인후는 공기와 음식 통로를 분리한다. 하부 호흡기는 기도와 기관지, 매달려 있는 폐포에 공기를 전달하는 세기관지를 포함한다.

직접 호흡기에 속하지는 않지만 호흡을 위해 포기할 수 없는 것이 늑간근, 즉 횡격막 근육과 갈비사이근이다. 이 **근육**들의 중요성은 이상이 있을 때 나타나는 결과를 보면 분명해진다. 소아마비 같은 직·간접적인 근육질환은 가끔 호흡장애를 초래한다. 이런 환자들을 구제하기 위한 유일한 대책은 폐에는 이상이 없음에도 기계에 의존한 인공호흡밖에 없다.

호흡과 호흡 매개

가끔 '외적인 호흡'을 가리키기도 하는 호흡은 산소를 흡수하고, 이산화탄소와 물 같은 신진대사 결과물을 환경에 배출하는 일을 한다.

이때 산소는 원칙적으로 다양한 호흡 매개를 통해 생겨날 수 있다. 순수하게 화학적인 관점에서 보면, 산소는 물에도 함유되어 있다. 물론 공기는 아주 낮은 밀도와 강인성으로 인해 물보다 훨씬 더 쉽게 움직일 수 있다. 그래서 생리학적으로 볼 때, 공기로 호흡하는 것이 물로 호흡하는 것보다 훨씬 쉽다. 물에 함유된 산소의 농도는 다양하지만, 공기 중 산소의 농도는 항상 21% 이하다. 대부분 바닷물이나 담수의 경우 물에 녹아 있는 산소량은 물 1L당 약 4~8mm로, 공기 중 산소량의 약 40분의 1이다. 또한 물이 따뜻하고 소금 함량이 높을수록 산소 함량은 낮아진다.

따라서 수족관에 있는 금붕어에게 경의를 표해야 할 것이다. 왜냐하면 금붕어는 산소를 얻기 위해 우리 인간보다 훨씬 더 힘들게 일하고 있기 때문이다.

사해.

산소의 흡수뿐만 아니라 물과 이산화탄소 같은 신진대사 결과물을 배출하는 것 역시 아주 중요하다. 실질적인 호흡가스 교환은 **폐포**(허파꽈리)에 있는 특수화된 호흡 표면에서 발생한다. 폐포는 평균적으로 50㎛에서 최대 250㎛로 아주 작다. 이렇게 작기 때문에 아무런

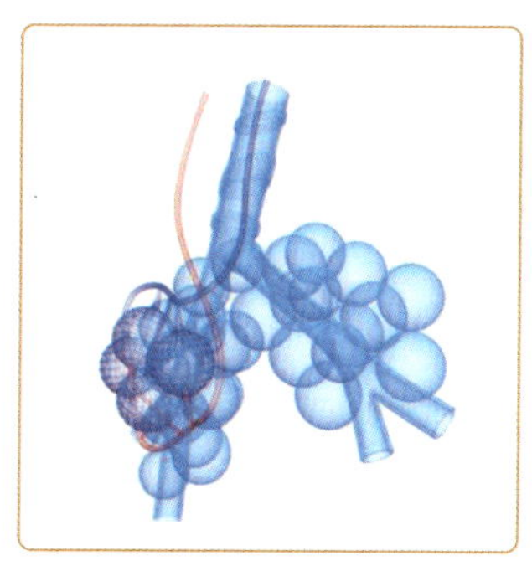

폐포.

도움 없이 숨을 내쉬는 과정이 끝날 때면 서로 겹쳐 쭈그러지며 없어질 것이다. 그럼에도 이런 일이 일어나지 않는 것은 특수한 폐세포인 제II형 과립 폐포세포가 단백질, 특히 폐포의 내면을 감싸고 있는 인지질로 만들어진 체액 막, 즉 소위 계면활성제를 생산하기 때문이다.

계면활성제 – 조산아 문제

33주라는 임신기간을 채우지 못하고 세상에 태어나는 조산아는 계면활성제를 갖지 못하기 때문에 호흡에 큰 곤란을 겪는다. 이것을 조산아의 호흡장애신드롬이라고 하며 이를 방지하기 위해서 조산의 위험이 있을 경우 임산부는 출산 전 아이의 폐 성숙을 돕기 위해 글루코코르티코이드를 투여받는다. 이때 폐 성숙이라는 의미는 계면활성제의 생성을 의미한다.

만약 글루코코르티코이드를 제공받을 기회가 없다면 조산아는 폐와 일반적으로 필요한 인공호흡관을 거쳐 유전공학으로 생산되는 계면활성제를 공급받는다. 1980년대 이후 가능해진 이 치료법은 조산아의 생존 가능성을 이전보다 현저하게 증가시켰다.

폐포는 단층의 상피조직에 싸여 있다. 그 결과 아주 가는 모세혈관의 내피와 폐포의 상피는 모세혈관에 존재하는 적혈구를 함유한 혈액과 산소를 함유한 폐포에 있는 공기 사이에 존재할 수 있다. 아주 많은 수의 작은 폐포가 형성되기 때문에 가스교환을 위해 제공되는 면적은 아주 크다. 인간의 경우 3억 개로 추정되는 폐포가 약 $100m^2$에 해당하는 면적을 차지한다. 여러분이 사는 집 크기를 생각해서 계산한다면 폐포의 크기가 더욱 실감 날 것이다.

산소는 폐포에서 나와 어떻게 혈액으로 이동할까? 또 이산화탄소는 어떻게 혈액에서 나와 폐포로 갈까? 이때 융합이 또다시 중요한 역할을 한다. 폐포에 있는 산소의 농도는 상대적으로 높고 혈액의 것은 상대적으로 낮다. 산소는 농도의 정도에 맞추어 폐포에서 나와 혈액으로 이동한다. 이때 문제는 물에 있는 산소는 잘 용해되지 않는다는 것이다. 그런

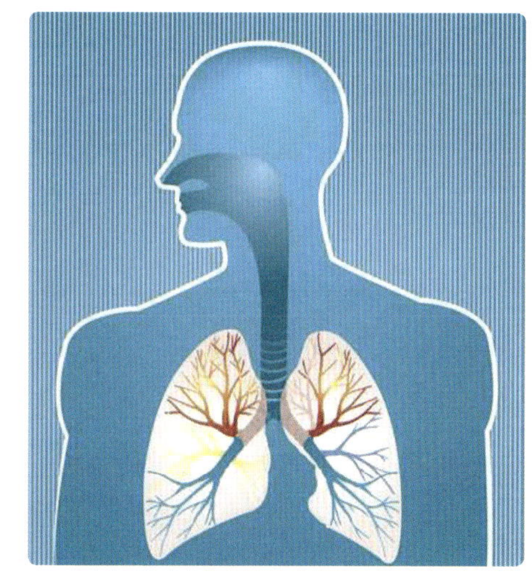

인간의 몸에 있는 호흡계.

데 혈액은 대부분 물로 구성되어 있다. 그래서 진화 과정에서 산소의 운반을 전담하는 **호흡단백질**이 형성되었다. 이를 위해 척추동물은 헤모글로빈을, 절지동물이나 다른 많은 연체동물은 기본적으로 단백질과 결합한 금속이온으로 구성된 헤모시아닌^{hemocyanin}(혈색소)을 이용한다. 이때 이온은 실질적으로 산소를 결합하는 임무를 수행한다.

금속이온으로서 2가의 철(Fe^{2+})을 함유한 척추동물의 헤모글로빈은 혈액 속에 용해되어 있으며, 자유롭게 존재하지 않고 적혈구에 머물러 있다. 헤모글로빈은 4개의 폴리펩티드 소단위, 알파글로빈 사슬과 2개의 베타글로빈 사슬로 구별되는 글로빈 사슬로 구성된다. 각각의 글로빈 사슬은 하나의 헴^{heme} 분자 또는 햄 그룹을 소유하고, 그 중앙에 산소를 묶는 철이 존재한다. 즉 햄 글로빈 한 분자는 4개의 산소 분자와 결합한다. 이때 각각 하나씩의 글로빈 사슬이 함께 작업한다. 하나의 사슬이 산소 분자와 결합하면 다른 사슬들은 산소와의 친화력이 증가하도록 자신의 형태를 변화시키고, 그 결과 산소결합이 수월해진다.

일반적으로 이 경우 전자이온의 전달을 다루는 것이 아니기 때문에 철의 산화^{oxidation}라 하지 않고 산소처리^{oxygenation}라고 한다.

이어서 산소를 가득 실은 적혈구는 혈액과 함께 산소를 기다리는 조직모세혈관으로 다시 흘러간다. 헤모글로빈이 기꺼이 그리고 쉽게 산소와 결합한다면 왜 산소를 조직에 다시 반납해야 하느냐고 물어볼 수 있다. 그것은 헤모글로빈의 산소친화력이 pH 수치에 달려 있기 때문이다. pH 수치가 낮다는 것은 산소친화력이 낮다는 것을 의미한다. 이와 연관하여 소위 **보어효과**$^{\text{Bohr-Effect}}$에 대해 생각해보아야 한다. 덴마크의 생리학자 크리스찬 보어$^{\text{Christian Bohr(1855~1911)}}$에 따르면 이산화탄소가 생산되는 조직의 pH 수치가 폐나 혈액 안의 pH 수치보다 낮을 경우, 이산화탄소는 물과 반응해 탄산이 되어 주위의 pH 수치를 떨어뜨린다. 즉 헤모글로빈을 위한 이상적인 환경을 위해 자신의 산소를 다시 반납하는 것이다.

크리스찬 보어.

하지만 아직도 뭔가 더 있지 않을까? 그렇다, 이산화탄소다. 이것은 신진대사의 결과물로 조직에서 나와 폐로 이동한다. 이산화탄소는 부분적으로 헤모글로빈과 결합할 때 발생하고, 헤모글로빈은 이른바 폐로 돌아가는 길에 이산화탄소를 동반한다. 그래서 이산화탄소의 거의 4분의 1이 헤모글로빈을 거쳐 운반된다. 이것은 중앙에 있는 철 원자와 결합하지 않고, 글로빈 사슬의 아미노산 말단에 결합해도 마찬가지다. 다른 7%는 플라스마에서 직접 녹는다. 물론 대부분은 혈액 속에서 중탄산염 형태로 운반된다. 적혈구 속에서 이산화탄소와 물에서 생겨난 탄산은 갑자기 H^+와 HCO^{3-}로 분리된다. 수소이온은 헤모글로빈과 결합하고, 혈액에 있는 pH 수치는 실제로 변화한다. 중탄산염은 용해되어 적혈구에서 플라스마로 흘러들어가, 용해된 상태로 폐로 운반된다.

중탄산염이 폐포에 도착하면 드디어 혈액 속의 이산화탄소 농도가 폐포의 농도보다 더 높아진다. 숨을 들이마실 때의 이산화탄소 농도는 0.03%에 이른다. 농도의 정도가 CO_2를 혈액에서 폐포로 흘러들어 가도록 하면 혈액 속에서 이산화탄소의 농도가 옅어지므로 위에서 설명한 작용이 반대로 일어나면서 중탄산염과 수소이온에서 다시 물과 이산화탄소가 만들어진다. 이것은 다시 혈액에서의 순융합을 일으킨다.

가스교환이 일어나는 다른 호흡계(예를 들면 물고기나 가재, 게, 조개 등)로는 수중동물들의 아가미 또는 곤충들의 기관[trachea]이 있다. 양서동물은 실제로 광범위하게 피부호흡을 하고 파충류와 조류, 포유동물은 위에서 말한 폐를 가지고 있다.

그런데 여기에도 예외가 있다. 거북은 폐호흡 외에 점액낭종 피부를 통해 호흡한다. 폐어류는 이름이 말해주듯 산소가 부족한 하천에서 살 때, 부분적으로 육지에 있을 때를 대비한 장비를 갖추기 위하여 공기호흡을 할 수 있는 폐를 가진다.

물질의 수용 - 흡수

'물질'이라는 용어는 여기서는 영양과 액체를 의미한다. 이것을 언급하는 이유는 산소의 흡수를 의미하는 호흡과 구분하기 위함이다.

영양분과 액체의 흡수는 포유동물의 경우 대부분 **위장관** gastrointestinal tract 에서 일어난다. 이때 탄수화물이나 단백질 같은 이용 가능한 물질을 흡수함에 있어 불필요한 물질을 제외하는 것도 포함한다. 소장과 대장(작은 부분)에 저장되어서는 안 되는 물질들은 항문과 연결된 직장을 통해 다시 배출된다. 호르몬과 효소, 쓸개즙을 제공하고, 필요에 따라 소화를 조절하는 간과 췌장 같은 '보조기관'이 위장관에 더해진다.

위장관은 대부분 점액피부세포로 둘러싸인 관 모양의 근육이다. 여기에 특수화된 샘 세포가 더해진다. 위장관은 다음과 같이 나뉜다.

- 입과 치아가 있는 구강
- 식도
- 위

- 소장
- 직장이 있는 대장

입과 구강

액체나 영양분은 맨 처음 입을 통해 흡수된다. 하지만 중증환자의 위와 장

제1단계 – 입.

을 통하지 않는 인공적인 영양섭취는 예외이다. 이 경우 글루코오스나 아미노산, 지방 같은 영양액은 직접 정맥을 통해 주입되어 혈액순환 과정으로 공급된다.

다시 일반으로 돌아와 먼저 입에서는 치아가 음식을 잘게 자른다. 그러면 입안에 귀밑샘, 턱밑샘, 혀밑샘이라는 3개의 주요 침샘에서 나오는 타액이 생기는데, 이것이 음식을 촉촉하게 하며 뒤섞는다. (간혹 프티알린이라는 이름으로 발견되기도 하는) 침샘에 존재하는 효소인 아밀라아제가 음식에 들어 있는 식물적인 녹말을 작은 다당류로 분해하기 시작한다.

> ### 단 빵
>
> 빵 한 조각을 입에 넣고 오랫동안 씹으면 침샘에 있는 아밀라아제의 효능을 느낄 수 있다. 시간이 지날수록 빵 맛이 달아진다. 아밀라아제는 빵에 있는 폴리사카리드(다당류) 녹말을 단맛이 나는 이당류인 말토오스 maltose(맥아당)로 분해한다.

식도

잘게 부수어진 촉촉해진 음식물은 삼키는 동작과 함께 구강에서 인후를 지나 식도[oesophagus]로 옮겨진다. 후두 입구에는 후두개(에피글로티스[epiglottis])가 있어 음식물을 삼킬 때 이것이 닫힘으로써 음식물이 기도로 넘어가는 것을 방지한다.

식도는 근육으로 이뤄져 있다. 좀 더 자세히 설명하면 윗부분의 3분의 1은 가로무늬근이고, 밑으로 갈수록 편평한 근섬유로 대체된다(근섬유의 종류에 대해서는 210페이지 참조). 식도는 점액피부세포에 싸여 있고, 길이는 25~30㎝ 정도다. 이것이 수행하는 유일한 임무는 음식물이 위로 계속해서 이동할 수 있도록 돕고, 동시에 다른 방향으로 가는 것을 막는 것이다. 이때 소위 식도의 연동운동이 첫 번째 역할을 하는데, 이것은 입에서 위 방향으로 진행되는 근육운동으로, 정상적인 상태에서는 반대로 일어나지 않는다. 두 번째로 식도에서 위로 넘어가는

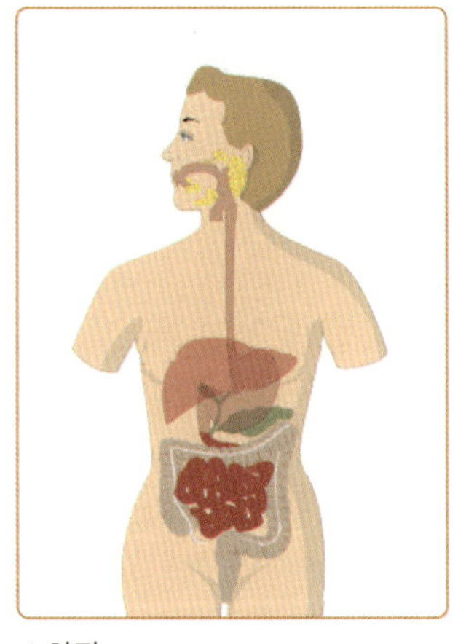

소화관.

입구에 특별하게 제작된 분자적인 닫힘 장치가 있다. **식도괄약근**으로, 음식물이 들어오면 이것이 위에 도달될 수 있도록 저절로 열렸다가 저절로 닫힌다.

닫힘의 의미는 위의 내용물이 마음대로 역류하지 않고 위에 머무르도록 하는 데 있다. 이 괄약근이 '제대로 닫히지 않았을 때' 어떤 일이 발생하는지는 아마도 속 쓰림을 통해 경험했을 것이다. 위산이 식도로 역류한 것인데 식도의 세포들은 위의 세포들과는 달리 위산을 위한 장치가 없기 때문에 이러한 역류가 자주 일어날 경우, 식도염이 발생할 수도 있다.

독일어 표현에 "말이 토하는 것을 본 적이 있다."고 하는 말은 식도괄약근이 아주 치밀하게 닫힘으로써 음식물이 거꾸로 올라와 토하는 일이 말에게는 절대 발생하지 않기 때문에 불가능한 일이 발생하는 경우를 두고 하는 말이다. 실제로 말은 토할 수 없다. 그러나 이것이 무조건 좋은 일만은 아니다. 왜냐하면 몸에 좋지 않은 독성물질이 들어왔을 때, 구토가 보호장치 역할을 할 수 있기 때문이다.

위

위에서는 특수화된 위샘이 매일 2~3L의 위액을 생산한다.

- 이때 주세포는 **펩시노겐**^{pepsinogen}이라는 효소를 형성한다.
- 벽측세포는 고농도의 **염산**(정상적인 위의 pH 수치는 대체로 2다)을 분비한다.

산화작용에 의해 펩시노겐에서 활성화되는 펩신^{pepsin}은 음식물에 들어 있는 단백질을 작은 조각, 즉 폴리펩티드로 분해하는 임무를 수행한다. 대부분 박테리아는 위산에 박멸되기 때문에 염산(위산)은 감염방지 수단으로 사용되고, 펩시노겐을 활성화하는 일도 한다. 위 점막에 있는 G 세포의 호르몬인 가스트린^{gastrin}은 주로 염산과 펩시노겐을 충분히 배출하는 일을 담당한다.

생존의 달인 헬리코박터

앞에서 위 염산은 박테리아를 죽인다고 했다. 그런데 사실 오랫동안 알려져왔던, 위궤양은 스트레스로 인해 산이 과다하게 생산되어 발생하는 것이라는 상식이 박테리아에 의한 염증, 즉 '헬리코박터 파일로리'라는 박테리아에 의해 생기는 병이라면?

헬리코박터는 극단적인 환경에 적응하는 미생물에 속한다. 이 경우 극단적인 환경이란 고농도의 산을 의미한다. 그리고 위궤양은 실제로 항생제와 양성자 – 펌프proton – pump 억제제(아래 참조)로 치료가 가능하다.

그러나 학계에서는 이러한 생각을 오랫동안 받아들이기를 거부한 채 '스트레스균'이 원인이라는 생각에 익숙해져 있었다. 두 '계몽학자' 배리 마셜Barry Marshall(1951년 출생)과 존 로빈 워런John Robin Warren(1937년 출생)은 1982년 그들의 연구 결과가 책으로 출판될 때까지 오랫동안 비웃음과 조롱의 대상이 되었다. 하지만 스톡홀름 아카데미 역사상 아주 놀랄만한 단기간, 즉 이들의 발견 후 겨우 23년이 지난 2005년에 두 사람은 노벨상을 수상했다.

염산은 벽측세포에서 생산되어 소위 **프로톤펌프**에 의해서 방출된다. 프로톤이 생체막을 통과하도록 프로톤펌프가 밀어낸다는 것은 그리 놀라운 일이 아니다. 프로톤펌프는 양전를 띠는 수소이온인 프로톤을 농도의 차이에 따른 에너지를 사용하여 프로톤 농도가 짙은 장소로 적극적으로 운반함으로써 자신의 일을 완수한다. 이와 달리 펌프는 위벽

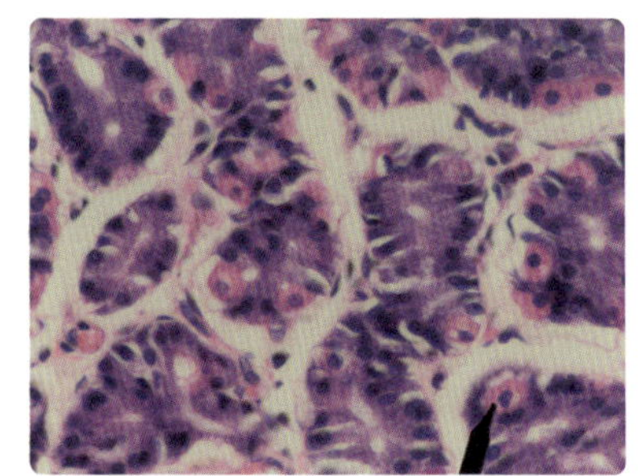

벽측세포.

세포 내부에 칼륨이온을 공급한다.

위궤양과 십이지장궤양 치료에 사용되는 의약품이 프로톤펌프를 억제하는 기능을 가지고 있기 때문에 이 과정은 생물학적뿐만 아니라 의학적으로도 흥미롭다. 이러한 물질들을 양성자-**펌프 억제제**라고 하는데 위산을 적게 분비하여 궤양이 치료될 수 있게 하는 작용을 하며 특히 십이지장궤염에 효과적이다. 왜냐하면 위궤양(헬리코박터 박스 글 참조)은 박테리아에 의한 것이 더 많기 때문에 항생제 처방이 추가로 요구되기 때문이다.

염산이 음식물만 분해하고 위점막세포는 공격하지 않도록 하는 2개의 보호 장치가 있다.

- 점액층(즉 글리코 단백질과 미네랄 물질, 물이 섞인 질긴 혼합물)이 위의 목점액세포에서 형성되고, 이것이 전체 위 점막을 덮어 산화작용으로부터 보호한다.
- 덧붙여 위의 점막세포는 매우 빠르게 분리된다. 점막은 약 3일마다 완전히 새로워져 그 결과 위액에 의해 손상된 세포는 새로운 세포로 대체된다. 점막에 혈액이 아주 활발하게 공급됨으로써 이것이 자주 반복되는 세포분열량에 필요한 물질을 조달하고, 그 결과 세포가 새롭게 조성되는 것을 돕는다.

마지막으로 위벽의 근육이 수축함으로써 음식물이 골고루 섞이도록 한다. 그런 다음 섞인 음식물은 소장의 시작 부분에 있는 유문을 통해 조금씩 십이지장에 제공된다.

당신의 배도 함께 생각한다

소화관에는 1억 개 이상의 신경세포가 있다. 척수에 있는 신경세포와 비교하면 4~5배나 많은 수다. 이때 '복뇌' 또는 장신경계라는 용어가 등장한다. 장신경계는 장벽의 각각 하나의 층에 있는 신경세포 망(플렉수스 plexux)에 위치하며, 현재는 교감신경과 부교감신경에 이어 자율신경계의 독립적인 세 번째 부분으로 간주하기도 한다. 복뇌는 장운동과 호르몬의 분비, 혈액공급 등을 조절한다. 가끔 '배의 느낌'을 가진다면 여기에 해부학적 근거가 있다.

소장

소장은 해부학적 또는 기능적으로 총 세 부분으로 구성되어 있다.

- 십이지장 duodenum
- 공장 jejunum
- 회장 ileum

소장의 내벽은 영양분을 흡수하는 임무를 효과적으로 수행하기 위해서 여러 겹으로 주름이 잡혀 있다. 이 윤상주름은 융모라는 손가락과 비슷한 돌기가 돌출되어 있는, 소위 첫 번째 조직의 주름이다. 융모의 각 상피세포는 소장 내강 쪽으로 돌출된 더 작은 소융모를 가지고 있다. 광학현미경으로 봤을 때 나란히 배열된 소장의 표면은 수많은 소융모로 인해 솔과 유사하다. 그래서 소융모 전체를 '솔 가장자리'라고 한다. 이 주름으로 인해 장의 전체 표면은 약 $300m^2$에 달한다. 비교하자면, 테니스장 복식 코트 전체는 $260m^2$다.

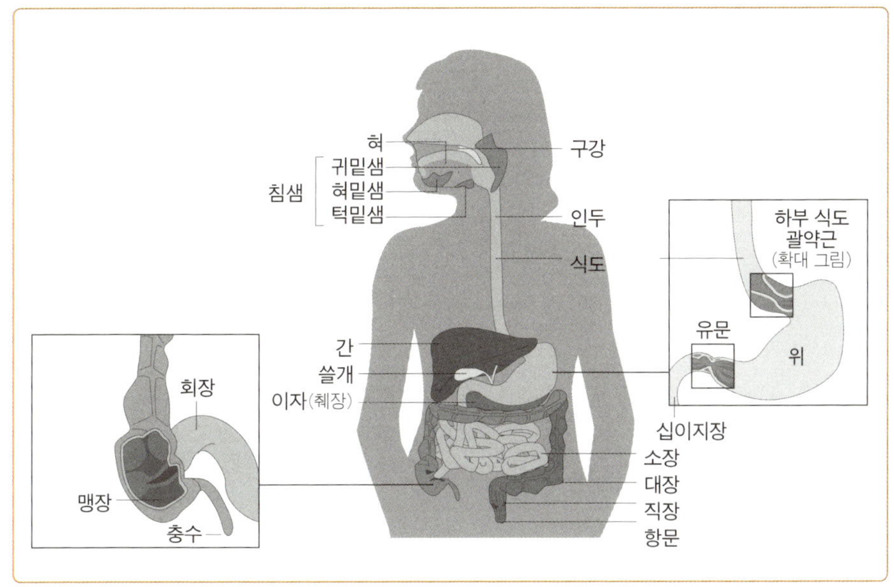

인간의 소화계통.

십이지장(듀오데눔^{duodenum}) : 길이가 손가락 12개의 넓이와 비슷한 데서 이름 붙여진 십이지장은 이자(췌장)의 주요 배출관인 이자관과 간에서 배출되는 쓸개즙이 지나가는 주요 관인 온쓸개관(총담관)과 연결된다. 이 두 배출관은 다음의 기능을 수행하는 물질들을 운반한다.

- 강한 산성 위액은 보통 췌장이라는 많은 양의 이자액(판크레아스^{pancreas}) 속에서 희석되고 중화된다.
- 그 밖에도 이자에서 나오는 다른 소화효소가 활성화된다.
  - **트립신**^{trypsin} 또는 **키모트립신**^{chymotrypsin}은 위에서 생성되는 폴리펩티드를 짧은 올리고펩티드로 분해하는 일을 담당한다. 끝으로 카르복실펩티다아제가 올리고펩티드를 아미노산으로 분해한다.
  - **이자 아밀라아제**는 다당류와 올리고당을 이당류로 분해한다.

- 지방분해효소인 **리파아제**는 트리아실글리세롤이라는 중성지방을 글리세린과 모노아실글리세롤 그리고 지방산으로 분해하는 일을 담당한다.
- 이자의 **리파아제**가 그 기능을 효과적으로 수행하기 위해서는 우선 지방이 유화액이 되어야 한다. 이것은 간에서 만들어진 쓸개관을 통해 배출되는 **쓸개즙**(담즙)에서 나오는 담즙산염의 도움으로 이뤄진다. 십이지장점막에서 콜레시스토키닌^cholecystokinin 효소가 분비되면 쓸개에서 쓸개즙이 분비된다. 이렇게 해서 지방 성분의 음식물은 십이지장에 도착한다.

공장과 회장: 소장의 점막세포에서 유래한 이자의 효소와 다른 효소들이 그 임무를 마치면 소장세포는 영양분을 흡수하여 혈액과 림프에 도달한다.

이때 포도당과 다른 단당류는 주로 십이지장과 공장에서 흡수되고, 지방산과 모노아실글리세롤은 대부분 십이지장에서, 부분적으로는 공장에서 흡수된다. 회장은 저장과 흡수기능을 하며, 십이지장과 공장의 용량이 넘치거나 장 질환으로 인해 소장의 일부를 수술로 절개했을 경우는 영양분 흡수도 이루어진다.

대장

대장은 회장과 직접 연결된 맹장과 결장, 직장으로 구성되어 있다.

주의! 맹장염의 경우, 맹장 자체에 염증이 생기는 것이 아니라 맹장의 충수^appendix에 염증이 생기는 것이므로 전문용어로는 충수염^appendicitis이라고 한다.

영양가치가 있는 음식 성분이 흡수되면 소장 벽의 근육은 소화되지 않은 나머지 음식물을 대장으로 운반한다. 거기에서 다시 물과 남아 있는 미네랄 물질이 흡수되고, 우리가 익히 알고 있는 에스케리키아 콜라이(6장 참조)가 속해 있는 **대장균**이 주제로 떠오른다. 대장균은 물에 용해되어 있는 짧은 지방산 사슬과 장 가스에 들어 있는 펙틴 같은 불필요한 물질들을 분해한다. 그 밖에도 비타민 K와 엽산, 기타 비타민 B 그룹 같은 비타민을 합성하면 대장세포가 이것들을 흡수한다.

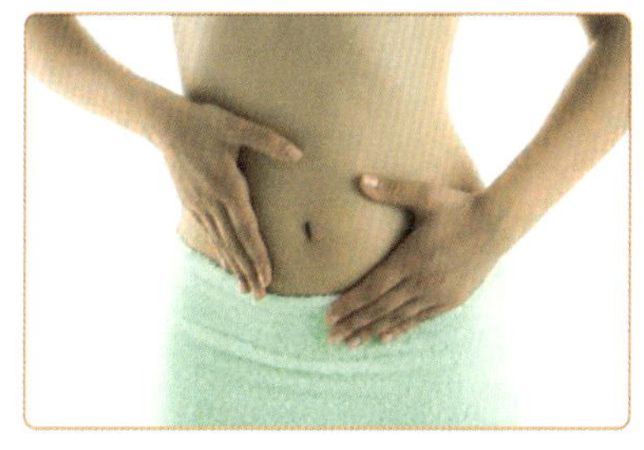

건강한 대장균은 우리 몸에 중요하다.

마지막으로 쓸모없는 나머지 성분(변)들은 파도 같은 규칙적인 장 근육의 운동, 즉 장의 연동운동을 통해 직장으로 운반된다. 직장은 대장이 비워질 때까지 저장소 역할을 한다. 직장과 항문 사이에는 오무림살이라고도 하는 2개의 괄약근이 있다. 자율신경계(10장 참조)의 통제를 받는 괄약근은 실제로 배설물을 조절한다.

소화의 마지막 단계.

그러나 영양분의 흡수와 소화되지 않은 결과물을 배설하는 일은 장이 혼자서 하는 일이 아니다. 간과 이자가 완벽한 상호작용에 관여하는 만큼 여기서는 소화기관에 대해 설명한다.

비타민

비타민은 생명에 필수적이라고 배웠다. 그런데 그 이유는 무엇일까?

많은 비타민이 **코엔자임** 효능을 발휘한다. 코엔자임은 그 자체로는 효소의 효능을 가지고 있지 않지만 효소가 정확하게 그 기능을 발휘하기 위해서는 코엔자임이 요구된다. 그것은 아포효소^{apoenzym}라는 효소단백질과 결합한다. 그러나 일반적으로 이러한 코엔자임의 결합은 보결 분자단이라는 공유결합이 아니며 코엔자임은 반응 후에 다시 효소와 분리된다.

코엔자임으로 효능이 좋은 비타민은 콜라겐을 형성하는 비타민 C다. 따라서 비타민 C가 부족하면 결합조직이 약해진다. 또한 소위 코발라민이라는 비타민 B12는 아미노산 신진대사에 필요한 효소의 코엔자임 역할을 하는데 이것이 결핍되면 신경세포의 신진대사 장애와 혈액 생성 장애가 초래된다.

뿐만 아니라 비타민은 항산화 작용을 한다. 비타민 스스로 산화함으로써 산화 작용을 저지하거나 최소한 약화시킴으로서 소위 활성산소에 의한 세포손상을 최소화하는 일을 담당한다. 이처럼 항산화 역할을 하는 비타민은 비타민 C(아스코르빅산$^{ascorbic\ acid}$)나 비타민 E(토코페롤^{tocopherol})다.

면역기관인 장

면역 활동을 하는 모든 체세포의 70%가 장에서 모인다. 이것은 실로 놀라운 숫자다. 하지만 면역 시스템이라는 말을 들으면서도 장을 떠올리는 사람은 거의 없다.

이른바 장뇌와 비슷한 장의 면역 시스템은 인체의 소화기관에 침입하는 병원균에 대해 요새 역할만 하는 것이 아니라, 면역글로불린 A라는 단백질도 합성한다. 그것은 장의 내피 위에 있는 점액층에 존재하는데 외부 물질, 즉 항원으로서 결합하여 병원균을 무해하게 만든다. 항원과 항체의 효과 등 면역 시스템에 대한 좀 더 자세한 사항은 11장을 참조하면 된다.

간

해부학적으로 봤을 때 간은 4개의 **간분엽**으로 이뤄져 있고, 횡격막 바로 밑, 갈비뼈 아래 오른편의 복부 상부에 위치한다. 건강한 간은 무게가 약 1~1.5kg이고, 지방간은 확실히 더 무겁다.

간의 아래쪽에는 쓸개즙을 보관하는 쓸개가 위치한다. 쓸개가 없는 간은 기능은 하지만, 이 경우 쓸개즙이 소장에서 직접 분비된다. 이런 경우 문제 없이 기능한다는 것을 몇몇 동물이 보여준다. 예를 들면, 포유동물 중 말 같은 말목이나 기린 같은 소목에 속하는 동물들은 진화 과정에서 이 새로운 장비를 마련하지 않았다.

간에는 실제로 간 기능을 하는 세포들이 있을 뿐 아니라 면역 시스템의 특수 세포인 쿠퍼세포가 있어 병원균에 대항할 뿐 아니라 마치 적혈구처럼 노화된 세포를 인식하여 혈액 밖으로 내보낸다.

간은 영양분 흡수와 연관된 신체의 다양한 기능을 위한 전환 장치다.

- 간은 포도당에서 만들어진 글리코겐이라는 다당류의 형태로 에너지를 보관한다.
- 간은 콜레스테롤을 형성한다. 심근경색에서 치매까지 그 책임을 다 짊어진 채 지금까지 악당 취급을 받아온 콜레스테롤은 인식과는 달리 생명에 필수적인 물질이다. 예를 들면, 콜레스테롤은 글루코코르티코이드와 남성·여성호르몬 같은 여러 호르몬의 전구 물질이다.
- 간은 혈액 속에 있는 지방의 운반을 가능하게 하는 리포단백질을 형성한다.
- 또한 혈액응고 인자를 형성한다.
- 헤모글로빈 형성과 비타민, 특히 비타민 A와 비타민 B12의 전구물질인

코발라민을 위해 철분을 저장한다.

- 콜레스테롤에서 만들어지는 담즙산을 형성한다.

- 담즙산과 적혈색소인 헤모글로빈의 분해 결과인 빌리루빈, 지방과 유사한 물질들로 쓸개즙을 만든다. 이 즙은 간에서 쓸개관을 거쳐 쓸개로 운반되고, 소장의 점막이 지방을 함유한 음식물과 만나 콜레시스토키닌 호르몬을 배출하면 장으로 배출된다. 매일 약 600㎖의 쓸개즙이 만들어진다.

- 간은 외부 물질과 유독 물질을 용해 물질로 변화시켜 신장을 통해 배출하는 배설기관으로서의 기능을 한다. 또는 이 물질들을 쓸개즙으로 배출하며, 그 결과 장으로 간 물질들이 변과 함께 몸 밖으로 배출되도록 한다.

- 약품이 간에서 '개조'되어 다른 물질들과 결합함으로써 쓸개즙을 통해 장으로 가거나 신장을 통해 배출된다. 마지막으로 간에 있는, 더 이상 필요 없는 아미노산에서 만들어진 질소를 소위 요소회로를 통해 요소로 전환시킨다. 이렇게 해서 강한 세포독인 암모니아가 생성되는 것을 저지한다.

담석 - 콜레스테롤 덩어리

보통 쓸개즙은 주로 물로 이뤄져 있다. 특히 헤모글로빈과 콜레스테롤, 담즙산이 분해되어 만들어진 결과물인 빌리루빈은 용해된 상태로 존재한다. 그러나 콜레스테롤은 물에 녹지 않으므로 그것을 용액 안에 담아둘 담즙산이 필요하다.

쓸개즙에 콜레스테롤이 지나치게 많이 함유되어 있거나 너무 적은 양의 담즙산이 함유되어 있으면 각각의 콜레스테롤 분자들은 뭉쳐 '덩어리'가 된다. 담석의 첫 번째 싹이 생겨난 것이다. 약 80%에 이르는 대부분의 담석이 이러한 콜레스테롤 덩어리다.

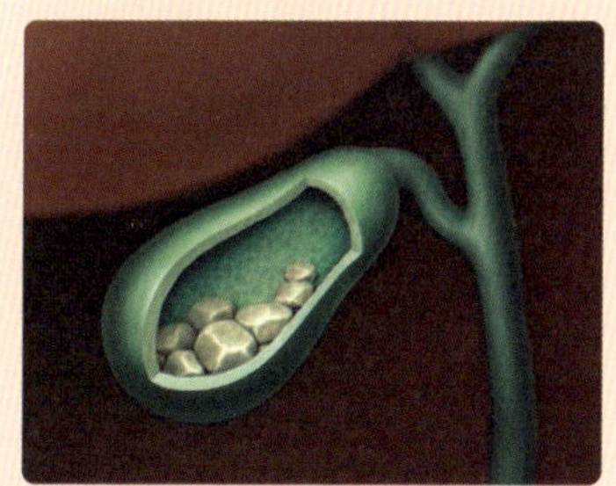

담석이 있는 쓸개.

쓸개즙의 배출통로가 이러한 담석으로 인해 막히면 쓸개즙은 장으로 흘러갈 수 없어 먼저 간에 쌓인다. 그러나 담석으로 인한 정체가 계속되면 쓸개의 색소인 빌리루빈이 혈액으로 들어가 넘치게 되고, 피부와 눈의 결막 같은 점막이 노란색으로 변하게 된다. 이것을 '황달' 전문용어로는 익테루스icterus라고 한다. 쓸개에 남아 있는 '진짜' 담석은 반대로 아무런 고통도 일으키지 않는다.

또한 간염 같이 간에 직접적인 질환이 있는 경우에도 황달이 올 수 있다. 간세포가 더 이상 쓸개즙을 정확하게 만들어낼 능력이 없어 빌리루빈이 혈액 속으로 과다하게 들어오기 때문이다.

독수리와 간

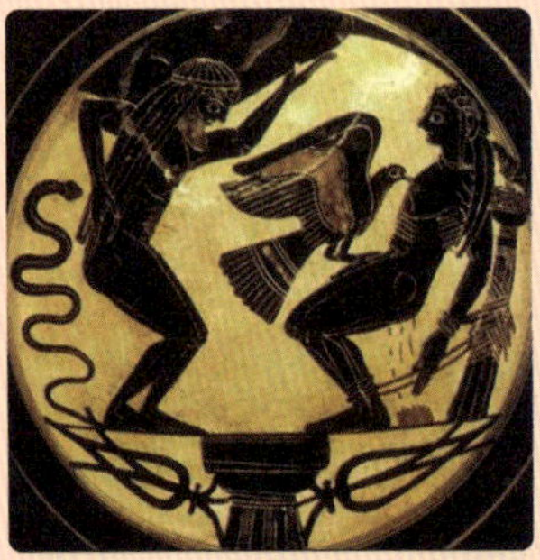

프로메테우스와 독수리.

간은 뛰어난 재생능력이 있는 기관이다. 이것은 그리스 신화 세계에서도 이미 알려졌던 사실이다. 인간에게 불을 가져다준 죄로 프로메테우스는 신들의 노여움을 사 바위에 묶이는 형벌을 받았다. 게다가 독수리가 매일 찾아와 그의 간을 쪼아 먹었다. 하지만 다음 날이면 간은 다시 회복되어 독수리는 끝없이 간을 쪼아 먹을 수 있었다. 신화에서처럼 몇 세기가 흐른 후 헤라클레스가 프로메테우스를 구해주지 않았더라면 아마도 독수리는 지금도 여전히 간을 쪼아 먹고 있었을지도 모른다.

췌장

췌장 또는 이자pancreas는 위 뒷부분, 척주 바로 앞에 위치하고, 복부 위쪽 왼쪽부터 복부 중앙까지 걸쳐 있으며 100g도 채 안 되는 중량과는 달리 결코 가볍게 봐서는 안 되는 기관이다. 여기서 형성되는 이자 아밀라아제와 이자 리파아제 같은 트립신과 키모트립신 효소 없이는 탄수화물이나 단백질, 지방도 소장세포에서 흡수될 수 있도록 분해되지 못한다. 또한 인슐린과 글루카곤 호르몬이 없다면 포도당과 연관된 과정은 완전히 그 기능을 상실하고 말 것이다.

췌장은 가장 두꺼운 부분으로 척추의 오른편에 위치한 이자머리, 길고 수평으로 나 있는 몸체, 비장까지 연결된 이자꼬리의 세 부분으로 구성되어 있다.

소화를 위한 효소 생산과 포도당 신진대사를 위한 호르몬을 생산하는 췌장의 두 기능은 서로 연결되어 있다. 췌장은 인슐린이 결여될 때 소화기능을 담당할 수도 있다. 당뇨병 환자들은 기본적으로 소화문제로 곤란을 겪지 않고 그 반대의 경우도 마찬가지다.

이자의 소화효소는 전체 기관을 지나 이자의 머리 부분에서 십이지장으로 연결되는 관을 통해 십이지장에 도달한다. 효소의 배출은 앞에서도 설명했듯이 장 점막의 호르몬에 의해 발생한다. 이자의 분비물 조합은 장에 도착하는 음식물 조합과 연관이 있다. 단백질이 풍부한 음식물의 경우, 그 분비물은 단백질 가수분해효소인 프로테아제가 풍부한 키모트립신과 트립신의 비율이 특히 높은 반면에 지방이 풍부한 음식물의 경우는 리파아제의 비율이 높다.

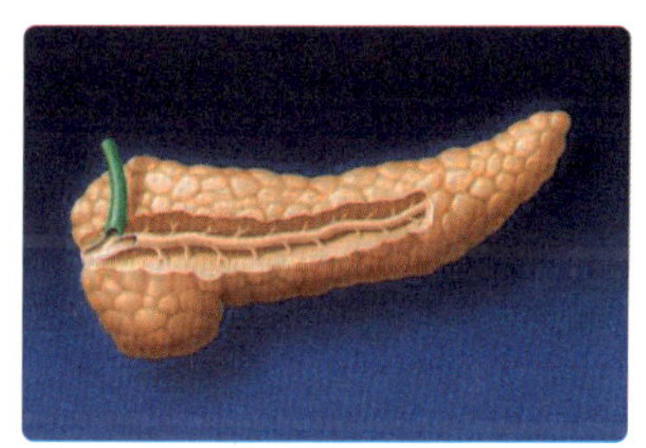

췌장.

이러한 효소들은 pH 수치가 낮을 때는 활동하지 않으므로 이자의 분비물은 효소 이외에도 추가로 수분을 함유한 이당류가 풍부한, 즉 위산을 중화시킬 수 있는 많은 양의 액을 함유하고 있다. 매일 2L에 이르는 아주 많은 양이 이곳에 모인다. 이 밖에도 췌장은 위 점막과는 달리 산화 작용에 대항할 보호체계를 가지고 있지 않은 장 점막을 위산으로부터 보호한다.

호르몬을 형성하는 이자 부분은 전체 무게의 2%에 해당하는 약 2.5g에 지나지 않는다. 호르몬을 담당하는 세포들은 작은 그룹으로 췌장 내부에 모여 있는데, **섬기관** 또는 이것을 발견한 폴 랑게르한스[1847~1488]의 이름을 따서 '**랑게르한스섬**'이라고 한다. 랑게르한스섬의 대부분은 이자의 꼬리 부분에 위치한다. 호르몬은 효소와 반대로 특수한 관을 통해 배출되는 것이 아니라 그것이 생산되는 세포에서 곧장 혈액으로 배출된다.

폴 랑게르한스.

서로 연결된 2개의 펩티드 사슬로 만들어진 단백질인 **인슐린**은 랑게르한스섬 기관의 베타세포에서 만들어지고, 생산된 호르몬 양의 약 80%를 차지한다. 이것은 포도당이 혈액에서 세포로 갈 수 있도록 물꼬를 터주는 역할을 한다고 할 수 있다. 인슐린은 세포막에 위치한 특수화된 단백질인 인슐린 수용체와 결합하고, 이렇게 해서 포도당을 위한 세포질이 생겨난다. 인슐린이 결여됐거나 이른바 인슐린 저항성이라고 해서 인슐린 수용체가 더 이상 결합에 반응을 보이지 않으면 포도당은 포에 도달하지 못하기 때문에 혈액의 포도당이 상승한다(4장의 '혈당' 부분 참조). 그리고 이러한 문제가 오랫동안 지속되면 당뇨병이 초래된다.

이 밖에도 인슐린은 간에서 **글리코겐**이 형성되고, 포도당에서 지방조직이 만들어지는 것을 돕는다. 이러한 작용을 통해 포도당이 혈액에서 사라지고, 이에 따라 혈당수치가 떨어질 때 이 작용은 의미가 있다. 그러나 이것은 당뇨병 환자의 경우, 인슐린의 공급이 계속 증가하면 지방조직이 증가하므로 체중이 증가한다는 것을 의미하기도 한다.

인슐린 외에도 췌장은 그와 반대 작용을 하는 글루코겐 호르몬을 생산한다. 알치세포에서 생산되는 펩티드호르몬은 필요에 따라 저장다당류인 글리코겐을 포도당으로 분해한다. 예를 들어 혈당 농도가 떨어지면 이를 혈액으로 공급하는 일을 담당한다. 포도당은 뇌에 에너지를 공급하는 없어서는 안 될 요소다. 따라서 포도당의 농도가 낮을 경우, 집중력장애가 초래될 수 있고 최악의 경우 의식을 잃을 수도 있다.

잘 알려져 있지는 않지만 역시 중요한 것이 섬 세포에서 만들어지는 췌장 호르몬인 소마토스타틴^{somatostatin}이다. 소마토스타틴은 위액과 쓸개즙이 불필요한 경우, 이 둘의 생성을 억제하는 등 이렇게 요구에 따라 적응하는 일을 담당한다.

자가소화를 위한 보호

이자효소인 **트립신**과 **키모트립신**은 매우 효능이 높은 프로테아제로, 장내에서의 기능을 위해 큰 의미가 있다. 그러나 효소가 단백질을 분해하는 효능을 결합장소에서 이미 다 발휘했다면 췌장은 거의 스스로 소화해야 한다는 단점이 있다. 그러므로 효소는 자신의 효능을 발휘할 장소인 소장에 도착할 때까지 비활성화 상태로 있어야 한다. 또한 이와 관련된 이자세포에서 이들은 트립시노겐과 키모트립시노겐이라는 비활성화된 전구체로 배출된다.

트립신과 키모트립신은 소장 세포막에서 분비되는 또 다른 효소인 엔테로키나아제(장관효소)에 의해 소장에서 활성화 형태로 전환된다. 이 두 가지 활성화된 형태는 다음 단계에서 또 다른 트립시노겐 분자와 키모트립시노겐 분자의 활성화를 촉진한다. 그 결과 단계적 연쇄반응이 발생하고, 충분한 양의 효소를 갖추게 된다.

이와 마찬가지로 **펩신**(238페이지 참조)이라는 프로테아제가 위에서 배출되고 활성화된다. 이것은 펩시노겐이라는 비활성화 형태로 주세포에서 분비된다. 첫 활성화는 먼저 염산에 의해 위 내강에서 일어난다. 다음 단계에서 펩신은 또 다른 펩시노겐 분자들의 활성화를 책임지고, 이 과정이 계속된다.

물질의 배출 – 배설

물에 용해되는 물질을 위한 중요한 배설기관은 신장이다. 콩 모양을 가진 이 2개의 기관은 척추의 양쪽 옆, 부분적으로는 갈비뼈 하단 아래쪽에 위치한다. 오른쪽 신장이 왼쪽 신장보다 약간 아래의 조금 더 안쪽에 위치하며, 그것을 감싸고 있는 지방조직 막은 작은 충격이나 충돌 등으로부터 신장을 보호한다. 신장은 신체에 고정되어 있지 않다. 따라서 일어섰을 때 몇 센티미터 아래로 미끄러져 내려간다. 각각의 신장 위에 부신이 하나씩 있는데 이것은 기능상 신장과 아무런 관계가 없고, 단지 해부학적 위치 때문에 이런 이름이 붙었다. 신장은 외부의 **신장피질**과 그 내부에 놓여 있는 **신장수질**로 구성되어 있다. 수질로부터 신장에서 만들어지는 소변이 나와 신우로 간 뒤 수뇨관을 거쳐 소변의 저장기관인 방광으로 간다.

신장도 간처럼 다양한 임무를 수행한다. 이물질과 신진대사 과정에서 분해되고 남은 결과물을 배출하는 임무 외에도 다음과 같은 작용을 하고 있다.

- 액체나 미네랄 물질의 분해와 공급(운영)
- 혈압
- 염기의 운영(분해와 공급)
- 뼈의 신진대사
- 적혈구 형성

소변의 생성은 2개의 주요 단계로 구분된다.

1 혈액 여과와 그것을 통한 일차적 소변의 형성

2 일차적 소변에서 액체와 미네랄 물질을 다시 흡수함

모든 신장은 약 백만 개의 네프론을 가지고 있다. 원칙적으로 네프론 하나하나가 작은 '소신장'에 해당한다. 모든 네프론은 다시 일차적 소변의 여과 과정이 일어나는 **신소체**와 **수뇨관**으로 이뤄진다. 수뇨관에는 근위세뇨관, 원위세뇨관, 헨레루프 등 여러 부분이 존재하고, 여기서 일차적 소변에 있는 물과 미네랄 물질이 다시 혈액으로 재흡수된다. 이 관의 대부분은 집합관과 연결되는데, 신장돌기에 있는 많은 집합관은 다시 신장수질과 연결된다.

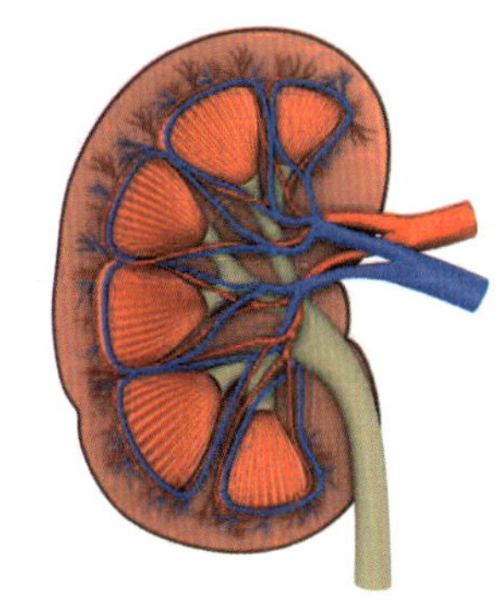

신장의 단면.

소변의 당?

포도당은 혈액에서 일차적 소변으로 여과되지만, 보통은 세뇨관에서 완전히 재흡수된다. 그러나 일반적으로 말해 일차적 소변에서 다시 흡수되는 포도당의 양은 제한되어 있다. 소위 '신역치'는 100㎜ 혈액당 180~200㎎ 포도당이다. 이 수치를 넘어 재흡수되는 것보다 많은 양의 포도당이 여과되면 일부가 소변에 남게 되어 함께 배출된다. 이런 일은 당뇨병을 치료하지 않았거나 잘못 치료했을 때 흔히 발생한다. 일반적으로 당뇨병이라는 이름은 이런 현상에서 유래한다. 다이아베티스 멜리투스[Diabetes mellitus](당뇨병)라는 용어는 그리스어에서 유래하는 말로서, 직역하면 '꿀처럼 단 흐르는 액체'다. 이것은 소변의 단맛을 나타내며, 히포크라테스 같

은 고대의 의사들도 이미 알고 있었다. 요즘은 소변 검사지나 실험실 검사를 통해 소변에 있는 당을 검사하므로 진단이 예전처럼 까다롭지는 않다. 이 검사결과는 당뇨병을 말해주는 첫 번째 단서가 될 수 있다.

소변 검사.

신소체는 수많은 사구체에 의해 형성된다. 사구체는 수뇨관 끝에 있는 보우먼주머니에 위치한다. 혈관을 통해 신체의 혈액이 실타래 모양으로 뭉쳐 있는 사구체에 도달하고, 이 사구체에서 실제로 **여과**가 이뤄진다. 하루에 약 180L에 이르는 물과 유독 성분, 미네랄 성분들이 사구체의 벽에 있는 기공을 통해 압축되어 밀려나와 세뇨관에 모인다. 이 기공들은 나트륨과 염화물, 포도당, 크레아티닌 또는 소변 물질과 같이 작은 분자의 물질들은 잘 통과할 수 있고, 단백질 같은 큰 분자들은 통과하지 못하도록 만들어져 있다. 분자의 무게가 약 5,500달톤이 될 때부터 통과가 저지된다. 그러므로 분자의 무게가 보통의 경우 70,000달톤이 되는 단백질은 통과하지 못하고 완전히 걸러진다. 여러 질환에서 커다란 단백질이 소변에서 발견되고, 이것이 질병의 근본원인을 진단하는 단서를 제공한다. 혈액 세포를 구성하는 성분인 다양한 혈구들은 사구체에 남아 있다. 혈액은 사구체 그물 끝에서 다시 이를 유도하는 혈관을 통해 전반적인 순환으로 돌아가 흐른다.

이때 5~6L에 이르는 신체의 총 혈액이 끊임없이 신장을 향해 흐른다. 달리 표현하면, 모든 혈액이 약 4분마다 사구체를 통과하며 흐른다. 전체적으로 신장의 총 혈액 중 약 4분의 1이 사구체를 거친다.

농도: 우리의 몸이 매일 180L의 소변을 배설하지는 않으므로 일차적 소변은 다시 처리되어야 한다. 수뇨관의 복잡한 시스템 안에서 물과 혈액에 용해되어 있는 다른 물질들의 일부는 재흡수된다. 추가로 옆에 있는 사구체나 세뇨관의 세포들에서 나온 다른 물질들도 소변으로 분비된다. 소변 물질이나 크레아틴 같은 필수적으로 함유된 물질들은 소변에 남아 있다. 우선 여과된 액체 중 전체적으로 겨우 약 1%만이 방광에 도달한다.

정확히 얼마나 많은 물이 일차적 소변에서 재흡수되어야 하는지는 시상하부가 항이뇨호르몬$^{ADH: antidiuretic hormone}$을 통해 조절한다.

- ADH가 많으면 더 많은 물이 재흡수된다.
- ADH가 적으면 물의 배출을 강화시킨다.

이때 신장 내 혈액량이 감소되었다는 사실, 즉 액체가 부족하다는 사실이 보고되면 이것이 시상하부에 전달되고 더 많은 ADH가 분비된다. 그러면 신장에 있는 일차적 소변에서 나온 더 많아진 액체는 혈액으로 돌아가고 그 결과 혈액량이 증가한다.

제8장

해부학과 생리학 - 관다발식물

이 장에서는 관다발식물의 구성과 기능을 다루려고 한다. 관다발식물이란 물과 영양분을 자신의 내부로 운반하기 위해 전문화된 관다발 시스템을 가진 모든 식물을 의미한다. 양치류와 겉씨식물, 속씨식물이 이에 속한다.

양치류.

식물 세포의 기본 형태

동물의 조직만 특수화된 세포를 소유하는 것이 아니라 식물의 경우도 마찬가지다. 동물의 세포와는 대조적인 식물 세포의 특이성은 이미 4장에서 소개했다. 식물 세포의 중요한 유형은 다음과 같다.

- 유조직세포
- 후각세포
- 후막세포
- 물관부에서 물을 운반하는 세포
- 체관부에서 유기 물질을 운반하는 세포

동물 세포와 마찬가지로 식물 세포들끼리도 서로 접촉하고 교환한다. 이때 **원형질연락사**가 그 기능을 발휘한다. 이것은 아주 가는 관으로 식물 세포벽을 관통하며, 관 안에 있는 미세소관이 이웃해 있는 세포들 사이를 지나간다. 이 관들은 세포막에 싸여 있다. 물과 이온, 포도당 같은 작은 분자들로 이뤄진 물질들은 원형질연락사를 통해 흘러들어 간다. 그 밖에도 몇몇 단백질이나 RNA 분자들도 이에 적용되는 경우가 있다.

유조직세포

흔히 전형적인 식물 세포로 여겨지는 세포다. 어린 유조직세포의 일차 세포벽은 아주 얇고 유연하다. 성장해 나가면서 새로운 셀룰로오스 섬유가 세포벽에 축적된다. 2개의 식물 세포의 초기 세포벽 사이에는 복합세포 간 층이 존재한다. 아주 끈적거리는 다당류 분자들을 가진 이 가는 층에서 중요한 것은 바로 펙틴이다. 잼을 만들 때, 끓이는 과정에서 젤리처럼 엉기게 하는 성분이 바로 펙틴인데, 앞선 말한 복합세포 간 층은 이웃하는 세포들을 서로 붙여서 견고하게 응집해 있게 하는 역할을 이 펙틴이 한다.

세포들이 성장하면 일차 세포벽을 강화한다. 그런 다음 세포막과 일차 세포벽 사이에 있는 이차 세포벽에 단단한 물질들을 축적하고 첨가한다. 이차 세포벽은 흔히 10개 이상의 층을 이루고 있고, 이것이 세포들을 견고하게 지탱한다. 특히 목재는 이차 세포벽으로 구성된 것이다.

성숙한 유조직세포들은 일반적으로 액포막^{tonoplast}이라는 막으로 둘러싸인 커다란 액포를 가지고 있다. 거기에 함유되어 있는 세포수액은 세포질과 일치하지 않고, 수분이 더 풍부하며 단백질 함유량은 더 적다. 일반적으로 액포는 다양한 기능을 수행하는 물질들을 저장한다.

- 플라보놀^{flavonol}이나 안토시아닌^{anthocyanin} 같은 안료는 식물에 특유한 색을 부여한다.
- 유해 물질들은 세포의 신진대사를 통해 분리되어 무해한 것으로 만들어진다.
- 유독 물질들은 천적과 대항하는 데 사용된다.

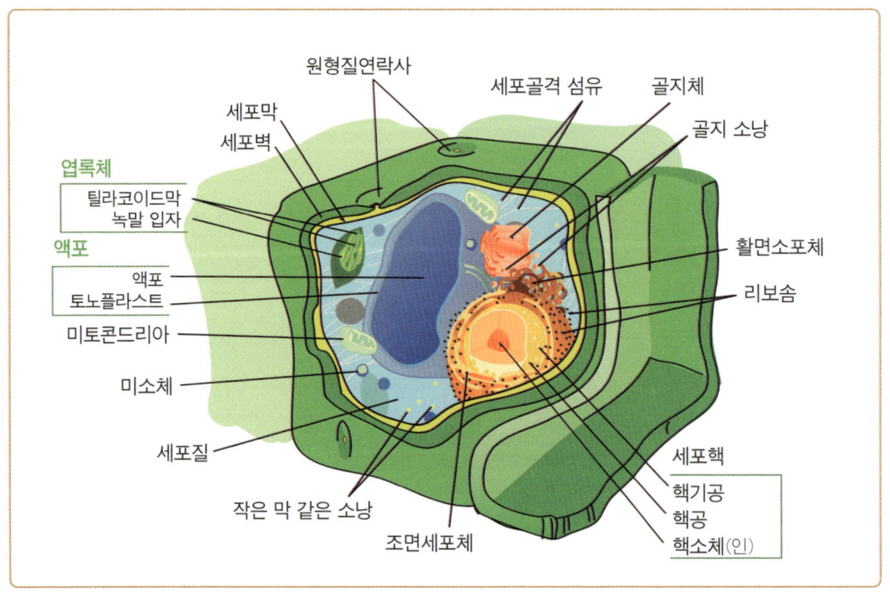

식물 세포.

• 표피 물질들은 상처가 났을 때 상처를 아물게 하는 데 기여한다.

유조직세포들은 다양한 임무를 수행하는 능력을 가지고 있다. 광합성은 잎의 유조직세포에서 발생하며, 뿌리의 유조직세포에서 녹말이 저장되고, 우리가 먹는 과일 또한 대부분 유조직세포로 구성되어 있다.

중요한 것은 유조직세포들은 분열이 가능하며, 필요에 따라(예를 들면, 상처가 회복될 때 등) 다른 유형의 세포들로 발전할 수 있다. 심지어 실험실에서는 유조직세포로 완전한 식물을 만들어낼 수도 있다.

후각세포 kollenchymzellen

나뭇가지나 잎자루에 있는 **후각세포**는 식물의 어린 싹을 지탱하고 지지하는 역할을 한다. 이것은 식물의 결합조직이라고 할 수 있다. 후각세포의 일차 세포벽은 이러한 목적을 달성하기 위해 유조직세포의 세포벽보다 훨씬 두껍다. 그러나 그 두께는 불규칙적이다. 즉 어디서나 세포벽의 두께가 동일한 것은 아니다. 후각세포는 이차 세포벽을 형성하지 않는다. 일차 세포벽에 리그닌 lignin 이 축적되는 일도 발생하지 않는다. 이것은 전체적으로 봤을 때, 후각세포가 제공하는 버팀목이 유연성이 있어 성장 과정과 세포의 확장, 분열이 항상 가능하도록 하기 위함이다. 후막세포(이하 참조)와는 대조적으로 후각세포는 항상 살아 있는 세포들로, 잎자루와 잎몸(엽신)과 함께 자란다. 후각세포는 보통 어린 잎자루나 줄기에 막대 모양으로 바로 표피 아래에 위치한다. 셀러리의 맨 끝 부분을 잘랐을 때 보이는 섬유는 후각세포로 이뤄진 것이다.

후막세포 sklerenchymzellen

후막세포는 후각세포와 마찬가지로 어린 싹을 지탱해주는 역할을 하지만, 리그닌이 풍부하게 쌓여 있는 이차 세포벽을 가진다. 이 세포벽이 후막세포를 후각세포에 비해 단단한 부동의 세포로 만들어준다. 이것은 줄기에 있는 어린 관다발을 감싸고 있다. 다 자란 후막세포는 더 이상 뻗어 나가는 과정에 동참할 수 없다. 그러므로 뻗어 나가는 성장을 다 마친 식물 부위에서 이 세포를 발견할 수 있다. 보통 후막세포는 자신이 지탱하는 조직이 완전히 성장하면 죽는다. 그러나 그것의 딱딱한 이차 세포벽으로 인해 '골격'을 유지하는 자신의 기능은 계속한다.

이러한 후막세포는 보강세포와 섬유세포의 두 가지 종류로 구분된다. **보강세포**는 견과류나 씨의 강도를 책임진다. 상대적으로 짧고 불규칙적인 형태를 가지고 있으며, 목질화된 아주 견고하고 두꺼운 세포벽을 가지고 있다. **섬유세포** 또는 후막섬유는 길고 가느다란 막대 모양으로 배열되어 있다. 끈이나 밧줄을 만드는 대마섬유나 리넨을 만드는 아마섬유가 후막섬유에 속한다.

물관부에서 물을 운반하는 세포

물관부는 물과 그 속에 녹아 있는 무기염류를 운반하는 역할을 한다. 이 기능은 **헛물관**과 **관조직**이라는 두 가지 세포에 의해 수행되는데, 이 세포들은 관 모양의 긴 세포들이거나 서로 연결된 세포사슬들로서, 이들의 세포질은 이

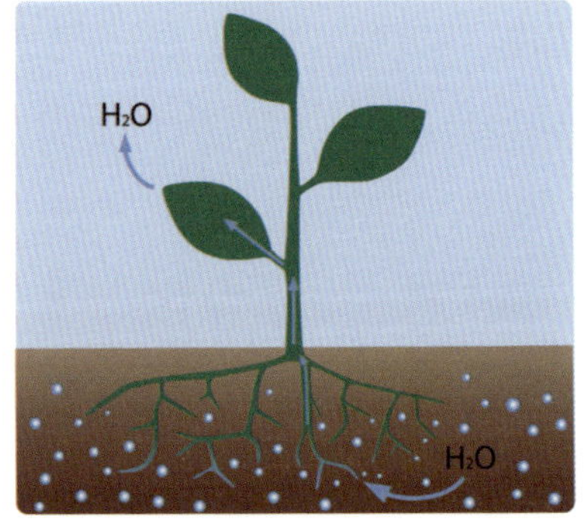

물의 흡수.

미 죽은 상태다. 물관부는 특히 헛물관에서 목질화된 두꺼운 이차 세포벽의 형태로 그 임무를 수행한다. 이때 두꺼운 이차 세포벽은 물이 운반될 때 빨아들이는 힘 때문에 붕괴되는 것을 방지한다. 헛물관의 이차 세포벽은 자주 끊어지는데, 이는 막공 때문이다. 이 부위에는 일차 세포벽만 존재한다. 그렇기 때문에 헛물관에 있는 주요 통로인 막공을 통해 이웃하고 있는 세포 사이에서 물이 이동한다.

관조직은 일반적으로 헛물관에 비해 좀 더 넓고 짧으며, 세포벽은 가늘고 목질화되어 있지 않고, 덜 날카롭게 뻗어 있다. 이것은 두 끝을 서로 연결하는 방식으로 긴 **관**들, 즉 헛물관 또는 통을 형성한다. 물관부의 유조직 끝에 있는 벽은 물이 막힘없이 헛물관을 통과해 흘러갈 수 있도록 갈라져 있다. 보통 헛물관은 물관부 유조직보다 훨씬 두꺼운데, 이는 시간당 더 많은 양의 물을 운반하기 위함이다.

헛물관은 거의 모든 관다발식물의 물관부에서 발견된다. 또한 대부분의 속씨식물과 몇몇 겉씨식물에서는 관조직이 발견된다.

체관부에서 유기 물질을 운반하는 세포

당을 운반하는 체관부의 세포들은 물을 운반하는 헛물관이나 관조직과는 달리 죽지 않고 살아 있는 세포들이다. 겉씨식물의 경우, 당을 운반하는 임무는 소위 **체관세포**라는 길고 가는 세포들이 맡고 있다. 속씨식물의 경우, **체관 조직** 또는 **체관요소**로 구성된 체관이 체관세포들을 대신한다. 체관부 세포들은 살아 있는 세포들이지만 세포핵이나 리보솜 또는 소낭 같은 기관들이 존재하지 않는다. 이 때문에 물질을 운반하기 위해 더 많은 공간을 확보할 수 있다.

체관조직 옆에는 보조세포들이 존재하는데, 물질 운반에 관여하는 것이 아니라 그것의 세포핵과 리보솜, 그 밖의 기관들로 체관조직을 가지고 **동반세포**의 역할을 한다. 이 밖에도 몇몇 식물의 경우, 동반세포들은 유기 물질들을 옮길 때 체관조직을 돕는다. 체관조직과 동반세포들은 한 모세포에서 함께 유래하는데, 수많은 원형질연락사를 통해 연결되어 있다. 속씨식물의 체관은 겉씨식물의 체세포에 비해 확실히 빨리 유기 물질들을 그것이 생산된 장소에서 그것을 필요로 하는 장소나 저장하는 장소로 운반한다.

물관부의 헛물관 발달과 체관부의 체관 발달은 모두 진화 과정에서 속씨식물이 발달하는 데 한몫을 담당했다.

조직

식물의 줄기, 잎, 뿌리 등 모든 기관은 서로 연결된 세 종류의 조직을 가지고 있다. 이 조직계의 모든 기관은 식물을 관통하며 지속적으로 뻗어 있지만, 각 기관에 따라 다르게 구성되어 있다.

식물의 조직계는 다음과 같이 구분할 수 있다.

잎이 달린 줄기.

- 표피조직계
- 관다발조직계
- 기본조직계

표피조직계

표피조직계는 밖으로 향해 있는 식물의 끝을 말한다. 동물 세계에서의 피부와 마찬가지로 표피조직계는 건조와 천적, 병원균으로부터 식물을 보호하는 기능을 한다. 리그닌이 쌓여 있지 않은 식물들의 경우, 표피조직계는 보통 하나의 유일한 세포층으로 이뤄져 있다. 이 표피는 지질로 이뤄진 층인 각피cuticula로 덮여 있으며, 각피는 왁스를 함유하고 있어 수분이 증발하는 것을 방지하는 역할을 한다. 목질화되어 있는 식물의 경우, 가지와 뿌리에 있는 늙은 표피는 주피periderm로 대체된다.

뿌리는 기능에 따라 적어도 유년기에는 표피조직에 의해 보호되지 않는다. 왜냐하면 표피조직이 물과 미네랄 성분의 흡수를 막기 때문이다. 대신 땅속 깊이 자라게 되면 잎과 줄기의 표피와 비슷하게 지방 성분을 저장하는 소위 **외피**라는 것을 가지게 된다. 이런 방식으로 흡수된 미네랄 성분이 다시 땅으로 가지 않고 식물에 남게 되는 것이다.

표피세포에서 유래하는 머리카락과 비슷한 돌기물인 **모상체**(또는 세포사)는 빛을 반사하여 자외선 차단 역할을 함으로써 수분의 손실을 최소화한다. 추가로 이 모상체가 끈적이거나 독이 있는 액체를 분비할 때면 곤충이나 식물을 먹는 다른 적으로부터 보호하는 역할도 함께한다. 파리지옥 같은 식충식물들은 이러한 모상체를 가지고 있는데 이 경우 감각모로 식물에 내려앉는 곤충들을 인지하고, 포획 덫인 잎을 닫는 특수임무를 수행한다. 그러면 그 속에서 먹이는 소화된다.

관다발조직계

식물의 관다발조직은 거의 순환계 역할을 한다. 여기서 여과되지 않은 물질들이 긴 과정을 거쳐 공급된다. 이때 **물관부**는 물과 미네랄 물질을 운반하는 것 이외에 보호조직 역할도 한다. 이러한 기능과 연관하여 이를 '인피부'라고 부른다. 이와 반대로 **체관부**는 광합성을 통해 합성된 포도당과 사카로오스, 아미노산 또는 씨와 열매, 성장하는 잎과 같이 광합성에 참여하지 않는 조직에 있는 당알코올 같은 유기 물질의 공급을 담당한다. 이때 대부분 잎에 있는 수집체관부에서 물질이 포장된다. 수송체관부는 긴 여정을 책임지고, 공급체관부는 최종적으로 소비할 세포에 공급한다.

뿌리나 줄기의 관다발조직 전체를 '**중심주**'라고 한다. 물관부와 체관부의 배열은 식물의 종류에 따라 다르다. 대부분 속씨식물의 경우, 뿌리의 중심주는 물관부와 체관부를 가진 폐쇄된 관다발조직관을 형성한다. 반면에 일차적 줄기와 잎에 있는 중심주는 관다발로 이뤄져 있다. 즉 물관부와 체관부가 분리되어 있다.

중심주 유형.

기본조직계

기본조직계는 상대적으로 간단하게 정의할 수 있다. 그것은 표피조직계와 관다발조직계에 속하지 않은 모든 것을 포함한다. 외부에 존재하는 기본조직을 **수질**이라고 하고, 외부에 존재하는 것은 **일차적 피질**이라고 한다. 물론 기본조직은 그저 단순하게 둘러싸고 있거나 빈 공간을 채우고 있는 것이 아니다. 여기에는 광합성과 저장 같은 고도로 특수화된 임무를 띠는 세포들이 속해 있다.

분열조직

여기서 빠뜨릴 수 없는 중요한 조직이 있는데, 바로 분열조직이다. 이것은 **무제한 성장**이라고 할 수 있는 식물의 성장을 책임지는 영구적인 배 상태의 조직이다. 식물은 전 생애 동안 분열하는 미분화된 기관을 가진다. 이와 반대로 동물이나 몇몇 식물 기관의 경우는 성장이 제한적이다. 특정 크기에 도달하면 발전을 멈추는 것이다. 식물의 경우, 이러한 기관들은 대부분 잎과 꽃이다.

분열조직은 정단 분열조직과 측생 분열조직의 두 가지 형태로 구분된다.

- **정단 분열조직**: 길이 성장을 위해 뿌리의 끝과 줄기 그리고 이른바 일차성장이라고 할 수 있는 액아에 추가적인 세포를 공급한다. 이 조직은 뿌리가 땅 밑으로 더 깊게 들어갈 수 있도록 하고, 줄기는 빛 쪽으로 자랄 수 있도록 한다. 엉겅퀴나 바늘꽃속 같은 목질화되지 않은 풀류 식물들은 거의 전체 성장이 일차 성장이다.
- 이와는 달리 목질화된 식물들은 뿌리와 줄기의 길이 성장이 끝나고 나면 부피가 증가한다. 이러한 부피 성장이나 이차 성장은 소위 부름켜(형성층) 또는 코르크부름켜라는 **측생 분열조직**에 의해 가능해진다. 이 관 모양의 조직들은 뿌리에서 줄기의 끝 부분까지 식물 전체를 통과한다. 부름켜는 새로운 관다발조직, 즉 이차 물관부(목재)와 이차 체관부(내피) 조직이 생성되게 하는 일을 담당한다. 코르크형성층은 상피조직을 저항력 있는 주피로 대체한다.

분열조직은 자주 분열한다. 이 조직의 한 부분은 항상 배아 단계로 남아 있어 계속해서 새로운 세포가 형성될 수 있다. 이것을 소위 시원세포라고 한다. 다른 분열조직들은 파생물로서 분열 과정을 거쳐 조직과 기관의 구성 성분이 된다.

기관

식물은 단세포 단계를 넘어서는 대부분의 동물들과 마찬가지로 서로 결합하여 기관이 되는 특수화된 조직을 가지고 있다. 관다발식물의 세 가지 기본기관은 다음과 같다.

- 줄기
- 잎
- 뿌리

이때 육상식물에게는 그들이 적응해야 하는 서로 완전히 다른 두 가지 외부조건이 주어진다. 그 하나는 땅이다. 식물은 땅에서 미네랄 물질과 물을 공급받아야 한다. 다른 하나는 공기다. 공기에서 광합성을 시작할 수 있는 물질들, 바로 빛과 이산화탄소가 나온다. 이에 따라 땅에서 영양분을 흡수하기 위해 뿌리계가 발달하였고, 줄기와 잎으로 구성된 줄기계는 '공기를 책임지는 일'을 위임받았다. 이 두 시스템의 임무 분담은 매우 엄격하다. 뿌리는 광합성을 하지 않고, 줄기는 미네랄 물질을 거의 흡수하지 않는다.

줄기

흔히 나뭇가지라고도 하는 줄기는 잎과 곁가지가 나오는 **마디**와 그사이에 놓인 **절간**으로 이뤄진다. 잎과 줄기의 상부에는 **액아**가 존재하고, 거기에서 옆으로 뻗어 나가는 작은 가지들이 생겨난다. 물론 어린 가지의 액아는 대부분 비활동적이다. 길이 성장은 일차적으로 액아를 가진 줄기 끝에서 시작된다.

액아의 대부분이 비활동적인 것은 이른바 **정아우성**(끝눈우성)에 기인한다. 끝눈은 액아의 성장을 억제한다. 그러나 끝눈이 동물에게 먹힌다든지 해서 어떤 식으로든 손상되면 액아가 활동할 기회를 얻게 되고 밖으로 자라기 시작한다. 또는 갑자기 환경이 변화해서 끝눈이 그늘에 놓이게 되면, 이 경우 광합성을 위한 충분한 빛을 받지 못하므로 위와 같은 일이 발생한다. 이 경우에도 더 나은 빛의 환경 속에 있는 액아가 이 일을 대신한다. 이것은 마찬가지로 길이 성장을 하고, 전임자와 마찬가지로 잎과 액아가 발달하는 끝눈이 된다.

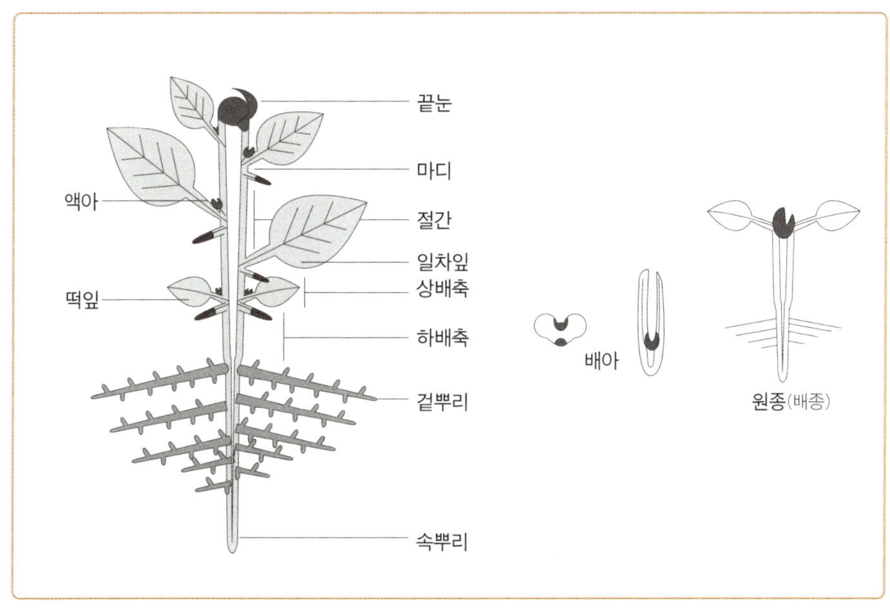

관다발식물의 구성.

줄기는 밖에 있는 상피로 둘러싸여 있다. 그 내부에는 관조직 부분인 관다발이 있다. 쌍떡잎식물의 경우, 이 관다발은 고리 모양으로 배열되어 있다. 물관부는 모든 관다발에서 사출수라는 기본조직 형태로 이웃해 있고, 모든 관다발의 체관부는 다시 일차적 외피라는 기본조직 형태로 접해 있다. 이와 반대로 외떡잎식물의 경우는 관다발이 전체 기본조직에 분배되어 있다. 이 경우, 기본조직은 주로 유조직세포로 구성되어 있다. 가지는 후각세포로 고정되어 있고, 더 이상 길이 성장을 하지 않는 식물 부위들에서는 섬유들이 지탱하는 기능을 도와준다.

줄기의 세분화를 기반으로 다음과 같은 변화형이 가능하다.

- **근경** 또는 지하경은 뿌리줄기라고도 하는데, 영양분을 저장하는 일을 한다. 붓꽃속의 많은 종과 생강(생강 뿌리는 아님)이 바로 그 예다.
- **양파**는 지하에서 수직으로 자라는 줄기로, 특히 아주 큰 밑잎(옆저)으로 이

생강.

뤄져 있고 영양분을 저장한다. 양파 껍질을 벗겼을 때, 맨 밑에 있는 구불구불한 밑줄기에서 나오는 잎이 몇 겹으로 쌓여 있는 것을 볼 수 있다.

- **기는줄기** 또는 영어로 러너^{runner}는 무성생식을 위해 줄기가 땅 위에서 수평으로 자라고, 이것의 마디에서 완전한 식물이 형성된다. 그 한 예가 딸기다.

- 마지막으로 **덩이줄기**는 기는줄기나 영양분의 저장을 위해 끝 부분의 부피가 커진 근경으로 이뤄져 있다. 감자가 그 예이고, 감자의 '싹'은 액아가 모여 있는 것으로 원래 줄기의 마디가 있었던 부분이다.

잎

녹색줄기가 이 기능을 떠맡을 수도 있지만 녹색 잎은 광합성의 주요 장소

활엽수.

다. 기본구성에서 잎들은 잎과 줄기를 연결하는 잎자루와 실질적인 잎의 면적인 잎몸(엽신)으로 이뤄져 있다. 물론 잔디와 같이 잎자루가 없는 경우도 있다. 이런 경우 잎몸은 내부에 있는 줄기를 감싸는 톱니를 만든다. 마찬가지로 대부분의 침엽수도 잎자루가 없다. 침(바늘)이 아주 가는 잎과 다르지 않기 때문이다.

잎의 관다발조직인 **잎맥**(272쪽 이미지 참조)은 외떡잎식물과 쌍떡잎식물의 경우 차이를 보인다. 전체적으로 잎이 매우 다르게 보이고 일반적으로 그 생김새, 즉 형태는 기능과 환경에 적응하기 위함이다. 예를 들면 넓은 잎의 경우, 잎이 깃털 모양으로 뻗어 나가는 것은 폭풍에 쉽게 손상되지 않기 위

함이다. 또한 특정 식물바이러스 같은 병원균이 적은 범위에서만 퍼져 나가도록 제한하여 잎 전체가 죽지 않도록 한다.

　전형적인 낙엽은 외부에 있는 **상피**에 의해 구분된다. 상피는 외부 공기와 광합성 작용을 하는 내부 세포 사이에 가스 교환을 가능케 하는 기공에 의해 끊겨 있다. 기공은 이산화탄소의 흡수뿐 아니라 물과 산소의 배출도 가능케 하는, 식물이 대부분의 수분을 상실하는 장소다.

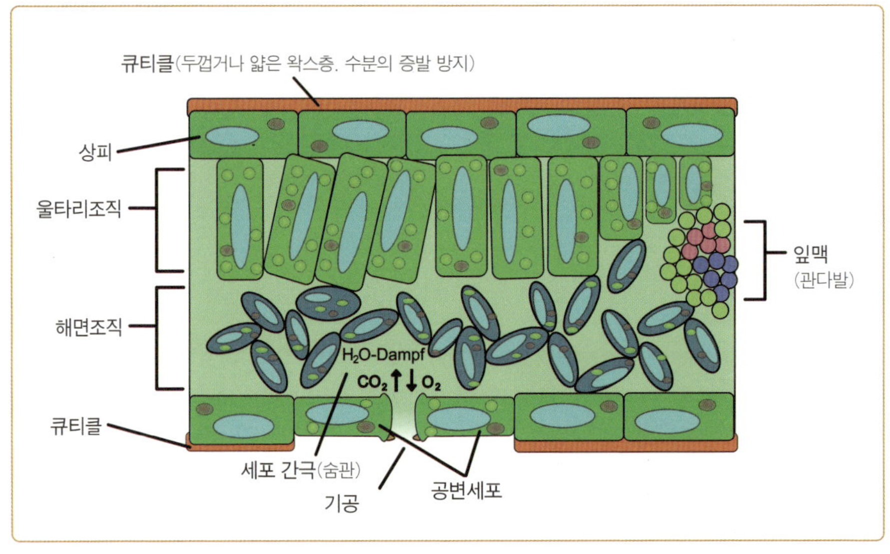

잎의 기본조직.

　잎의 기본조직을 잎살(엽육)이라 하며, 상부 상피와 하부 상피 사이에 있다. 잎살은 주로 광합성을 위해 전문화된 유조직으로 이뤄져 있다. 쌍떡잎식물의 잎살의 경우, 두 가지로 구분된다. 잎 윗부분에 길게 뻗어 있는 한 층이나 여러 층으로 이뤄진 울타리 유조직과 조직 밑에 느슨하게 배열된 세포와 공기로 채워진 세포 간 공간으로 둘러싸인 그물을 가진 해면조직이 그것이다. 이 그물은 해면조직에서 울타리 유조직에 도달하는 이산화탄소와 산소의 순환을 위해 일한다. 기공 주변에 있는 세포 간극은 특히 크며, '숨관'이라고 일컫기도 한다.

모든 잎의 관다발조직은 줄기의 관다발조직과 연결되어 있다. 이 연결 부분을 '엽적'이라고 한다. 엽적은 잎자루를 통해 잎몸으로 간다. 잎의 관다발은 '잎맥'이라고 하고, 여러 개로 분리되어 전체 잎살에 뻗어 있다. 이것은 필요한 물과 미네랄 물질을 운반하는 시스템과 마찬가지로 광합성으로 생긴 생산물을 운송하는 시스템이 가까이 있을 때 의미가 있다.

모든 잎맥은 단층 또는 다층의 유조직 상태인 톱니로 둘러싸여 있어 이것이 잎맥을 보호한다.

줄기와 마찬가지로 잎도 특정 기능에 적응하기 위하여 특정하게 변화된 형태를 만들 수 있다.

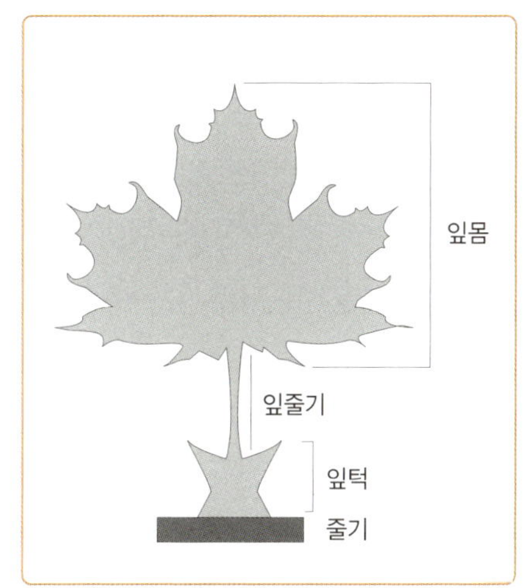

낙엽의 구성.

- 갈퀴속식물 같은 **덩굴**은 변화된 깃털 모양의 잎으로, 덩굴의 도움으로 식물은 특정 장소에 의지하여 지탱할 수 있다. 덩굴의 끝이 지탱할 대상에 도달하면 나선형으로 꼬여 식물을 지탱 대상에 더 가깝게 끌어준다. 더 완벽을 기하자면 변화된 줄기 형태를 나타내는 덩굴도 있는데, 예를 들면 유럽종 포도가 그 경우다.
- **가시**는 선인장의 가시가 가장 잘 알려져 있다. 선인장의 경우, 잎이 가시형태로만 되어 있어 광합성은 줄기가 대신한다.
- **다육 잎**은 특히 다육식물에서 찾아볼 수 있다. 다육 잎은 통통하고 건조한 장소에서 많은 양의 수분을 저장할 수 있다.

- 흔히 크리스마스 꽃으로 알고 있으나, 실제로는 자줏꽃으로 착각하는 **포인세티아**의 잎인 포[苞]는 변화된 잎이다. 실제로 꽃잎을 둘러싸고 있는 이 잎은 눈에 띄는 화려한 색을 가진 가장 위에 있는 잎으로, 흔히 곤충들을 유혹한다.

가시 없는 장미

'가시 없는 장미란 없다.'는 속담은 순수하게 식물학적으로 보면 잘못된 말이다. 장미는 가시가 없고 날카로운 줄기를 가지고 있다. 이것은 현미경으로 장미의 구성을 관찰하면 확인할 수 있다. 진짜 가시는 항상 관다발이 통과하는 데 반해, 장미의 바늘은 상피와 수피로만 이뤄져 있다.

기공[stoma]: 위에서 언급한 해면조직 부분에 있는 공기가 차 있는 세포 간극들은 특히 잎 밑면에 있는 상피의 기공을 통해 외부세계와 연결된다. 그것은 중간에 있는 입구인 기공[porus]을 감싸고 있는 2개의 공변세포로 이뤄져 있다. 그 기능은 한편으로는 환경과의 가스 교환, 즉 이산화탄소의 흡수와 산소의 배출을 가능하게 하는 일이고, 다른 한편으로는 현재의 물 공급 상태를 고려하여 외부에 수분을 배출하는 것을 조절한다. 나머지 표면에서 상피세포의 잎과 경우에 따라서 큐티클의 잎은 수분을 잃지 않도록 보호를 받기 때문이다.

수분이 충분하면 기공이 열린다. 이를 위해 공변세포는 특수한 구조를 가진다. 구멍이 있는 쪽에는 이른바 팽압증가(공변세포의 팽창)가 나타나는데, 거기서부터 세포골격들이 세포와 평행으로 뻗어 있다. 수분이 충분히 있어 세포의 양이 증가하면 팽압증가에 의해 기공과 떨어져 있는 세포벽의 얇은

쪽이 바깥쪽으로 휘면서 가운데 있는 기공이 열리게 된다. 물이 충분치 않으면 열림 장치는 작동하지 않고 기공은 닫힌 채로 있다. 따라서 수분의 손실이 저지된다. 이 밖에도 기공은 물관부 조직과 직접 연결되어 있다. 관다발조직에서의 수분운반에 동참하는 기공의 작용은 다음 쪽에서 자세히 설명할 것이다.

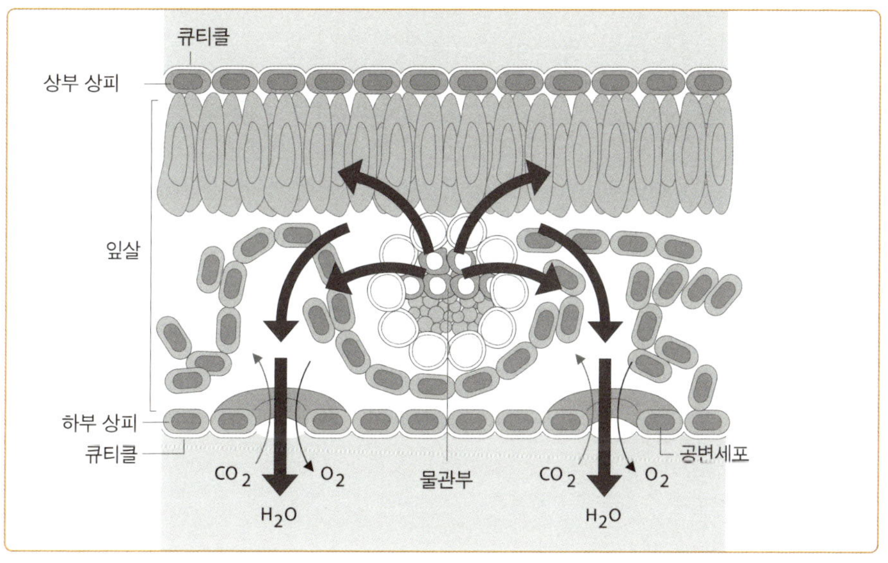

가스 교환.

뿌리

사람들은 주로 뿌리에 대해 나쁜 이미지를 갖고 있다. 거의 볼 수 없을뿐더러 설령 보더라도 위로 뻗어 자라나는 줄기나 예쁜 잎들처럼 그렇게 인상적이지 않다. 그러나 뿌리의 기능을 과소평가해서는 안 된다. 그것은 식물 전체를 땅에 고정하고 영양과 성장에 필수적인 미네랄 물질과 수분을 흡수하며, 게다가 어려운 시기를 대비하여 영양분을 저장한다.

대부분의 진정쌍떡잎식물과 속씨식물은 **원뿌리계**를 가지고 있다. 이때 하나의 긴 주요뿌리 또는 원뿌리가 땅 중앙 방향으로 자라고, 여기서 어린 줄기가 발달한다. 이 주요뿌리에서 다양한 곁뿌리가 엉키며 뻗어 나간다. 원뿌리에는 흔히 탄수화물이 당과 녹말의 형태로 저장되고, 이것은 열매와 꽃봉오리를 형성하는 데 필요한 에너지 공급원이 된다. 아마도 이러한 저장뿌리는 분명히 접해봤을 것이다. 당근이나 사탕무는 바로 꽃봉오리가 생기기 전에 수확한 원뿌리다.

　이와는 달리 대부분의 외떡잎식물은 일차적으로 어린 뿌리가 죽고, 작고 많은 뿌리들로 이뤄진 그물 같은 시스템이 생겨나 직접 싹에 붙는다. 이것을 소위 막뿌리 또는 부정근이라고 한다. 이러한 각각의 막뿌리에 다시 곁뿌리를 형성하고, 그 결과 두껍게 서로 얽힌 그물이 생겨나는데 이것을 **수염뿌리계**라고 한다. 각각의 뿌리는 아주 가늘고, 표면 밑에 평평하게 머물러 있는데, 이것은 얕은 지면과 낮은 강우량에 적응하기 위함이다. 이 평평한 뿌리는 놀라울 정도로 땅에 굳건히 붙어 있어 훼손을 방지하는 데 최적이다. 대부분의 풀들이 이렇게 평평한 뿌리를 가지고 있다.

　뿌리 끝은 뿌리골무 또는 칼립트라^calyptra로 덮여 있고, 이것은 뿌리가 땅속에서 자라는 동안 뿌리 끝에 존재하는 민감한 정단 분열조직을 보호한다. 뿌리 자체는 흡수가 일어나는 바깥쪽에 있는 표피와 뿌리에 있는 중심주라는 관다발로 이뤄져 있다. 중심주

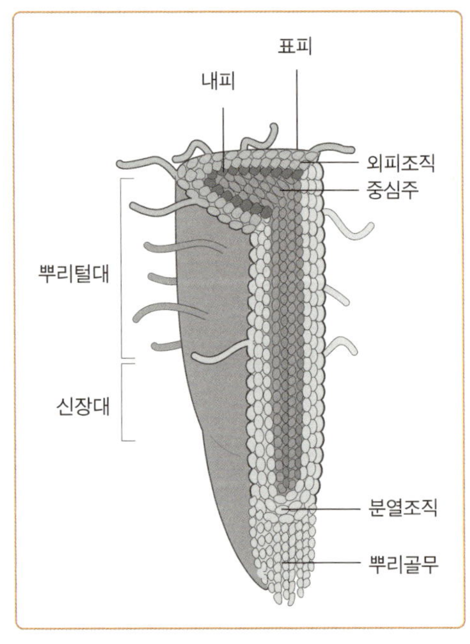

일차적 뿌리의 수평적·수직적 구성.

는 물관부와 체관부로 형성된 핵으로 구성되어 있는데 대부분의 쌍떡잎식물은 별 모양의 물관부와 그 별 모양 끝에 놓여 있는 체관부를 가지고 있고, 많은 외떡잎식물의 경우, 관다발조직은 유조직을 가진 부분과 그 사이에 놓인 체관부와 물관부세포로 구성되어 있다. 뿌리의 기본조직은 특히 유조직으로 이뤄져 있고, 중심주와 표피 사이에 있는 소위 일차적 외피 안에 존재한다. 이 일차적 외피의 가장 안쪽에 있는 층은 내피로서 중심주와 경계를 만드는 단층으로 된 세포주로 이뤄져 있다.

미네랄 물질과 물의 흡수라는 뿌리의 원래 기능은 뿌리털이 담당한다. 뿌리털은 표피에서 나와 뿌리 끝으로 자라는 머리카락 모양의 세포들이다. 포유동물의 소장 주름이나 융모, 융털과 유사하게 뿌리털의 표면도 흡수를 위해 확대되어 있다.

또한 뿌리는 다른 기관과 마찬가지로 다양한 변화형을 발전시켜 여러분이 이미 배운 다육뿌리 외에도 다음과 같은 것들이 있다.

- 불안정한 식물을 추가로 지탱하는 **지주근** 또는 붙임뿌리는 옥수수의 경우처럼 줄기의 밑 부분 끝에서 볼 수 있다. 이것은 원래의 뿌리가 죽은 후 식물을 고정하는 유일한 뿌리다. 맹그로브^{mangrove}의 지주근도 여기에 속하는데, 이것은 홍수가 발생할 때 식물이 완전히 물 밑으로 잠기지 않게 하는 역할을 한다. 담쟁이덩굴이나 다른 덩굴식물들은 수직으로 기울어진 평지에 안정적으로 고정될 수 있도록 흡착뿌리를 형성한다. 베란다에 한 번쯤 담쟁이덩굴을 키워봤다면 그것이 얼마나 단단히 집 담에 붙어 있는지 알 것이다.
- '목조르기'에 능숙한 **공기뿌리**(기근)는 몇몇 무화과속 나무들이 가지고 있다. 이 뿌리는 자신보다 더 높은 나무의 가지에서 일차적으로 발아하고 거기서부터 자신의 뿌리를 땅으로 보낸다. 숙주가 되는 나무는 기근

으로 에워싸여 있고, 그 결과 질식열매의 그물로 인해 더 이상 충분한 햇빛을 받지 못하게 되면 결국 죽고 만다.

- 다른 식물에 붙어서 자라는 난초과 식물은 덜 살인적이다. 보통 이 식물들의 뿌리는 땅에 닿지 않기 때문에 특수한 뿌리를 통해 공중에서 수분을 흡수한다. 더불어 이 기근들은 특수화된 조직인 근피를 가지고 있다. 근피는 커다란 공기 방을 가진 죽은 세포들을 많이 가지고 있는데, 기근은 모세관현상을 이용하여 이 공기 방을 통해 물을 빨아들인다.
- **호흡뿌리**(호흡근)는 밀물, 썰물의 영향을 받는 바다나 하천에 있는 나무들에 의해 형성된다. 앞서 말한 맹그로브나 몇몇 실측백나무 종류들이 호흡근을 형성한다. 호흡근은 물 표면 위로 나와 있어 축축하고 습한 땅에 흔히 결여되는 산소를 뿌리로부터 공급한다.

일차적 성장

일차적 성장은 대개 정단 분열조직에 의한 길이 성장을 의미한다. 일차적 성장의 결과는 일차적 식물의 몸체다. 이것은 목재화되는 식물의 경우 식물의 가장 어린 부분을 나타내는 반면, 풀 식물의 경우는 최종적인 식물을 나타낸다.

뿌리

뿌리골무의 보호를 받는 어린 뿌리는 땅속에서 자라는 동안 다당류로 이뤄진 점액 물질을 분비한다. 이 물질은 뿌리가 땅속으로 들어가는 것을 수월하게 한다. 성장과 분리는 뿌리 끝 뒤에서 직접 일어나는데, 이때 서로 다른 세 가지 영역이 있다.

뿌리의 정단 분열조직이 있는 세포분리 영역과 그것의 파생 물질에서는 새로운 뿌리세포가 만들어진다.

단단히 내린 뿌리.

- **신장대**에서 뿌리세포는 길게 뻗어 나감으로써 점점 커진다. 때로는 처음의 10배 크기가 되기도 한다. 세포가 뻗어 나감으로써 뿌리는 땅속으로 들어간다. 뻗어 나가는 성장과 동시에 한편으로는 세포분리 영역에 있는 정단 분열조직에 의해 새로운 세포가 형성되고, 다른 한편으로 뿌리세포는 뻗는 성장을 완전히 멈추기 전에 표피나 관다발조직 등과 분리되기 시작한다.
- **분리대**에서는 분리 과정이 종료되고 세포 유형이 갖춰진다. 그 밖에도 중심부의 가장 바깥쪽에 있는 세포층인 내초에 의해 곁뿌리가 만들어진다. 이때 곁뿌리는 자라서 원뿌리가 밖으로 나올 때까지 바깥쪽의 외피와 상피를 뚫고 나온다.

싹

싹의 정단 분열조직은 싹의 끝 부분에 있는 반원형 세포들의 무리다. 옆 부분에서는 정단 분열조직의 측면에 있는 **엽원기**에서 잎이 발달한다. 엽원기의 겨드랑이에서는 엽원기가 나오는 지점에 있는 정단 분열조직에서 생겨난 정단세포가 존재한다. 여기서 다시 액아가 발달한다. 잎과 줄기의 관다발조직은 이차적으로 서로 결합하고, 여기서 관다발조직에 있는 유조직의 외피조직이 분화된다. 이 시점에서 줄기의 절간은 아주 짧으며, 그 결과 엽원기가 촘촘히 배열될 수 있다. 줄기의 길이 성장은 싹의 끝 부분 밑에 있는 절간이 길어지며 성장하는 것이다.

이차적 성장

목재화가 되어가는 식물의 이차적 성장 또는 부피의 성장은 측생 분열조직에서 시작된다. 이때 이차적 식물의 몸체가 생겨난다. 물론 일차적 성장과 이차적 성장은 시차를 두고 발생하는 것이 아니라 동시에 발생한다. 어린 식물의 부분들은 잎이 형성되고 줄기가 길어지는 길이 성장을 하고, 반대로 나이가 든 부분에서는 이차적 성장이 일어나 싹과 뿌리의 부피가 늘어난다.

부름켜는 식물에 이차 물관부(목재)를, 코르크부름켜는 이차 체관부(내피)를 부여하며 이 두 가지는 식물 내부의 수송체계를 향상시킨다. 이 밖에도 코르크부름켜는 저항력이 강한 두껍고 단단한 외피조직을 형성한다. 이 외피조직은 왁스를 함유한 세포를 가지고 있어 수분 증가와 곤충의 포식, 박테리아와 병원균에 의한 공격에서 식물을 보호한다.

모든 겉씨식물종과 많은 쌍떡잎식물들이 이차적 부피 성장을 하고, 외떡잎식물의 경우는 예외적이다.

분류

이쯤에서 간단히 속씨식물군의 발달에 대해 언급한다. 아마도 여러분은 학교에서 속씨식물은 배아의 떡잎 수에 의해 외떡잎식물과 쌍떡잎식물의 크게 두 가지로 분류된다고 배웠을 것이다.

1990년대 말부터 DNA 검사를 통해 외떡잎식물은 발달 과정에서 단일적인 분류군을 형성한다는 것이 증명되고 있다. 그러나 쌍떡잎식물은 그렇지 않다. 후자의 경우 수련과와 오미자과, 목련과는 '기저 속씨식물'로 분류되고, 여기서 진정쌍떡잎식물이 파생된다. 외떡잎식물과 진정쌍떡잎식물의 차이는 다음 표에 정리하였다.

사프란속은 외떡잎식물에 속한다.

	외떡잎식물	쌍떡잎식물
배아	하나의 떡잎	2개의 떡잎
잎맥	대부분 평행으로 나란히 뻗어 있음	그물형으로 잎 전체에 뻗어 있음
뿌리	원뿌리가 없음	대부분 원뿌리를 가지며 그곳에서 갈라져 나감
관다발계	대부분 불규칙적으로 놓여 있음	단면으로 볼 때 대부분 원통 모양으로 배열되어 있음
꽃기관	대부분 3개	대부분 4개 또는 5개
꽃가루	하나의 기공을 가짐	대부분 3개의 기공을 가짐

식물 내에서의 수송

식물 생명체에서의 수송은 진정한 도전이다. 동물 세계에서는 큰 다세포 생명체의 경우, 혈액과 헤모림프가 그 속에 존재하는 물질들과 함께 순환하

며, 물질이 사용되고 배출될 장소, 즉 심장으로 운반하는 펌프 형태로 이를
해결한다. 식물 옹호자들은 격렬히 반대할 수도 있겠지만, 식물은 심장이
없다. 그렇다면 식물은 당을 뿌리로, 미네랄 성분을 잎으로, 기타 등등을 어
떻게 운반하는 걸까?

잎에 사는 이 – 물관부의 기생충

잎에 사는 이는 특히 단것을 좋아한다. 바늘 같은 입으로 식물의 체관부를
겨냥하여 찔러 당즙과 다른 성분을 빨아먹는다. 그러므로 이에 대처하지
않는다면 식물은 영양분과 수분을 모두 빼앗겨 결국 죽게 된다.

세포를 관통하는 세 가지 주요 수송경로

식물 세포의 세포벽은 다당류와 함께 미네랄 성분을 쉽게 투과시킨다. 이
온은 소위 아포플라스트^{apoplast}를 통해 이동함으로써 조직에 녹아 들어갈 수
있다. 아포플라스트는 세포외공간과 세포벽 그리고 헛물관과 통의 죽은 내
부 공간을 포함한다. 세포로 가는 경로는 선택적인 막을 통해 통제되어 결
국 심플라스트^{symplast}(합포체)라는 세포질 공간을 통과하는 경로가 생긴다.

이와 상응하여 단거리수송을 위한 세 가지 경로가 있다.

- **아포플라스트 경로**에서는 물과 용해된 물질이 세포벽과 세포외공간의
  연속체에 의하여 이동한다.
- **합포체 경로**에서는 물과 용해된 물질들이 세포질의 연속체 안에서 이
  동한다. 이때 단 한 번만 세포막을 통과해야 한다. 세포막을 한 번 통과

하면 원형질연락사를 거쳐 계속 이어진다.

- **막관통 경로**에서는 물질이 세포막을 통과하여 세포로 흘러들어가서 맞은편에 놓인 세포막을 통해 다시 나오는 것을 반복한다.

뿌리에서의 물질 흡수

미네랄 물질과 물 흡수는 대부분 뿌리 끝에 있는 세포에서 이뤄진다. 이때 이른바 외피세포가 물을 통과시킨다. 뿌리털로 변화되는 세포들은 이때 흡수를 위해 사용 가능한 면적을 현저히 넓힌다. 땅에 있는 수분은 거기에 녹아 있는 미네랄 성분과 함께 수용성인 외피세포의 세포벽을 통과하며 흐르고 거기에서 내피로 이동한다. 땅에 있는 미네랄 성분의 농도가 낮으면 뿌리세포는 농도 차이를 극복하기 위해 활발한 수송을 통해 칼륨 같은 중요한 이온들을 강화시킨다. 그 결과 땅보다 최대 백 배나 높은 농도가 뿌리세포에 조성된다.

물관부로의 수송

수분과 미네랄 성분은 뿌리에 도착하자마자 실제적인 수송체계인 물관부로 이동해야 한다. 뿌리의 가장 안쪽에 위치한 내피는 수분과 미네랄 성분이 중심부에 과다하게 들어오는 것을 통제한다. 심플라스트에 이미 존재하는 미네랄 성분은 이미 선택적인 세포막을 통과한 상태이므로 방해 없이 계속 이동할 수 있다. 그러나 아포플라스트 경로에 있는 내피에 도착한 이온들은 물관부로 통하는 입구를 지날 수 있는지 이 장소에서 검증받아야 한다. 더불어 내피세포들은 모든 내피세포의 방사벽에 존재하고, 물과 미네랄 성분이 통과하지 못하는 카스파리선^{casparian strip}을 가지고 있다. 이에 상응하여 아포플라스트에서 나온 물과 미네랄 성분은 직접 중심부로 갈 수 없고, 이온을 선택적으로 통과시키거나 여과시키는 내피세포의 막을 통과해야 한다. 이 밖에도 카스파리선은 이미 물관부에 축적되어 있는 이온이 뿌리로 돌아가므로 땅으로 다시 돌아가는 일이 없도록 방지한다.

마지막 단계는 수분과 이온이 헛물관이나 물관부의 관조직에 과다하게 들어왔을 경우에 발생한다. 내피세포는 미네랄 성분 이온들을 세포벽으로 그리고 거기서 물관부의 중심부로 내보낸다.

태양에너지

식물은 일반적으로 물을 수송하기 위해 에너지를 소비하지 않는다. 결국 그 원동력은 햇빛이다. 햇빛은 잎에 있는 수분을 증발시키고, 이러한 증산 작용에 의해 음압이 발생한다. 환경공학적으로 말하자면 물관부에서의 수송은 태양에너지 덕분에 발생한다.

물관부에서의 수송

물관부의 중심부에서 물과 그 안에 용해되어 있는 이온들로 구성된 물관부액이 대량으로 흐르면서 이것이 잎 끝에 있는 아주 작은 줄기에 도달할 때까지 위로 끌어올려진다. 지금까지 알려진 용해와 활발한 수송이라는 수송 과정은 분자를 윗부분까지 도달하게 하거나 먼 거리를 극복하기 위한 필수 과정이다. 예를 들면, 100m 높이의 세쿼이아덴드론^{Sequoiadendron giganteum}(자이언트세쿼이아 혹은 빅트리)에서도 수송이 이뤄지려면 이러한 과정이 필수다.

압류$^{mass\ flow}$는 압력에 의하여 추진되는 액체의 이동이다. 관다발조직계에 있는 세포의 구성은 이러한 압류를 돕는다. 앞에서 물관부, 즉 헛물관과 관조직의 세포들은 그 기능을 수행할 수 있을 정도로 성숙하면 죽고, 세포질이 나타나지 않는다고 했다. 관조직의 끝에 있는 천공판$^{perforating\ plate}$은 흐름을 더욱 가속해, 압류로 인해 전체적으로 시간당 15~45m의 거리에 도달할 수 있다.

이것은 정확히 어떻게 일어날까? 뿌리보다 확실히 더 높은 곳에 있는 잎이 기공을 통해 수분을 상실하면서 이 과정은 시작된다. 이때 증산 작용이 발생하며, 이 증산 작용에 의하여 이른바 증산력이 발생한다. 증산력이란 수많은 수분 물질의 결합을 통한 물의 접착력과 응집력을 기본으로 새로운 물을 끊임없이 위로 끌어당기는 힘이다. 이렇게 해서 중력에도 불구하고 물이 윗부분에 있는 잎까지 도달한다.

생물이 시를 만날 때 – 괴테와 은행나무

중국이 원산지인 은행나무의 잎 모양은 매우 독특하다. 잎 가운데가 움푹 파여 있고, 부분적으로는 잎자루까지 파여 있기도 하다. 그래서 마치 잎이 2개인 것 같은 인상을 준다.

괴테는 이 잎에 비밀스러운 의미가 담겨 있으며, 이것이 잎 모양에 수수께끼처럼 숨겨져 있다고 생각했다. 그는 이것을 우정의 상징이라고 생각해 1815년에 자신이 쓴 시, 〈은행나무여〉를 사랑하는 여인에게 바쳤다.

동방에서 건너와 내 정원에 뿌리내린
이 나뭇잎에는
비밀스런 의미가 담겨 있어
그 뜻을 아는 이들을 기쁘게 한다오

둘로 나누어진
한 생명체인가?
아니면 서로 어우러진 두 존재를
우리는 하나로 알고 있는 것인가?

이런 의문에 답을 찾다
마침내 그 참뜻을 알게 되었으니
그대는 내 노래에서 느끼지 못하는가?
내가 하나이며 또한 둘임을.

요한 볼프강 폰 괴테[(1815)]

체관부로의 수송

체관부액은 주로 포도당과 과당에서 형성되는 이당류인 자당으로 이뤄져 있다. 이때 자당의 함유량은 30%에 이른다. 그 외에 아미노산과 식물 호르몬, 미네랄 성분, 이차적 식물 성분을 함유하고 있다.

이곳에서의 수송은 물질이 제조되는 장소에서 이뤄진다. 즉 광합성을 활발하게 하는 조직

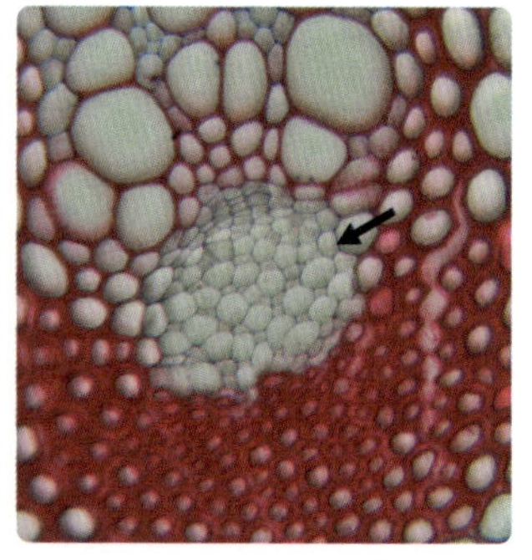

줄기에 있는 체관부.

이나 저장된 다당류를 분해하는 저장기관에서 그것을 사용하는 장소, 즉 자라는 줄기나 마디, 열매로 이동한다.

자당은 잎 세포에서 나와 원형질연락사를 거쳐 체관요소로 이동하고, 옥수수 잎 같은 다른 식물 종류의 경우, 자당은 심플라스트를 통과하여 작은 잎맥으로 흘러들어 간다. 그중 대부분은 아포플라스트로 이동하고, 근처에 위치하는 체관요소나 동반세포에 의해 흡수된다.

동반세포와 체관요소에 있는 자당은 대부분 잎 세포에 함유된 것보다 농도가 더 짙기 때문에 활발한 수송이 필수다. 에이티피아제^{ATPase}를 통해 프로톤이 체관세포에서 먼저 활발하게 펌프 되어 나오면, 이를 통해 프로톤의 농도 차가 생기고 이것을 이용하여 다음 단계에서는 자당과 프로톤을 함께 수송하는 수송체를 통해 프로톤이 자당과 함께 체관으로 들어간다.

체관부에서의 수송

자, 드디어 자당이 체관부에 도착했다. 이제부터는 무슨 일이 벌어질까? 소스^{source} 또는 공급부라고 일컬어지는 체관부의 적재 장소에 있는 자당의 농도는 목적지인 수용부^{sink}(싱크)보다 훨씬 더 높다. 이 진한 농도로 인해 삼투압 작용에 맞춰 물이 흘러간다. 흘러들어 오는 물에 의해 이곳에 압력이 형성되고, 이 압력은 다시 물에 용해된

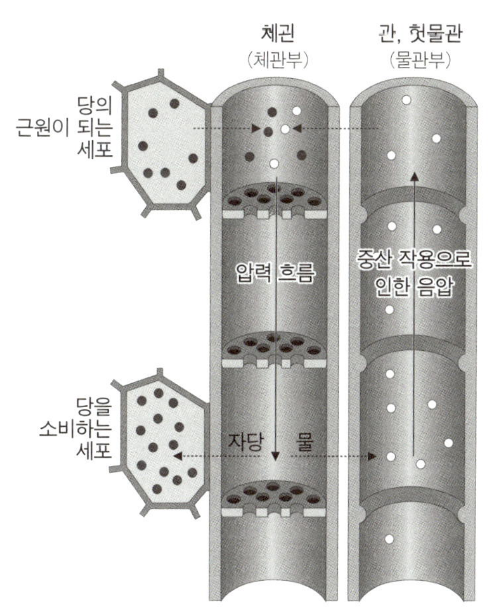

줄기에 있는 물관부와 체관부에서의 물질수송.

자당과 함께 체관의 기공을 통과하여 다음 세포로 들어가도록 유도한다. 이렇게 체관의 어떤 부분에서 다른 부분으로 물은 계속해서 이동한다. 이 흐름이 목적지에 도착하면 용해된 자당은 다시 활발한 수송을 통해 체관요소에서 나와 이웃한 세포에 공급되고, 물은 수동적으로 흘러들어 간다. 이로 인해 싱크에는 낮은 압력이 유지되고 그 결과 수송이 계속된다.

여담: 겉씨식물

이 장에서는 고등식물에 중점을 두고 있기 때문에 여기서 잠깐 겉씨식물을 좀 더 알아보려고 한다. 앞서 다룬 쌍떡잎식물처럼 겉씨식물의 경우도 단일하게 생성된 그룹이 아니다. 오히려 약 140종이 넘는 소철문과 은행나무종만 유일하게 살아남은 은행나무문은 오늘날 겉씨식물의 주를 이루는 세 번째 그룹인, 바늘잎나무 또는 구과식물과 위계상 서열을 같이한다. 약 550종 정도인 구과식물conifers은 세쿼이아덴드론 같은 다양한 구성원들을 포함하는데, 특히 어떤 종류는 무게가 2,500톤까지 나가기도 한다. 또한 노간주나무속도 여기에 속하는데, 그것의 열매는 정확히 말하자면 암송이다. 송이는 구과식물에 그 이름을 부여하기도 하는데, 라틴어의 conus는 '송이'라는 뜻이고 ferre는 '짐을 지다'(이 경우 '열매를 맺다'라는 뜻으로도 볼 수 있음—역자 주)라는 뜻으로, 즉 '송이를 열매 맺는 것'이란 의미다.

'겉씨식물'이라는 용어가 이미 '속씨식물'과의 중요한 차이를 말해준다. 겉씨식물은 씨방이 열매에 들어 있지 않고 꽃가루에 노출되어 있다. 성숙한 씨는 원칙적으로 송이와 함께 묶여 있는 씨를 감싸는 비늘 위에 노출된 채 존재한다. 송이는 암수 딴몸이고, 꽃가루를 형성하는 소포자낭과 대포자낭을 가진 씨방으로 구성되어 있다. 따라서 한 나무에 수송이와 암송이가 함께 열매를 맺을 수 있다.

감수분열에 의해 수송이의 소포자낭에서 반수의 소포자가 만들어진다. 보통 이것은 바람에 의해 확산되는 화분립으로 발달한다. 대포자낭은 감수분열을 통해 암송이의 씨방에서 반수의 대포자를 생산하고, 대포자는 씨방

솔방울.

(홀씨주머니, 포자낭)에 머무른다. 꽃가루가 암수에 수분되고 3년이 지나면 열매를 맺는데, 열매를 맺은 씨방에서 성숙한 씨가 생긴다. 그러면 비늘이 벗겨지면서 암송이가 열리고 씨는 바람을 타고 퍼진다. 씨알이 적합한 장소에 도착하면 발아하기 시작해 그곳에서 나무의 배아가 발달한다.

의학에서의 식물 효능 물질들

이제 식물학은 더 이상 식물표본관에서 식물을 수집·분류·전시하는 것을 의미하는 것이 아니라 우리의 일상과 다양한 관련을 맺고 있다. 현대의학에서도 효능이 아주 좋은 일련의 의약품들은 식물이나 식물의 생산물에서 기인한다. 이때 '민족식물학'이라는 분야가 대두된다. 민족식물학은 인간에게 유용한지에 중점을 두고 식물을 연구한다. 일상 양식용으로 재배하기 적당한 식물인지, 의학적인 목적으로 사용할 수 있는지 등을 연구하는 것이다. 후자의 경우, 전통적인 약용식물들을 현대의학에 접목시킬 방법에 대하여 연구하는 민족약학의 활동분야를 포함하는데, 이때 부분적으로 연구가 완전히 이뤄지지 않은 식물군을 가진 열대우림지역에 특히 관심이 기울어진다. 지금까지 천 가지가 넘는 효능 물질들을 전통식물에서 추출했다. 그중의 하나가 '피임제'의 전구 물질이다. 마 뿌리(마속^{dioscorea})

에서 유래된 효능 물질은 자연 황체호르몬과 유사한 물질인 디오스게닌 diosgenin을 함유한다.

그렇게 극적이지는 않을 수도 있으나, 중요한 것은 초기의 식물치료제가 현재 의학적 일상에 어떤 의미를 가지는지를 보여줄 다음의 예들이다.

- 벨라돈나 Atropa belladonna 풀의 아트로핀 atropin은 심장박동이 위험할 정도 의 수준으로 느려 혈액이 더 이상 몸 전체로 충분히 펌프 되지 않을 때 심장박동을 가속하기 위해 사용된다.

- 모르핀 morphine은 가장 오랫동안 사용된 진통제다. 양귀비 papaver somniferum의 씨에서 얻어진 모르핀 은 현재 심한 통증에 사용되고 있 으며, 이것을 기초로 이른바 아편 유사제(오피오이드 opioid)라는 현대적

양귀비.

인 통증치료를 위한 효과적인 물질들이 많이 개발되었다.

- 기나나무 cinchona officinalis, C. pubescens에서 추출되는 퀴닌 quinine은 말라 리아에 효과가 있고, 열병으로 인한 발작을 완화하는 최초의 의약품으 로 알려져 있다. 요즘도 이 질병을 치료하는 데 사용되고 있으며 퀴닌이 더욱 발달한 것이 부정맥치료에 쓰이는 의약품인 퀴니딘 quinidine이다.

- 주목나무 Taxus canadensis에서 추출되는 택솔 taxol은 다양한 암 치료제로 사용되고 있는 새로운 효능 물질이다. 그사이 택솔을 이용해 효능이 더 욱 좋아지고 부작용은 줄어든 많은 물질이 개발되었다. 또한 최근 택솔 이 신경세포의 성장을 촉진할 수 있다는 사실이 발견되어 척수마비환자 를 치료하는 데 중요한 진보를 이루게 되었다.

- 스트리크노스 톡시페라 Strychnos toxifera(마전과)에서 추출되는 큐라레는 최초의 근육이완제의 하나로서 근육을 이완시켜 수술을 수월하게 한다.

생식과 발전

발생학은 홀씨(포자)나 수정란에서 어떻게 생명체가 형성되는지에 대해 연구한다.

동물의 세계

출생 전 발생은 반수의 생식세포가 합쳐지면서 시작된다. 즉 남자의 정자와 여자의 난자가 만나 이배체의 접합체가 되는 것이다. 그러나 이것은 정확히 어떻게 작용하는 것이며, 이런 복잡한 과정이 어떻게 대부분의 경우 실수 없이 진행될 수 있는 것일까?

이 장에서는 이러한 흥미진진한 질문에 답하려고 한다. 이때 주요 관심은 인간의 발생과 더 잘 연구된 동물의 세계에 있다.

생식세포 형성 시 일반적인 체세포의 이배체 염색체가 감소되는 생식세포 분열 과정은 앞서 5장에서 알아보았다.

매정 - 수정

매정은 2개의 생식세포가 융합하는 것이고, 수정은 두 세포핵이 융합하는 것을 나타내는 말이다.

정자가 난자를 만나기 전 먼저 장애물에 부딪힌다. 바로 난모세포를 둘러싸고 있는 상피세포와 당단백질로 이뤄진 층이다. 우선 정자는 이 장애물을 넘어서야 한다. 순수하게 기계적으로만 볼 때 정자가 이 장애물을 뚫고 지나가는 것은 힘든 일이기 때문에 이때 이른바 **첨체반응**이 필수적이다. 가수분해하는 효소를 풍부하게 방출하는 장비를 갖춘 정자세포의 하나인 첨체가 정자를 위해 효소의 도움을 받아 당단백질층을 녹여 난자로 가는 길을 터준다. 정자의 세포핵이 잠입한 후 두 세포막이 만나 융합하면 세포 표면

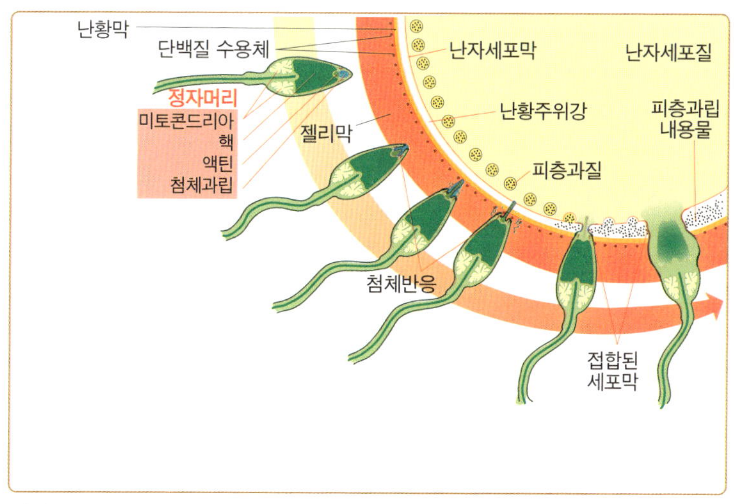

첨체반응.

에 전기적 자극을 유발한다. 이로 인해 세포막에 이른바 특별한 나트륨통로가 개봉된다. 그 결과 나트륨이온이 세포 내부에 흘러들어 오고 잠시 막전위가 돌아온다(막전위에 관한 자세한 사항은 10장 참조). 이러한 막의 감극은 다른 정자가 들어오지 못하게 한다. 이는 다정자수정, 즉 한 난자에 여러 정자가 들어오는 것을 방지하기 위한 보호책이다. 다정자수정은 접합자의 염색체 수에 이상이 생기는 원인이 되고, 이어서 발생하는 세포분열에 문제를 일으킬 수 있기 때문에 방지되는 것이다.

이 급속 **다정자수정방지**는 정자가 난자와 결합한 후 1~3초 후면 발생하고 1분 후면 약화되며, 이어서 완속 다정자수정방지가 발생하는데, 이것을 '**피층반응**'이라고 한다. 이때 정자가 난자에 결합함으로써 소포체에서 세포 사이로 칼슘이온이 방출되고, 이로 인해 난자의 얇은 외부 세포질층인 코르텍스에 있는 소포에서 효소가 방출된다. 소포의 내용물인 효소와 다른 큰 분자량의 단백질들이 난자를 둘러싸는 단단한 수정막을 형성함으로써 다른 정자세포들이 침입하는 것을 저지한다.

이러한 피층반응은 극피동물인 성게 난자를 대상으로 집중적으로 연구되었다. 지금까지 알려진 바에 따르면, 급속 다정자수정방지는 포유동물에는 나타나지 않는 반면에 피층반응과 유사한 형태는 포유류와 인간에게도 발견된다.

이 밖에도 정자가 난자세포에 들어올 때, **난자세포를 활성화**하고 이로 인해 배가 계속해서 발달하는 것을 가능하게 하는 일련의 화학적 반응이 작동한다. 난자가 활성화될 때, 난자 안에서는 신진대사활동이 매우 활발하게 일어난다. 또한 단백질 합성과 ATP 형성이 상승된다. 이것을 유발하는 것은 위에서 언급한 칼슘이온의 농도다. 정자가 들어온 후 20분 뒤에 두 핵은 융합하여 드디어 이배체 접합체가 됨으로써 DNA 합성이 가속화되고 접합체가 처음으로 분열한다. 그러나 이미 언급한 성게 같은 몇몇 경우는 90분이나 흐른 뒤에 이러한 일이 발생한다.

최초의 감수분열은 배 발달의 다음 단계인 난할로 넘어가는 단계다.

난할

현미경으로 관찰했을 때, 생겨나고 있는 세포들의 경계부분이 깊게 파여 나뉜 것처럼 보이는 데서 '난할'이라 하는데, 이 단계에서는 수정란에서 속이 빈 공 모양의 포배가 생겨난다. 이것은 이미 4개의 세포로 구성되어 있으나 아직 단층이다. 난할은 대부분의 동물들이 일차 감수분열로 시작되어 연속적으로 빠르게 세포분열들이 일어난다. 이때 DNA 합성이 이뤄지는 S기와 감수분열이 발생하는 M기가 연속적으로 발생한다. 단백질이 합성되는 G기는 흔히 생략되기도 한다. 이 시기에 배는 크게 성장하지 않으며 오히려 세포가 증가한다. 유일하게 큰 수정란에서 소위 '할구'라고 하는 작은 세포들이 많이 생겨난다. 약 7회의 분열이 발생한 후, 속이 빈 하나의 공이 만들어지는데, 이것이 **포배**이고 그 내부에는 용액으로 채워진 **포배강**이 존재한다. 분열 시 다양한 할구들은 서로 다르게 분할된 본래 수정란의 세포질을 획득하는데, 이것은 세포의 계속적인 발달을 위한 전제조건이다.

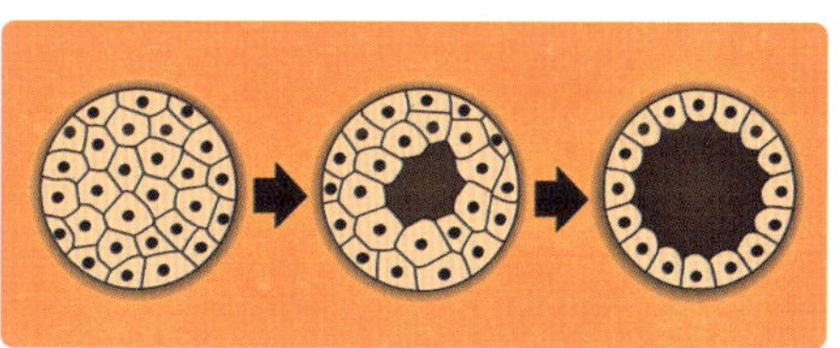

포배 형성.

포유동물은 예외로 추정되나 이 단계에서 대부분 동물들의 세포에 있는 배는 각각의 분열, 즉 난할에 상응하여 양극성을 띤다. 예를 들어 개구리의 경우, 양극성은 난황의 분할에 달려 있고, 다른 동물의 경우는 세포질 인자의 서로 다른 농도에 달려 있다. 이때 난황은 흔히 난자의 한쪽, 즉 난황극 또는 식물극에 밀집되어 있다. 이와 대조적인 동물극에서는 난황의 양이 적고 난자세포에 의해 극체가 나뉜다.

배 몸체의 세 축인 등과 배$^{dorsal-ventral}$, 앞과 뒤$^{anterior-posterior}$ 그리고 오른쪽과 왼쪽의 형성은 초기 발달 단계에서 발생한다. 앞과 뒤가 되는 머리와 꼬리 축은 동물극과 식물극의 분할에 의해 결정된다. 양서류의 난자에서는 난자세포와 정자세포가 융합된 후 세포질이 새롭게 배열되고, 거기서 등과 배 축이 만들어진다.

척추동물처럼 개구리 역시 최초의 두 분열은 **전할**로 진행된다. 즉, 중앙에 포배낭이 생성된다는 말이다. 이때 세포는 완전히 분열된다. 새나 파충류 또는 대부분의 어류처럼 유독 난황이 풍부한 난자들을 가진 동물들의 경우 난할은 난황 전체에 발생하는 것이 아니라 난황을 가지고 있지 않은 본래 난자세포의 일부가 분할되는데, 이를 이른바 **부분할** 또는 불완전한 난할이라고 한다.

낭배 형성

포배가 형성된 후에는 세포분열의 속도가 뚜렷이 저하된다. 다양한 세포 그룹들이 새롭게 배열되고, 이어서 조직과 기관들의 전구체를 형성한다. 낭배 형성 과정이 진행되는 동안 단층의 포배에서 다층의 배인 낭배가 형성된다. 형태상으로 보면 포배가 안쪽으로 함몰^{invagination}하는 과정으로 이해될 수 있다. 양쪽이 대칭을 이루는 동물의 경우, 결과적으로 배의 세 배엽이 형성된다(해면동물과 해파리, 자포동물의 경우는 2개).

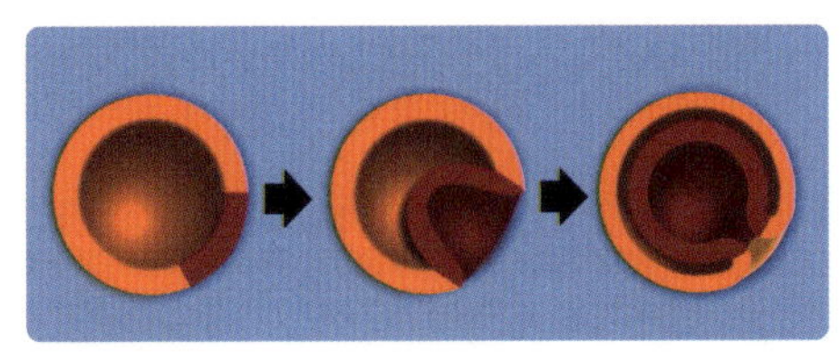

낭배 형성.

낭배 형성 과정은 다양한 동물 그룹에 따라 구분되는데, 두 가지 일반적인 원리가 적용된다.

- 세포의 운동성과 형태가 변화한다.
- 세포 간의 접촉, 세포와 세포외기질과의 접촉이 변화한다.

낭배 형성이 끝나면 세포들은 이전 포배의 외층에서 안쪽으로 이동한다. 이후 전체적으로 세 층이 형성되는데 이것이 배엽이다. 낭배 형성 시 외배엽은 상피, 내배엽은 원장^{archenteron}벽, 내배엽 바깥쪽에 생기는 구멍은 원구^{blastoporus}를 형성한다. 이 원구는 원구동물 또는 선구동물의 경우 그대로 입이 되는데, 선형동물과 환형동물, 편형동물이 이에 속한다. 극피동물과 척삭동물, 포유동물은 그 반대로 원구가 항문이 되는 후구동물들이다. 중배엽은 먼저 생성된 두 배엽 사이의 공간을 채운다. 계속적으로 배가 발달하는 과정을 거치며 이 3개의 배엽에서 몸의 모든 기관이 유래한다.

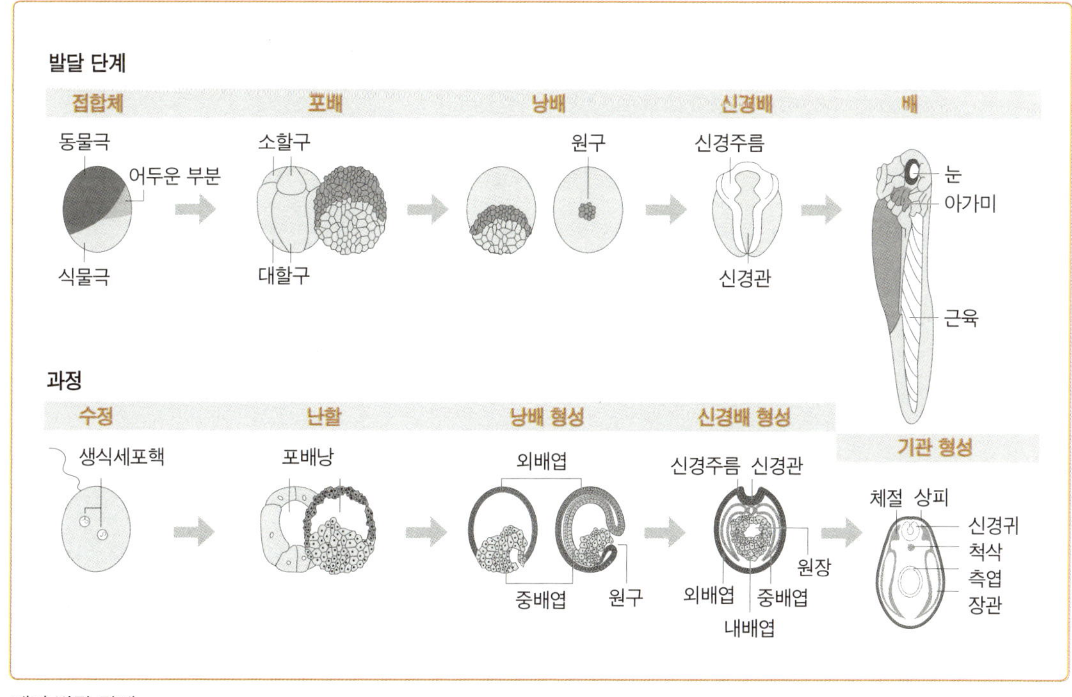

배의 발달 단계.

다음 표는 인간을 비롯한 성장한 척추동물의 중요한 기관들이 어떤 배엽에서 파생되는지 간단히 정리한 것이다.

외배엽	중배엽	내배엽
피부 부속물을 포함한 피부상피(땀 분비, 피지 분비, 두피)와 피부의 감각기관	피부의 진피	
소화관 처음과 끝에 있는 상피(평면상피)	척삭 배동맥 척추와 나머지 골격	소화관의 처음과 끝을 제외한 상피, 관상피
눈의 각질과 각막	골격근	호흡계의 상피
신경조직	소화관의 평활근	비뇨생식계의 상피
	림프계를 포함한 심장순환계	간
치통	배세포를 제외한 비뇨생식계	췌장(이자)
부신수질	부신피질	갑상샘과 부갑상샘

포유동물에서의 변화

파충류나 조류의 크고 난황이 풍부한 난자와는 달리, 포유동물은 난자와 난황이 모두 작다. 배의 영양공급이 모체를 통해 이뤄지기 때문이다.

남자와 여자의 생식세포의 막이 만나 융합하고 나면 정자의 핵뿐만 아니라 정자 전체가 난자세포로 들어온다. 그러면 두 핵을 감싸고 있던 핵의 외피는 녹고, 각각의 생식세포에서 나온 두 염색체 쌍은 먼저 하나의 공동적인 유사분열 방추장치에서 분리된다. 이 최초의 분열 후에 양쪽 부모의 염색체와 유일한 핵막을 가진 이배체 세포핵이 존재한다. 포유동물의 매정과 수정 과정은 아주 천천히 진행되는데, 최초의 감수분열은 정자가 난자에 결합하고 12~36시간이 지난 후에 일어난다. 인간의 난자세포의 경우, 두 번째 유사분열은 수정 후 종료된다.

초기 배아발달 단계는 자궁에 있는 나팔관에서 이뤄진다. 세포가 8개 만들어지는 단계에서 할구는 약간 크고 서로 밀접하게 붙어 있다. 이 시점의 세포들은 분화 다능성 세포들이다. 다시 말해 잠재적으로 그 세포에서 배의 모든 조직과 기관이 발달할 수 있다. 착상 전 진단에서 검사되는 세포가 바로 할구세포이기도 하다(5장 참조). 수정이 끝나면 배는 100개 이상의 세포로 구성된다. 이 세포들은 속이 빈 공간을 중심으로 모여 있는데, 포유동물의 경우 이것을 위에서 언급한 포배^{blastula}라는 용어 대신 **포배낭** blastocyst이라고 한다. 포배강의 한 면에 세포 무리가 모이는 것을 속세포덩어리 또는 배자모체^{embroyblast}라고 하며 이것이 나중에 실제적인 배로 발달한다. 초기 포자낭세포에서 배의 줄기세포가 획득된다(5장 참조).

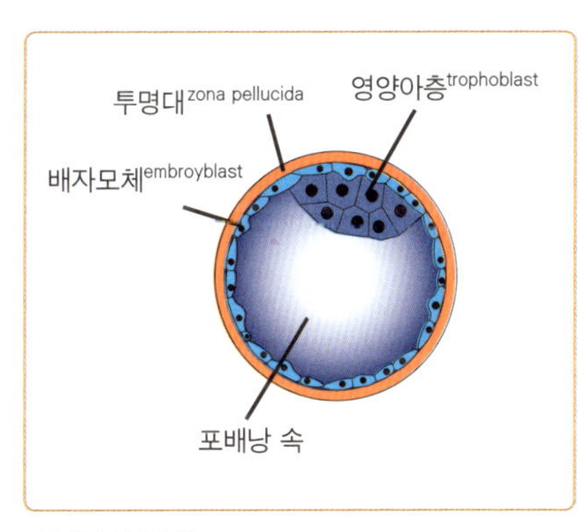

포배낭의 구성.

포배낭의 외부 상피층은 **영양아층**으로, 수정 후 일주일이 지나면 자궁내막에 배가 착상되도록 유도한다. 착상을 위해 영양아층은 내막을 느슨하게 만들고, 자궁내벽의 가장 위에 있는 층을 거의 녹일 수 있는 효소를 배출한다. 이렇게 포배낭이 자궁내막에 자리를 잡으면 이어서 영양아층은 여러 번의 세포분열을 통해 두꺼워지고, 손가락 모양의 돌기와 함께 자궁내막으로 들어온다. 그러면 자궁에 있는 모세혈관 그물들의 일부가 파괴되고, 그 결과 영양아층을 씻어내기 위한 출혈이 발생한다.

이와 반대로 포자낭의 속세포 덩어리는 납작한 원판을 형성하는데, 위에 있는 층을 **배반엽상층**(상배엽), 아래층을 배반엽하층(하배엽)이라고 한다. 인간의 배는 상배엽에서 완전히 발달한다.

나팔관 임신

수정된 접합체가 자궁으로 가는 길에 문제가 발생할 수 있는데, 예를 들면 나팔관 염증으로 인한 변화로 접합체가 예외적으로 나팔관 점막에 착상될 수 있다. 이때 배가 자라기 시작하면 문제가 생긴다. 나팔관 임신은 초음파검사 등을 통해 사전에 알 수 없고 임신 5~8주가 지나면 나팔관이 파열된다. 즉 찢어지는 것이다. 이 경우, 즉시 수술해야 한다. 그렇지 않으면 복부에 심한 출혈을 일으켜 임산부가 사망할 수도 있다.

수정 13일이 지난 후, 배가 자궁내막에 착상되면 **낭배가 형성**된다. 이때 상배엽의 세포들이 안쪽으로 이동해 중배엽과 내배엽을 형성한다. 동시에 배외 조직들이 생겨난다. 영양아층은 계속 자궁내막으로 밀려들어가 중배엽 세포들과 이웃한 내배엽 세포들과 함께 영양분과 산소, 배설물을 수송하는 일을 하는 **태반**을 만든다. 이 밖에도 태반은 임신의 유지와 지속을 위해 중요한 역할을 하는 코리오고나도트로핀^{choriogonadotropin}(융모성 생식샘 자극 호르몬)호르몬과 임신 12주째부터는 프로게스테론^{progesterone}(항체 호르몬)을 생산하여 배가 엄마의 조직을 이물체로 오인하여 밀쳐내는 일을 방지한다.

수정 후 15일이 지나 낭배 형성이 종료되면 3개의 배엽이 생성되고, 여기에 덧붙여 배를 감싸고 있는 배외중배엽과 4개의 배외막이 형성된다.

- **장막**에서 가스 교환이 일어난다.

- **양막**은 압력이나 충돌, 다른 기계적 진동으로부터 배를 보호한다. 양막낭 속에 있는 용액은 양수로, 출산이 시작될 때 양막낭이 찢어지면서 밖으로 나온다.

- **난황막**은 난황을 가지고 있지 않으며, 이름은 파충류와 조류의 배 외피가 난황을 가지고 있었기 때문에 계통발생 역사에서 유래한 것이다. 포유동물의 경우 배아발달의 초기 단계에서 혈액세포가 발달한 후에, 배의 골수에서 혈액세포가 형성된다.

- 마지막으로 **요막**은 포유동물의 경우 탯줄의 구성 성분으로, 거기에서 산소와 영양분이 태아로 운반되는 혈관이 형성되고, 이산화탄소와 다른 신진대사 결과물이 순환 과정을 통해 그 결과물들을 내보낼 수 있는 엄마에게로 운반된다.

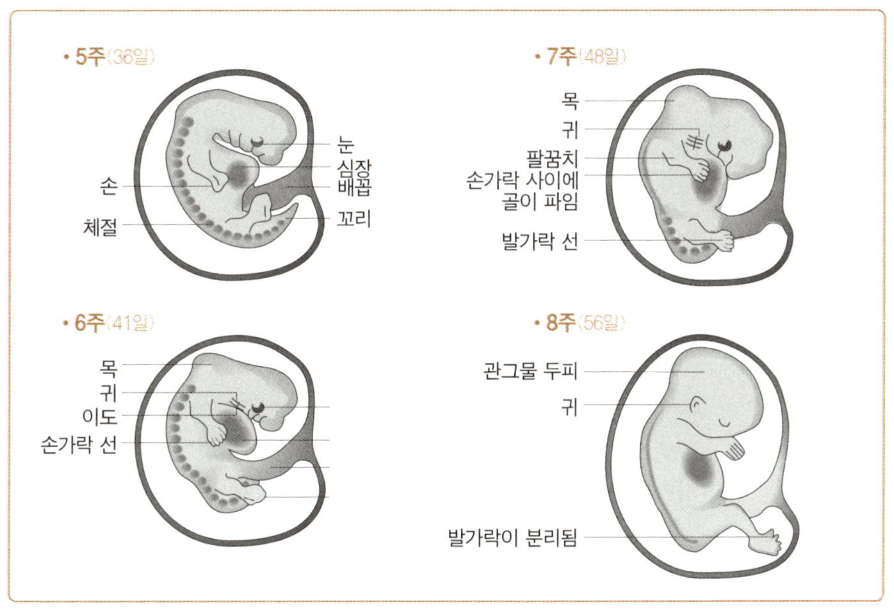

인간의 배발달 단계.

기관 형성: 셋째 주부터 신경계의 선구자라 할 수 있는 신경판이 형성된다. 다섯째 주에는 신경계와 폐, 간과 심장이 생긴다. 심장은 아직까지 튜브 모양으로 방이 없는 상태이고, 단순한 순환계를 통해 혈액을 펌프질한다. 폐순환 과정은 출생과 함께 그 기능이 시작된다. 이 밖에도 손발이 생기고 머리가 자라기 시작하며, 6주째부터는 그 크기가 머리를 제외한 나머지 부분 전체만 하다. 또한 신경세포가 급속도로 증가한다. 일곱째 주에는 뇌의 5개 부분이 생겨나고(이상은 10장 참조) 손발이 커진다. 8주째에는 초기 성기관이 형성된다. 이 시점부터는 주로 배아의 크기 성장이 이뤄진다.

동물세계의 무성생식과 단성생식

무성생식이나 식물의 생식은 식물세계에서는 아주 흔히 일어나는 일이지만 동물의 경우에는 예외적인 일이며 단순한 유기체에 제한적으로 발생한다.

- 대부분의 **단세포**(6장 참조)는 단순한 이분열에 의해 생식한다.
- **산호**는 부모에 의해 분리되어 새로운 기관이 되는 출아를 형성하고, 출아증식에 의해 산호초 전체가 생성된다. 이때 보통 산호초의 내부는 죽은 석회질 껍데기로 이뤄져 있고, 외층은 살아 있는 산호로 이뤄진다.

단성생식^{Parthenogenesis}(또는 단위생식) 또는 처녀생식은 그 반대다. 적어도 좁은 의미에서 무성생식은 아니다. 난자와 정자가 융합하여 새로운 생명체가 만들어지는 것은 아니지만 난자가 수정되지 않았음에도 난자세포에서 배아가 발달하기 시작한다. 그러나 곧 발생은 정지하게 된다.

단성생식은 다양한 곤충들의 사회조직 형태에서 발견할 수 있다. 예를 들면, 벌이나 개미 등이다. 꿀벌은 단성생식으로 생겨난 수정 가능한 반수체에서 성장한 곤충은 수컷뿐이다. 반대로 암컷은 생식능력이 없는 일벌들이나 생식능력이 있는 여왕벌 모두 이배체이고 수정된 난자에서 발달한다.

척추동물의 경우, 단성생식은 최근에야 알려졌다. 코모도왕도마뱀이나 도마뱀붙이 등 다양한 도마뱀과 상어류에서 발견되었으며, 칠면조는 난자의 15%가 단성으로 발달한다.

끝으로 **이형생식**이 있다. '보통'의 양성생식과 단성생식을 교대로 하는 것이다. 예를 들면, 진딧물은 유리한 기후상황에서 매우 빨리 번식한다. 이는 단성생식이 있기에 가능하다. 여름이 시작될 즈음 장미나무가 진딧물에게 습격당하는 것을 목격했다면 이제 그 이유를 알았을 것이다. 기후조건이 나빠지면 진딧물은 날개가 달린 유성생식을 하는 세대를 발전시켜 먼 거리를 날아가 적당한 새로운 숙주식물을 찾을 수 있다.

식물세계 – 속씨식물 사례

식물의 발생 과정은 유성생식과 무성생식이 번갈아 일어나는 것이 특징이다. 이것을 소위 세대교번이라고 한다. 이때 반수체와 이배체 세대가 교대로 이어진다. 이배체 식물은 감수분열에 의해 반수체의 포자를 형성하는 포자체다. 포자는 유사분열을 거쳐 다세포의 배우자모체(생식모세포)로 성장한다. 배우자모체는 유사분열을 통해 반수체의 단상세포, 즉 난자와 정자세포를 만들고, 이것이 수정되면 이배성의 접합체로 하나가 된다. 그런 다음 이것들이 다시 유사분열을 하여 포자체로 성장하는 것이다.

속씨식물의 경우, 양치식물과는 달리 포자체를 형성하는 세대가 우세하다. 일반적으로 사람들이 식물로 간주하는 형태가 이것이다. 종자식물의 진화발달 과정에서 배우자모체는 계속 뒤로 밀려나가는데, 속씨식물의 경우는 영양분 공급과 연관하여 완전히 포자체를 형성하는 소수의 세포만으로 이뤄진다.

생식과 연관된 속씨식물의 중요한 특징은 꽃을 피우는 것, 중복수정 그리고 열매를 맺는 것이다.

꽃

꽃은 속씨식물의 재생부분이다. 대부분 정단 끝에 있는 싹에 존재하고, 일반적으로 꽃기관으로 불리는 변형된 여러 개의 잎으로 이뤄져 있으며, 짧은 절간에 의해 분리되어 있다. 화축은 줄기가 변형된 부분으로, 여기에 다음의 꽃기관들이 속한다.

- 생식능력이 없는 꽃받침과 꽃잎
- 재생기관 역할을 하는 수술과 암술

꽃받침은 떡잎과 마찬가지로 대부분 초록색이고, 꽃을 피우기 전의 꽃봉오리를 감싸고 있다. 이때 꽃받침의 주된 역할은 꽃을 보호하는 일이다. 이와는 달리 일반적으로 꽃잎으로 인식하는 **화판**petal은 수분 매개자인 곤충이나 새를 유혹하기 위해 이차적인 식물색소를 이용하여 눈에 띄는 색과 형태를 하고 있다.

수술은 수술대와 꽃밥으로 구성된다. 수술의 4개의 꽃가루자루 또는 소포자낭에서 이배성의 꽃가루모세포가 감수분열하여 반수체의

포자들.

소포자로 성숙한다. 소포자는 여러 번의 유사분열을 거쳐 수컷 배우자모체가 되며 이것은 2개의 세포로 구성된다. 하나는 생식세포이고, 다른 하나는 이른바 꽃가루관이라는 식물 세포로, 이 두 세포는 소포자벽과 함께 포자를 형성한다. 그리고 성숙 기간 동안 생식세포가 식물 세포의 세포질 안으로 이동한다. 꽃가루자루가 열리면 포자들은 방출되고 암꽃의 암술머리에 도착한다. 이때 꽃가루관세포에서 긴 돌기가 자라는데, 이것이 꽃가루관이다. 이것은 생식세포가 꽃가루관에서 목적지, 즉 암컷의 배우자모체에 도달하는 것을 도와준다.

암술의 밑에는 하나 또는 여러 개의 밑씨를 품고 있는 씨방이 있다. 이어 길고 가는 암술대가 위로 뻗어 그 끝에 있는 주두(암술머리)에서 끝이 난다. 수정 전에 포자가 암술머리 위에 내려앉기 때문에 암술머리는 꽃가루가 쉽게 잘 붙을 수 있도록 흔히 끈적끈적한 분비물로 덮여 있다. 씨방에 있는 밑씨는 대포자라는 특수화된 조직 안에 있다. 대포자낭은 암컷의 배우자모체가 발달한 것으로 2개의 보호외피가 보호한다. 이때 대포자낭에 있는 세포 하나가 자라는데, 배낭모세포이다. 이것은 이어서 감수분열을 한다.

이렇게 생겨난 4개의 대포자 중 3개는 죽고 하나만 살아남은 뒤 계속 발달하여 총 4회의 유사분열을 거치고, 그 결과 8개의 반수체 세포핵을 가지는 커다란 세포가 생겨난다. 이 세포 안에 막으로 된 분리벽이 형성되고, 그 끝에 4개의 세포로 이뤄진 암컷 배우자모세포가 존재한다. 이것을 배낭(배주머니)이라고 한다. 이 세포 중의 하나가 실제적인 난자세포이고, 시너지(협력작용)라는 2개의 다른 세포들은 나중에 꽃가루관이 암술머리 방향으로 뻗어 나가는 것을 돕는다. 꽃가루핵이라고 일컫는 2개의 핵은 분리된 세포막으로 구분되어 있지 않다. 배낭 안에는 난자세포가 있는데, 이것은 위에서 말한 대포자낭을 감싸고 있는 보호외피가 끊기고 나서 만들어진 난문 가까이에 놓여 있다. 이 난문을 통해 꽃가루관이 안으로 들어올 수 있다. 밑씨는 씨가 되고 배낭과 2개의 보호외피로 구성되어 있다.

암술의 수는 일정치가 않다. 어떤 식물종의 경우는 단 하나만 존재하고 다른 종은 여러 개의 암술을 가지지만, 결국 심피라는 하나의 종합적인 구조로 통합된다.

꽃기관을 이루는 다양한 부분의 존재 여부에 따라 다음과 같이 구분한다.

- 위에서 언급한 모든 기관을 가지고 있는 **갖춘꽃**
- 암술이나 수술만을 가지고 있는 **단성화**
- 꽃받침이나 꽃잎 또는 수술이나 암술이 빠진 **안갖춘꽃**. 만약 수술과 암술 모두 없으면 이 꽃은 생식능력이 없다.

수분(가루받이)

수정과 수분을 혼동해서는 안 된다. 수분이란 포자가 암술머리에 전이되는 것이다. 이때 여러 도우미가 이 일이 잘 진행되도록 노력한다. 동물에 의해 수분되는 식물들은 꿀을 만들기 위해 특수화된 점액세포인 꿀샘을 가진다. 꿀은 강한 당을 함유하는 즙으로서 수분매개자에게 먹이를 제공한다. 벌들만 수분매개자인 것은 아니며, 수분에도 다양한 형태가 있다.

바람에 의한 수분(무성수분): 속씨식물의 20%만이 바람에 의해 수분된다. 특별한 형태나 향기를 지닌 꽃을 가지지 않은, 작고 잘 보이지 않는 식물들이 주를 이룬다. 이 식물들은 수분을 위해 동물들을 유혹할 수 없으므로 그리 까다롭지 않은 바람에 의존한다. 기후가 적당한 곳에 서식하는 대부분의 나무들과 풀들, 골풀과 등이 해당되며, 그중 활엽수들은 아직 잎을 형성하지 않은 이른 봄에 대부분 수분이 이뤄지고, 꽃가루의 유포는 무제한적으로 발생한다.

바람에 의한 수분은 벌이나 나비 등의 도움보다 효과가 덜하기 때문에 이를 보충하기 위해 아주 많은 양의 꽃가루를 방출한다. 꽃가루에 알레르기가 있는 사람들은 알레르기성 비염 증상이나 눈에 눈물이 나고 호흡곤란 같은 증상이 나타나면 이것을 절감할 것이다(바람에 의해 수분되는 식물류들이 이러한 알레르기를 일으키는 주범이다).

벌에 의한 수분: 벌들은 수분을 돕는 가장 중요한 곤충이다. 벌에 의해 수분이 되는 식물들은 동물을 유혹하기 위해 대부분 야광색을 나타내며 향긋한 향을 발산한다. 빨강색을 인식하지 못하는 벌에게 빨강색은 회색 톤으로 보인다. 그래서 벌들이 수분하는 식물들은 대부분 노란색이나 파란색이다. 이 밖에도 벌은 자외선을 인지한다. 때문에 벌에 의해 수분이 되는 전형적인 식물들을 자외선으로 관찰하면 보통 노란색으로 보이는 민들레꽃이 갑자기 분명하게 표시된 영역을 나타내는 것을 알 수 있는데, 이것이 벌을 유혹하는 소위 넥타 가이드^{necktar guide}다.

나비에 의한 수분: 나비는 특히 향을 잘 인식한다. 그래서 나비에 의해 수분 되는 식물들은 대부분 강하고 단 향을 가지고 있다. 더불어 낮에 활동하는 나비과는 빛나는 색을 선호하고, 밤에 날아다니는 나방과는 어둠 속에서 가장 잘 인식할 수 있는 하얀색이나 노란색 꽃을 좋아한다. 많은 석죽과가 여기에 속한다.

파리에 의한 수분: 파리에 의하여 수분이 되는 식물들은 인간에게는 그다

지 매력적으로 보이지 않는다. 자신에게 필요한 곤충을 유혹하기 위해 흔히 대변을 연상시키는 향을 내기 때문이다. 예를 들면 스타펠리아(독일어로 똥파리꽃이라고 한다—역자 주)는 색깔마저도 생고기 또는 상한 고기 색깔과 비슷한 빨간색이거나 갈색이다. 냄새에 유혹된 파리는 자신의 알을 꽃에 낳는다. 이때 꽃가루가 파리에 붙는다. 그러면 이 꽃가루는 똥파리를 유혹하는 다음 꽃에 전이된다. 파리가 꽃에 낳은 알에서 깨어난 파리유충(우리가 일반적으로 구더기라고 부르는)은 이 상황이 유쾌하지 않다. 자신의 성장을 위해서는 '진짜'고기가 필요하기 때문이다. 채식을 전혀 할 수 없는 유충은 결국 죽고 만다.

새를 통한 수분: 이 방법은 주로 열대지역이나 아열대지역에서 볼 수 있다. 예를 들면 푸크시아fuchsia, 선인장, 스트렐리치아Strelitzia(극락조화)의 파트너가 되는 새는 남아메리카의 콜리브리kolibri(벌새) 또는 아시아와 아프리카의 태양새다. 새들은 보통 후각이 좋지 않기 때문에 이 꽃들은 대부분 향기가 없으나, 빛나는 다양한 색을 띠고 즙을 풍부하게 가지고 있다. 또 길고 가는 새의 부리가 제대로 방향을 잡도록 즙은 꽃바닥에 있다.

박쥐에 의한 수분: 이것도 주로 열대나 아열대 기후에 한정되어 있다. 바나나식물처럼 여기에 속하는 꽃들은 밤에 활동하는 박쥐의 관심을 끌기 위해 밝은 색을 띠고 달콤한 향을 발산한다. 박쥐는 벌꿀과는 달리 무겁기 때문에 이 식물들은 튼튼하게 만들어졌다.

중복수정

수분이 된 후 꽃가루관의 포자에서 싹이 트고 이것은 씨방이 된다(위 참조). 생식세포의 핵은 유사분열을 하여 2개의 반수 정자세포를 만든다. 꽃가루관 끝이 난문을 통과해 씨방으로 들어가고, 거기서 배낭에 있는 암컷 배우자모체에 가능한 한 가깝게 정자세포를 방출한다.

정자세포가 배낭에 도착하여 그 안으로 들어가면 난세포와 정핵이 융합하고 접합체를 형성한다. 두 번째 정자 세포핵은 양극핵과 결합하여 배낭 중심에 삼배체 핵을 형성한다. 이 형성물은 씨에 영양을 공급하기 위한 저장 조직인 **배젖**으로 자라난다.

속씨식물의 중복수정은 영양소를 저장하는 기관에서 필요로 하는 난세포

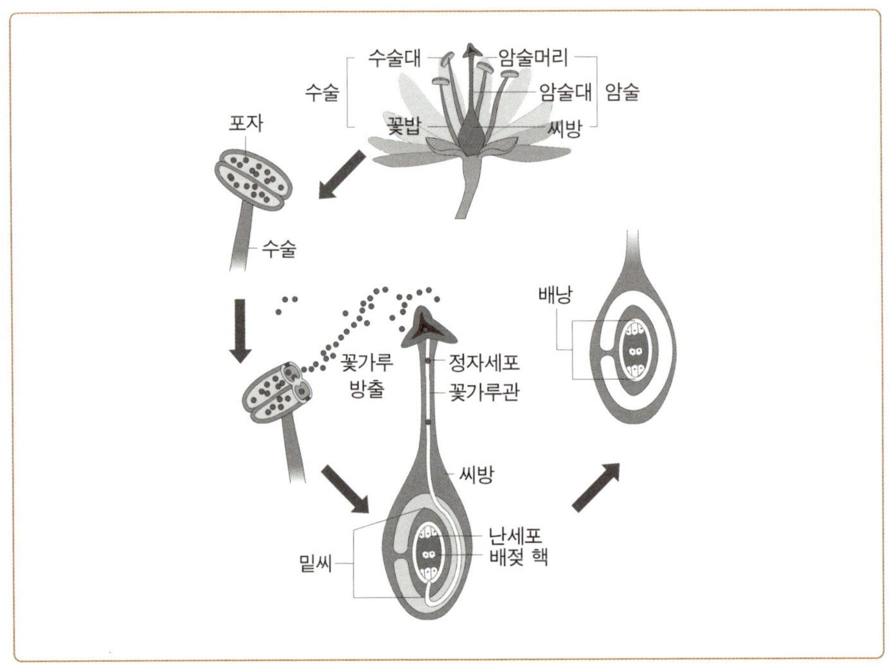

식물의 생식기관.

의 수정이 실제로 이뤄지지 않은 채 배젖이 형성되는 것을 저지한다. 즉 중복수정은 저장소를 최상으로 사용하기 위한 수단이다.

씨

중복수정 후 밑씨에서 씨가 발달하고, 씨방은 그 안에 씨를 채운 열매가 된다. 여기서 속씨식물의 분류학적 용어가 유래한다. 그러나 겉씨식물의 경우는 씨가 씨방에 싸여 있지 않고 겉으로 드러나 있다. 씨가 영양분 저장소의 역할을 하여 탄수화물과 지방, 단백질을 함유하는 동안 수정된 접합체에서 배가 발달한다. 이 배아는 계속해서 발전해나가고 후에 떡잎(자엽)에 존재하게 된다.

이때 배젖은 대부분 배보다 빠르게 발달한다. 수정 후 밑씨에 있는 삼배성의 핵이 분리되고, 그 결과 4개의 핵으로 구성된 액체 상태의 내용물을 가진 커다란 세포가 생겨난다. 이 용액이 바로 배젖이고, 여러 번의 세포질 분열을 통해 핵 사이에 막으로 된 벽이 생기면서 배젖은 다세포의 구성물이 된다. 이어서 이 세포들은 세포벽 물질을 합성하고 그 결과 배젖은 딱딱해진다. 코코넛을 떠올리면 이해하기 쉽다. 액체로 된 코코넛 즙은 용액으로 된 배젖이고, 딱딱한 과육은 딱딱한 배젖이다.

배도 물론 분열한다. 수정된 접합체가 최초로 분열할 때 정단세포와 기저세포가 생겨난다. **정단세포**는 배의 가장 큰 부분을 형성하고, **기저세포**는 먼저 배와 엄마식물을 연결하여 영양분 공급을 책임지는 이른바 배병으로 분열된다. 이 배병은 계속 성장해서 식물 배를 영양조직과 보호조직으로 끊임없이 밀어 넣는다. 정단세포는 다시 분열하여 배병과 연결된 공 모양의 실제적인 배가 된다. 배 주위를 둘러싸고 **떡잎**이 형성되기 시작하는데 외떡잎식물의

떡잎.

경우 1개, 쌍떡잎식물의 경우 2개의 떡잎이 형성된다.

떡잎이 형성되면 배아가 뻗어 나가기 시작한다. 배아의 싹 끝에 정단세포조직이 놓이고, 그 맞은편 끝에 뿌리의 정단세포조직을 가진 배아의 뿌리 끝이 놓인다. 씨에 싹이 돋아나면 이 2개의 조직은 살아 있는 동안 내내 활동하며 줄기와 뿌리의 일차적 성장을 유지한다.

마지막으로 씨는 휴면상태로 접어든다. 먼저 수분이 빠지고 그 결과 씨는 주로 배와 영양분으로 구성된다. 이런 휴면상태는 신진대사활동을 최소화하고 성장을 멈추었다는 것을 의미한다. 이전에 밑씨를 보호하던 외피에서 나온 씨 껍데기가 이때부터 배와 영양분을 감싼다.

휴면상태가 끝나면 씨는 싹을 틔우기 위해 먼저 많은 양의 수분을 흡수한다. 그러면 씨가 부풀어 오른다. 수분을 흡수해 씨의 부피가 팽창하면 씨 껍데기가 벌어진다. 동시에 배아에는 큰 변화가 일어난다. 다시 신진대사활동을 시작하고 성장기에 들어서는 것이다. 배젖 또는 떡잎에 저장된 물질들은 효소에 의해 분해되어 배아의 성장 부분으로 이동한다.

싹을 틔우는 씨에서 맨 처음 일어나는 현상은 어린 뿌리가 밑으로 향하면서 원뿌리가 되는 것이다. 그 후 떡잎 부착부 아래에 있는 배아의 일부분인 배 축이 위로 뻗으며 떡잎과 상배 축을 빛이 있는 곳으로 밀어낸다. 상배 축은 자엽 부착물과 최초로 형성된 잎 사이의 영역을 말한다. 배 축의 이러한 기능 덕분에 어린 줄기는 여린 끝으로 먼저 땅을 뚫고 나가지 않고, 부드

럽게 위로 향하면 된다. 상배 축
은 처음으로 떡잎이 아닌 진짜 잎
을 형성한다. 잎이 자라나면 세포
들이 광합성을 시작하고, 성장하
는 배아에 영양분을 공급한다. 그
결과 떡잎은 퇴화하여 떨어져 나
간다.

사막의 식물.

　씨의 휴면상태는 환경에 적응하기 위함이다. 배아를 위해 가능한 한 최적
의 조건을 확보하기 위한 활동이다. 그러다가 다음과 같은 유리한 환경조건
이 갖추어지면 휴면상태는 종료된다.

- 사막에서 자라는 식물은 비가 많이 오는 경우일 것이다.
- 오스트레일리아의 숲처럼 화재가 빈번한 지역에 서식하는 식물은 열이
  높거나 연기가 심한 경우 휴면상태에 들어간다. 그러나 ‘경쟁식물’이
  화재로 인해 죽으면 휴면상태가 중단된다.
- 반대로 한파가 심한 기상지역에서 씨는 싹트기 전에 긴 동면기를 가져
  가을에 파종한 씨는 다음 해 봄에야 밖으로 나온다.
- 어떤 씨는 동물들의 소화관을 통과하는 통로를 필요로 한다. 동물들은
  씨 껍데기를 먼저 화학적으로 ‘예비소화’시킨 다음 소화된 씨를 배설물
  과 함께 배출하면 씨가 싹을 틔울 수 있다.

　씨가 싹을 틔울 수 있는 능력을 유지하기 위해 취하는 휴면기간은 다양하
다. 단지 며칠에 불과할 수도 있고, 몇 년 또는 심지어 수세기가 될 수도 있
다. 하지만 평균적으로는 1~2년의 기간이 보통이다.

열매

식물의 열매는 이전 단계의 씨방이 발달한 것으로, 껍질을 통해 그 안에 있는 씨를 보호한다. 씨방의 변화는 식물 호르몬에 의하여 유발되는데 이 호르몬은 수정과 함께 형성된다. 때문에 수정되지 않은 식물은 열매를 맺지 못해 씨방은 퇴화하고 건조되어 떨어진다.

발생에 따라 다양한 열매의 형태로 구분한다.

- **단화과**는 유일한 하나의 암술에서 파생된다. 예를 들면 완두와 레몬이 있다.
- **복화과**는 각각 하나의 작은 열매가 되는 여러 개의 암술을 가진 꽃에서 생겨난다. 멍덕딸기와 딸기가 그 예다.
- **상실과** 또는 육질집합과는 단일한 꽃자루를 함께 형성하는 많은 수의 꽃의 암술에서 발달한 것이다. 이때 꽃을 만드는 줄기(꽃차례의 줄기)의 가장 윗부분도 열매를 형성하는 데 일조한다. 파인애플이나 무화과나무가 여기에 속한다.
- 마지막으로 **헛열매**는 암술이 아닌 꽃받침에서 생겨난 것이다. 예를 들면 사과의 경우, 실제 과육은 이 꽃받침에서 파생된 것이며, 씨방에서는 단지 과심이 발달했을 뿐이다.

사과는 헛열매다.

일반적으로 꽃은 씨가 발달을 종료했을 때 완전히 성숙했다고 하는데, 열매는 기능상 성숙한 꽃이다. 이때 열매는 그 열매를 먹고 씨를 배설함으로써 식물을 번식하는 데 한몫 하는 동물들을 유혹하는 기능을 수행한다.

무성생식

식물세계에서 무성생식은 일반적인 것이다. 이때 딸식물은 유전형태의 재조합이 일어나지 않았기 때문에 돌연변이가 발생하지 않았다면 엄마와 유전적으로 동일하다.

원칙적으로 무성생식은 무제한적인 성장을 의미한다. 때문에 분열조직은 항상 다시 성장을 시작할 수 있고, 구조가 특수화되지 않은 유조직은 부상으로 손상된 조직을 대체할 수 있는 특수화된 세포를 형성할 수 있는 능력이 있다.

엄마식물이 다시 새로운 식물로 자라날 수 있도록 여러 조각으로 나뉘는 분열은 식물의 생식 중 가장 흔한 형태다. 예를 들어 마다가스카르가 원산지인 만년초 같은 다육식물의 경우, 두꺼운 잎에 성숙한 막눈(부정아)이 발달하고 이

만년초.

것이 땅에 떨어지면 독자적인 새로운 뿌리가 만들어진다. 또한 뿌리계는 원뿌리계와 구분되는 독자적인 출아계를 형성하는 막뿌리(부정근)를 만들 수 있다. 미국산 사시나무가 이 경우에 해당한다. 토종민들레는 수정 없이 씨를 '발명'한다. 밑씨의 이배성세포가 배아를 만들고 밑씨가 성숙하면 바람에 의해 유포된다. 씨가 넓은 지역으로 확산하는 방식의 이점은 원래 유성생식에서 유래된 것이다. 이배성세포들에서 이뤄진 복제와 영양생식을 통한 복제라는 두 가지 혼합 형태를 **무수정생식**이라고 한다.

무성생식의 장점은 무엇보다 수분매개자가 불필요하다는 것이다. 한 종의 소수 개체가 넓은 지역에서 떨어져 서식하면 그 종을 보존하는 데 일조할 수 있다. 극한의 조건에서 유전적으로 잘 적응하기 위해서는 무성생식이 장점으로 작용한다는 것이 밝혀졌는데 이는 유전형태가 그대로 정확하게 딸

식물에 전달되기 때문이다. 하지만 위에서 설명한 씨의 형성, 성숙, 출아 같은 아주 복잡한 과정들은 휴면상태를 종료시킬 수 있는 좋은 조건이 만들어지지 않을 경우 실패할 수 있다. 그러나 무성생식으로 생겨난 복제는 몇몇 상황에 대하여 저항력이 있다.

유성생식의 장점은 유전형태가 혼합된다는 사실이다. 대립유전자의 우연적인 새 조합은 부모보다 환경조건에 더 잘 적응할 수 있는 자손을 만들 수 있다는 장점이 있다. 특히 새로운 천적이나 병원체가 자주 나타나는 등 빠르게 바뀌는 환경조건에서 유전적으로 동일한 개체들은 유전적으로 다양한 개체들보다 훨씬 더 손해를 입기 쉽다.

당신의 창틀에 놓인 꽃을 위한 영양생식

가정에서 기르는 대부분의 식물들은 꺾꽂이를 통해 번식시킬 수 있다. 줄기의 한 부분을 자르면 그 부분의 기저조직 끝에서 분화되지 않은 세포들이 자라난다. 이것을 '칼루스'라고 하며, 막뿌리를 형성한다. 이때 마디가 있는 꺾꽂이는 칼루스 없이는 화분에 심을 수 있는 막뿌리를 만들지 못한다.

인기가 좋은 세인트폴리아의 경우 각각 하나의 잎에서 번식이 가능하다(잎꺾꽂이). 튼튼하고 싱싱한 잎들을 20~30㎝ 길이로 자르고, 손쉽게 구할 수 있는 화분흙에 모래를 2:1의 비율로 섞은 다음 잎을 꽂는다. 그리고는 직사광선을 피해 밝은 곳에 놓아두면 3~4주 후 막뿌리가 형성되고, 6주 후에는 싹이 나온다. 그러면 이제 새 식물을 화분에 옮겨 심을 수 있다.

그러나 주의할 점 한 가지! 이로 인해 발생하는 위험이나 부작용에 대해서는 전문가에게 문의하기 바란다.

신경생물학과 내분비학 - 조절과 통제

다세포 생물체에서는 세포와 세포, 조직과 조직, 기관과 기관 사이의 소통이 중요하다. 그러나 외부로부터의 자극 또한 받아들이고 소화해야 한다. 근육 같은 기관은 명령을 따라야 하는 등 그 외에도 많은 사항이 있다. 이러한 자극을 수용 · 가공하여 그에 알맞은 반응을 하는 것을 전문용어로는 내분비학이라고 하며 신경과 호르몬계와 관련된 것이다.

신경계

뉴런으로 이뤄진 신경조직의 구성은 앞의 7장에서 설명했다. 이 장에서는 신경자극의 생성, 즉 활동전위와 그것을 신경과 근육세포로 전달하는 것에 대해 좀 더 자세히 다루도록 한다. 그 밖에도 특수화된 신경세포와 신경세포에서 주신경계와 말초신경계에 이르는 조직의 구성에 대해 살펴보게 될 것이다.

신경세포 영역

앞서 4장에서 세포막에 대해 살펴보았다. '외부세계', 즉 세포외공간과 비교했을 때, 한 세포 안에는 양이온과 음이온의 농도 차가 존재한다고 했다. 이것은 주로 농도 차에 맞추어 선택된 칼륨통로를 통해 세포 밖으로 유출되는, 양전하를 띤 칼륨이온에 의해 정해진다. 여기서 '선택'의 뜻은 나트륨이나 염화물을 제외한 오직 칼륨만 통과할 수 있다는 의미다. 이러한 전하의 불일치로 각각의 세포막에 아주 작은 전압이 발생하는데, 이것을 소위 **막전위**라고 한다. 기본적으로 전위는 $-50 \sim -200\mathrm{mV}$이고, 신경세포의 경우는 $-60 \sim -80\mathrm{mV}$ 다. 마이너스 부호는 세포 내부에 음전하가 우세하다는 것을 의미한다. 그 크기를 비교하자면 일반 가정에서 콘센트의 전력은 220V에 달한다. 즉 천분의 1이다.

신경세포가 정보를 수신하거나 이를 전달하기 위해 활성화되면 조용하던 막전위에 변화가 생긴다. 활동적이기 때문에 이 과정을 **활동전위**라고 한다. 이때 중요한 것은 세포막의 '정상'적인 이온통로만 열리는 것이 아니라 전력을 조절하는 이온통로도 함께 열린다는 사실이다. 이 통로는 전압 변화를 조정한다. 보통 이온통로의 개방과 폐쇄는 전압이 변화하면 발생한다. 이것을 좀 더 쉽게 이

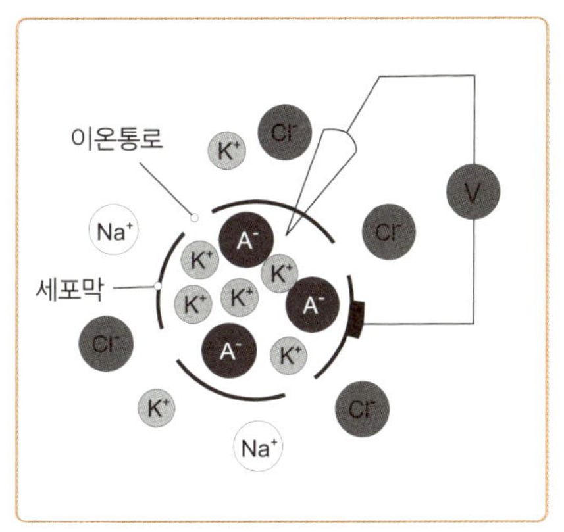

신경세포막을 둘러싼 이온의 분배.

해하기 위해 그 과정을 하나하나 분리해서 설명하고자 한다.

- 휴지전위 동안 전압에 의해 조절되는 대부분의 나트륨통로는 닫혀 있다. 단지 몇 개의 칼륨통로만 열려 있을 뿐이다.
- 감각세포의 신호 같은 전기적 자극이 주어지면 막전위가 변화한다. 즉 **탈분극**이 발생한다. 이 탈분극은 전압에 의해 조절되는 일련의 나트륨통로를 개방한다. 이 통로를 따라 나트륨이온이 그것의 농도 차에 맞추어 세포 안으로 밀려들어 간다. 이로 인해 전위수치가 어느 기준점(약 55㎷)을 넘어가면 탈분극이 활동전위를 유발한다. 그러면 다른 나트륨통로가 열리고 나트륨이온이 계속 밀려들어 간다. 이 탈분극 기간 동안 양전하를 띤 물질들이 세포 안으로 이동하면서 막전위는 점점 음전하를 잃게 된다. 이 과정은 상황이 역전되어 막전위가 약 30㎷의 가벼운 양극 전압을 띨 때까지 계속된다.
- 전압에 의해 조절되는 나트륨통로가 열리고 나서 아주 짧은 간격을 두고 전압에 의해 조절되는 칼륨통로 또한 열리게 된다. 이로 인해 칼륨이 세포에서 흘러나온다. 이것은 양극을 띠는 나트륨이온이 흘러들어오는 것을 재빨리 상쇄시킨다. 이 밖에도 전압에 의해 조절되는 나트륨이온은 아주 짧은 기간 동안에만 열려 있다. 이 기간이 지나자마자 통로는 닫히고 나트륨이온의 유입은 멈춘다. 결국 **재분극**의 형태로 휴지전위가 다시 발생하게 된다.
- 완벽을 기하기 위해 **과분극화**에 대해 언급한다. 이것은 아주 잠시 동안 음전위가 보통의 휴지전위보다 더 강한 것을 의미한다. 이는 아주 잠시 칼륨을 투과시키는 세포막의 삼투성이 휴식상태보다 높기 때문에 발생한다. 재분극과 초기 과분극화 기간 동안 활성화되지 않은 전압에 의해 조절되는 나트륨통로가 이 기간에 아주 천천히 재활성화된다. 이 기간

에 또 다른 자극이 주어진다면 탈분극화는 유발되지 않고 세포들은 자극에 반응하지 않는다. 이것을 '불응기'라고 한다. 불응기의 기간은 자극이 최대한 전달될 수 있는 속도에 의해 결정된다.

활동전위에는 **실무율법칙**이 적용된다. 탈분극 기간의 기준치가 한 번 넘어가면 활동전위가 유발된다. 그 수치의 높이는 원래 발생한 자극의 강도에 달려 있다.

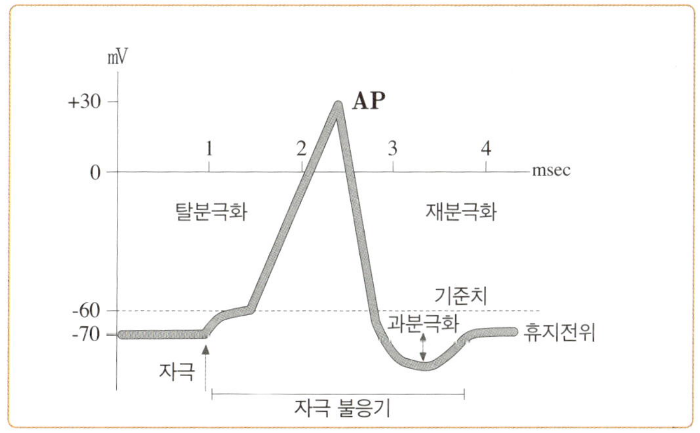

활동전위의 구성.

살인 개구리

이온통로 등에 대한 연구는 그저 지루한 이론일 뿐일까? 절대 아니다. 그것이 기능을 다하지 못하는 순간 소중함을 절감하게 된다. 나트륨통로도 마찬가지다. 치명적인 독소를 가진 황금독개구리(학명: 필로바테스 테리빌리스^{Phyllobates terribilis})와 그의 가족들(독개구리과^{Dendrobatidae})이 방출하는 독은 세포막 안에 있는 나트륨통로의 비활성화를 방해한다. 그 결과 장기간 근육과 호흡근이 마비되고, 이로 인한 호흡장애로 결국 사망에 이르게 된다. 건강한 성인 남자도 20분 안에 사망할 정도다. 이 독은 연구실에 틀어박혀 연구하는 소수 학자들의 취미가 아니다. 남아메리카 원주민들이 사용하는 그 유명한 독화살은 바로 이것을 이용해 만든 것이다.

황금개구리.

활동전위의 전달: 활동전위는 시냅스(아래 참조) 방향으로 계속 이동하면서 도착한 장소에 스스로 새롭게 적응할 수 있기 때문에 축삭돌기를 따라 계속 번식한다. 탈분극화 기간 동안 활동전위가 생겼던 그 자리(일반적으로 축삭돌기의 돌출 부분인 축삭소구에서 가까운 곳이다)에 나트륨이 유입되면서 전기흐름이 발생하는데, 이것은 축삭돌기 막의 이웃한 지역을 탈분극화한다. 주변에 발생한 이러한 탈분극화가 기준치를 넘을 정도로 강하면 새로운 활동전위가 생기고 이 과정이 반복된다. 또한 활동전위가 실수로 잘못된 방향으로 흐르지 않도록 하는 불응기도 필요하다. 나트륨통로는 한 방향, 즉 앞으로만 활동할 수 있다.

활동전위의 전달속도는 주로 두 가지 요소의 영향을 받는다.

- 한편으로 **축삭돌기의 지름**에 영향을 받는다. 두꺼운 축삭돌기는 활동 전위에 작은 전기적 저항을 보이므로 가는 축삭돌기보다 더 빨리 흐른다. 가는 수도관보다 두꺼운 수도관에서 물이 더 빨리 흐르는 것을 생각하면 쉽게 이해할 수 있다. 무척추동물의 경우, 초당 최대 30m의 속도로 전달되는데 거대 축삭돌기를 가진 몇몇 오징어종의 두꺼운 축삭돌기가 그 예다.

- 다른 한편으로는 **미엘린마디**의 존재 여부에 달려 있다(7장 참조). 미엘린마디를 가지고 있는 척추동물의 축삭돌기는 활동전위가 전체 활동전위 길을 따르는 것이 아니라 랑비에 결절부분에 의하여 다음 단계로 이동한다. 이런 방식으로 척추동물의 축삭돌기는 근육의 신경섬유에서 그 전달속도가 초당 100m에 이르고 이것을 다시 계산하면 시속 360㎞에 이른다! 어떤 행동을 계획하고 그것을 수행하는 데 시간차가 느껴지지 않는 이유가 여기에 있다.

시냅스: 축삭돌기가 무제한으로 길면 언젠가는 신경세포나 근육세포 같은 다른 세포들을 만나게 될 것이다. 이 세포들이 만나는 장소를 '시냅스'라고 한다.

이때 간극결합과 유사하게 구성된 **전기적 시냅스**는 전기를 직접 전달한다. 이러한 유형의 시냅스는 대부분 2개의 신경세포로 구성되어 있고 자동화된 행동양식을 빠르게 전달한다. 위에서 언급한 오징어의 경우, 이런 방식으로 추적과 도망의 반응이 유발된다. 또한 척추동물의 뇌에는 수많은 전기적 시냅스가 존재한다.

그러나 대부분의 시냅스는 **화학적 시냅스**를 의미한다. 자극이 신경전달물질인 화학적 물질에 의해 소위 포스트시냅스(시냅스 후)세포라는 다음 세포로 전달된다. 축삭돌기의 끝에는 신경전달물질 분자들이 시냅스 소낭에

싸인 채로 존재한다. 활동전위가 시냅스 소낭이 있는 축삭돌기 끝에 들어오면 세포막의 탈분극화로 인해 칼슘이온이 프리시냅스(시냅스 전) 말단으로 들어오게 된다. 그 결과 소낭들 중 몇 개가 막과 함께 용해되고 그 저장물이 신경전달물질로 방출된다.

신경전달물질은 두 세포 사이에 존재하는 소위 시냅스 균열에 의해 확산되고, 대부분 이온통로 단백질인 포스트시냅스세포의 수용체와 결합한다. 그 후, 탈분극화가 유발되는데 이것을 흥분성 시냅스 후 전위excitatory postsynaptic potential라 하고 **ESPS**로 약기한다. 하지만 이와 다르게 전개되기도 한다. 신경전달물질이 막의 과분극화를 유발하는 수용체와 결합하면 나중에 반응하는 세포에는 흥분이 발생하지 않는데 이를 억제성 시냅스 후 전위inhibitory postsynaptic potential라고 하고 **ISPS**로 약기한다.

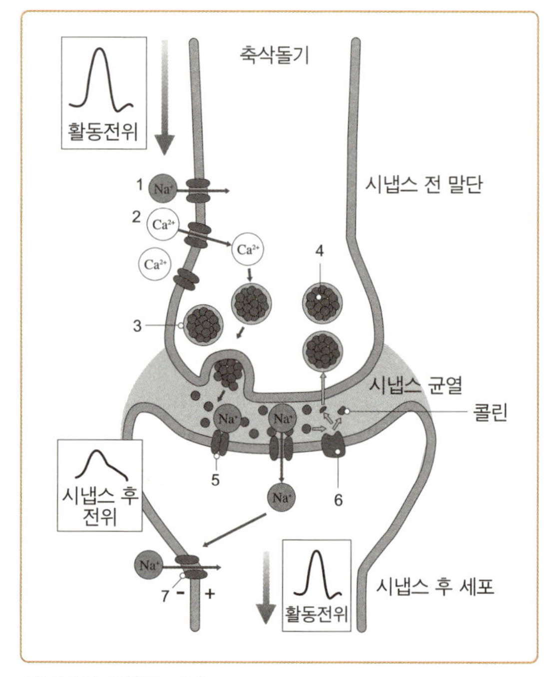

활동적인 화학적 시냅스.

이렇게 신경전달물질은 항상 흥분되거나 억제되는 것이 아니라 대부분 아주 빨리 다시 멀어진다. 즉 시냅스 전 세포로 다시 흡수되거나, 수용체로부터 분리되거나, 효소에 의해 분해되어 아무런 작용을 하지 못하는 상태가 되어 다시 소낭에 쌓이게 된다.

신경근 접합부^{neuromuscular junction} : 신경의 활동전위가 근육세포로 전달되는 특수화된 화학적 시냅스다. 예를 들면, 7장에서 살펴본 근육수축 작용에서처럼 근섬유의 수축을 유발한다.

시냅스 균열에서 방출되는 신경전달물질은 아세틸콜린이다. 이것의 비활성화는 ESPS의 종료와 수축을 의미하며, 아세틸콜린에스테라아제라는 효소에 의해 조절된다. 이 효소는 아세틸콜린을 초산과 콜린으로 쪼개며, 이 둘은 모두 신경전달물질 특성을 가지고 있지 않아 그 결과 흥분이 종료된다.

식물 보호를 위한 살충제. 그러나 신경에는 독

식물을 습격하는 곤충들로 인한 괴로움은 어제 오늘의 일이 아니다. 성경의 출애굽기를 보면 이집트에 내려진 열 가지 재앙 중 하나가 메뚜기 재앙이었다. 그 당시 이집트 사람들은 속수무책으로 이를 지켜볼 수밖에 없었지만, 지금은 살충제로 처리할 수 있다.

그러나 이렇게 편리한 살충제라도 사용할 때는 주의해야 한다. 유기인산염이라고도 알려진 자주 사용되는 인산에스테르는 인체에 해를 끼치는 곤충의 신진대사 과정을 방해한다. 아세틸콜린에스테라아제를 억제하는 살충제를 사용했을 때 신경전달물질이 분해되고, 그 결과 경련 같은 지속적인 흥분이 근육세포에 발생한다. 피해를 주던 곤충은 이러한 방식으로 박멸된다. 그런데 곤충의 신진대사 과정은 인간의 신경근 접합부 전이와 유사하다. 때문에 인간에게도 이와 똑같은 결과가 발생해 치료하지 않을 경우, 호흡곤란으로 인해 사망에 이르게 된다.

* 소비자들이 안심해도 되는 사항: 인산에스테르는 몇 주 안에 자연 속에서 분해된다. 따라서 이 약품으로 처리된 식물은 먹어도 인간에게는 아무런 해를 주지 않는다.

신경전달물질 : 앞에서 신경근 접합부 외에도 신경전달물질인 아세틸콜린의 존재를 알았다. 이외에도 신경계에는 전달하는 일에 종사하는 많은 다른 물질이 존재한다. 이때 전달물질은 여러 종류의 시냅스에 작용할 수도 있고, 하나의 동일한 시냅스가 여러 개의 다양한 신경전달물질을 사용할 수도 있다. 이때 서로 다른 작용을 하거나 때로는 정반대의 작용을 하기도 한다.

- **아세틸콜린**은 가장 흔한 신경전달물질 중의 하나로 동물세계 전체에 확산되어 있다. 이것은 척추동물이 가지는 신경근 접합부에 속한 유일한 신경전달물질로서, 중추신경계나 말초신경계에 있는 많은 시냅스에서 발견된다.

- 또한 아세틸콜린은 심근에서도 신경전달물질로 작용한다. 그러나 이때는 신경근 접합부와는 대조적인 작용을 한다. G-단백질을 통해 전달되는 신호경로를 통해 심박수와 수축력을 완화시키는 심근세포에 있는 칼륨통로를 여는 작용을 한다.

- 아미노산에서 파생된 **생체아민**은 세로토닌^{serotonin}과 도파민^{dopamin}, 아드레날린과 노르아드레날린을 포함한다. 나중에 언급한 3개는 티로신^{tyrosin}에서 파생되고, 흔히 카테콜아민^{catecholamine}으로 통합된다. 아드레날린과 노르아드레날린은 신경전달물질로서의 기능뿐 아니라 호르몬 기능도 추가로 수행한다('호르몬' 부분 참조). 노르아드레날린은 아세틸콜린과 함께 척추동물의 말초신경계에서 가장 중요한 신경전달물질로서 G-단백질로 연결된 신호경로를 따라 작용한다. 또한 자율신경계의 경우, 이 신호경로에서 ESPS가 생산된다. 뇌에 있는 도파민과 세로토닌은 기분과 집중력, 주의력에 영향을 주고, 특히 선택적 세로토닌 재흡수 억제제$^{Selective\ Serotonin\ Reuptake\ Inhibitors,\ 줄여서\ SSRI}$는 항우울증으로 작용하는 세로토닌의 효과를 연장하는 역할을 한다. 뇌에서 도파민이 결핍될

경우 파킨슨병의 원인이 되는데, 이것은 도파민의 농도를 상승시켜 치료할 수 있다.

- 감마 아미노낙산 혹은 감마아미노뷰테릭산^{Gamma-Amino-Butyric Acid, GABA}과 글루탐산염^{glutamate} 같은 **아미노산**들은 그룹을 대표하는 물질들이다. GABA는 시냅스를 억제하기 위해 투입되는 신경전달물질로서 IPSP를 유발한다. 반대로 글루탐산염은 촉진하는 역할을 한다. 따라서 과흥분상태는 고농도의 글루탐산염이 그 원인이다.

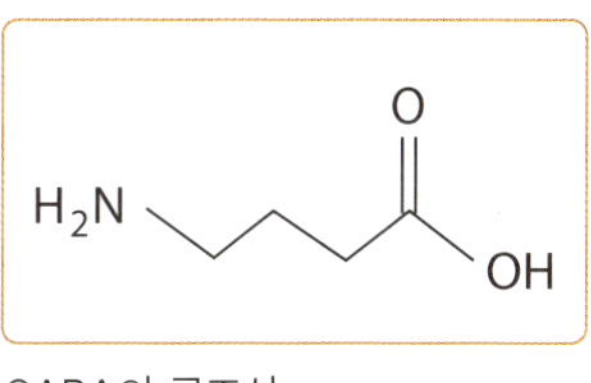

GABA의 구조식.

- 이 경우 신경펩티드라고 일컬어지는 **펩티드**는 일반적으로 커다란 단백질이 작은 조각으로 분열되면서 생성된다. P−물질은 중요한 신경펩티드로서 통증을 인식하고 전달하는 일에 관여한다. 그래서 P−물질을 억제하는 의약품들은 진통제로 의약적 시험 중에 있다. '천연 진통제'로 스트레스 상태의 몸을 털어버리는 엔돌핀 또한 펩티드다. 모르핀 같은 마약진통제는 뇌와 골수에 존재하는 엔돌핀과 동일한 수용체에 결합하여 진통작용을 한다.

- **가스**^{gas}는 척추동물의 몇몇 신경세포유형에서 신경전달물질로 작용한다. 이 중 가장 중요한 것이 일산화질소다. 이것은 관세포들의 평활근을 완화한다. 폐와 연관된 압력이 상승할 때(즉 폐순환과 연관된 혈관들에 있는 혈압이 상승할 때), 일산화탄소가 처방약품으로 사용된다.

여담: 세포막 수용체

신경전달물질과 호르몬 등의 신호 분자들은 플라스마 막 안으로 흡수되었다가 이를 통과하는 수용단백질 위에서 작용한다. 앞에서 활동전위와 휴지전위가 생성될 때 열리고 닫히는 **이온통로**들에 대해 설명했다. 이에 덧붙여 또 다른 2개의 중요한 형태를 소개하려고 한다.

- **G-단백질 연결수용체**^{G-protein-linked receptor}에서는 이른바 G-단백질과 함께 일하는 세포막의 단백질이 핵심을 이룬다. G-단백질이라고 하는 이유는 구아닌뉴클레오티드인 GTP와 GDP를 결합할 수 있기 때문이다(염기인 아데닌 대신 구아닌과 결합한 ATP와 ADP에 비교할 수 있다). 생성된 수용체는 다양한 분자들, 즉 리간드^{ligand}(배위자)를 다양한 장소에 존재하는 막의 세포 바깥쪽에 결합한다. G-단백질은 다시 막의 세포질 방향으로 배치되고, 거기서 결합한 뉴클레오티드에 의존하여 스위치 역할을 한다. GDP와 결합할 때는 '꺼짐', GTP와 결합할 때는 '켜짐' 스위치 역할을 하는 것이다. 이것은 적합한 신호 분자가 수용체 단백질에 결합되면 활성화되어 공간적인 구조가 변화하고, 세포질 쪽에 있는 비활성 G-단백질과 결합한다. 이 결합으로 인해 GDP가 GTP로 교환되고, 이로써 G-단백질이 활성화된다. 계속해서 G-단백질은 수용체 단백질과 분리되어 이른바 실행체^{effector} 단백질이라는 다른 단백질과 결합한다. 물론 결합에 의해 실행체 단백질의 구성이 변화하지만 이러한 구성의 변화로 인해 신호의 단계적 연쇄반응(시그널 캐스케이드^{signal cascade})의 다음 단계로 넘어가고, 이 과정은 리간드의 작용, 예를 들면 특정 호르몬의 작용과 함께 종료된다. 이때 G-단백질 스스로 GTP에서 GDP로 가수분해를 촉매할 수 있다. 따라서 다시 비활성 상태, 즉 다시 활동을 할 수 있는 준비상태로 돌아갈 수 있기 때문에 G-단백질과 실행체와의 결합은 아주 잠시 동안만 유지된다.
- G-단백질이 실행체와 분리되어 원래의 구조로 돌아오면 다시 사용할 수 있다. G-단백질의 GTP아제 활성화는 리간드가 수용체 단백질에

더 이상 결합해 있지 않아도 신호의 단계적 연쇄반응이 빨리 멈출 수 있도록 보장한다. 예를 들면, 전달 물질인 노르아드레날린이 G-단백질 연결수용체 위에서 작용하고, 콜레라톡신의 톡신은 해당되는 수용체가 활성화되지 않을 때 작용한다.

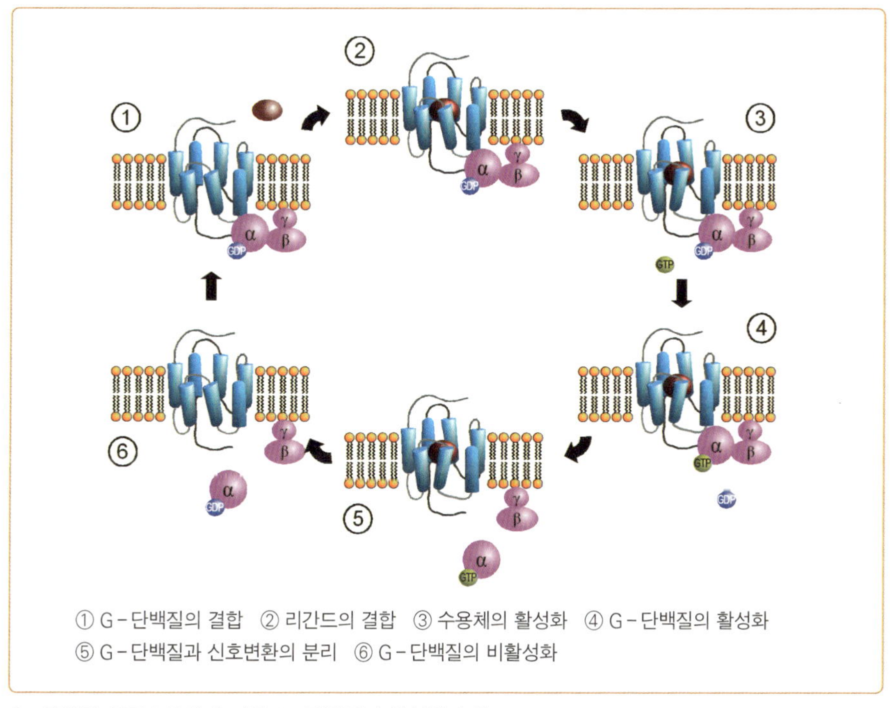

G-단백질 연결수용체에 의한 G-단백질의 활성화 순환.

- **티로신 키나아제**^{tyrosin kinase} **수용체**의 경우, 수용체 단백질의 세포질 방향으로 돌출된 부분이 티로신 키나아제 역할을 하고, 인산염이 티로신 분자로 전이되는 것을 촉매한다. 이때 비활성 상태의 티로신 키나아제 수용체는 세포질 면 위에 있는 여러 개의 티로신잔기를 가진 세포막에 위치한 각각의 폴리펩티드로 구성되어 있다.

- 세포 바깥쪽에 있는 리간드가 수용체와 결합하면 티로신 키나아제의 여러 단위체가 함께 모이는데, 예를 들면 2개의 단위로 구성된 하나의 이합체(이분자체)가 된다. 이 결합으로 키나아제가 그 기능을 시작하고 티로신잔기가 인산을 운반한다. 이로써 티로신 키나아제 수용체가 활성화되고, 이것을 세포 내 특수화된 신호 단백질이 인식한다. 이 신호 단백질은 티로신 인산잔기와 결합하여 그에 적합한 세포의 반응을 유발한다. 예를 들면, 티로신 키나아제 수용체는 성장인자의 작용을 조절한다. 그러나 돌연변이에 의해 일련의 암 질환을 유발하는 데 동참하기도 한다. 이에 상응하는 의약품들은 다시 돌연변이 된 티로신 키나아제를 제압할 수 있다.

'기적의 제품' 보톡스®

아마도 보톡스라는 말은 많이 들어보았을 것이다. 보톡스는 보툴리눔 톡신botulinum toxin의 준말로, 클로스트리디움Clostridium이라는 세균 속에 속하는 박테리아에 의해 만들어지는 독이다. 이 독은 음식을 심각한 수준으로 중독시킬 수 있다.

그런데 이 보톡스®가 완전히 다른 특성으로 인해 각광받는 존재로 다시 태어나고 있다. 보톡스®는 근육세포에 신경신호가 전달되는 것을 억제한다. 즉 근육수축을 방해하는 것이다. 근육세포가 이마라든가 얼굴의 다른 근육을 말하는 것이라면, 이 근육들이 수축되는 것을 방지하는 작용을 하여 그 결과 주름 없는 얼굴을 유지하게 해준다. 단백질인 보툴리눔 톡신의 효과는 신경부 접합부의 시냅스 앞 소낭에서 축삭(액손)의 말단 부분에 결합하여 아세틸콜린을 철저하게 파괴함으로써 그것이 방출되는 것을 방해한다. 이 때문에 아세틸콜린이 방출되지 못하면 근육이 수축되지 않는다.

성형외과에서 통용되는 보톡스®의 용량은 약 6개월 뒤 축삭의 말단이 다시 돌출되어 근육이 다시 제 기능을 할 수 있는 상태가 되는 것으로 계산한다. 때문에 필요한 경우, 그 치료는 처음부터 새롭게 행해져야 한다. 만약 보툴리눔을 미용의 목적으로 '복용'하지 않고 클로스트리디움에 감염된 고기나 생선 또는 채소를 복용한다면 고통스러운 결과가 발생한다. 메슥거림을 동반한 위 통증과 함께 앞에서 말한 근육마비가 나타난다. 특징 증상으로는 다시증 현상이 있는데 최초로 증상을 일으키는 근육 부분이 안근육이기 때문이다. 이러한 마비현상은 눈을 거쳐 점점 확대되어 치료받지 않을 경우 호흡근육에까지 영향을 줘 3~6일 후 호흡곤란으로 사망한다.

보툴리눔에 감염된 통조림을 식별하는 방법은 클로스트리디움에 의해 형성된 가스 때문에 뚜껑 부분이 불룩해지는 것이다. 때때로 통조림에서 심하게 '상한' 냄새가 나기도 한다. 그러니 의심이 간다면 그냥 버리는 것이 상책이다.

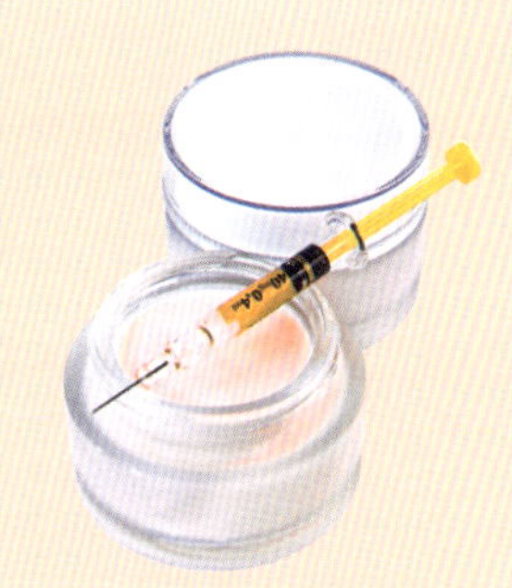

보톡스® 크림.

중추신경계 영역

척추동물의 중추신경계에는 **척수**와 **뇌**가 속한다. 척수에는 말초신경계에서 나온 정보들이 뇌까지 도달하는 동안 거치는 수행통로가 있고, 뇌는 도착한 모든 정보를 통합하여 거기서 해답을 이끌어내고 다시 척수나 호르몬의 신호에 따라 적당한 반응을 위한 명령을 말초신경계에 내린다.

이 밖에도 척수는 자신의 상위에 있는 중추에 상관없이 독립적으로 행동할 수 있다. **반사궁**의 경우가 그 예로서, 가장 간단한 경우 감각기관 세포와 척수로 향해 들어오는^afferent 신경섬유, 척수에 있는 한 세포, 척수에서 다른 곳으로 뻗어 나가는^efferent 신경섬유 그리고 임무를 실행하는 근육세포로 구성된다. 고유반사의 경우 인지와 반응이 동일한 기관에서 발생한다. 시냅스 반사의 경우는 이것이 모두 분리된다.

인간에게 좋은 반사

'반사적으로'라는 말은 흔히 길게 생각하지 않고 목표한 대로 빨리 행동하는 것을 의미하는 말로 사용되기도 한다. 생물에서 사용하는 반사라는 말도 이와 동일하다. 반사는 빨리 진행되고 자신의 목표에 도달한다. 그러나 뇌는 이에 참여하지 않는다.

무릎반사를 떠올려 보자. 의사가 반사망치로 진찰할 때, 슬개골 바로 밑에 있는 슬개건을 가볍게 두드린다. 그러면 보통 허벅지근육이 곧바로 뻗으면서 자유롭게 밑으로 향해 있던 무릎 아랫부분이 가볍게 위로 올라간다. 이때 감각기관은 허벅지에 있는 소위 근방추라는 팽창수용체이고, 이것이 즉시 척수에 있는 세포, 즉 운동뉴런에 "우리의 근육이 뻗었다"고 보고한다. 그러면 운동뉴런은 즉시 근육에 "구부려!"하고 명령을 내린다.

좀 더 쉬운 예로는 무거운 짐을 들었을 때 자연스럽게 굽혀지는 무릎이 있다. 이때 반사작용은 다리를 잘 지탱하도록 돕는다. 반사에 의해 허벅지근육이 수축하고 이로써 다시 안정되게 서 있을 수 있다. 이것이 반사의 생물학적 의미다.

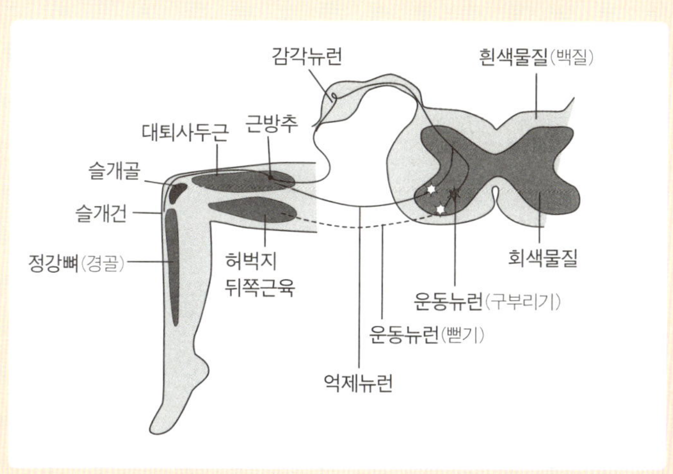

슬개건반사 patellar reflex (무릎반사).

기본적으로 뇌에서 이뤄지는 사고 과정의 경로가 지나치게 길 경우, 반사는 우리의 몸을 보호하는 기능을 한다. 그래서 뜨거운 냄비에 손을 데었을 때 '반사적'으로 손을 뗀다. 또는 눈에 뭔가 이물질이 들어간 듯할 때도 반사적으로 눈을 감는다. 이것은 각막반사다.

척추동물의 척수는 자신에게 걸맞은 이름을 가졌다. 많은 무척추동물의 복신경색과는 달리 그것은 등(척추)에 있기 때문이다. 뇌와 척수는 배아의 신경판에서 파생한다. 신경판은 외배엽이 두꺼워지기 시작하면서 형성되고, 양쪽으로 신경습이 형성되며, 신경습 사이에 신경구가 생겨난다. 계속해서 신경구가 봉합되면서 신경관이 형성되고, 신경관의 내부에서부터 척수에 있는 중심관과 뇌실이 생성된다. 이것들은 소위 뇌척수액으로 채워져 기계적 충격으로부터 뇌와 척수를 보호한다.

이는 해부학적으로 흰색물질(백질)과 회색물질로 구분된다.

- 세포체를 가진 실제적인 신경세포인 핵 주위부와 수상돌기, 미엘린으로 둘러싸이지 않은 축삭이 **회색물질**을 함유한다.
- 그와 반대로 **백질**은 주로 흰색을 띤 미엘린으로 둘러싸인 축삭으로 구성되어 있고, 척수에서는 바깥쪽에 위치한다. 몸에서 나온 정보를 뇌에 전달하는 수행통로가 여기서 나와 다시 나머지 몸으로 돌아간다. 백질은 척수와는 반대로 뇌에서는 주로 내부에 위치한다. 뇌의 백질은 학습 과정과 감정, 조절기능에 참여하는 뉴런 사이의 정보를 전달하는 통로로 구성되어 있다.

중추신경계의 신경교세포는 신경세포는 아니며 다양한 기능을 수행한다.

- **뇌실막세포**는 뇌실을 감싸고 있고 섬모를 이용하여 뇌척수액의 순환을 조절한다. 몇몇 뇌 영역에서는 뇌척수액의 생산에 참여하기도 한다.
- **미세신경교세포**는 뇌의 면역세포로서, 침입하는 병원균과 이물질로부터 뇌를 보호한다.
- **핍돌기 신경교세포**는 신경세포에서 미엘린마디를 만든다. 말초신경계에서는 슈반세포가 이 기능을 맡는다.
- 마지막으로 **별아교세포**^astrocyte(또는 성상교세포)는 보호세포의 역할을 한다. 세포 외부의 이온 농도, 특히 칼륨의 농도, 호르몬과 신경전달물질의 농도를 조절한다. 정보가 시냅스로 흘러가는 것을 용이하게 함으로써 정보를 전달하는 일에도 참여하고, 스스로 신경전달물질을 방출할 수도 있다. 주위에 있는 혈관을 확장하여 한 부위로 피가 흘러가는 것을 돕는다. 이 밖에도 혈액-뇌 장벽에서 뇌 부분을 형성하고, 뇌에 친수성물질이 지나치게 많아지는 것을 조정한다.

척추동물의 뇌 – 지역적 분화: 배아가 발달하는 동안 뇌는 부리 모양으로 머리 쪽을 향해 솟아 있는 신경관의 돌기로 형성된다. 이 둘을 각각 후뇌 rhombencephalon, 전뇌 prosencephalon라고 하고, 이들은 계속해서 나뉜다. 경계 부분에서 두 부분이 겹친 부분에서 먼저 중뇌 mesencephalon가 형성되고, 전뇌는 다시 대뇌 telencephalon와 간뇌 diencephalon로 나뉘며, 후뇌에서 뇌교 pons와 소뇌 cerebellum 그리고 연수 medulla oblongata가 생겨난다.

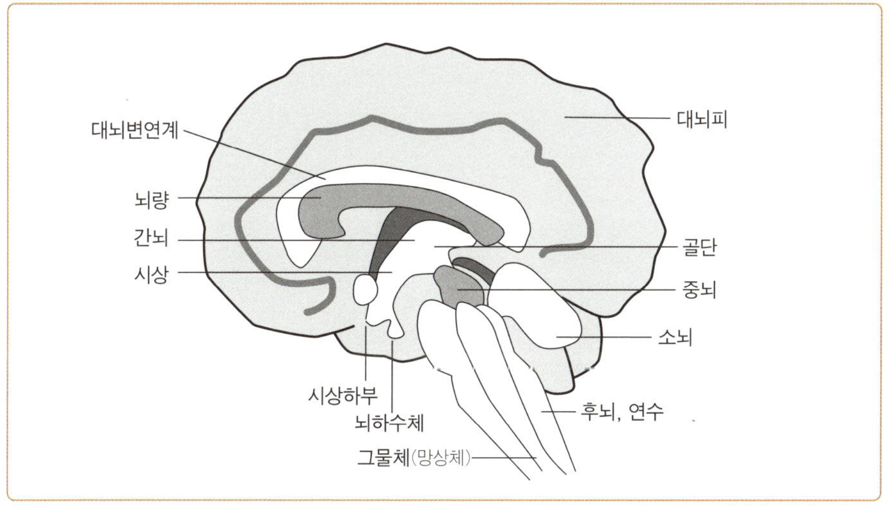

인간 뇌의 구성.

뇌간은 해부학적 단위는 아니며, 중뇌와 간뇌 그리고 연수로 구성되어 있다. 이 서로 다른 해부학적 부분들은 함께 작용하고, 말초신경계에서 나와 골수를 경유하여 도착한 정보들의 연결기지 역할을 한다. 이때 연수에서 뻗어 나가고 다시 뻗어 들어오는 대부분의 축삭들이 왼쪽에서 오른쪽으로, 또 반대방향으로 교차한다. 이는 대뇌의 왼쪽이 왜 운동과 감각 표현을 담당하는지, 반대로 오른쪽 뇌가 기타 기능 등을 담당하는지를 말해준다. 교차 정도는 각각의 종에 따라 차이가 있는데, 인간의 경우는 약 90%, 소의 경우는 단지 50%다.

중뇌에는 청각을 위한 중요한 중추들이 있고, 포유동물을 제외한 척추동물의 경우 중뇌에 중요한 시각중추인 피개^{tectum opticum}가 있다. 포유동물의 경우, 대뇌에서 시각적 인지가 통합된다. 그럼에도 중뇌는 시각적 반사를 조정하기 때문에 시각에 중요한 역할을 한다. 예를 들어 말초 부분에 해당하는 얼굴에 물건이 하나 나타나면 대뇌가 대상물의 상을 의식적으로 전해주기도 전에 반사로 인해 고개를 돌린다.

뇌에는 대뇌와 소뇌 사이에서 전환기지 역할을 하는 소위 교핵이 존재한다. 다리 역할을 하는 교핵 밑에는 운동에 중요한 섬유를 가진 추체로^{pyramidal tract}와 대뇌의 대혈관인 뇌저동맥이 지나간다.

연수에는 호흡과 심장순환계, 구토(실제로 구토중추가 있어 여기에 구토를 제어하는 약품을 투입한다)와 소화 등을 위한 중추가 자리 잡고 있어 혈압을 조절하는 작용을 하고, '자동적인' 호흡을 책임진다.

뇌관의 중요한 역할은 주의와 집중을 조정하는 데 있다. 여기에 연수에서 간뇌까지 이어지는 신경세포망인 **그물체**가 있다. 이것은 간뇌에서 가장 큰 부분을 차지하는 시상과 함께 어떤 정보를 대뇌피질에 전달할 것인지를 결정한다. 이때 어떤 정보가 활발한 의식 속으로 보내지고 어떤 것은 보내지지 않을지가 결정된다. 척수에 있는 다른 중추들이 주의력을 책임지는 반면, 교뇌와 연수는 활동 중 수면을 유발하는 중추를 가지고 있다.

소뇌는 일차적으로 운동과 균형을 조정하고 제어하는 역할을 한다. 손발과 관절의 공간에서의 위치에 대한 정보와 시각 및 청각계의 정보가 지나간다. 손을 올리는 것 같은 운동명령은 대뇌피질에서 만들어지지만 완료되는 곳은 정확한 조종을 책임지고 실수를 수정하는 소뇌다. 눈과 손의 조정은 소뇌의 전통적인 임무다. 소뇌가 손상될 경우, 눈은 움직이는 대상을 쫓지만 그 대상물이 실제로 존재하는 방향을 쳐다보지 못한다. 또한 이 대상물을 손으로 잡는 행위도 더 이상 가능하지 않다.

간뇌는 시상과 시상하부, 시상상부 부위로 이뤄져 있다. **시상**에는 도착한 감각정보의 주요 부분이 걸러져 다시 대뇌에 있는 담당 중추에 보내진다. 그 밖에도 감정과 주의를 담당하는 대뇌와 다른 중추에서 나온 정보들이 이곳으로 모인다. **시상상부**에서는 특히 솔방울샘에서 멜라토닌호르몬이 형성되고, **시상하부**에서는 체온의 조정과 유지, 배고픔과 갈증의 조절과 다른 많은 기본적인 체계가 이뤄진다. 이 외에도 중요한 호르몬이 생성된다(아래 참조). 또한 시상하부 중추는 짝을 찾을 때, 공격·도피반응을 조정할 때, 욕구를 느낄 때 중요한 역할을 담당한다.

생체시계

시상하부에는 특수화된 신경세포가 존재한다. 하루의 주기 리듬을 조절하는 시신경 교차상부핵[NSC; Nucleus Suprachiasmatic]이 그것이다. 이것은 24시간 이라는 리듬 속에서 진행되는 생물학적 활동 주기를 의미한다. 포유동물의 경우, 체온은 시신경 교차상부핵에서 조절된 리듬에 속한다. 밤에는 아침보다 체온이 0.5℃ 정도 높다. 또한 글루코코르티코이드[Glucocorticoid] 같은 호르몬의 배출도 여기에 속한다. 이 호르몬은 아침에 최고조에 달한다. 따라서 글루코코르티코이드 알약을 장기간 처방받았다면, 생체리듬을 최대한 따르고, 부작용을 최소화하기 위해서는 이른 아침에 복용하는 것이 가장 효과적이다.

NSC는 이러한 생체리듬을 시각계에 의해 얻어지는 정보와 일치시킨다. 즉 하루 길이의 자연스러운 주기에 대한 정보를 리듬과 일치시킨다. 따라서 명암에 대한 정보 없이도 24시간 주기의 리듬이 유지된다. 시각에 대한 정보가 매번 주어지지 않아도 평균적으로 24.2시간의 주기가 유지된다는 것이 실험으로 증명되었다.

대뇌: 포유동물의 대뇌는 정보를 처리하는 주요 장소로 왼쪽 반, 오른쪽 반으로 나뉘어 있고, 이 둘을 소위 '**대뇌반구**'라고 한다. 대뇌반구는 회색물질과 작은 회색 세포들, 신경세포들 층으로 덮여 있는데, 이것을 '**대뇌피질**'이라고 한다.

대뇌피질: 포유동물의 대뇌피질(**코르텍스**^{cortex})은 임의적인 운동과 인지, 학습 및 기억 과정에서 중요한 역할을 담당한다. 인간의 경우, 대뇌피질은 대뇌 전체 용량의 80%를 차지한다. 대뇌피질은 아주 강하게 주름이 잡혀 있기 때문에 표면이 커질 수 있다. 그 결과, 뼈로 구분되어 확장될 수 없는 두개골에 맞게 들어감과 동시에 다양하고 어려운 기능을 수행할 수 있게 한다. 대뇌피질의 두께는 0.5cm도 되지 않으나, 표면은 $2,500m^2$에 이른다. 작은 면적을 차지하면서도 최대한 많은 기능을 수행하기 위한 이러한 표면 확대 원칙은 폐포의 형태로 된 폐와 주름, 융모, 융털의 형태로 이뤄진 소화관에서 이미 경험한 바 있다.

대뇌피질 또한 오른쪽 반구와 왼쪽 반구로 구성되어 있고, 이 둘은 뇌량_{corpus callosum} 위에서 서로 연결되어 있다. 반구는 해부학상 4개의 엽으로 구분된다.

- 이마엽 또는 전두엽
- 관자엽 또는 측두엽
- 마루모서리 또는 두정엽
- 뒤통수엽 또는 후두엽

진화 과정에서 각각의 엽에는 다양한 기능적 영역들이 형성되었다. 전두엽에는 연상 영역과 운동 대뇌피질, 임의적 운동을 위한 영역이 있다. 측두엽에는 청각피질과 청각, 후각을 위한 영역들이, 두정엽에는 체성 감각피질이 있고, 인지와 감각표현을 담당하는 영역, 언어와 읽기를 담당하는 영역이 있다. 끝으로 후두엽에는 시각과 시각적 연상을 위한 영역들이 존재한다.

말초신경계 영역

향긋한 꽃 냄새!

말초신경계는 감각기관의 정보를 중추신경계로 전달하는 **구심성** 부분과 중추신경계에서 나온 정보와 명령을 근육과 분비선에 다시 전달하는 **원심성** 부분으로 구분된다. 해부학적으로 보면 말초신경계는 직접 뇌에서 나오는 뇌신경으로 구성되어 있고, 이것은 머리와 상반신에 있는 기관들과 연결되어 있다. 또한 척수에서 유래하는 척수신경들로 구성되어 있고, 머리 아래쪽에 위치한 지역들과 연결되어 있다. 척수신경은 일반적으로 구심성 섬유와 원심성 섬유를 가지고 있다. 이와는 달리 몇몇 뇌신경은 후점막과 뇌 사이에 있으며, 냄새를 전달하는 후각신경처럼 순수하게 구심성이다.

자율신경계 영역

자율신경계는 임의적이지 않은 과정들을 조절하는 일을 한다. 혈관의 근세포에 영향을 미쳐 혈압을 담당하거나 동방결절에 영향을 주어 심박수를 조절하고, 소화관근육에 영향을 주어 소화 과정에 관여하며, 그 밖에도 많은 일을 담당한다. 자율신경계에 속하는 두 부위만 인정된 후 오랜 시간이 지나고 나서야 학자들은 교감신경계와 비교감신경계 이외에도 그와 동급에 해당하는 장신경계가 있다는 사실에 동의했다.

- **교감신경계**는 일반적으로 고도의 활동 상태를 책임진다. 고도의 주의력과 포도당 형태로 더 많은 에너지를 준비하며, 빠른 심박과 혈압 상승을 통해 이러한 임무를 수행한다. 반대로 소화활동은 감소된다. 수행기관에 있는 교감신경계의 신경전달물질은 아드레날린과 노르아드레날린이다.
- **부교감신경계**는 많은 부분에서 교감신경의 반대 역할을 담당한다. 계통의 안정을 담당하며 소화 과정을 돕고, 포도당에서 나온 글리코겐의 형성을 증진시키며 심박수와 혈압을 저하시킨다. 수행기관에 있는 부교감신경계의 신경전달물질은 아세틸콜린이다.
- **장신경계**는 소화관(7장 참조)에 있는 신경세포 망으로 구성되어 있다. 거기서 효소의 분비, 쓸개즙과 소화관근육을 통제한다. 장신경계는 독립적으로 일하지만 일반적으로 교감신경계와 부교감신경계의 통제를 받는다.

말초신경계와 자율신경계는 해부학적으로 구분된 신경세포로 구성되어 있지만 일은 함께한다. 일례로 체온이 떨어지면 뇌의 시상하부는 열 손실을 막기 위해 자율신경계에 몸 표면에 있는 혈관을 수축하라는 지시를 내린다.

자극수용 - 수용기

환경에 대한 정보가 없다면 생명체는 사라질 것이며, 환경에서 발생하는 사건에 어떻게 적절히 반응하겠는가? 빛, 파장, 압력, 냄새 같은 자극을 아주 다양한 방법으로 받아들이는 감각수용기관을 소유한 감각기관은 아메바는 물론이고 인간의 매일매일의 삶을 위해 꼭 필요하다. 인간에게 중점을 둔 **감각수용기관**은 다음을 포함한다.

- 물리적 자극 수용기^{mechanoreceptor}
- 화학적 자극 수용기^{chemoreceptor}
- 온도 수용기^{thermoreceptor}
- 통증 수용기^{painreceptor}
- 일련의 동물종의 경우, 전자기 수용기^{electromagnetic receptor}

물리적 자극 수용기는 압력과 접촉, 팽창, 움직임 또는 파장에 의해 생겨나는 변화를 인지한다. 원칙적으로 한편으로는 세포의 외부 구조, 다른 한편으로는 세포의 내부골격과 연결된 이온통로에서 활동한다. 팽창이나 구부러짐 등 외부구조의 변화로 인해 세포 안에서 당기는 힘이 생겨나고, 이는 이온통로의 투과성에 변화를 유발한다. 이것은 다시 수용기의 탈분극 또는 과분극화를 초래한다. 앞의 무릎반사 항목에서 다룬 근방추나 신장 수용기가 이러한 물리적 자극 수용기다. 민감한 부분은 골격근의 가운뎃부분을 감고 있는 감각뉴런의 수상돌기다. 근육이 늘어나면 탈분극이 발생하고 활동전위가 유

고도로 민감한 물리적 자극 수용기.

발되며, 이것이 척수에 전달된다. 접촉을 감지하는 것은 피부 안 대부분의 결합조직에 위치한 물리적 자극 수용기로서, 이때 감각뉴런의 수상돌기가 중요한 역할을 한다. 이때 수용기는 그 위치에 따라 구분된다. 표면에 위치한 수용기는 가벼운 접촉을 인지하고, 더 깊숙이 위치한 수용기는 활동전위를 유발하기 위해 더 강한 압력을 필요로 한다. 고양이나 설치류의 감각 털에 있는 수용기는 고도로 민감한 물리적 자극 수용기다.

화학적 자극 수용기는 물질의 삼투성에 대해 언급하는 일반적인 수용기와 이와는 달리 특정 분자나 분자군에 특별하게 반응하는 수용기를 포함한다. 포유동물의 **삼투 수용기**는 사구체로 통하는 혈관과 근접한 신장에 위치하고, 수분의 결핍을 의미하는 혈액의 삼투성 상승을 조절한다. 이와 맞추어 뇌에는 '갈증 유발'이라고 알린다.

특수 수용기는 혈액에 있는 포도당이나 산화탄소 또는 산소의 농도를 조절한다. 포유동물의 목동맥 분기에는 혈액의 산화탄소 함량을 측정하는 화학적 자극 수용기가 존재한다. 만약 함량이 너무 높으면 "깊게/빨리 호흡하라"고 알린다. 나비의 경우, 이성을 유혹하는 성분인 페르몬을 위한 수용기가 동물세계에 있는 민감한 화학적 자극 수용기에 속한다. 암컷 누에나방의 페르몬 한 분자나 두 분자는 수컷의 안테나에 있는 적합한 수용기에 결합하여 반응을 유발한다. 끝으로 화학적 자극 수용기에 결합하는 것은 세포의 막전위 변화를 초래하고 이온의 투과성을 변화시킨다.

온도 수용기는 온도를 인지한다. 이 경우 서로 다른 온도 영역을 담당하지만 모두 이온통로 단백질인 여러 다양한 유형이 존재한다. 온도 수용기는 피부 속과 뇌하수체 전엽에 존재하고, 상하부에 있는 온도조절 중추세포로 보낸다.

통증 수용기 또는 통각 수용기nociceptor(라틴어로 nocere는 '상처를 입히다'라는 뜻)는 가끔 화나게 만들기도 하지만 생명체의 자기보호를 위해 매우 중요하다. 앞에서 말한 뜨거운 냄비를 기억하는가? 만약 통증 수용기가 아프다고 알리지 않는다면 우리는 어쩌면 조직이 더 이상 돌이킬 수 없을 정도로 파괴될 때까지 손을 계속 냄비에 올려놓고 있을 것이다. 보통 통증 수용기는 아주 재빠르고 반사적인 반응을 유발해 위험범위에서 벗어나게 한다.

실제로 통증을 느끼는 감각에 문제가 있는 사람들이 있다. 물질대사 상태가 잘 조절되지 않는 당뇨병 환자들의 경우가 그 예다. 지속적으로 상승하는 당 농도는 무엇보다 신경섬유와 내부 기관에 통증을 전달하는 일을 담당하는 신경 기능에 손상을 준다. 따라서 당뇨병 환자들은 통증을 제대로 인

아스피린®

식하지 못하기 때문에 자각하지도 못한 채 심근경색으로 어려움을 겪을 수도 있다. 해부학적으로 봤을 때 수용기의 경우, 해를 끼치는 물리적 · 화학적 자극 또는 온도의 자극을 인지하는 '솔직한' 수상돌기가 중요하다. 통증 수용기는 대부분 피부 안에 존재하지만 내부 기관에 존재하기도 한다. 프로스타글란딘prostaglandin 같은 신체 고유 물질은 통증의 인식을 더욱 강화시킬 수 있다. 진통제, 예를 들어 아스피린에 들어있는 아세틸살리실산acetylsalicylic acid은 이러한 프로스타글란딘의 형성을 억제하여 통증을 완화시킨다.

전자기 수용기는 아주 이색적이지만은 않다. 용어가 말해주듯 보통 눈으로 빛을 인지하는 수용기가 이에 속한다. 그러나 실제로 전기적이거나 자기적인 영역을 위한 수용기도 있다.

여섯 번째, 일곱 번째, 여덟 번째 감각?

인간에게는 이미 아리스토텔레스(기원전 384~322) 때부터 전통적으로 묘사되어 오던 시각, 청각, 후각, 미각, 촉각의 오감 외에 촉각과 비슷하게 피부에서 인지되는 온도감각, 통증감각 등 다른 감각들의 존재가 있음이 알려져 있다.

또 철새나 바다거북과 같은 동물은 땅의 자기장을 인지하여 위치를 파악할 수 있다. 매년 남쪽으로 이동하는 철새의 여행과 광활한 대양으로 향하는 붉은바다거북의 이동은 자기감각에 근거한 것이다. 그래서 거북은 내비게이션 없이도 남과 북을 구별할 수 있을 뿐 아니라, 최근에 알려졌듯이 동쪽과 서쪽의 위치도 구별할 수 있다. 거북은 자기장 선이 땅 표면을 뚫고 들어가려는 경향, 즉 적도에서 양극 쪽으로 갈수록 증가하는 이른바 복각magnetic inclination과 경도에 따른 자기장의 강도를 이용한다. 자기장을 인지하는 감각의 정확한 위치와 기능은 오늘날 확실하게 알려지지는 않았다. 다만 '자기성에 민감한' 척추동물의 두개골 안에 나타나는 철을 함유한 자철석이 이 일에 관여하는 것이 아닌가 추측하고 있다.

그러나 이것이 전부가 아니다. 전기뱀장어는 전기장을 발사하여 이것의 변화로 적이 접근하는 것을 인지할 수 있다. 또 방울뱀과 녹색독사 같은 독사들은 적외선 감지기관이 있어 열을 감지하고, 따뜻한 혈액을 가진 먹이가 접근하는 것을 인지한다.

끝으로 인간 중에는 두 가지 또는 그 이상의 분리된 감각인지를 하나의 통일된 '채널'로 수신하는 사람들이 있는데, 이것을 '공감각'이라고 한다. 예를 들면, 이들은 파란색을 냉기와 함께 감지한다. 사람들이 '차가운 색'이라고 말할 때, 그것은 수사적인 표현이 아니라 말 그대로를 의미한다. 즉 온도 수용기가 자극되는 것이다.

감각기관: 청각 - 균형

대부분 동물들의 경우, 청각과 균형을 위한 기관은 공간적으로 근접해 있다. 두 가지 인지를 위한 기본은 물리적 자극 수용기다. 그것의 표면구조는 액체 운동이나 딱딱한 미립자에 의해 조정되고, 활동전위가 유발된다.

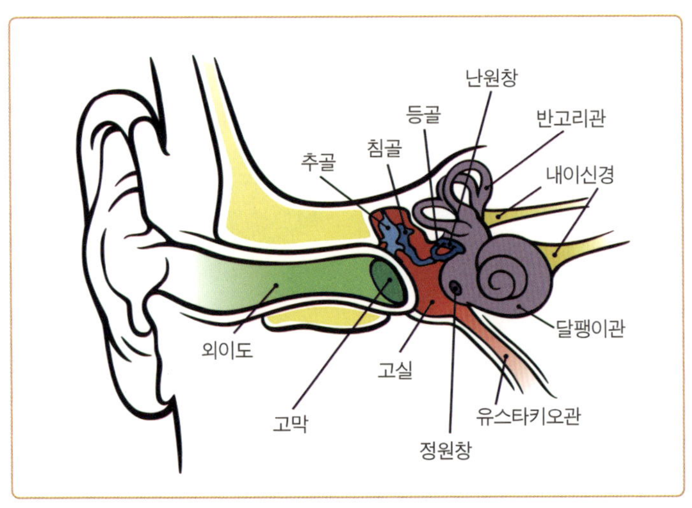

인간의 귀.

포유동물의 **청각계**에는 다음과 같은 요소들이 포함된다.

- 외이와 중이, 내이
- 내이의 달팽이관
- 달팽이관의 모세포
- 코르티기관

외이는 파장을 모으거나 묶는 귓바퀴로 이뤄져 있고, 외이도를 지나 외이와 **중이**를 구분하는 고막으로 연결된다. 고막은 파장으로 인해 진동하고, 이 진동은 중이에 있는 3개의 이소골인 등골, 침골, 추골을 지나 난원창으로 전달된다. 난원창은 추골 바로 밑에 있는 얇은 껍질로서 **내이**로 연결된다. 내이는 액체로 채워져 있는 방으로 구성되는데, 여기에는 균형기관에 속하는 3개의 반고리관과 청각기관을 구성하는 달팽이관이 포함된다.

달팽이관은 외림프로 채워져 있는 2개의 큰 방으로 이뤄져 있는데, 위에 있는 것은 전정계$^{\text{scala vestibuli}}$, 밑에 있는 것은 고실계$^{\text{scala tympani}}$다. 이 둘은 내림프로 채워진 달팽이관에 의하여 서로 구분된다. 외림프액과 내림프액은 그 구성에서 차이가 있다. 내림프는 특히 칼륨이온의 함량이 높은데, 외림프와 비교하면 플러스 80㎷의 전위차를 가지며, 세포 내부와 비교하면 150㎷의 전위차를 가진다.

난원창에서의 막의 진동은 달팽이관의 액체, 먼저 전정계에 압력파를 생성한다. 이로 인해 그 밑에 위치한 달팽이관과 기저막에 압력이 생긴다.

달팽이관 바닥에 위치한 기저막 위에 **코르티기관**이 있다. 이 안에 모세포인 실제적이고 물리적 자극 수용기가 존재한다. 이것의 털 또는 미세융모는 달팽이관으로 뻗어 있다. 이때, 일종의 덮개처럼 코르티기관 위에 걸려 있는 덮개막 쪽으로 융모가 붙어 있는 외유모세포와 이러한 접촉이 없는 내유모세포가 구분된다.

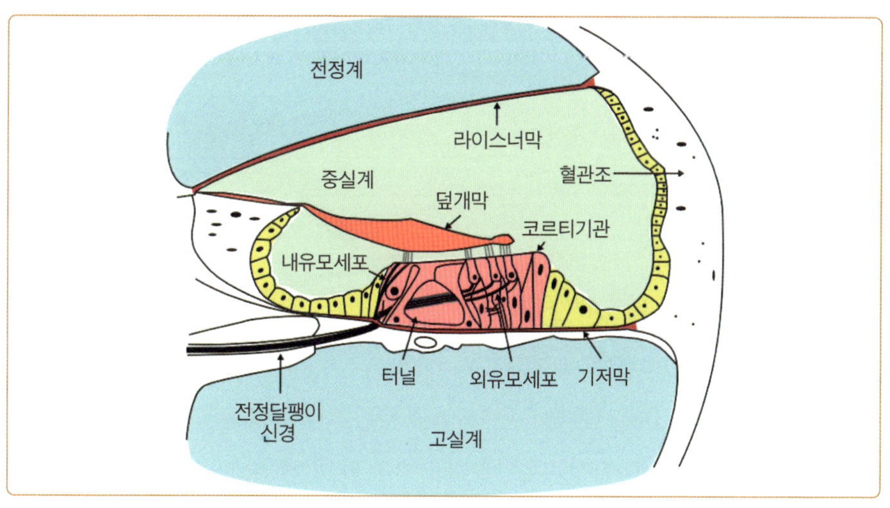

코르티기관의 구조.

압력에 의해 기저막이 진동하며, 이 진동에 의해 모세포의 융모가 먼저 한쪽 방향으로, 이어서 반대 방향으로 꺾인다. 모세포의 세포막에 있는 기계적으로 조절되는 이온통로들은 이렇게 생성된 힘에 의하여 개방된다. 그러면 내림프 안의 칼륨이온이 높아져 칼륨이 세포 안으로 밀려들어가고(347쪽 참조), 세포막의 탈분극이 발생하며, 청각신경인 전정달팽이신경을 따라 뇌 방향으로 보내지는 활동전위가 생겨난다. 이때 외유모세포가 파장빈도의 리듬 속에서 수축하여 덮개막을 끌어당기며 증폭기 역할을 하는 동안 내유모세포는 파장을 인지하는 일을 담당한다.

음량과 톤의 높이, 이 두 진동의 특징이 뇌에게는 흥미롭다. 크기는 파장의 진폭에 의해 결정된다. 진폭이 크다는 것은 기저막의 진동이 커짐으로써 신경에 더 많은 활동전위가 생겨나는 것을 의미한다. 톤의 높이는 파장빈도와 연관이 있다. 파장의 빈도가 높아지면 톤의 빈도도 높아진다. 기저막에서는 서로 다른 빈도가 서로 다른 장소에서 수신된다. 끝으로 가장 심하게 진동하는 막의 부분이 톤의 높이를 뇌에 전달한다.

균형감각 또한 내이에서 결정된다. 3개의 반고리관과 2개의 방, 즉 구형낭과 난형낭으로 구성된 균형기관은 중력과 가속에 맞게 몸의 자세를 인식하는 것을 가능하게 한다.

두 방은 각각 융모와 함께 젤라틴으로 이뤄진 반원을 향해 돌출된 모

균형 잡기.

세포군을 가지고 있다. 젤라틴 안에는 칼슘탄산염에서 파생된 미립자인 이석이 삽입되어 있는데 이석은 모세포의 융모를 누른다. 만약 머리를 기울이면 융모는 바깥쪽으로 몰린다. 이로 인해 모세포의 탈분극이 강화되거나 약화되는데, 이것은 머리가 기울어지는 방향에 의해 결정된다. 그 결과 담당 내이신경과 청각정보뿐만 아니라 균형기관의 정보도 전달하는 전정달팽이

신경에 있는 활동전위의 빈도에 변화가 일어난다.

이 밖에도 이석은 자동차의 정지와 출발 같은 선가속도 운동을 인지하는 것을 가능하게 한다. 그리고 구형낭은 수직, 난형낭은 수평으로 향해 있기 때문에 일례로 엘리베이터를 탈 때 수직방향으로 선가속도운동을 느낄 수 있다.

회전가속도는 반고리관에서 인식된다. 각각의 세고리관에도 역시 젤라틴으로 이뤄진 반원을 향해 돌출된 융모를 가진 모세포가 있다. 세고리관은 공간적으로 세 방향으로 배열되어 있으며 모세포가 밖으로 뻗어 나가는 장소에 따라 회전이 인식되고 그에 맞게 뇌에 전달된다.

우리의 뇌는 소음에 약하다

좋아하는 음악을 큰소리로 들으며 MP3 플레이어의 볼륨을 한껏 올리는가? 그럴 때 여러분은 이렇게 생각할 것이다. '괜찮아, 이어폰이 있잖아. 볼륨이 방해되지 않을 거야!' 그렇다면 여러분은 제대로 착각하는 것이다. 왜냐하면 여러분

편안한 휴식!

자신의 뇌가 이미 방해받는다고 느끼기 때문이다.

내이에 있는 미세한 감각세포가 소음에 의하여 파괴될 수 있다는 사실은 흔히 알려진 바다. 이와 더불어, 뮌스터 대학의 연구가들은 뇌에 있는 신경세포 또한 이로 인해 손상될 수 있다는 사실을 발견했다. 이는 일반적인 청각테스트가 아닌 뇌자도magnetoencephalography, MEG라는 특별한 연구 방법에 의해 밝혀졌는데, 청각을 담당하는 부위인 대뇌피질의 뉴런 활동

을 측정한 것이다. 신경세포가 활동하면 약하게 자기신호를 보내고 그것이 MEG에 기록된다. 신경세포가 활동적이지 않으면 신호는 없다. 그 결과 이어폰을 끼고 음악을 크게 듣는다고 말한 사람들은 볼륨을 작게 조정하는 사람들에 비해 배경소음에서 중요한 소리를 잘 선별하여 듣지 못한다는 사실이 밝혀졌다.

또한 연구가들에 따르면 아주 미세한 효과까지 고려하고 규칙적으로 뇌에 소음을 '과다하게 부여'할 경우, 뇌가 배경소리에서 중요한 청각적 신호를 점점 더 구분하지 못하게 된다고 한다. 내이에서 발생하는 손상 및 파괴는 청각 상실과 이명을 유발할 수도 있다. 아직 장기간의 사례는 없지만 분명히 뇌와 청각은 결코 잊지 않는 것이다. 따라서 항상 볼륨을 높이는 대신 한번쯤은 감미로운 음악을 선곡하길!

감각기관: 미각 - 후각

미각과 후각은 향물질 분자나 음식 속에 있는 분자들을 인식하고 결합하는 화학적 자극 수용기에 근거한다. 이 두 감각은 음식을 찾거나 선택할 때, 사회적 단체에서 소통할 때, 자기영역을 표시할 때, 산란을 위해 자신이 태어난 강으로 돌아올 때 그곳의 특별한 냄새를 인식하는 연어처럼 이동 시 방향을 설정하는 데 중요한 역할을 한다.

미각세포는 소위 미뢰(맛봉오리)와 혀 위, 혀의 돌기와 입안 공간에 있는 변형된 상피세포에 위치한다. 미뢰의 특수화된 수용기 덕분에 다섯 가지 맛이 구분된다.

- 단맛
- 신맛

- 쓴맛
- 짠맛

다섯 번째 맛은 아미노산 글루탐산염에 의하여 유발되는데, 이것은 맛을 내기 위해 자주 즉석 조리식품에 첨가되고, 고기나 숙성된 치즈에서도 발견된다.

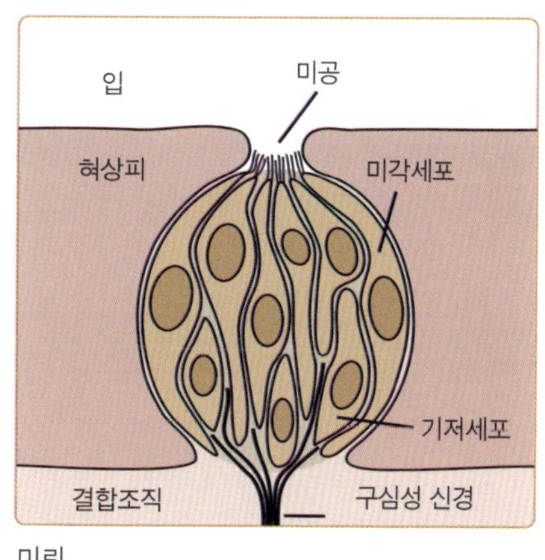

미뢰.

맛의 분자적 기본은 다양한 **막단백질**에 있다. '쓴맛'을 위한 막단백질은 약 30개이지만, '단맛'을 위해서는 단 하나의 막단백질만 있다. 기본적으로 세포에 있는 해당 단백질에 결합함으로써 신호의 단계적 연쇄반응이 유발되고, 이것은 감각뉴런에 활동전위를 전달한다.

냄새를 인지하는 일을 담당하는 신경세포들은 축삭을 가진 일차적인 감각세포들이다. 인간의 경우, 이 감각세포들은 비강의 윗부분을 덮고 있고 활동전위를 직접 후구로 보낸다. 후구는 얇은 뼈층에 의해 코 점막과 구분된다. 점막의 수상돌기는 점막층을 향해 돌출한 융모를 가지고 있다. 냄새 물질이 들어오면 융모는 감각세포막의 단백질과 결합한다. 이 결합에 의하여 G−단백질에 의해 조정되는 메커니즘(위 이미지 참조)과 세포 내 신호의 단계적 연쇄반응이 유발된다. 이로 인해 이온통로들이 열리고, 이것은 다시 막의 탈분극화와 이로 인한 활동전위를 초래한다.

인간은 수천 가지의 냄새를 구분할 수 있다. 물론 이를 위해 그만큼 다양한 유형의 수용기가 필수적이다. 실제로 후각 수용기를 위해 천 개 이상의 유전자를 소유한 유전자 가족이 존재한다. 이것은 모든 인간 유전자의 3%에 해당되는 수다. 하나의 냄새를 완전히 감지하는 일에 여러 후각세포가 함께 참여하며, 각각의 후각세포들은 냄새 물질의 한 부분을 인지한다. 다양한 후각세포들의 반응이 합쳐져서 다시 전체 냄새가 특징지어지는 것이다.

감각기관: 시각

거의 모든 동물 세계에서 시각은 비슷한 기작에 기인한다. **무척추동물**도 빛을 감지한다. 아주 단순한 형태로는 편형동물의 색소 배단안^{pigment cup ocellus}이 있고, 반대로 빛을 감지하는 여러 개의 홑눈으로 이뤄진 곤충이나 갑각류의 겹눈은 고도로 복잡한 구조를 가진다.

황제잠자리의 겹눈.

이제 **척추동물**의 눈을 자세히 들여다 '보기'로 하자. 안구는 눈 앞쪽에 있는 얇고 투명한 결막 또는 공막으로 이뤄져 있고, 이를 '**각막**'이라고 한다. 각막을 통해 빛이 눈으로 들어온다. 안쪽으로 공막 다음에 맥락막이 이어진다. 망막의 앞쪽에 위치한 맥락막은 링 모양의 **홍채**를 위해 특수화되어 있다. 색소를 가진 홍채는 눈에 고유의 색을 부여한다. 홍채 뒤에는 **수정체**가 위치하고, 이것은 맥락막의 앞쪽 경계 부분에 위치한 둥근 모양의 근육인 **모양체**의 모양소체에 매달려 있다. 모양체는 수양액이라는 맑은 액체를 생산하는데, 이것은 전안방을 채우고 있다. 수양액은 일반적으로 관 시스템을 통해 혈관으로 빠져나가는데, 이 시스템이 막히면 눈 안의 압력이 상승한다. 이것을 안 내압 상승이라고 하고, 전문적으로는 녹내장이라고 한다. 상승한 안압을 치료하지 않으면 장기적으로 시신경을 손상시켜 시력을 잃을 수도 있다.

　유리 같이 투명한 수정체에는 신경과 혈관은 없지만 수양액을 통해 영양을 섭취한다. 포유류의 눈은 수정체 형태를 변형시켜 원거리와 근거리에 있는 물체에 초점을 맞춘다. 이러한 형태의 변화는 모양체 근육들에 의해 발생한다. 모양체 근육이 수축하여 모양소체가 느슨해지면 수정체는 더욱 동그랗고 두꺼워진다. 모양체가 이완하면 모양소체가 수정체를 위아래로 잡아당기고, 그 결과 수정체가 평평해진다. 이것이 초점을 맞추어나가는 수정체의 조절능력 과정이다. 이와는 달리 어류나 오징어는 수정체의 형태를 변화시킴으로써 **초점**을 맞추는 것이 아니라 수정체를 앞뒤로 움직여 초점을 맞춘다.

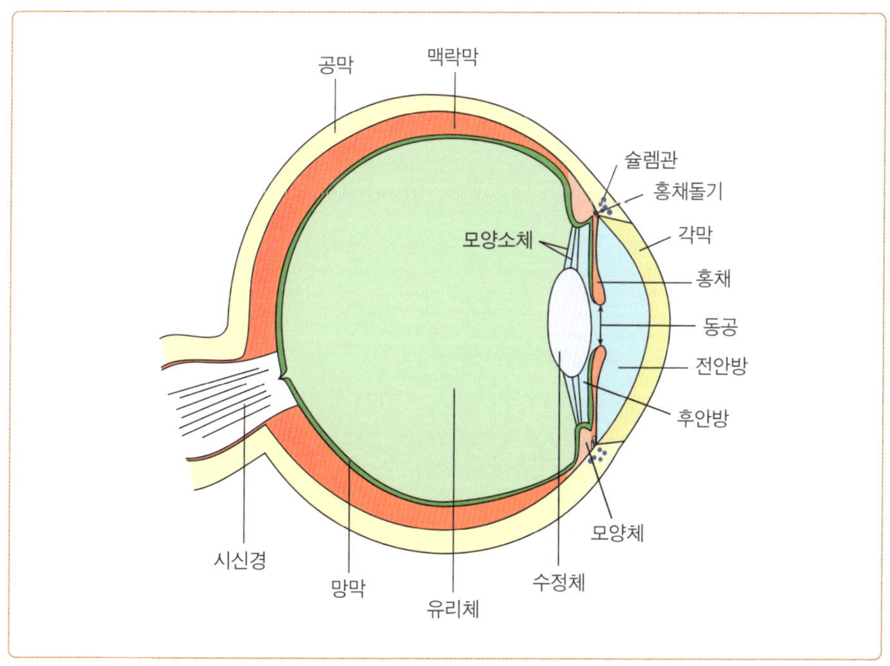

눈의 구조.

눈의 가장 안쪽에 있는 층은 **망막**을 형성한다. 망막은 광수용체 세포와 다층의 신경세포로 이뤄져 있다. 광수용체가 수집한 정보들은 **시신경돌기**를 지나 눈을 떠난다. 이때 눈의 시신경은 뇌로 이어진다. 돌기에는 빛 수용체가 존재하지 않아 이 부분을 '블라인드 스팟^{blind spot}(맹점)'이라고 부르며 이곳에 들어오는 빛은 인식되지 못한다.

수정체와 모양체는 눈을 두 영역으로 구분한다. 각막과 수정체 사이에 있는 **전안방**과 교질의 유리체가 있는 수정체 뒤의 좀 더 큰 **후안방**으로 구분된다.

포유동물의 경우, 망막에 존재하는 광수용체를 두 가지로 구분한다.

- 막대 모양의 **간상세포**는 빛에 매우 민감하나 색을 구분하지는 못하고, 명암을 구분하는 일을 담당한다. 인간의 경우, 약 1억 2만 5천 개의 간상세포가 있고, 황반과 멀어질수록 그 수가 증가한다.
- **원추세포**는 간상세포에 비해 빛은 덜 감지하지만 색을 구분할 수 있다. 6백만 개의 원추세포가 있고, 황반에 집중되어 있다. 3개의 원추세포는 노란빛과 초록빛, 파란빛에 가장 강하게 반응한다. 물론 이 스펙트럼은 엄격히 구분되는 것이 아니라 중복된다.

간상세포와 비교했을 때, 원추세포의 수는 동물이 밤에 더 활동적인지 또는 낮에 더 활동하는지에 따라 달라진다. 밤에 활동적인 경우, 색을 보는 것이 필요한 것이 아니라 명암을 구분하는 것이 더 중요하기 때문이다. 낮에 활동할 경우는 색을 보는 것이 중요하다. 인간과 영장류는 색을 구분하는 능력을 가졌지만, 고양이처럼 다른 많은 포유동물은 밤에 활동하기 때문에 이에 상응하여 색을 보는 능력이 떨어진다.

그렇다면 빛의 자극이 주어지면 어떻게 뇌에 있는 담당기관에 보고될까?

원추세포와 간상세포에는 시각색소가 있다. 시각색소는 비타민 A의 유도체인 레티날(색소포)로 구성되어 있고, 이것은 간상세포에 있는 옵신^{opsin}이라는 막단백질과 결합해 있다. 레티날과 옵신의 합성물을 **로돕신**^{rhodopsin}이라고 한다. 3개의 서로 다른 원추세포에는 레티날이 아미노산 배열에서 약간의 차이를 보이는 옵신의 서로 다른 3개의 형태와 결합해 있다. 옵신의 종류는 어떤 파장의 길이가 최상으로 수신되는지를 결정한다. 이때 시각색소를 요돕신^{iodopsin}이라 하고, 영어로는 간혹 포톱신이라고도 한다.

어둠 속에서 간상세포와 원추세포의 나트륨통로는 열려 있어 막전위는 '정상적인' 신경세포에 긍정적이다. 통로들은 트란스두신^{trandusin}이라는 막단백질에 의해 열린 상태로 있다. 트란스두신은 GDP 대신 cGMP와 함께 일하는 G-단백질에 연관된 수용기다. cGMP가 트란스두신에 결합해 있지 않으면 통로들은 닫힌다.

빛이 들어오면 레티날의 구조가 변화한다. 전문적으로는 시스^{cis}에서 트란스^{trans}기 된다고 한다. 그 결과 트란스두신에 결합할 수 있는 옵신의 구조 또한 변화한다. 이로 인해 옵신은 활동적인 형태로 전환된다. 옵신이 활성화됨으로써 다시 이 과정에 참여하는 제3의 단백질이 활성화되는데, 이 경우 막의 포스포디에스테라아제^{phosphodiesterase}가 효과기로 활성화된다. 이로 인해 cGMP가 GMP로 전환된다. 그러면 옵신에 결합한 트란스두신이 감소하고, 나트륨통로는 닫히며, 막은 과분극화된다. 이렇게 유발된 자극은 망막의 신경세포층, 즉 양극세포$^{bipolar\ cell}$와 신경절세포를 지나 뇌에 있는 시신경에 전달된다.

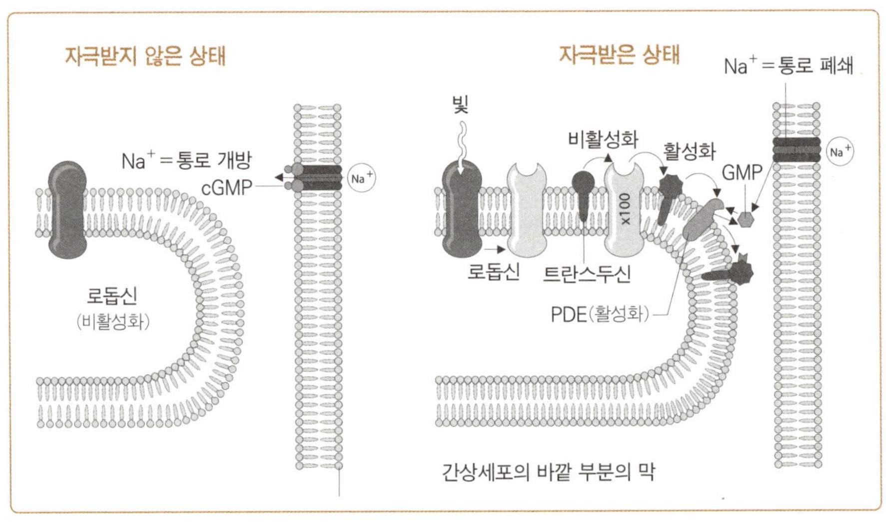

시신경세포.

호르몬계

호르몬은 몸 안에 있는 전령사로서, 내부기관 사이 또는 뇌와 종말기관 사이에 있는 정보를 전달한다. 신경세포에 있는 신경전달물질과 유사하다. 호르몬은 **내분비샘**에 의해 형성되고 혈액과 함께 순환하며 목표 세포로 이동한다. 그곳에서 호르몬은 특별한 세포막 수용체와 결합하여 세포 내부에서 각각의 호르몬의 효과를 가져오는 하나의 반응이나 연쇄적 반응을 유발한다. 아드레날린이나 인슐린 같은 **물에 녹는 호르몬** 대부분이 이에 해당한다. 이처럼 특정한 호르몬에 해당하는 특정한 수용체를 가진 세포만이 반응할 수 있다.

신호전달의 다른 종류는 스테로이드 같은 **지방에 용해되는 호르몬**의 경우에서 발생한다. 이 호르몬은 세포 안으로 녹아 들어가 거기서 세포질에 있는 수용체와 결합한다. 호르몬 수용체 결합체는 세포핵으로 이동하고, 수용체의 구성 성분은 DNA와 상호작용을 일으킨다. 이 상호작용에 의해 각각의 호르몬으로 특징지어지는 특수화된 세포들은 전사^{transcription}를 시작한다.

끝으로 호르몬의 세 번째 그룹은 비타민 D(이것은 비타민이라기보다 호르몬이다) 또는 티록신^{thyroxine}(갑상샘 호르몬)이다. 이것의 수용체는 세포핵에 있어서 세포 안에서 수용체와의 결합이 이뤄진다. 나머지 과정들은 지방에 용해되는 호르몬에 대해 설명한 바와 동일하다.

호르몬의 배출을 조절하는 간단한 제어 시스템

호르몬이 분비되면 일반적으로 언젠가는 원하는 효과가 나타나야 한다. 생물체는 어떤 방법으로 해당되는 호르몬이 영원히 분비되지 않도록 규제하고, 원래의 효과가 뜻하지 않게 과도해지지 않도록 조절할까?

이를 위한 간단한 체계가 제어 시스템으로, 이미 설정된 기준 값에 의해 호르몬의 분비가 결정되는 시스템이다. 그 예가 인슐린 분비다. 혈액 속의 포도당 농도가 한계치를 넘으면 이자에서 인슐린이 분비된다. 일반적으로 100㎖ 혈액 속에 약 80~100㎎의 글루코오스가 존재한다. 인슐린이 혈액과 기관, 예를 들어 간에 도착하면 거기서 간세포막의 수용체 단백질과 결합하고 세포 내의 신호 연쇄반응의 여러 과정을 거치면서 혈액에서 나온 포도당을 간세포로 흡수

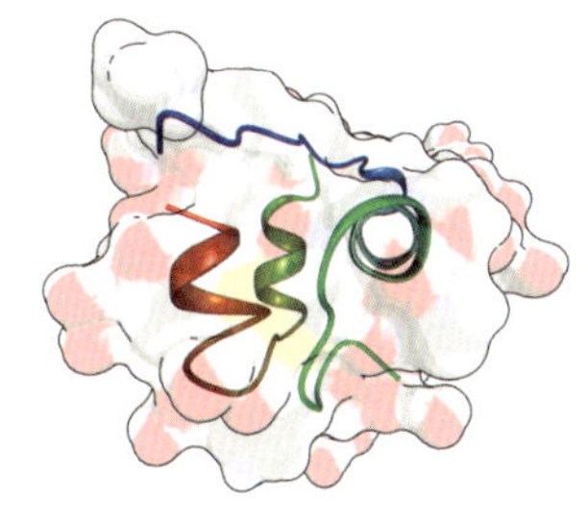

인슐린 분자.

한다. 이로 인해 혈액 내 포도당의 농도가 떨어지고 인슐린을 분비했던 자극은 약화하거나 사라진다. 이렇게 하여 포도당 농도는 일정 수치로 떨어

진다.

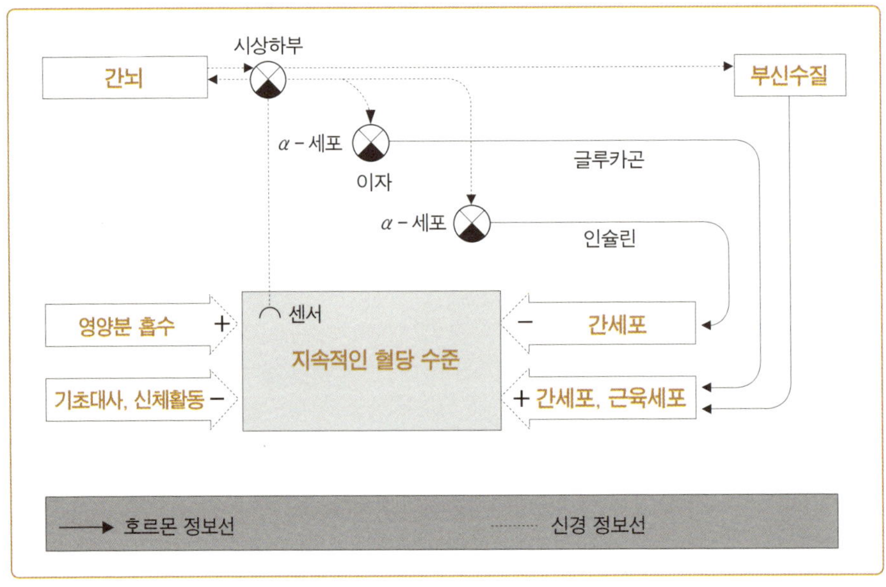

혈당 조절.

이 모든 것은 반대 경우에도 작동한다. 혈액 내의 포도당 농도는 떨어져서는 안 되고 일정 수준을 유지해야 한다. 무엇보다 인슐린은 뇌의 에너지공급원이기 때문이다. 포도당 농도가 혈액 100㎖당 70㎎ 이하로 떨어지면 글루카곤이라는 다른 호르몬이 분비된다. 이 또한 이자에서 분비된다. 이 호르몬은 인슐린과 정확히 반대 작용을 한다. 글루카곤은 글리코겐이 포도당으로 분해되는 것을 돕고, 몇 개의 아미노산에서 포도당을 새롭게 생성한다[gluconeogenesis](당신생). 그 결과 혈액 내 포도당의 농도가 상승하고, 글루카곤의 분비는 감소하며, 포도당의 농도는 목표수준에 달한다.

이미 설정된 기준치가 규제 역할을 하고 서로 반대로 작용하는 호르몬의 분비를 결정하는 이러한 단순한 원칙은 흔히 발견되는 메커니즘이다. 칼시토닌[calcitonin]과 파라트호르몬[parathormon]에 의해 칼슘 농도가 조절될 때도 이와 유사한 과정이 발생한다.

신경계와 호르몬계의 상호조화

이 밖에도 뇌는 계속해서 호르몬을 주시하고 있다. 간뇌의 시상하부는 호르몬의 필요성에 따라 다양한 방출인자를 분비함으로써 말초 호르몬의 농도를 조절한다. 이 방출인자는 먼저 뇌하수체 전엽에 영향을 끼친다. 시상하부 밑에 위치한 돌기 모양의 뇌하수체는 배아가 발달하는 동안 입천장(구개)에서 나와 뇌 방향으로 자라고, 결국은 입천장과 분리된다. 따라서 성인의 경우, 더 이상 연결되어 있지 않다. 뇌하수체 전엽은 특정한 호르몬을 방출함으로써 시상하부의 방출인자에 반응한다. 호르몬은 해당 종말기관을 자극하고, 종말기관은 해당 호르몬을 분비한다. 혈액 내의 호르몬 농도는 해당 방출인자를 분비했던 시상하부에 다시 작용한다. 결국 말초 호르몬의 분비가 종료된다.

예: 시상하부는 방출인자 CRH, 즉 코르티코트로핀corticotropin 방출호르몬을 분비한다. CRH는 뇌하수체 전엽에서 ACTH, 즉 아드레노코르티코트로핀adrenocorticotropin을 분비한다. ACTH는 부신피질을 자극하여 코르티솔호르몬을 방출하게 한다. 이 호르몬은 혈액으로 공급된다. 혈액 내의 코르티솔 농도가 상승하면 시상하부가 화학 수용체를 통해 이것을 인지함으로써 CRH의 분비가 종료된다. 이에 따라 ACTH의 분비 또한 코르티솔의 분비가 완전히 중단될 때까지 중지된다.

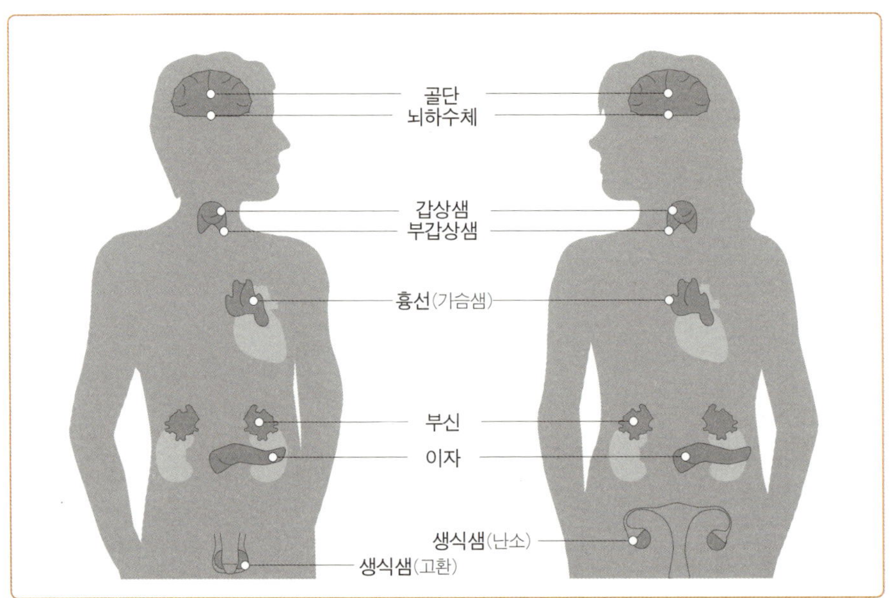

내분비샘.

 전체적으로 몸속에 있는 호르몬은 여러 다양한 기능에 동참한다. 신진대사의 조절, 물의 흡수와 배출, 전해질의 형성과 분비 등 많은 것에 관여한다.
 다음 표는 인간의 중요한 호르몬과 그 생성기관, 효능, 조절에 대해 정리한 것이다.

기관	호르몬	화학	효능	조절
시상하부				
호르몬을 형성하고 필요에 따라 특별한 순환계를 통해 뇌하수체 전엽으로 분비한다.	방출(유리)호르몬	펩티드	뇌하수체 전엽에서 호르몬이 분비되도록 자극	신경계
	억제호르몬	펩티드	뇌하수체 전엽에서 호르몬이 분비되는 것을 억제	신경계
호르몬을 형성하고 축색돌기를 따라 분리해서 신경하수체에 저장	방출(유리)호르몬	펩티드	뇌하수체 전엽에서 호르몬이 분비되도록 자극	신경계
	항이뇨호르몬 Antidiuretic hormone; ADH	펩티드	신장에서 물이 재흡수되는 것을 도움	혈액 내 용적상태와 나트륨 농도
신경하수체 (뇌하수체 후엽)	저장과 자극에 따라 시상하부에서 생산되는 호르몬인 ADH와 옥시토신 분비			
뇌하수체 전엽	성장호르몬 (소마토트로핀 somatotropin)	단백질	신체성장 자극, 탄산화물 신진대사에서 다양한 기능 수행	시상하부의 적절한 방출인자
	프로락틴 prolactin	단백질	젖샘에서 모유생산과 분비 자극	시상하부의 적절한 방출인자
	소포자극호르몬FSH	글리코 단백질	난자와 정자세포 형성 자극	시상하부의 적절한 방출인자
	황체형성호르몬LH	글리코 단백질	난소(난자의 성숙, 배란)와 고환(정자 성숙, 테스토스테론 testosterone 분비) 자극	시상하부의 적절한 방출인자
	갑상샘 자극 호르몬	글리코 단백질	갑상샘 자극 (호르몬 생산과 분비)	시상하부의 적절한 방출인자
	아드레노코르티코트로핀 호르몬 (부신피질 자극호르몬ACTH)	펩티드	부신피질 자극 (글루코코르티코이드Glucocorticoid) 분비	시상하부의 적절한 방출인자
골단(솔방울샘)	멜라토닌	변형된 단백질 (트립토판 trypto−phan)	일주기 생체리듬 조절을 도움	명암 변화
갑상샘	티로닌(T4) 트리요오드티록 triiodothyronine,T3	변형된 단백질 (티로신)	신진대사 촉진	TSH
	칼시토닌calcitonin	펩티드	혈액 내 칼슘 농도 완화	혈액 내 칼슘 농도

기관	호르몬	화학	효능	조절
부갑상샘	파라트호르몬	펩티드	혈액 내 칼슘 농도 상승	혈액 내 칼슘 농도
판크레아스(이자)	인슐린	단백질	혈액 내 포도당 농도 완화	혈액 내 포도당 농도
	글루카곤	단백질	혈액 내 포도당 농도 상승	혈액 내 포도당 농도
부신피질	미네랄코르티코이드, 특히 알도스테론 aldosterone	스테로이드	나트륨 재흡수와 신장에서의 칼륨 분비 보조	혈액 내 칼륨 농도, 앤지오텐신 II angiotensinII
	글루코르티코이드, 특히 코르티솔cortisol	스테로이드	지방과 글리코겐 등의 다양한 분해 과정 시 혈액 내 포도당 농도의 상승, 면역반응의 억제, 염증에 대한 반응 억제	ACTH
	극소의 성호르몬 (안드로겐, 에스트로겐)	스테로이드	이하 참조	정상적인 경우 기능적 의미 없음
부신수질	아드레날린	카테콜라민 catecholamine	신진대사력 촉진, 예를 들어 심작박동수의 가속화, 근육 혈관 확장, 공격－도피반응 보장	신경계
	노르아드레날린	카테콜라민	혈관의 축소, 결과: 혈압 상승	신경계
고환	남성호르몬 안드로겐, 가장 중요한 대표적인 호르몬은 테스토스테론	스테로이드	남성성의 발달과 유지, 정자 생산 보조	FSH, LH
난소	여성호르몬 에스트로겐	스테로이드	여성성의 발달과 유지, 자궁내막의 성장(특히 난포기)	FSH, LH
	프로게스테로겐 progesterogen	스테로이드	자궁내막의 성장(특히 황체기)	FSH, LH

학습과 기억

배아가 발달하는 동안 이미 신경세포와 시냅스가 있는 신경계의 기본 구조가 형성된다. 그 결과 치열한 경쟁구도가 펼쳐진다. 즉 활동적인 뉴런은 살아있고 다른 것들은 죽는다. 신경세포의 성장은 특정 기관에 의해 분비되는 성장인자와 결합한다. 이러한 신호물질은 신경세포에게 기능을 수행하는 신경계로 발달하기 위해서는 어느 방향으로 자라야 하는지, 소위 길을 가르쳐준다. 그 목적지에 도달하지 못한 세포들은 사멸한다. 이러한 방식으로 인간이 태어날 때는 원래 있었던 배아 뉴런의 약 절반이 죽은 상태다.

시냅스의 형성은 또 다른 중요한 단계다. 여기서도 나중에 필요한 시냅스보다 더 많은 양의 시냅스가 만들어진다. 뉴런은 이 중에서 계속 발전해나가는 몇 개를 사용한다. 사용되지 않은 시냅스는 사라진다. 시냅스의 경우, 원래 형성되었던 시냅스의 약 50%만이 사용된다.

학습 중.

출생 이후에도 신경계는 특히 자신의 활동에 스스로 반응하면서 여전히 변화한다. 이러한 신경계의 특성을 **신경가소성**이라고 한다. 가소성의 주요 부분은 시냅스에서 발생한다. 시냅스에 있는 시냅스 전후 뉴런 사이의 강한 활동성은 이 두 신경세포 사이에 있는 또 다른 시냅스를 형성하도록 유발한다. 그러나 두 뉴런과의 소통이 이뤄지지 않을 경우 둘 사이의 연결은 붕괴되고, 그 결과 무용지물이 되고 만다. 결과적으로 한곳에서는 신경세포 간의 신호전달이 강화되고 다른 한곳에서는 약화된다. 이러한 정교한 조정은 부상 후 회복단계에서 중요한 역할을 담당한다. 또한 학습 과정과 기억력 형성과 마찬가지로 건강한 신경계에서도 중요한 역할을 한다.

인간은 의식하지 못해도 주변 환경에 대한 정보를 끊임없이 저장하고 이전에 아주 잠깐 발생한 일들과 비교한다. 이러한 정보는 먼저 **초단기기억**이라고 하는 감각기억에 도착한다. 감각기억은 감각방식에 따라 특수화된다. 즉, 눈으로 본 것은 귀로 들은 것과는 다른 장소에 저장된다. 감각기억은 1초도 지속되지 않는다. 정보는 다시 사용되면 **단기기억**에 저장된다. 그사이 불필요하거나 더 이상 필요하지 않다고 여겨지는 정보는 삭제된다. 반대로 필요하다고 여겨지면 **장기기억**으로 이동한다. 예를 들어, 여러분이 누군가의 이름을 기억하고 싶다면 그것을 장기기억에서 불러내어 소위 작업을 위한 저장소라고 할 수 있는 단기기억으로 다시 가지고 와야 한다.

기억의 해부학적·생리학적 기초는 여전히 연구 중이다. 지금까지는 **대뇌피질**이 기억 형태에 결정적인 역할을 한다는 의견이 지배적이었다. 단기기억을 위해서 대뇌 중간에 위치한 **히포캄포스**^{hippocapus}(해마체)에 지나간 연결들이 저장된다. 해당하는 정보들이 장기기억으로 옮겨지면 해마에 저장된 것은 소멸되고 대뇌피질에 있는 장기적 연결로 대체된다.

따라서 해마는 기억을 위해 절대적으로 필요하다. 부상을 당하거나 아플 경우, 인간은 그 이전에 발생한 일들을 모두 기억한다. 그러나 새로운 기억의 내용들을 형성할 능력은 없다. 이전에 이미 유사한 경험이 있을 경우, 장기기억으로의 이동이 수월해진다. 예를 들어, 한 악기를 잘 연주할 줄 알면 다른 악기를 연주하는 법을 배우는 것은 더욱 쉬워진다.

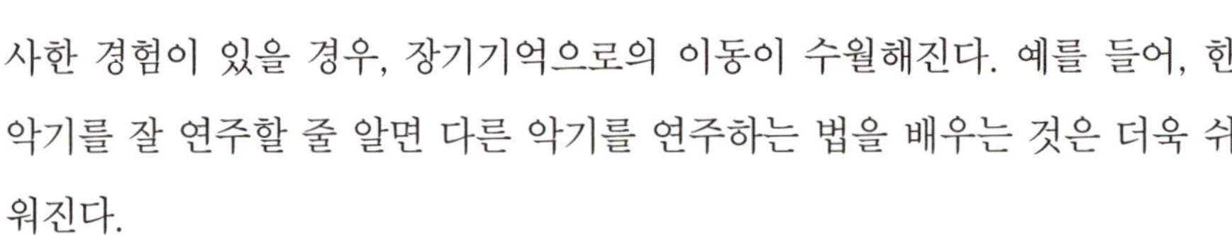

저장장소가 충분한가?

치매: 망각 그 이상

아주 일반적으로 말하면 치매는 정신적 능력이 저하되는 것이다. 뇌의 기능이 계속 악화된다. 이때 사고력과 기억력이 이에 가장 근접하게 해당되는 부분이다. 새롭게 접한 정보나 새로 학습한 것을 더 이상 제대로 이해할 수 없고 저장할 수도 없다. 즉, 기억하지 못한다. 물론 노인들의 기억력 저하가 모두 치매를 의미하는 것은 아니다.

여러분은 아마도 '치매'하면 알츠하이머 치매를 떠올릴 것이다. 이 이름은 20세기 초, 이 질병에 대해 처음으로 기술한 정신과 의사 알로이스 알츠하이머 $^{Alois Alzheimer(1864~1915)}$의 이름에서 따온 것이다. 여러분의 대답은 결코 틀린 것이 아니다. 알츠하이머 치매는 가장 흔한 치매 형태이기 때문이다. 이것은 뇌에 비정상적인 단백질인 베타아밀로이드 $^{beta-amyloid}$가 쌓여 신경세포가 파멸되는 질환으로, 모든 치매질환의 약 3분의 2를 차지한다. 물론 치매의 다른 원인도 있다. 예를 들면, 뇌에 혈액이 잘 흐르지 않으면 이로 인해 뉴런이 사멸한다. 또한 장기간의 알코올 과다 복용, 호르몬 질환, 감염 또는 염증이 치매의 원인이 되기도 한다.

실제적인 치매 질환의 경우, 단기기억의 약화로 집중력과 언어능력의 장애가 발생한다. 또한 단순한 산수문제도 풀지 못한다. 방향감각도 시간이 지나면서 악화하고, 몸을 돌본다든가 집안일 등 매일의 일상활동도 제한적으로만 수행이 가능하며, 결국에는 이 모든 것을 전혀 하지 못하게 된다. 판단능력도 점점 떨어지기 때문에 치매에 걸린 많은 사람은 이런 장애를 스스로 깨닫지 못한다.

흔히 치매에 걸린 사람들은 주변 사람들을 더 이상 알아보지 못한다. 자제력을 상실하거나 공격적이 되고, 심지어 자신에게도 공격적이 된다. 마지막 단계에서는 완전히 말을 하지 않게 되고, 병상에 누워 다른 사람이 돌보아주어야 하는 상태가 되며 그 사람의 성격도 점차 상실된다.

이 질환은 눈에 띄지 않게 천천히 시작되기 때문에 위에서 말한 결함을 가족이나 주변사람들이 쉽게 깨닫지 못한다. 현상이 계속 일어나도 그저 '정상적인' 노화현상으로 간주되어 무시되기 십상이다. 따라서 초기에 인식하여 약물과 비약물적 조치를 통해 질환의 진행을 완화하고, 보호시설에

맡겨지는 시기를 늦추지 않아야 한다. 치매의 원인을 치료할 수 없다 해도 적어도 환자가 자신의 일상을 가능한 한 오랫동안 유지할 수 있도록 시도는 해봐야 할 것이다. 이때는 24시간 환자를 돌보는 치매클리닉이 도움이 될  수 있을 것이다. 여기서는 뇌 능력을 알맞은 방법으로 훈련시키고, 다양한 분야의 전문가들이 환자가 적응하는 데 도움이 되는 고정 일과를 세우도록 돕는다.

약물치료가 이러한 조치를 도울 수 있다. 물론, 약물로 방향감각 상실, 현저한 성격 변화, 기억력 감퇴 같은 증상이 호전될 수는 있으나 궁극적으로 치매를 치료할 수는 없다. 치매약물은 뇌에 있는 신경전달물질, 즉 기억력과 학습능력, 조리 있는 사고 과정과 방향감각을 담당하는 아세틸콜린과 글루탐산염의 신진대사에 관여한다. 치매의 경우, 흔히 아세틸콜린의 결여와 글루탐산염의 과다가 발생한다. 대부분의 약물들은 아세틸콜린에스테라아제 억제제에 속하고, 아세틸콜린의 빠른 분해를 저해함으로써 아세틸콜린 결핍을 약화시킨다. 이러한 효과를 내는 물질로는 도네페질 donepezil과 리바스티그민 rivastigmin이 있다.

글루탐산염의 과다는 신경세포를 과도하게 흥분시킨다. 이 때문에 정보를 걸러내는 능력에 장애가 생기고, 환자들은 적응능력을 상실하고 혼란에 빠진다. 이것에 역작용하는 것이 소위 NMDA – 수용체 – 길항제다. 이것은 글루탐산염 수용체와 결합하여 글루탐산염의 농도가 높아져서 생기는 효과들을 저해한다.

치매는 우리에게도 해당될 수 있다. 2008년 독일에는 약 1,200만 명이 치매로 고통받고 있다. 이 중 3분의 2 이상이 여자다. 여기에 매년 약 10만 명의 환자가 증가하고 있다. 또한 수명이 늘어남과 함께 치매 질환도 더욱 증가하고 있다. 65~69세 노인 중 약 5%가 치매 환자이고, 80세에는 3명에 한 명꼴이다. 지금까지 환자의 약 60%가 개인집에 거주하며 친지들의 보호를 받고 있다.

이때 **장기기억**을 위한 고립된 하나의 장소만이 존재하는 것이 아니라, 정보의 다양한 종류에 참여하는 여러 구조가 관련되어 있다. '제주도는 섬이다'라는 상식과 자신의 삶에서 나오는 지식(제주도에 가봤던 기억)을 보유하는 이른바 **진술기억**은 대뇌피질에 존재한다. 이와는 달리 자동차 운전, 쓰기 등과 같이 학습한 내용을 저장하는 **절차기억**은 피질 하에 존재하고, 의식하는 순간 사용하는 데 문제가 발생한다. 만약 우리가 자동차를 운전할 때 삼단기어를 넣어야 한다는 사실과 이것이 정확히 어떻게 진행되는지를 의식한다면 아마도 어려움을 겪게 될 것이다. 그러나 옆 좌석에 앉은 사람과 대화를 나누며 무의식적으로 기어를 넣는다면 아무런 문제도 발생하지 않을 것이다.

마지막으로 한 가지 **잊어버리는 과정**이 중요하다. 혹시 기억해야 할 누군가의 이름이나 필요한 전화번호가 생각이 나지 않아 화가 난 경험이 있을 것이다.

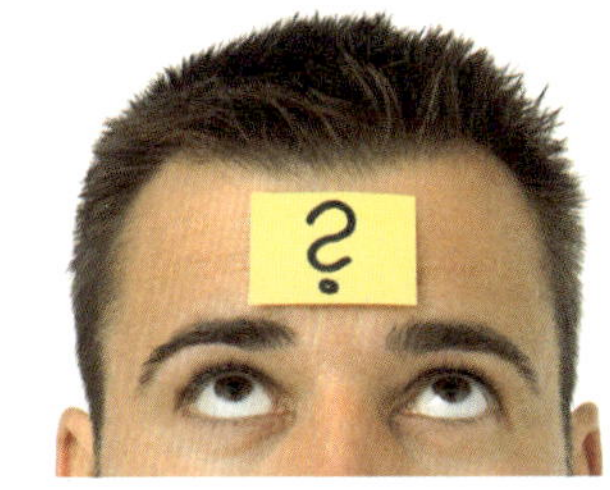

잊어버리는 것과 연관하여……

그런데 잊어버리지 않는다면 우리는 계속해서 이성적으로 기능하지 못할 것이다. 중요한 정보를 위한 자리를 확보하기 위해 중요하지 않은 정보는 여과된다. 얼마 전 보훔 대학의 신경학자들은 새로운 지식을 배우는 것보다 잊어버리는 것이 더 어렵다는 사실을 발견했다. 뇌는 이전의 정보들에 다르게 반응하거나 전혀 반응하지 않기 위해 더 애써야 했던 것이다.

기억을 형성하는 시냅스가 적을수록 장기기억에서 나온 기억이 먼저 소멸된다는 잊어버리는 과정에 대한 이론은 현재 사라지고 있다. 형성과 비형성의 문제는 장기강화와 장기약화 같은 과정에 의해 다시 언급되고 있다. **장기강화**는 주변에 위치한 시냅스에서 활발한 활동이 일어나면 신경세포에 있는 시냅스 후 전위가 증가한다는 것이다. 이때 주변 시냅스의 활동은 처

음에만 강화돼야 한다. 장기강화는 한번 형성되면 오랜 시간 동안 그 상태
로 남아 있다.

특이한 식물

　식물의 신경생물학? 뭔가 잘못 짚은 것은 아닌가 하고 의아하게 여길 것
이다. 꼭 그렇지만은 않다. 식물과 연관된 신경생물학을 직접 묘사하자면,
분명 과장된 것이긴 하다. 그러나 식물도 자극을 인식하고 그것에 반응한
다. 물론 동물과는 차이가 있지만 식물에서도 활동전위가 나타난다. 식물의
경우, 먼저 세포에서 염화이온이 분출되
고, 그 후 전하의 평준화를 위해 칼륨이
온이 방출된다. 이러한 활동전위의 의미
는 진화 과정에서 보았을 때, 정보의 전
달이 아니라 세포 안에 있는 이온의 농
도를 일정하게 유지하기 위함이다. '원
시식물'이 살았던 바닷물에서는 칼륨과

파리지옥.

염화가 끊임없이 세포 안으로 흘러들어 왔기 때문에 규칙적으로 이 이온들
을 다시 밖으로 방출해야 했다. 물론 오늘날의 식물들은 이러한 활동전위를
자극을 전달하는 데 이용한다. 예를 들면, 파리지옥의 여닫이 체계는 전기
적 신호를 이용해 활성화된다.

식물의 인지

식물의 여러 가지 반응은 빛에 의존한다. 씨의 발아가 그 예다. 양상추나 담배 같은 광발아식물의 경우 빛이 있어야 발아한다. 반대로 호박 같이 암흑조건에서 발아하는 식물은 빛이 있으면 발아가 억제된다.

그렇다면 식물들은 어두운지 밝은지 어떻게 알 수 있을까? 피토크롬 phytochrome계가 이 일을 담당한다. 피토크롬은 이른바 식물의 광수용체다.

그 이름이 이미 말해주듯, 피토크롬에는 색소(chromos는 그리스어로 '색'이라는 뜻)가 중요한 역할을 담당한다. 이 색소는 빛이 흡수되면 구조 변화와 함께 반응한다. 앞에서 살펴본 것처럼 이 구조 변화에 의해 신호의 단계적 연쇄반응이 유발되고, 결과적으로 '발아' 또는 '비발아'의 효과로 이어진다.

피토크롬의 비활성화 형태인 피토크롬 P680은 빛의 파장이 680㎚일 때 빛 흡수가 최대치에 이른다. 이것은 밝은 붉은빛이다. 이 파장을 가진 빛이 비추면 활동적 형태인 P720으로 전환된다. 그러면 720㎚에서 흡수의 최대치에 맞춰 어두운 붉은빛을 띤다. 이 빛은 광발아식물의 발아를 돕는다. 어두운 붉은빛은 반대로 P720을 다시 P680으로 전환시킨다. 이것은 광발아식물의 발아는 억제하지만 암흑조건에서 발아하는 다른 식물의 발아를 돕는다. 피토크롬의 작동체계는 빛에 의해 유발되는 식물의 많은 반응에 영향을 끼친다.

식물호르몬

식물호르몬 또는 식물의 피토호르몬은 동물의 호르몬과 비슷하게 작용한다. 이것들은 신호분자로서 식물의 여러 부분에서 성장과 발전을 조정한다. 물론 '제대로 된' 호르몬과는 달리 순환계로 운반되지 않고, 그것이 형성된 장소나 아주 가까운 장소에서만 작용한다. 또한 효과를 발휘하기 위해서는 확실히 짙은 농도를 필요로 한다. 이런 이유로 학자들은 '성장조절체'라는 용어를 선호한다.

　지금까지 알려진 피토호르몬과 그 효과에 대해서는 다음 표에 기술되어 있다.

호르몬	출현	핵심 기능
아브시진산 ABA, abscisic acid	특히 잎. 그러나 식물의 모든 조직과 기관에서 형성됨: 체관부와 물관부로 이동 가능	일반적으로 성장 억제. 가뭄 시 기공이 닫히도록 돕거나 씨의 휴지를 도움. 조기 발아 억제. 낙엽이 떨어지는 것을 도움
옥신auxin	특히 줄기의 정단 분열조직과 어린 잎. 씨와 열매에서의 농도가 짙을 경우 뿌리의 정단 분열조직에서도 극히 소량 발견	옅은 농도에서도 가지가 뻗어나가도록 도움. 곁뿌리와 막뿌리의 형성을 도움. 관다발계의 분화와 형성을 도움. 정단 우세의 강화, 열매 형성의 조절, 낙엽이 떨어지는 것을 억제. 빛과 중력반응에 관여
브라시노 스테로이드 brassinosteroid	모든 식물조직에서: 그러나 효과는 그것이 형성된 장소와 가까운 곳에서만	줄기의 세포분열을 도움. 옅은 농도에서도 뿌리가 자랄 수 있도록 도움(고농도에서는 억제). 물관부의 분화를 도움. 체관부의 분화 억제. 꽃가루관의 성장과 발아를 도움
에틸렌ethylene	기체: 거의 모든 식물의 조직. 특히 고농도에서 낙엽이 떨어지는 기간, 열매가 성숙해질 때, 상처를 입었을 때	열매의 성숙, 낙엽 투하, 이차적 부피성장을 도움. 뿌리와 뿌리털의 형성을 도움; 줄기의 길이 성장 억제
지베렐린gibberellin	특히 액아, 뿌리, 어린 잎, 씨의 분열조직	줄기 확장, 꽃가루 발달, 열매 성장, 발아의 발달을 도움. 소년기에서 성년기로 넘어가는 과도기의 조절. 단성화의 성 결정
사이토키닌cytokinine	특히 뿌리. 뿌리에서 다른 기관으로 이동 가능	뿌리와 줄기에서의 세포분열 조절. 정단우세를 약화시켜 줄기 밑이 자라는 것을 도움. 당이 체관부에서 필요기관으로 수송되는 것을 도움. 발아를 도움. 낙엽이 떨어지는 것을 완화

시장에서 신선한 과일을 한 바구니 샀다. 빨간 사과, 보라색 포도, 노란 복숭아……. 이 다양한 과일들은 이미 알려진 대로 건강에 아주 좋다. 여러 가지 비타민과 특히 부차적 식물화학물질(식물의 이차대사물질)을 섭취할 수 있기 때문이다.

그러나 접시에 과일이 섞여 있을 때는 조심해야 한다. 사과는 에틸렌을 대량 생산한다. 너무 친절해서 자신이 익어가는 것은 물론이요, 함께 놓인 다른 과일이나 채소가 익는 것까지 돕는다. 이렇게 해서 원하지 않은 사태가 발생하게 된다. 과일들이 빨리 상한다. 따라서 과일을 하루에 다 먹을 생각이 아니라면 사과는 따로 보관하는 것이 좋다. 하지만 이것을 장점으로 활용할 수도 있다. '사과 효과'를 이용하면 초록색 바나나를 빨리 노랗게 익힐 수 있다.

식물에서의 반응

식물은 일련의 자극에 반응한다. 일반적인 동물이나 단세포 조류처럼 움직이는 물체들을 '주성'이라고 하는 대신, 식물의 경우는 '굴성' 또는 '향성(트로피즘tropism)'이라고 한다.

- 이른바 **굴광성**은 빛에 영향을 받는 식물의 운동을 묘사하는 것이다. 식물이 빛의 방향으로 움직이면 양성 굴광성이라고 하고, 빛과 반대로 움직이면 음성 굴광성이라고 한다. 양성 굴광성의 목표는 광합성에 필요

한 가능한 한 많은 빛을 획득하는 데 있다. 음성 굴광성의 경우는 이와 반대로 식물이 발아를 위한 최적의 조건을 만들기 위해 빛을 회피한다. 이때 광수용체는 빛에 반응하는 세포들에 존재하는 것이 아니라, 잎의 끝 부분에 존재한다. 정보들은 광호르몬인 옥신의 도움으로 굴곡운동에 관여하는 세포들에게 전달된다.

- **굴지성**은 중력에 대한 식물의 반응을 말한다. 예를 들면 뿌리 같이 양성 굴지성(향지성)을 가진 기관들은 지구 중심을 향해 자란다. 반대로 줄기 같이 음성 굴지성(배지성)을 가진 기관들은 반대 방향으로 자란다.
- **굴화성**은 식물이 화학물질의 농도를 인지하고 그에 상응하여 반응하도록 해준다. 예를 들면, 뿌리는 산소에 양성 굴화성으로 반응한다. 이것 역시 양성 굴지성이라고 한다. 뿌리가 습기에 따라 움직이면 굴수성이라고 한다. 뿌리는 대부분 양성 굴수성을 가진다.

도와주세요, 우리 집 화초가 움직여요!

녹색식물을 창 틀에 놓으면, 곧 잎과 줄기가 빛을 향해 뻗어 나가는 것을 발견하게 된다. 화분을 180° 돌려놓는다면 화초는 움직이는 존재가 되어 역시 회전한다. 줄기와 잎이 다시 빛 쪽으로 자라도록 성장 방향을 바꾸는 것이다. 여기에 극히 정상적인 식물의 양상이 숨어 있는데, 이것이 바로 굴광성이다.w

면역계

모든 생명체는 자신의 환경과 끊임없이 교환한다. 이때 유용한 접촉과 마찬가지로 해가 되는 접촉도 미리 예정되어 있다. 질병을 유발하는 미생물은 동물이나 식물에게서 자신의 성장과 생식을 위한 영양분을 발견한다. 또한 동물 숙주는 전달자의 역할을 담당하여 병원체의 확산을 돕는다. 앞의 9장에서 살펴본 특정 식물에서 볼 수 있는 잘 발달한 그런 체계가 이 작은 미생물에게는 필요가 없다.

진화가 계속되는 동안 동물과 식물은 반복되는 폐단을 없애기 위해 보호 장치를 '고안'했다. 그 결과가 바로 생명체의 면역계다. 이때 모든 동물 또는 식물은 특수화되지 않은 선척적인 **내재면역계**와 특수화된 **적응면역계**를

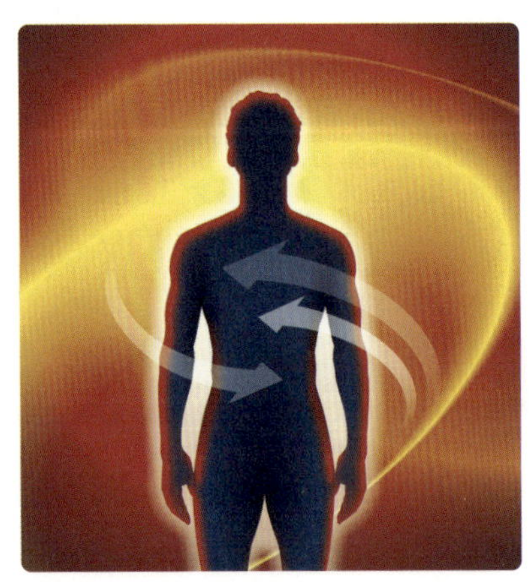

강한 면역계가 중요하다.

가지고 있다. 이것은 진화의 역사 속에서 포괄적인 내재면역계 이후에 발전되었으므로 척추동물만 가지고 있다.

신체의 많은 다른 기능과는 달리 면역계의 조정은 특정 기관에서 발생하는 것이 아니라 신체가 외부세계와 접촉하는 곳이면 어디서나 작동된다. 이는 외부생명체나 이물질, 그 밖의 낯선 것들을 물리치고 정확한 판단을 내리는 면역계의 임무를 감안했을 때 충분히 납득이 가는 일이다. 때문에 면역계의 기관이라는 말 대신 구성요소라고 말한다.

내재면역계

객관적으로 관찰했을 때, 방어체계라는 표현이 더 잘 어울리는 포괄적인 내재면역계는 외부세계의 생물체에 대항하는 장애물로 구성되어 있다. 많은 수의 미생물은 피부와 점막에 있는 이 **천연 장애물**을 넘지 못한다. 점막 세포가 생산하는 점약은 병원체의 운동을 저하하고 헹굼과 희석 효과를 가진다. 호흡계 상피는 호흡기에 이물질이 들어올 경우, 섬모를 이용하여 적극적으로 이를 다시 밖으로 내보내는 일을 담당한다. 또한 신체 분비물에는 눈물이나 침에 있는 리소자임^{Lysozyme} 효소처럼 박테리아를 죽이는 물질들이 있다. 이것은 박테리아의 세포벽을 감싸고 있는 펩티도글리칸^{peptidoglycan}을 파괴할 수 있고, 더 나아가 키틴으로 된 균의 세포벽을 공격한다. 위와 피부의 산성 pH 수치 또한 거기에 서식하는 미생물을 파괴한다.

그러나 이것이 전부가 아니다. 여기에 특수화된 세포와 단백질이 부가된다.

비특이적인 세포의 방어체계

만약 미생물이 첫 번째 장애물을 넘었다면 면역계의 다음 분야에서 처리될 것이다. 바로 백혈구다. 앞의 4장에서 소개된 대식세포가 주를 이룬다. 대식세포는 작은 이물질을 세포 안으로 흡수^{endocytose}하여 '잡아먹는다'. 세포 안에서 이물질은 리소좀^{lysosome}에 의해 생산된 활성산성과 리소자임 같은 리소좀효소, 가수분해효소에 의해 파괴된다.

대식세포는 박테리아의 표면에 존재하는 지질다당류^{lypopolysaccharide} 같은 특정 병원체의 특징적인 수용체를 통해 자신의 '제물'을 인식한다. 이 수용체는 곤충의 경우 잘 알려진 **톨-수용체**$^{toll-receptor}$와 유사하여 **톨유사 수용체**$^{TLR, tolllike-receptor}$라고 일컬어진다. 이때 구조의 차이에 따라 서로 다른 수용체가 존재한다. 예를 들어 TLR4는 위에서 언급한 지질다당류를 인식하고, TLR3은 세포 내 소낭에 존재하며 바이러스에 흔히 출현하는 특정 핵산구조를 감지한다. 이렇게 인지되는 물질들의 특징은 척추동물에게는 나타나지 않으나, 침입자에게는 꼭 필요한 구성 성분이다.

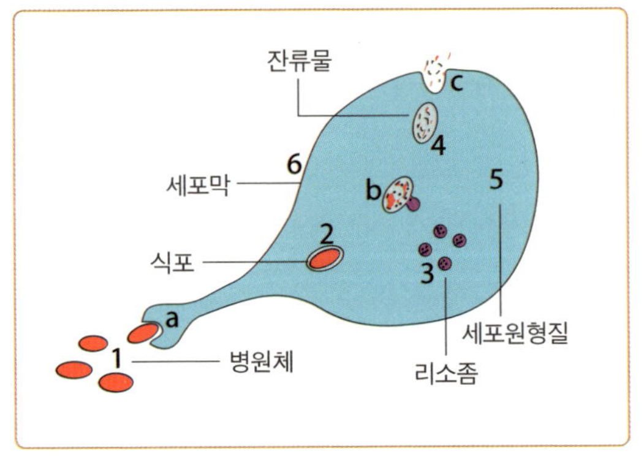

대식세포 식균작용.

자연살해세포$^{killer cell}$(NK 세포)는 골수의 림프모세포에서 나온 T림프구와 B림프구(이하 참조)처럼 발달한다. 그것은 특이하게 변형된 암세포의 표면막이나 T림프관이 놓친 바이러스에 감염된 세포를 인지하고 자기 쪽으로 끌어온 다음, 세포를 죽음으로 이끄는 인터페론^{interferon} 같은 물질을 방출한다.

비특이적인 체액성 방어체계

체액성이란 의학에서 사용되는 의미로는 '신체의 액체에 속하는 것'을 말한다. 이는 미생물을 방어하는 일을 담당하는 세포 외 액체에 함유된 단백질과 펩티드를 의미한다. 곤충의 경우, 이미 이런 효과가 좋은 단백질이 있고, 척추동물은 더욱 발달했으며 그중 중요한 것을 들자면 다음과 같다.

- 사이토카인^{cytokine}
- 보체계^{complement system}

사이토카인은 성장과 분화(성장 인자, 콜로니 촉진 인자), 방어(인터페론, 인터루킨)를 담당하는 당단백질이다. 특히 인터페론은 바이러스 감염으로부터 보호하는 기능을 담당한다. 바이러스의 공격을 받은 체세포는 우선 인터페론을 방출하고, 이것은 다시 이웃한 세포들이 바이러스의 번식을 저해하는 효과 물질을 형성하도록 한다. 예를 들어 신체는 이런 방식으로 감기를 처리한다. 이 밖에도 인터페론은 감염 장소에 있는 대식세포를 유인하여 그것의 식세포 작용을 상승시킨다. 인터페론의 특수한 형태인 소위 알파 인터페론은 만성 C형간염 치료에 쓰이고, 베타 인터페론은 다발성 경화증을 치료하는 데 부분적으로 뛰어난 효능을 가지고 있다. 인터루킨^{interleukine}은 주로 면역세포들 간의 의사소통을 담당하는 등 방어를 조화시켜 더욱 효과적으로 만든다.

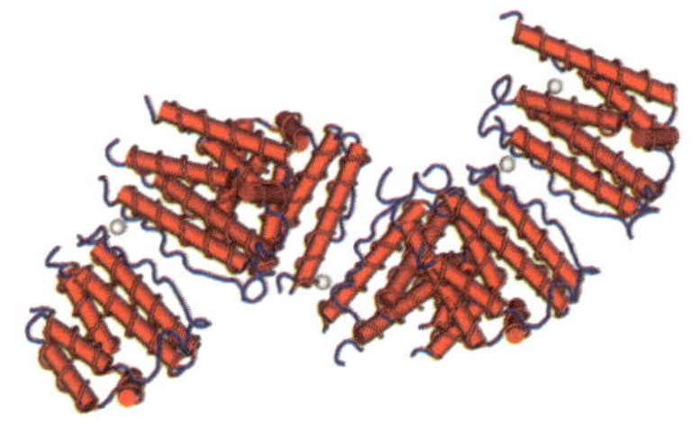

알파 인터페론.

보체계는 일련의 혈장단백질로 구성되어 있다. 이 혈장단백질은 비활성화 상태로 혈액 내를 순환한다. 혈액응고계의 단백질과 사뭇 비슷한 이것이 미생물의 세포 표면에 있는 특정 구조와 만나면 일종의 연쇄반응을 일으키고, 결국 이로 인해 외부세포가 용해된다.

비특이적인 면역계의 극복

박테리아는 아주 독창적인 생물체다. 박테리아가 항생제에 대한 내성을 키우는 것에 대해서는 6장에서 설명했다. 그러나 이와는 다르게 진행될 수도 있다. 예를 들면, 폐결핵 병원체인 마이코박테리움 투버쿨로시스는 대식세포에 의해 흡수되어 리보솜으로 옮겨진다. 하지만 마이코박테리움 리보솜은 실제로 활동하여 자신을 무해한 것으로 만드는 일을 방해한다. 이렇게 되면 다른 면역계가 마이코박테리움이 계속 분열하여 감염을 유발하는 일이 일어나지 않도록 작용한다. 그러나 다른 질환이 있거나 면역계가 과다한 일로 약화되어 있으면 폐결핵이 발병할 수 있다. 특히 서구 선진국에서는 폐결핵이 제거됐다는 생각이 지배적이지만, 사실 전 세계적으로 발병률이 증가추세에 있다. 세계보건기구의 자료에 따르면 거의 2백만 명이 해마다 이 질환으로 사망한다.

적응면역계

적응면역계는 백혈구의 특정 유형인 림프구, 더 정확히 말하면 T림프구와 B림프구로 이뤄져 있다.

모든 혈액세포와 마찬가지로 림프구는 골수에 있는 모세포에서 파생된다.

T림프구와 B림프구는 이후 그것들이 성숙되는 장소에 따라 구분된다. 인간과 몇몇 포유동물의 **B림프구**는 골수에 존재하며, 기능을 수행하는 세포로 성숙한다(힌트를 하나 준다면 여기서 '뼈'는 영어로 bone이다). 이때 림프구는 이후 기능에 필수적인 막으로 된 특수한 수용체로 무장해야 한다(이하 참조).

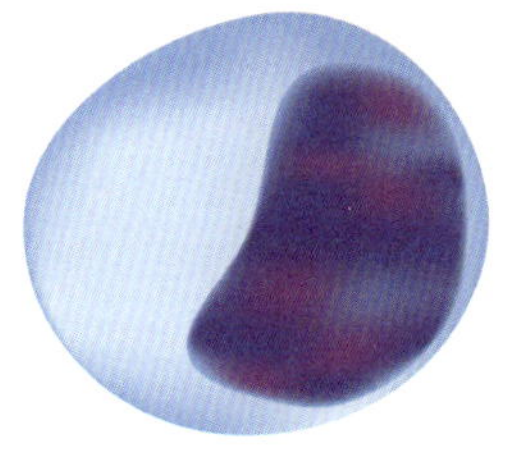

림프구.

T림프구의 전구체는 골수를 떠나 자신이 계속 성장할 장소인 흉선으로 이동한다. 여기서 T는 단순히 흉선^{thymus}을 의미한다. 흉선은 흉골 뒤에 있는 심장 윗부분에 위치하고, 인간의 경우 사춘기가 시작되면서 퇴축한다. T림프구를 만드는 자신의 임무를 완료했기 때문이다. 형성과 성숙 과정에서 T림프구는 T보조세포 또는 표면 단백질에 따라 CD4 세포, 억제 T세포, 세포독성 T세포, 이전에 T살해세포라고도 칭해졌던 CD8 세포로 분화되고 자신의 특수한 표면 수용체를 획득한다. 세포독성 T세포는 바이러스에 감염된 체세포나 암세포를 인식하고 박멸하며 T세포의 다른 유형인 보조세포들은 방어세포가 투입되는 것을 감지하여 면역계를 작동시키거나 저지한다.

림프구는 성숙하는 동안 신체에 속한 세포와 외부세포를 구분하는 법을 배운다. 우연의 원칙에 의해 자신의 조직구조에 반응하는 항체를 형성하는 림프구는 성장 과정에서 정지되고 파괴된다. 즉 면역계의 **면역적 관용**이 발생하는 것이다.

항원과 항체

항원은 몸 안에 침입한 미생물이나 이물질 등을 말한다. 그러나 자세히 관찰하면 모든 이물질을 의미하는 것이 아니라 그중 일부만을 지칭한다. 항원은 대부분 단백질이거나 단백질의 구성 성분이다. 그것은 외부에서 들어온 세포나 분자의 표면에 고정되어 있거나 세포 외 액체 속으로 분비되는데, 후자의 경우를 톡신^{toxin}(독소)이라고 한다.

항체는 혈장 속에서 녹아 순환하거나 면역세포 표면에 단단히 결합해 있는 단백질이다. 수용체와 호르몬의 상호작용에서 살펴본 열쇠와 자물쇠의 원칙과 유사하게 항체는 특정 항원에만 결합한다. 이때 항체는 대부분 항원 분자의 작은 부분만을 인식하는데, 이것을 항원 결정소(에피토프^{epitope}) 또는 **항원결정부위**^{antigenic determinante}라고 한다. 박테리아와 외부 물질은 항상 여러 개의 항원결정부위를 나타낸다.

항체는 A, D, E, G, M의 다섯 가지 유형으로 구분되고, 각기 다른 작용장소와 기능을 나타내지만, 비슷하게 구성되어 있다(그림 참조). 가장 단순한 형태는 총 4개의 단백질 사슬로 구성된 Y자 모양의 단일분자로 이뤄져 있다.

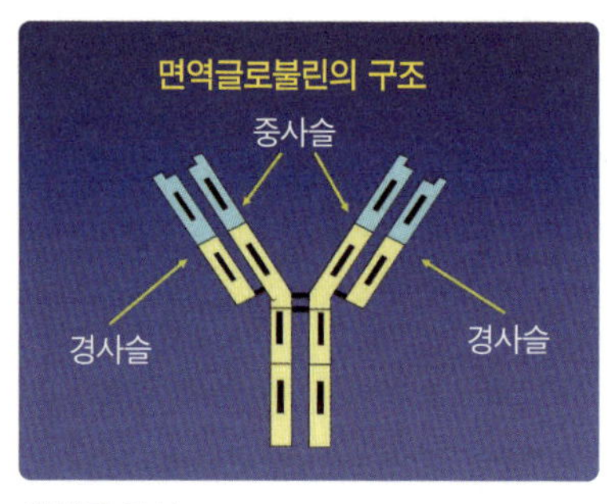

항체의 구성.

이 단백질 사슬은 2개의 동일하게 구성된 중사슬 또는 H사슬(H는 '무겁다'는 뜻의 영어의 heavy를 의미한다)과 역시 2개의 동일하게 구성된 경사슬 또는 L사슬('가볍다'는 뜻의 영어단어 light의 L)로 이뤄져 있다. 사슬은 디설피드결합^{disulfide bond}(이황화결합)에 의해 보장되고, H사슬의 말단 주변에 있는 경막세포의 B세포에 고정된다. 결국 세포질 내 영역인 2개의 H사슬 중 작은 일부가 B세포의 세포질 안으로 들어간다.

H사슬과 L사슬은 각각 일정한 부위를 배정받는데, 그 부위의 아미노산 배열은 동일한 유형의 항체 안에서는 구분되지 않는다. 세포질 내에 있는 부분과 경막 부위, 디설피드결합이 형성되는 세포 표면으로 향하는 영역이 이에 속한다. 이 다양한 부위들은 4개의 사슬 말단 부분에 놓인다. B세포 사이에서 이들 아미노산 배열은 구분되고 특정 항원에 결합한다. 이때 Y자의 두

고리 부분은 각각 항원결합장소를 소유한다.

항체는 세포와 분리되어 혈액으로 배출되는데, 기본적으로 그 구조는 비슷하다. 단지 세포질 내 부분과 경막 부위만 없어진다. 혈액 내에서 순환하는 항체는 간혹 면역글로불린으로 일컬어진다. 그것의 기능에 따라 면역이라는 호칭이 주어지고, 전기영동기로 혈청을 분리할 때 나타나는 형태에 따라 글로불린이라는 호칭이 주어진다.

항체의 기능: 항체가 특정 항원과 결합하면 여러 결과가 발생할 수 있다.

- 항체의 **중성화**는 가장 단순한 경우다. 항원을 가지는 박테리아와 바이러스는 항체와 결합하면 체세포를 감염시키는 능력을 상실한다. 간혹 톡신도 이런 방식으로 결합하여 비활성화된다. 예를 들면 항톡신은 뱀독에 이런 방식으로 작용한다.
- 항원이 **옵소닌화**되면 항체는 항원을 '맛있게' 만든다. 즉 항체가 결합한 항원의 구조를 아주 알기 쉽고 공격하기 쉽게 대식세포에게 제공함으로써 대식세포가 그 항원을 차지한다.
- 항체는 적어도 2개 이상의 항원결합장소를 소유하기 때문에 박테리아와 바이러스를 그물 모양으로 **응집**할 수 있다. 그 결과 박테리아와 바이러스는 더 이상 감염능력이 없다.
- 끝으로 항원과 항체의 결합은 보체를 활성화한다. 보체는 외부세포의 세포막을 비정상적으로 투과적으로 만들며, 그 결과 물이 몰려 들어오고 세포는 파괴된다.

특수화된 체액성 면역의 반응

체액성 면역을 주도하는 것은 혈액을 순환하는 림프구의 20%를 차지하는

B**림프구**다. B림프구가 자신의 세포 표면에 있는 항체에 맞는 항원을 처음 만나면 결합하여 분화한 뒤 성숙한 **형질세포**^{plasma cell}로 성장한다. 형질세포는 다시 항원에 반응하는 특수한 항체를 혈액이나 다른 세포 외 액체로 배출한다. 그로 인해 최상의 경우, 항원과 그에 속한 세포들은 그 기능이 저하되어 죽게 된다.

면역글로불린	출현	임무
Ig A	침이나 눈물 같은 체액과 모유에 있는 이량체(다이머^{dimer})로 출현	점막의 지엽적 보호, 모유를 먹는 유아의 수동적 면역의 중개
Ig D	아직 항원과 결합하지 않은 B림프구의 표면 위에 있는 단량체(모노머^{monomer})로 출현	B세포가 성숙한 형질세포로 발전할 때의 항원 수용체 역할
Ig E	일반적으로 혈액 내 농도가 낮을 때의 단량체로, 농도는 알레르기 시 상승	비만세포나 호염기성 과립구^{basophil granulocyte}에서 히스타민이 배출되도록 유발함. 그 결과 알레르기 반응이 일어남
Ig G	혈액과 조직분비액 내에 있는 가장 흔한 면역글로불린인 단량체	항원의 중성화 중개, 항원을 대식세포에게 제시함

면역글로불린	출현	임무
Ig M	항원과의 첫 접촉 시 형성되는 오량체; 나중에 혈액 내 농도가 줄어들면 Ig G로 대체됨	항원의 중성화와 그물 모양으로 감싸는 일을 중개, 보체의 활성화

특수화된 세포의 면역반응

혈액에 있는 림프구의 약 80%를 차지하는 **T림프구**는 세포 면역을 담당한다. 낯선 세포를 인식하고, 필요에 따라 대식세포 같은 다른 방어세포를 이용하여 파괴하는 일을 담당하는 것이다. 이때 T세포 혼자서 항원을 감지하는 것이 아니라 특별한 세포를 이용하는데, 이것을 항원제시세포라고 한다. 말하자면, 이 세포는 항원을 T세포의 구미에 맞게 만들어준다. 예를 들어 박테리아를 잡아먹거나 부분적으로 분해하는 대식세포에서 항원의 조각들은 소위 세포의 MHC 복합체라고 할 수 있는 단백질 시스템과 결합한다. 이 항원 조각과 단백질의 복합체는 세포 표면에 공급되고, 여기서 T림프구에 의해 인식된다. 그러나 병원체에 감염된 '일반적'인 체세포도 항원을 제시할 수 있다. 이후의 과정은 항원제시세포의 종류에 따라 이뤄진다.

- 항원제시세포에서 핵심이 되는 것은 병원체에 감염된 체세포로서, 이것은 신체 자신의 면역계에 의해 파괴되고, 이로 인해 계속해서 감염이 전파되는 것이 저지된다.
- 면역세포에서 중요한 것은 대식세포로서, 항원을 겨냥하는 특별한 면역반응이 진행된다. 즉 T림프구와 항체, 사이토키닌을 이용하여 병원

체를 제거하는 일이 시도된다.

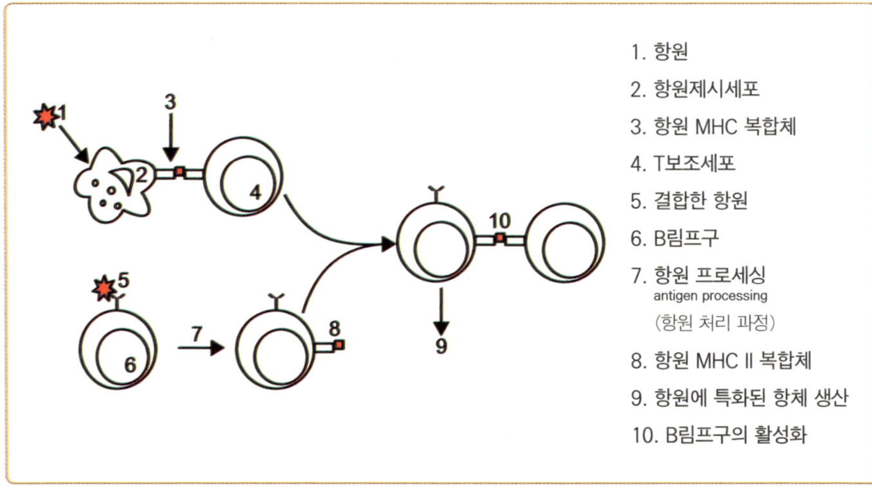

항원 제시 도식.

제시세포의 경우, 면역세포와 감염된 체세포 중 어떤 것이 다뤄질지는 항원 제시에 관여하는 MHC 단백질에 의하여 결정된다.

면역 기억 - 예방접종

특정 병원체를 처리하고 나면 면역계에는 당연히 그 흔적이 남는다. B림프구뿐만 아니라 T림프구의 경우도 병원체와의 첫 접촉이 발생하는 동안 몸 안의 감염을 정찰하고, 병원체를 형성하는 소위 기억세포 또는 **메모리세포**가 생겨난다.

시간적으로 정확히 얼마나 지속되는지는 확실하지 않지만, 메모리 B세포는 첫 접촉 이후 약 5~6년간 발견된다. 동일한 병원체와 다시 접촉하게 되면 그 병원체는 메모리세포에 의해 즉시 확인되고, 특별한 면역반응은 첫 번째 접촉 때보다 빠르고 강하게 진행된다. 첫 접촉 시 2주가 걸린 반면, 이 경우 이틀 후면 절정에 달한다. 이렇게 생물체는 질병 발생 전에 완전히 보호된다. 이것이 바로 **예방접종**의 기본원리다.

예방접종은 접종자에게 죽었거나 살아 있으나 약화된 병원체를 주사한다. 예를 들면, 디프테리아나 파상풍의 백신은 죽은 병원체로 만들고, 홍역·볼거리·풍진의 예방접종은 살아 있는 병원체를 주사한다. 예방 접종 후 면역계의 경미한 반응이 일어나고, 정확하게 이 병원체를 기억하는 기억세포가 형성된다. 따라서 실제로 병원체와의 접촉이 발생할 경우, 기억세포는 정확하고 신속하게 병원체를 무해하게 만들어 질병 발생을 저

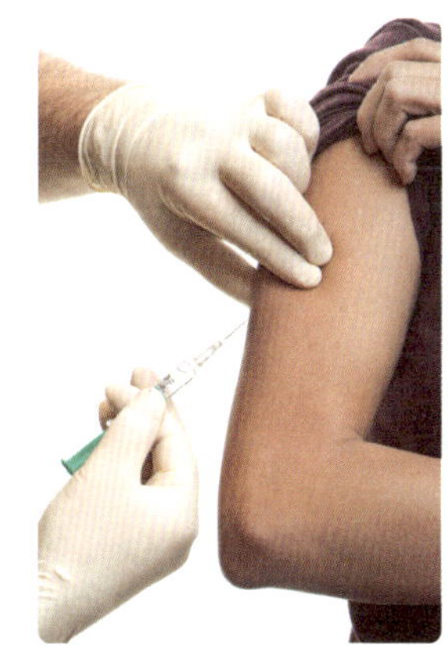

예방주사.

지하는 항체가 빨리 형성될 수 있도록 관여한다. 예방접종의 효과는 질병의 종류와 예방접종의 종류에 따라 5~10년 또는 평생 지속되기도 한다. 때문에 예방접종은 몸이 스스로 항체를 만들어 미래에 질병을 유발하는 병원체를 능동적으로 방어하는 **능동면역**이 핵심이 된다.

이와 달리 **수동면역**의 경우 해당 병원체를 방어하는 항체를 투여받아 감염을 저지하거나 약화시킨다. 일반적으로 수동면역은 보호기능을 하는 항체가 형성되는 데 너무 많은 시간이 소요되거나, 병원체와의 접촉이 이미 발생한 경우 행해진다. 이 경우 보호기능은 항체가 혈액에 머물러 있는 동안 지속되는데, 몇 주가 걸리기도 하고 최대 몇 달이 걸리기도 한다. 아마도 파상풍 예방접종을 알고 있을 것이다. 최종적으로 능동적인 예방접종을 받은 뒤 3년 이상이 지나면 부상을 당했을 경우 능동면역을 위한 예방주사와 수동면역을 위한 항체를 모두 투여받는다.

수동면역의 특이한 경우는 임신 기간 동안 발생한다. 임신 후 약 20주부터 엄마의 면역글로불린 G 항체가 태반을 통해 태아에게 전달된다. 이것을 '자연 수동면역'이라고 한다. 모유 수유 시, 모유에 의해 면역글로불린 A 계열에 속하는 항체가 전달된다. 이러한 방식으로 태아와 유아는 그들 자신의 면역계가 완전히 성숙해져 스스로 미생물을 처리할 수 있을 때까지 감염으로부터 보호된다.

면역의 방어 극복: 이식

면역계는 모든 종류의 병원체를 처리하는 데 있어 포기할 수 없는 중요한 보조자다. 그러나 이식의 경우, 이로 인해 많은 문제가 야기된다. 예를 들어 신장 같은 이식된 장기는 자신의 표면에 MHC 분자를 가지고 있는데, T세포는 이 분자를 '침입자'로 인지한다. 모든 척추동물은 MHC 단백질을 위해 다양한 대립형질을 소유하고 있다. 그 결과, 실질적으로 일란성 쌍둥이를 제외하고는 두 사람이 이러한 단백질을 가진 동일한 형태는 절대 소유하지 않는다. 결과적으로, T림프구는 이식된 장기를 '무해'한 것으로 만들기 위한 시도를 한다. 이것이 면역거부반응이다. 그러므로 T세포의 공격을 최소화하기 위해 이식 전에 조직형 검사를 실시하여 가능한 한 장기 기증자의 MHC 형과 유사한 형을 가진 수여자를 선택해야 한다.

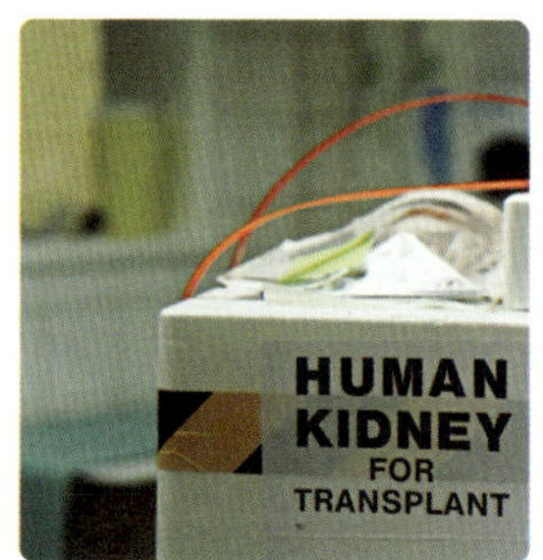

신장이식.

그러나 이것만으로는 충분치 않기 때문에 장기를 이식받은 사람은 T세포의 기능을 제한하는 약물을 추가로 복용해야 한다. 이것을 이른바 면역억제제라고 하며 사이클로스포린^{cyclosporine} A나 타크로리무스^{tacrolimus} 같은 약품들이 여기에 속한다. 면역억제제의 부정적인 면은 당연히 실제로 병원균이 출현하여 면역계의 기능이 요구되는 상황에서도 그 기능이 억제된다는 것이다. 그러므로 면역억제제로 치료를 받는 동안에는 감염 위험이 훨씬 높다.

오늘날 혈액암인 백혈병의 특정한 경우에 행해지는 골수이식의 경우, 위와는 상반되는 문제가 발생한다. 환자는 이식과 함께 기증자의 활발한 T림프구를 획득한다. 이 림프구는 자신에게 '낯선' 수여자의 조직을 공격하려고 한다. 이러한 종류의 **이식편대숙주반응**^{Graft-versus-host reaction}은 환자의 생명을 위협할 수도 있다. 따라서 기증자의 MHC 단백질이 장기 수여자의 것과 가능한 한 일치하도록 선택함으로써 이 반응을 최소화하려고 노력한다. 이밖에도 기증자의 T세포 활동을 제한하는 특수한 항T림프구 글로불린을 투여한다. 최상의 경우는 기증자의 면역세포가 수여자의 조직에 익숙해지는 것이다. 그렇지 않을 경우, 백혈병의 재발병 위험이 높아지기 때문에 1년 또는 심지어 평생 동안 면역억제제를 이용한 치료가 시급하다.

그런데 앞서 5장에서 다양한 인간의 **혈액형**에 대하여 설명하였다. 장기처럼 혈액형도 항상 서로 잘 어울리는 것이 아니다. 게다가 혈액은 흐르는 기관이므로 더욱 납득이 간다. 다행히 수혈이라고 말하는 '혈액이식'의 경우, 면역억제제 처방 같은 조치가 필요치 않다. 단지 기증자와 수여자의 ABO식 혈액형과 Rh형 혈액형이 일치하면 된다.

면역계 장애

면역계 같은 이러한 복잡한 시스템은 당연히 손상되기 쉽다. 과민반응이

나 잘못 유도된 반응이 발생할 수도 있다. 자
가면역이나 알레르기가 그 경우다. 또는 면역
계가 충분히 형성되지 않거나, 병원균에 의해
그 기능이 제한되기도 한다. 그 결과, 면역력이
약화되어 쉽게 감염된다. 전형적인 예가 HIV
감염의 경우다.

감기기운?

자가면역질환

몇몇 질환의 경우, 생물체의 자기관용에 장애가 발생한다. 면역세포가 자
신의 특정 신체 세포나 조직을 갑자기 '낯선' 것으로 인식하고 면역반응을
보이며, 조직에 대한 항체를 형성하는 것이다. 이것을 이른바 '자가항체'라
고 한다.

- **전신성 홍반성루푸스**systemic lupus erythematosis의 경우, 체세포가 정상적으
  로 분해될 때 배출되는 히스톤histone과 DNA 분자에 대해 면역계가 항
  체를 형성한다. 자가항체는 항원에 반응하고, 일례로 유행성감기에 대
  항하여 면역계가 싸울 때 느끼는 발열이나 피로감 같은 일반적인 증상
  과 함께 항원−항체 복합체가 어디에 위치하는가에 따라 신장이나 피
  부의 특정 부위에 증상이 나타난다.
- **류마티스 관절염**Rheumatoid Arthritis('류머티즘'과 혼동하지 말 것. 류머티즘의 대
  부분이 골관절염으로 인한 근육 통증이 핵심이고, 일상용어로는 퇴행성 관절질환
  이라고도 한다)의 경우, 연골에 대해 항체가 형성되어 오랜 시간 동안 연
  골이 파괴되고 해당 관절, 흔히 손가락, 발가락, 무릎관절의 형태가 변
  하여 더 이상 사용할 수 없게 되는 결과가 초래된다.

- 최근의 견해에 따르면, **다발성 경화증**의 경우 항체가 중추신경계에 있는 수초를 겨냥하여 이것을 파괴하는 자가면역질환이다. 시각장애, 마비증상, 팔과 다리의 감각이상, 배뇨장애 같은 신경성 증상을 유발한다. 또 다른 징후는 다음에서 논의될 것이다.

- 당뇨병의 한 형태인 **제1형 당뇨병**처럼 잘 알려진 질환 또한 자가항체에 의해 유발된다. 이 자가항체는 췌장에서 인슐린을 생산하는 세포들을 공격하고, 오랜 기간 동안 이것을 파괴한다. 따라서 흔히 제2형은 췌장의 인슐린 생산을 상승시켜 세포의 인슐린에 대한 대응상태를 향상시키는 약물로 치료하는 반면, 제1형 당뇨병은 인슐린으로 치료한다.

알레르기

알레르기의 경우, 면역계의 '과민' 반응이 발생한다. 물론 이 경우, 신체 자신의 세포에 해당하지 않는다. 오히려 **알레르겐**^{allergene}(알레르기 항원)이라고 일컬어지는 자연과 음식, 의류나 다른 곳에서 알레르기를 일으키는 물질에 대한 반응이다.

가장 잘 알려진 알레르기는 **알레르기성 비염**이다. 독일 성인 중 약 20~25%가 증상에 차이는 있으나 알레르기성 비염에 시달리고 있다. 이 경우, 꽃가루의 표면항원에 항체가 형성된다. 특정 식물종의 꽃가루에 특이하게 반응하거나, 한 식물속의 다양한 종에 반응하기도 한다.

알레르기의 경우, 항체는 특징적으로 백혈구의 하위그룹인 에오신 호성 과립백혈구$^{eosinophile\ granulocyte}$, 줄여서 에오신 호성구에 의해 형성된다. 이때 전형적으로 핵심적인 것은 lg E계 항체다. 이 항체는 먼저 피부나 장, 호흡기의 결합조직 속에서 발견되는 면역세포의 한 그룹인 비만세포와 결합한다. 동시에 해당 항원을 가지는 꽃가루 입자와 접촉하면, 이것이 비만세포에 붙어 있는 항체와 결합한다. 그 결과 비만세포에서 히스타민이 배출된다. 이 과정을 탈과립화라고 한다. 히스타민이 전형적인 알레르기성 증상을 일으키는 것이다.

꽃가루 날림.

- 눈물 분비샘이 더 많은 눈물을 생산하므로 눈물이 난다.
- 코 점막과 호흡기에 더 많은 점액이 형성되므로 코가 막히고 콧물이 흐른다.
- 기관지가 좁아져 숨이 가쁘다.

알레르기성 비염은 히스타민의 기능을 억제하는 약물인 항히스타민제로 해결할 수 있다. 그러나 심각한 알레르기의 경우 과민성 쇼크가 올 수도 있다. 이 쇼크는 혈관을 확장시켜 혈압이 떨어지고, 순환이 붕괴될 정도로 많은 히스타민이 분비되어 발생한다. 동시에 히스타민이 기관지를 좁혀 경우에 따라서는 공기가 폐에 도달하지 못해 호흡이 정지되는 사태가 발생하는 수준까지 이를 수 있다. 이러한 위급상황을 대비해 알레르기를 가진 사람들은 알레르기 키트^{kit}를 가지고 다닌다. 즉, 이런 위급한 상황에서 전형적으로 사용되는 치료물질인 아드레날린 주사를 주입하는 것이다.

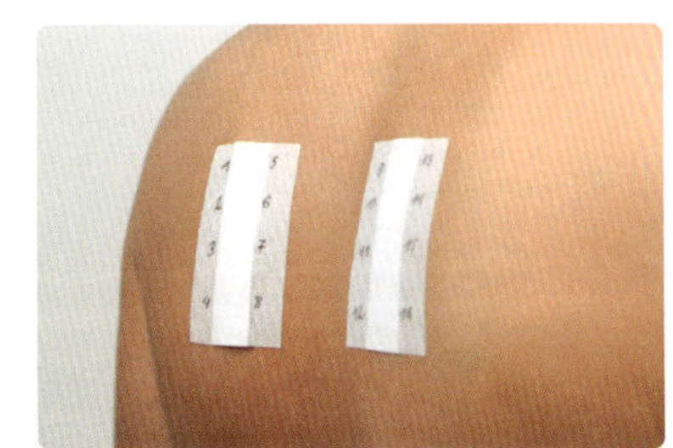

알레르기 테스트.

면역결핍

병에 걸리면 면역계의 기능이 저하되기 때문에 감염 위험이 높아진다. 한 예로 장기간 지속되는 악성종양을 생각해볼 수 있다. 변형된 세포를 더 이상 인식하지 못해 무해하도록 처리하지 못한다.

일반적으로 **선천성 면역결핍**은 유전적인 원인에 기인하거나 면역계의 부분들이 형성되는 발전 단계에서 생긴 결함으로 인한 것이다. 중증합병면역 결핍증^{Severe combined immunodeficiency, 줄여서 SCID}은 출생부터 심각한 면역결핍을 나타내는 질환들을 통틀어 일컫는 용어다. 예를 들면, 이 질환의 거의 모든 경우 T림프구가 형성되지 않거나, 다른 경우 B림프구가 형성되지 않는다. 이 질환은 이미 유아기부터 성장 장애와 흔한 감염, 특히 폐렴을 일으킨다. 유일한 치료방법은 골수나 줄기세포를 이식하여 정상적으로 기능하는 면역 세포를 전이하는 것이다.

후천적 면역결핍은 벤졸 같은 화학약품이나 그 기능에 대해 우리가 익히 알고 있는 면역억제제 같은 약물로 인해 면역계의 기능이 저하되는 것이다. 암 치료에 이용되는 세포활동억제제^{cytostatica}나 전리방사선도 후천적 면역결 핍의 원인이 된다.

암질환은 이미 오래전부터 면역장애와 밀접한 연관이 있다. 그러나 정확한 과정은 아직도 많은 부분에서 확실히 밝혀지지 않고 있다. 하지만 암을 치료하는 과정에서 면역계를 고려하는 몇 가지 치료방법이 있다. 물론 유일 무이한 '면역치료'가 있는 것이 아니라, 환자의 T림프구를 추출하여 유리 시험관에서 해당하는 암세포에 소위 '옷을 입힌 후' 다시 환자에게 투입하는 시도들이 행해지고 있다. 몇 년 전만 해도 사람들은 이 방법에 많은 기 대를 걸었으나, 지금은 실망한 상태다. 그래도 치 료에 대한 연구는 계속되고 있다.

방사선 물질이나 전리방사 선 경고 표시.

약간 다른 것은 **종양 특이항원**을 겨냥하는 치료법이다. 이 항원은 이미 여러 암 종류에서 **표적항암제**^{Targeted Therapy}의 공격 대상이다. 일종의 특정 목표를 가진 맞춤 치료법이라 할 수 있다. 유방암의 경우를 예로 들면, 암세포에 있는 종양 중 20~30%가 이른바 HER 2 항원이 출현한다. 이 항원을 처리하기 위해 종양세포만 겨냥하여 제거하는 약품이 개발되었다. 이때 건강한 세포는 계속해서 손상 없이 남아 있어야 한다. 이것은 종양을 치료하기 위해 면역계를 이용하는 것이 아니라, 종양세포의 신진대사 과정을 방해하기 위한 치료법이기 때문에 엄밀한 의미에서의 '면역치료법'은 아니다.

특이한 경우인 HIV 감염

바이러스의 관점에서 볼 때, 인간의 면역결핍바이러스 또는 줄여서 HIV는 상당히 현명한 전략을 세웠다. 정확히 방어를 담당하는 생명체의 세포, 즉 T림프구를 감염시키기 때문이다. 바이러스는 숙주에 침입한 다음, 먼저 T보조세포를 감염시키고 그것의 CD4-표면수용체와 결합한다. 세포 내에서는 역전사효소에 의하여 RNA 바이러스 게놈이 DNA로 다시 기록된다(6장 참조). 결국 이 DNA가 숙주의 DNA에 편입되어 바이러스 번식에 사용된다. 생명체는 HIV에 반응하지만 몇몇 바이러스는 규칙적으로 이러한 반응을 피한다. 바이러스의 표면은 역전사효소가 오류를 범할 확률이 높기 때문에 단백질 합성 시 아주 활발히 변형될 수 있다. 왜냐하면 정상적인 DNA 복제의 경우처럼 전사를 위한 수정작업 과정이 없기 때문이다. 따라서 면역계는 특이한 바이러스 표면을 '목표 사격'할 수 없어 항상 몇몇 바이러스를 놓치고 만다. 그 결과 이 바이러스들은 점차적으로 확산한다. 또한 대식세포나 뇌세포처럼 이에 상응하는 CD4 수용체를 가진 다른 세포들도 감염될 수 있다.

HIV 감염의 잠재기는 면역방어를 더욱 어렵게 만든다. 왜냐하면 면역방어는 활발하게 반응하는 바이러스만 인식하고 파괴하기 때문이다. 림프구에서 조용히 잠복하고 있는 바이러스 게놈은 이에 해당하지 않는다. 이와 마찬가지로 HIV를 겨냥해 지금까지 개발된 약품도 효과가 없기는 마찬가지다. 오랜 기간 동안 감염은 CD4-T 세포들을 몰락시키고, 이로 인해 세포와 체액성 방아체계는 약화되어 기회 감염의 위험이 높아진다. 건강한 면역계라면 피해를 주지 않을 병원체에 의해서도 감염된다. 또한 카포시^{Kaposi} 육종 같은 희귀 암에 걸릴 확률도 높아진다.

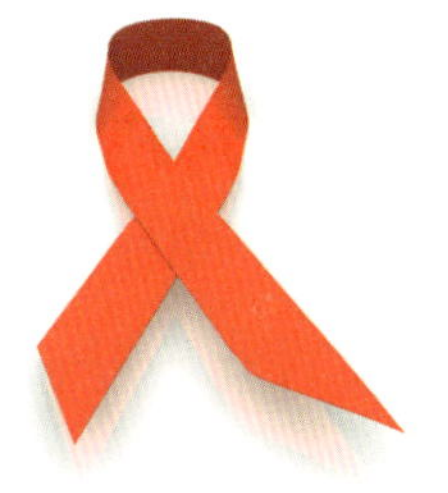

HIV 감염자들과 에이즈 환자들의 결속의 상징.

물론 HIV 감염이 에이즈^{Aids: acquired immuno deficiency syndrome}(후천성 면역 결핍증) 질병을 의미하는 것은 아니다. 1993년 미국 애틀랜타 주에 있는 질병관리센터^{CDC: Center for Disease Control}에서 단계를 구분하여 구체화함으로써 HIV 감염 이후 나타나는 세 단계를 연구하고 있다.

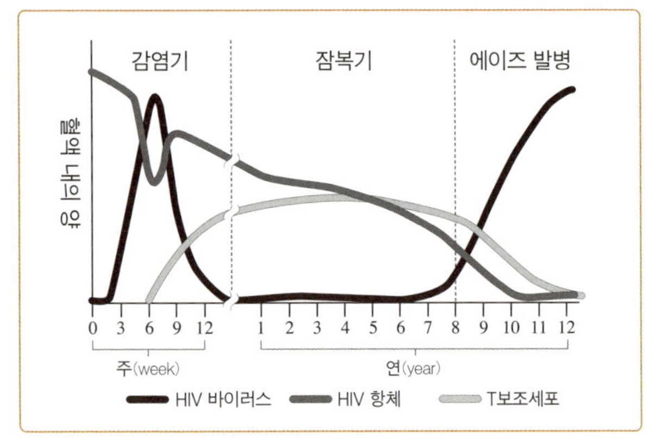

HIV 감염 과정.

A : HIV 양성 – 새로운 감염/증상이 없는 단계

HIV 양성이란 직접적이든 간접적이든 혈액에 HIV를 가진 모든 사람을 나타낸다. 이 경우, 이른바 임파선염 증상이 나타난다. 신체 곳곳에서 림프절이 확대된다. 감염 후 6일에서 6주가 지나면 감염자의 약 70%에서 소위 급성 HIV 증후군이 나타나는데, 독감에 걸렸을 때와 비슷한 증상이 나타났다가 일반적으로 아무 일 없이 사라진다. 이후 아무런 증상이 나타나지 않는 기간이 몇 년에서 몇 세기까지 지속된다. 이때 감염은 단지 연구실 실험을 통해서만 관찰된다.

B : HIV 양성 – HIV와 연관된 질환

HIV 감염의 두 번째 단계에서는 열이 반복해서 38.5℃ 이상까지 오르고, 원인을 알 수 없는 설사가 한 달 이상 지속되며, 치료 저항이 나타나는 칸디다성 점막질환 등의 증상들이 나타난다.

C : 에이즈 발현

급격한 체중감소, HIV 뇌질환(현저한 뇌기능 저하, 급격한 지능 저하), 기생충과 바이러스, 박테리아, 균 또는 단세포 생물에 의한 기회감염, 즉 변칙적 폐결핵, 뉴모시스티스폐렴(예전에는 카리니폐렴이라 했음), 폐와 식도 또는 위가 헤르페스에 걸림, 다양한 기관들, 특히 망막의 거세포 바이러스 감염 등.

최근 항–레트로바이러스 치료법에 의해 HIV 감염의 발생과 진행을 많이 지연시킬 수 있게 되었다.

식물의 '면역계'

면역세포와 항체의 의미에서 볼 때 식물은 면역계를 가지고 있지는 않지만, 질병을 유발하는 미생물에 대항하는 뛰어난 방어 시스템을 구축하고 있다. 먼저, 상피와 주피 같은 이차적 폐쇄조직이 인간의 피부와 비슷하게 병원균을 막는 물리적 장벽 구실을 한다. 그러나 식물이 상처를 입었거나 균열이 있을 때는 바이러스와 균 등이 이 장벽을 넘어설 수 있다. 이 경우, 식물들은 공격받은 세포들을 죽임으로써 병원체를 처리할 수 있다. 그 결과 전체 기관들이 개별적으로 유지된다. 이것을 **과민성 반응**^{hypersensitive reaction}이라고 한다.

식물들은 또한 화학으로 스스로를 지킨다. 4장에서 다룬 일련의 부차적 **식물화학물질**들(사포닌과 플라보노이드 등)은 미생물에 반대작용을 한다.

끝으로 식물 세포들은 식물 자체에 존재하지 않는, 즉 '낯선 물질'로 나타나는 특정 단백질을 인지하는 아주 민감한 수용체를 가지고 있다. 이것을 **패턴 인식 수용체**^{pattern recognition receptor} 또는 PRRs라고 한다. 예를 들면, 이 수용체는 박테리아의 편모에서만 나타나는 단백질인 플라젤린^{flagelin}이나 균의 세포벽에 있는 치틴을 인식한다. 이어서 식물 세포는 박테리아나 균을 공격하여 그 세포들을 파괴할 능력을 가진 방어 물질들을 형성한다. 이 밖에도 일차 손상이 발생한 장소에서 멀리 떨어진 식물 세포들에게 경고한다. 이 경고는 체관부에 공급되어 전체 식물에 분배된 신호 분자들을 통해 이뤄진다. 예를 들면, 살리실산^{salicylic acid}은 주위 식물에게 급히 알리기 위해 이동이 수월하게 변형된 형태로 형성된다. 그런데 살리실산은 아스피린 같은 진통제에 함유되어 있는 아세틸살리실산의 전 단계다. 바이엘 제약회사에서 아스피린을 제조하기 이전에 이미 많은 사람들이 버드나무 껍질을 씹거나 그것으로 끓인 차를 마시면 통증이 완화된다는 귀중한 지식을 가지고 있었다. 그 이유는 다름 아닌 살리실산이었다.

버드나무 껍질 차.

행동생물학

행동은 먹이를 찾는 것, 생식, 산란과 부화, 적으로부터의 방어와 연관된 동물들의 모든 활동을 포함한다. 철새나 뱀장어, 연어의 이동 같은 동물의 이동도 여기에 속한다.

행동연구의 초기단계를 전문적으로는 동물행동학(에솔러지^{ethology})이라고 하는데, 이는 행동의 **근접원인**$^{proximate\ cause}$을 연구해 "행동양식이 어떻게 진행되는가?" 등의 질문에 몰두했기 때문이다. 그 뒤 동물행동학의 새로운 양상은 행동의 **궁극원인**$^{ultimate\ cause}$을 궁금해하면서 "진화의 의미에서 봤을 때, 이 행동의 긍정적인 점은 무엇인가?" 등을 연구하기 시작했다.

기본적으로 말하자면, 어떤 특정 행동에는 한 가지 원인만 있는 경우는 없다. 항상 여러 원인이 함께 작용한다. 환경에 적응하는 과정에서 발생하는 유전정보에 부분적으로 고정되어 있는 정보들도 이와 마찬가지다.

행동의 원인

행동연구의 선구자인 니콜라스 틴베르겐Nikolaas Tinbergen(1907~1988)은 〈The Four Whys(생물학적 연구의 네 가지 기본 질문)〉에서 행동생물학에 적용될 수 있는 네 가지 주요 질문을 구분했다.

- 어떤 자극이 특정 행동을 유발하고, 어떤 생화학적·생리학적 메커니즘이 이 행동을 실행하는 데 관여하는가?
- 삶에서의 경험이 이 행동을 한 개인에게 어떻게 영향을 미치는가?
- 이러한 행동이 생존과 생식에 어떤 이점이 있는가?
- 이 행동 뒤에 어떤 진화적 역사가 숨어 있는가?

선천적 행동

선천적 행동양식은 유전적으로 고정된 본보기에 따라 진행되고 학습될 필요가 없다. 단지 부모에게서 자손에게 유전되는 것이다. 따라서 개인의 경험은 영향을 미치지 않는다. 이러한 선천적 행동양식은 한 동물이 종의 무리와 어떠한 접촉도 없이 자랄 경우에 실험적으로 발견된다.

선천적 행동양식에는 다음과 같은 것들이 속한다.

- 무조건반사
- 오토머티즘automatism(자동성)
- 본능행동

무조건반사

반사에 대해서는 5장에서 설명했다. 일반적으로 반사란 어떤 특정 자극에 대해 오래 생각하지 않고 재빨리 행해지는 반응이다. 행동연구에서는 동일한 자극에 항상 동일한 방식으로 진행되는, 무의식적으로 주입된 고정 행동 양식을 의미한다. 시각적 · 청각적 · 화학적 또는 촉각적인 자연조건이 이러한 반응을 유발하는 자극이 될 수 있다.

앞에서 언급한 무릎반사 외에도 빛이 들어오면 동공이 좁아지는 동공반사나 재채기반사도 무조건반사에 속한다. 이물질이 기도에 들어오면 호흡기가 막히지 않도록 이물질을 다시 밖으로 내보내기 위해 재채기를 한다. 신생아의 반사도 이에 속한다. 아기의 입가를 만지면 **탐색반사**가 작동하여 아기는 손이 닿는 방향으로 머리를 돌린다. 엄마의 젖꼭지나 젖병의 꼭지를 입에 갖다 대면 젖먹이는 열심히 젖을 빤다. 이것이 **빨기반사**다. 이와 병행하여 **삼킴반사**는 빨아들인 음식물이 기도로 잘 넘어갈 수 있도록 돕는다.

유아의 빨기반사는 무조건반사로 간주한다.

오토머티즘

오토머티즘도 학습 없이 발생한다. 그러나 반사와는 달리 발생하는 데 있어 반응을 유발하는 자극이 필요 없다. 호흡, 심박 같은 생리학적 기능들이 여기에 속한다. 물고기 무리의 이동모형은 뇌 중추와 상관없이 척수를 통해 조정되는 단순한 오토머티즘이다.

본능행동

본능행동은 항상 동일한 틀에 따라 진행된다. 이 경우, 무조건반사와는 달리 좀 더 복잡한 행동양식이 주체가 된다. 또한 개인의 특정한 내면적 '동기'가 요구된다. 예를 들면 '배고픔'이라는 내면적 동기가 동물로 하여금 음식을 찾아 나서게 만든다.

본능적인 행동양식은 인생에서 겪는 경험에 의하여 보충된다. 예를 들어, 경험에 비추어볼 때 음식이 있었던 곳에서 음식을 찾는다. 그러나 기본적으로는 동일하게 유지된다. 내적 동기가 적을수록 행동용의는 낮아진다. 그다지 배가 고프지 않으면 오랜 굶주림으로 혈안이 되어 음식을 찾듯이 하지는 않는다.

본능적 행동은 세 가지 단계로 나뉜다.

- 목표 없는 열망행동 : 일반적으로 불안을 유발하는 영양분의 결핍
- 목표 지향적인 열망행동 : 목표를 가지고 먹이에 접근
- 마지막으로 행해지는 본능적 행동 : 잡아먹기

이 경우, 영양분의 결핍처럼 본능적 행동을 유발하는 자극은 **신호자극**^{sign} ^{stimulus}이다.

생물 시간에 수컷 큰가시고기의 본능적 공격행동을 유발하는 유명한 신호자극인 '붉은 배'에 대해 배웠을 것이다. 큰가시고기 수컷은 산란 장소에 침범하려는 다른 수컷들을 공격한다. 이때 그들은 침입자의 붉은 배에 반응한다(큰가시고기 수컷은 산란기가 되면 배 쪽이 붉은색을 띰 - 역자 주). 위에서 언급한 동물행동학자 틴베르겐은 수컷을 자극한 것은 경쟁자가 아니라 바로 배의 붉은색이었다는 것을 고전적인 실험으로 증명했다. 우연히 창밖으로 지나

가는 빨간색 차도 동일한 효과를 나타낸다. 즉, 빨간색 차도 큰가시고기의
공격적인 행동을 유발한다. 반대로 배의 색이 빨갛지 않은 다른 물고기들이
나 큰가시고기 암컷들은 공격을 받지 않는다.

습득되는 행동 – 학습

경험에서 결론을 이끌어내고 거기에 자신의 행동을 맞추는 생물체의 능
력을 학습이라 한다. 학습능력으로 생존 확률과 진화에서 볼 때 중요한 의
미를 가지는 생식 확률이 높아진다. 학습 과정을 위해서는 기억이 필수적
이다.

조건반사

선천적 반사인 무조건반사와는 반대로, 조건반사는 그 이름이 시사하듯
조건을 전제로 한다. 고전적인 조건형성에서는 무조건반사와 상관없는 중
립적 자극이 무조건반사와 결합하였다. 가장 잘 알려진 것이 파블로프반사
다. 생리학자인 이완 파블로프[Iwan Pawlow]는 실험 대상인 개들에게 먹이를 줄
때마다 종소리를 냈다. 먹이는 개에게 침을 흘리도록 유발했다. 흔히 좋아
하는 음식의 냄새를 맡으면 입에 침이 고이는 이것은 인간에게도 발견될 수
있는 무조건반사다.

파블로프는 종소리와 먹이의 결합을 몇 번 반복한 후 근처에 먹이가 없어
도 종소리만으로 개가 침을 흘린다는 것을 보여주었다. 처음에는 중립적이
었던 자극인 '종소리'가 조건적 자극이 된 것이다. 개가 마치 무조건적 자극,

즉 먹이에 반응하듯 종소리에 반응했기 때문이다. 이 실험을 **고전적 조건형성**이라고 한다.

개를 비롯한 다른 동물들은 매우 영리해 몇 번 먹이 없이 종소리만 반복되면 조건 자극은 다시 중립적 자극이 된다.

파블로프 실험의 구성.

조건열정

조건열정에서는 먼저 독립된 두 가지 요인이 서로 결합한다. 이른바 경험에서 나온 학습이다. 예를 들면 개가 우연히 주인에게 앞발을 내밀었다가 먹이 또는 쓰다듬기 같은 행동에 대한 보상을 받으면 '앞발 내밀기'라는 행동은 보상을 언기 위한 목표를 가지고 더 자주 수행된다. 심지어 개는 시간이 흐르면서 특정한 명령에 따라 행동하는 법을 배운다. 이것을 **조작적 조건형성**이라고 하는데, 성공을 통한 학습이라고 할 수 있다.

그러나 중립적 자극이 부정적인 경험과 결합하였을 때, 즉 나쁜 경험을 통해서도 학습은 가능하다. 실험쥐는 전기 자극이 더 이상 존재하지 않는데도 과거에 전기적 자극이 있었던 우리의 모서리를 회피한다. 이를 **조건적 혐오**conditioned aversion라고 한다. 동물이 어떤 먹이를 먹고 나서 병에 걸리면 같은 냄새가 나는 음식은 피하게 된다. 예를 들어 쥐는 상대적으로 독이 든 음식을 먹으면 안 된다는 것을 빨리 배운다. 이는 스스로 그에 대한 좋지 않은 경험이 있어서뿐만 아니라, 동료를 통해서도 배운다.

가장 잘 알려진 사례는 오스트리아의 행동학자 콘라트 로렌츠^{Konrad Lorenz}의 실험이다. 그는 각인 현상을 최초로 기술했다. 각인 현상은 인생의 **민감한 시기**에 발생하는 개인의 지속적인 행동양식이다. 거위는 태어난 지 하루나 이틀 안에 보호와 먹이를 위해 따라다녀야 할 자신의 엄마가 어떻게 생겼는지를 배운다. 거위는 이 민감한 시기에 자신의 눈에 들어오는 대상, 즉 자신의 주변에서 움직이는 첫 번째 대상에 반응한다. 로렌츠가 묘사한 '아기 거위 마티나'는 태어난 첫날 로렌츠를 자신의 엄마로 각인하고 그때부터 죽자사자 그를 따라다녔다. 하지만 진짜 엄마는 완전히 무시했다.

콘라트 로렌츠의 실험 대상.

각인의 다른 형태는 성적 각인이다. 이는 나중에 만날 성적 파트너가 어떻게 생겨야 하는지를 배운다. 또는 운동 각인이다. 새는 종에 따라 특별한 새소리를 배운다. 연어에게는 자신이 태어난 – 또한 본인도 생식을 위해 다시 돌아가야 할 – 강의 냄새가 각인된다.

사회적 행동

사회적 행동은 동종의 무리들과 접촉하며 나타나는 행동양식을 포괄한다. 이때 사회적 구조의 상이한 종류들이 존재한다.

동물의 무리: 음식의 원천 같은 외부적 요인에 의해 결정된다. 예를 들면, 서로 다른 종의 다양한 동물들이 물웅덩이 주변에 모여 산다.

새의 무리 같은 **익명의 군집**: 무리의 동물들은 서로 알지 못하고, 외부로부터 위험이 닥칠 때를 제외하고는 항상 일정한 거리를 유지한다.

개별적 군집은 사자처럼 사회적으로 살아가는 포유동물들의 무리다. 동물들은 서로 알고 있고, 라이벌 간의 결투로 결정되는 위계질서도 존재한다. 새로운 수컷은 위계순서를 결정하는 결투 후에 영입된다.

특이한 경우는 벌과 개미 같은 **곤충들의 군체**다. 여기서 개별적인 동물들이 태어나고 평생을 그 안에서 머물며 살아가며, 다른 군체로 이동할 수 없다.

사자의 무리.

세력권 행동

영역 또는 영토는 동물들이 먹이를 찾고, 둥지를 틀고, 동굴을 만들고, 생식을 하고, 기타 등등을 위해 확정된 지역이다. 이때 영토는 한 개인이나 사회적으로 살아가는 생물체의 한 그룹에 귀속된다. 영토는 냄새인식, 즉 화학적 신호에 의해 발생한다. 개가 누구나 사용 가능한 나무에 다리를 올려 볼일을 보면 다음 사실을 확실히 하고자 하는 것이다.

"이곳은 내 영역이다. 얼씬도 하지 마!"

집에서 키우는 개의 경우에는 이것이 별로 효

다리를 들어!

과가 없다고 해도 자연에서는 확실히 통한다. 치타나 다른 고양잇과 동물들도 자신들의 영토를 소변으로 표시한다. 청각적인 신호로도 영역을 구분 지을 수 있는데, 예를 들면 새소리다. 새는 자신의 영토를 방어할 때 침입자가 동굴이나 새끼가 있는 영토의 중심에 가까이 접근할수록 더욱 강하게 방어한다. 영역을 둘러싼 세력권 행동은 특정한 시기에 따른 것일 수도 있다. 예를 들면, 자손이 자라나는 시기에만 발생할 수 있다.

세력권 행동은 특정 집단에서 그곳에 사는 개체수가 지나치게 많아지는 것을 방지하는 역할을 한다. 이는 먹이가 제공되는 원천이 제한적이기 때문에 중요한 의미를 가진다.

위계질서

사회적 생활을 하는 척추동물의 집단에는 일반적으로 **라이벌 결투**를 통해 결정되는 서열이 존재한다. 가장 경험이 많고, 강하고, 똑똑한 동물이 우두머리가 된다는 원칙이 지켜진다. 이른바 알파^{alpha} 또는 리더 동물이다. 이 서열은 고정되어 있지 않고 항상 다시 '협의'될 수 있다. 예를 들어, 어린 동물들이 자라 현 우두머리에게 도전할 경우 다시 조정될 수 있다.

이러한 라이벌 결투에서 패배한 동물은 겸손을 나타내는 몸짓으로 우월자를 진정시키므로 심각하게 부상을 당하는 경우는 드물다. 등을 바닥에 두고 눕는 것처럼 무방비 상태의 약한 배 부분을 보여주는 행위나 시각적으로 덜 위협적으로 보일 수 있도록 머리를 숙이는 행위, 귀를 붙이는 행위 등이 이러한 몸짓에 속한다. 싸움에서 승리한 우월한 동물은 이러한 종류의 **겸손한 몸짓**에 무방비 상태인 상대의 배를 깨물지 않고 돌아섬으로써 일인자라는 자신의 지위를 확인시킨다. 종족보존의 측면에서 이것은 의미가 있다. 물론 이러한 망설임은 집단 안에서만 효과가 있을 뿐 낯선 동물에게는 통하지 않는다.

　반대로 우월자는 깃털 뽐내기, 목털 세우기, 이빨 보이기 등과 같은 **인상적이고 위협적인 태도**를 보인다. 전체적으로 모두에게 패배자와 상반되게 보임으로써 더 큰 존재로 비치도록 한다. 우월자는 보통 이런 위협적인 태도로 분쟁을 방지한다. 상대편이 이미 자신에게 강한 인상을 받았다는 것을 적절히 표현하며 겸손의 자세를 취하는 경우, 이러한 승리자의 위협적인 태도로 격투를 피할 수 있기 때문이다.

　일반적으로 우월한 지위를 가진 동물은 짝짓기할 준비가 되어 있는 암컷을 차지할 수 있는 기회와 더 나은 먹이를 풍부하게 획득할 기회 등을 더 많이 획득한다. 진화적 관점에서 볼 때, 이 모든 것은 '최상'의 유전인자를 계속 전승한다는 데 그 의미가 있다.

　결투를 통한 순위적인 서열 외에 원숭이의 경우, 암컷은 위계질서 속에서 자동으로 자신이 함께하는 수컷에 상응히는 지위를 차지한다.

　다른 사회적 군집에 존재하는 이러한 과거와 현재 상태를 보여주는 실제적인 유사성들은 순수하게 우연적이며 전혀 의도한 바가 아니다…….

평등한 지위를 가진 수컷과 암컷.

의사소통

　한 동물의 자극이 다른 동물에게 전달되면 이를 신호라고 명명한다. 신호의 전달과 수신을 의사소통이라고 하는데 동물은 다양한 감각을 통해 의사소통을 한다.

- **시각적** 의사소통을 통해 동물을 시각적으로 인식한다.
- **청각적** 의사소통에는 새들의 지저귀는 소리, 귀뚜라미의 우는 소리가 속한다.
- **촉각적** 의사소통은 접촉을 통해 동물들을 인식하는 것이다. 초파리 수 컷은 교미 시 암컷을 앞발로 민다.
- **화학적** 의사소통은 화학적 물질의 형태로 신호를 보낸다. 곤충들의 페르몬이 그 예로, 동물이 소변으로 자기 영역을 표시하는 것과 같다. 이는 다른 동물들에게 "들어오지 마시오!"라고 화학적으로 전달된다. 말도 자신의 그룹에서 경쟁자와 적을 똥냄새로 인식한다.

사랑은 위장을 따라 - 초파리도 그러하다

유전학자들의 '애완동물'인 드로소필라과에 속하는 초파리는 행동생물학에서도 흥미로운 존재다. 학자들은 드로소필라가 생식 파트너보다 자신과 비슷한 음식을 먹는 파리를 더 선호한다는 사실을 밝혀냈다.

의사소통방법은 일반적으로 동물이 자신의 자연적인 생활공간 속에서 어떻게 행동하는가에 달려 있다. 밤에 활동적인 포유동물은 시각적인 의사소통으로 얻을 것이 별로 없다. 그보다는 후각적·청각적인 신호에 더욱 의존한다. 반대로 새들은 낮에 훨씬 더 많이 활동하기 때문에 깃털의 색 같은 시각적인 신호와 자연적인 청각적 신호 그리고 울음소리로 의사소통을 한다. '낮에 활동하는 포유동물'인 인간도 시각적·청각적 자극으로 의사소통을 한다. 이것이 집에서 키우는 고양이가 바람에 실려 온 10m 밖의 화학적 신호를 냄새로 감지하는 반면에 우리 인간은 인지하지 못하는 이유다.

고도로 복잡한 의사소통의 특별한 예는 꿀벌의 언어다.

꿀벌.

벌들과 춤을 – 카를 폰 프리슈와 벌들의 언어에 대한 연구

우리 인간이 나누는, 날씨나 게으른 수컷이 오늘도 쓰레기를 갖다버리지 않았다는 등의 대화는 아니지만 꿀벌(알피스 멜리페라^{Alpis mellifera})들도 서로 이야기를 나눈다.

한 군체에 속한 벌들은 냄새에 대해 알려주고, 이로써 먹이 출처의 종류에 대해 의사를 전달한다. 먹이의 출처를 어디서 발견할 수 있는지에 대한 정보는 아주 중요한 일이다. 이 모든 것이 벌들의 춤을 통해 일어난다.

• 벌들은 벌집에서 100m 이하 정도 떨어진 곳에서 먹이를 발견하면 **원무**, 즉 원형으로 춤을 춘다. 이때 먹이를 발견한 벌들은 원 안에서 오른쪽, 왼쪽으로 번갈아 가며 날아다닌다. 먹이가 풍부하게 보이면 보일수록 춤은 더욱 격렬하고 오래 지속된다. 그러나 처음에는 먹이가 어디에 있는지에 대해서는 아무런 언급을 하지 않는다. 거리가 상대적으로 가까울 경우, 벌들은 자신의 동료가 위치에 대한 정보 없이도 예민한 후각으로 먹이의 출처를 이미 감지했다고 믿기 때문이다.

• 발견한 먹이의 출처가 100m 이상 떨어져 있으면 벌들은 꼬리를 흔들며 춤을 춘다. 먼저 잠시 앞으로 곧장 갔다가 이어 곡선을 그리며 출발점으로 다시 돌아온다. 여기서 중요한 것은 벌들이 곡선을 그리며 제자리로 돌아올 때 오른쪽, 왼쪽으로 번갈아가며 날아다닌다는 것이다. 이

때 직선이 수직 방향으로 만들어내는 각도는 먹이의 위치를 찾기 위해 지켜야 하는 태양과의 각도와 일치한다. 꼬리를 흔들며 움직이는 거리는 먹이가 있는 곳과의 거리를 의미한다. '**꼬리 춤**'이라는 용어는 벌들이 직선으로 움직일 때 자신의 몸 뒷부분을 리드미컬하게 이리저리 흔드는 것을 나타낸다. 흡사 꼬리를 흔드는 것처럼 보인다.

다른 동료는 정보를 얻기 위해 벌들을 따르고, 꽃들을 정확히 찾아 날아가기 위해 수집한 먹이에서 나는 냄새를 자신에게 각인시킨다.
동물학자이자 행동연구가인 카를 폰 프리슈는 1940년 중반부터 의도적으로 벌집에서 다양한 거리와 방향에 먹이를 가져다주고 벌들의 행동을 관찰하여 이러한 '벌들의 언어'를 해독했다. 1973년, 이러한 공로를 인정받아 프리슈는 콘라트 로렌츠, 니콜라스 틴베르겐과 함께 의학, 생리학 분야에서 노벨상을 받았다.

생태학

생태학은 생물체 간(생물적 요소)의 상호작용과 빛이나 기후 같은 비생물적 요소가 미치는 영향에 대해 연구한다. 특히, 생태학적으로 관찰되는 상호작용은 다양한 영역에서 발생한다.

- 생물체와 비생물적 환경과의 상호작용: **개체 생태학**
- 생물집단이나 **생물군집** 사이, 즉 한 장소나 한 생활공간 안에서 함께 살아가는 모든 집단 간의 상호작용과 비생물적 요인이 작용하는

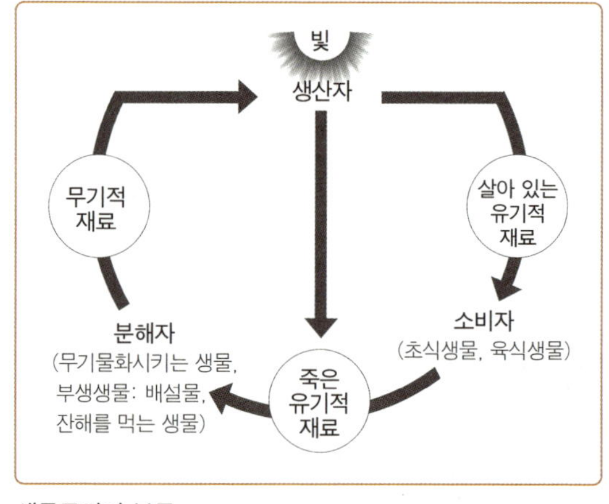

생물군집의 분류.

이 밖에도 집단과 특정 거주공간에서 함께 살아가는 모든 동종개체 사이의 관계와 환경과의 관계에 몰두하는 **집단생태학** 분야도 연구한다.

생명체와 환경 간의 상호관계: 비생물적 요소

생물적 요소는 다음을 포함한다.

- 온도
- 물
- 빛 상태

또한 개체가 신경써야 하는 지면상태, 바람, 습도, 대기도 비생물적 요소에 속한다.

온도 같은 생태요소 또는 환경요소는 한 종의 개체에 특정 내성[ecological tolerance, ecological potency](생태학적 능력) 범위 안에서 최소이든 최대이든 항상 존재한다. 생물이 살아가는 데 가장 유리한 수치를 '최적조건'이라고 일컫는다. 총체적인 생태요소는 생물의 생활권, 즉 모든 생물군집에서 한 종이 어디에 거주할지를 결정하는 중추적 역할을 한다. 생태요소의 수치에 대해 내성범위가 큰 종들을 광종[eury species], 반대로 최적조건을 받아들이는 범위가 좁은 종들을 협종[steno species]이라고 한다.

온도와 물, 지면의 상태 또는 햇빛 같은 요소들은 생물군집에 속하는 종의 발생 여부에 영향을 끼친다. 이해하기 쉬운 예를 하나 들자면, 추운 환경에서 살아가는 북극곰은 중유럽에 나타나지 않는다. 온도라는 생태요소가 그들의 내성범위를 초과했기 때문이다. 그러나 이 경우, 단지 한 요소만이 결정적인 역할을 하는 것은 아니다. 그렇다면 북극곰은 북극과 같은 정도로 춥거나, 더 추울 수도 있는 남극에도 출현할 수 있기 때문이다. 그러나 우리가 알고 있듯이 그들은 다음과 같은 이유로 남극에 살지 않는다. 북극곰의 주요 먹잇감인 물개는 물고기를 먹고 산다. 주로 경사가 심한 해안선을 가진 거대한 빙하로 이뤄진 북극과는 달리 남극의 지형적 조건에서는 물개는 잡아먹을 물고기가 없고, 북극곰은 잡아먹을 물개가 없다. 한 종이 확산될 때에는 이렇게 일련의 비생물적 요소와 생물적 요소가 함께 작용한다.

온도

온도는 중요한 비생물적 생태요소 중 하나다. 대부분의 생물체에 호흡이나 광합성 같은 생리적 과정을 결정할 뿐만 아니라 특정 행동양식도 결정한다. 이것은 이미 세포 영역에서 시작된다. 온도가 어는점 이하로 떨어지면 세포 안에 함유하고 있는 물이 얼고, 얼음은 물보다 부피가 크므로 세포는 터져버린다. 즉, 파괴되는 것이다. 샴페인을 급속으로 차게 하려고 샴페인 병을 냉동실에 넣어본 경험이 있다면 깨진 유리조각과 얼어버린 샴페인을 주워 담으며 이 사실을 깨달았을 것이다.

> **Q10 온도계수**temperature coefficient가 유효하다. 만약 10℃ 정도 온도가 상승하면 생리학적 반응 속도는 2~4배까지 빨라진다.

식물의 경우 이것을 쉽게 관찰할 수 있다. 성장과 꽃 피우기, 발아를 위해 0~45℃ 사이의 온도가 필수다. 그러나 각각의 개별적인 종들은 상당히 작은 내성범위를 가진다. 겨울에 발아하는 식물은 1~3℃ 사이에서 싹을 틔운다. 열대식물은 최소한 25℃ 정도의 온도가 필요하다. 봄에 자연을 둘러보면 서로 다른 종의 나무들은 서로 다른 시기에 꽃을 피우는 것을 볼 수 있다. 호랑버들은 하루 평균온도가 5℃ 정도 되어야 하기 때문에 이른 봄에 꽃이 피기 시작한다. 이와 달리 사과나무는 10℃ 이상의 온도가 필요하기 때문에 일반적으로 4월 말에서 5월 초에 꽃을 피운다.

물론 온도가 높다고 해서 최적인 것은 아니다. 단백질의 이차적·삼차적 구조와 기능은 45℃ 이상의 온도에서 손실(변질)된다. 한편 극한의 환경조건에 적응하는 생물체들이 있다. 6장에서 소개된 아이슬란드의 간헐천에서 편안함을 느끼는 극한 미생물들을 기억하는가? 그러나 그들은 예외일 뿐이고, 경쟁상대가 없다는 이유로 아주 특별한 생태적 지역을 찾아 이곳을 차지하고 있는 개체들이다.

그렇다면 여러분은 아마도 이렇게 생각할 것이다. '나는 정기적으로 사우나에 가지만 아무것도 변질되거나 하지 않던데, 뭐가 잘못된 건가?' 사실 고백하자면, 포유류와 조류는 어떤 시스템을 가지고 있는데, 이 시스템으로 인해 자신의 체온과 외부 온도를 분리할 수 있다는 장점을 가지고 있다. 이들은 일정한 체온을 유지하는 온혈동물 또는 항온동물이다. 세포의 물질대사 측면에서 볼 때, 물론 이렇게 지속적으로 온도를 유지하려면 상당한 에너지 소비가 요구되고 풍부한 양의 영양분이 생물체에 전달되어야 한다. 물고기와 양서류, 파충류는 이러한 종류의 에너지 소비를 포기했다. 그들은 외부 온도가 어는점에 가까워지면 **동면**

파충류는 추위에 약하다.

을 취한다. 이때 호흡과 심박 같은 생리학적 기능들은 현저히 감소한다. 이 경우, 위에서 설명한 것과 같이 세포들이 파괴되지 않는 것은 포도당 농도가 상승하기 때문이다. 이것이 물의 어는점을 저하시킨다. 이른바 동물들의 동파방지 장치다.

포유동물 또한 에너지 절약법을 발전시켰다. 바로 **겨울잠**이다. 먹이를 찾기 어려운 겨울에 수면을 취하는 오소리와 곰은 적은 양의 에너지를 필요로 한다. 이때 그들의 체온은 정상적으로 유지된다. 그러나 고슴도치나 박쥐의 경우에는 신진대사 반응속도가 현저히 떨어지고 체온이 저하된다. 온혈동물에서 잠시 몇 달 동안 변온동물이 되는 것이다. 필요한 에너지는 가을에 몸에 저장해둔 지방에서 조달한다. 겨울잠을 자는 동물들이 봄에 깨어나면 첫 번째 규칙은 부족한 에너지를 채우기 위해 먹고, 먹고, 또 먹는다.

기후에 적응하는 데 있어 동종의 항온동물들은 신체구조에 변화를 보인다. 이미 19세기 중반 카를 베르크만^{Carl Bergmann(1814~65)}과 조엘 아사프 앨런^{Joel Asaph Allen(1838~1921)}이 이에 대해 기술했다.

베르크만 규칙

한 종이 분포하는 지역 중 추운 지역에 사는 개체의 평균적인 몸 크기가 상대적으로 크다. 이와 유사한 규칙은 같은 속에 속하는 다른 종과 한 과에 속하는 다른 속에 유효하다.

베르크만과 앨런의 규칙을 물리학 공식으로 쉽게 설명할 수 있다. 즉, 동물이 클수록 몸 표면은 공 모양에 가까워지고, 이렇게 하여 표면은 주어진 부피에 맞추어 가능한 한 최소화된다. 좀 더 전문적으로 설명하면 표면은 정사각형의 경우 증가하고, 세제곱 부피의 경우 상대적으로 감소한다. 동물은 이러한 방법으로 체표면을 통한 열손실을 최소화한다. 펭귄이 이를 잘 보여 준다. 적도의 갈라파고스 섬에 서식하는 갈라파고스펭귄은 평균적으로 50㎝ 정도 된다. 남극에 서식하는 황제펭귄은 약 120㎝로 이보다 두 배 이상 더 크다.

황제펭귄.

신체에 달린 부위는 이와는 상반되는 관계를 가진다. 작을수록 열 손실이 줄어든다. 사막과 열대 지역에 사는 동물들의 경우, 신체 부위가 큰 것은 열을 방출하고 과열을 방지하는 수단이다. 이에 대한 예는 '기다란 귀'의 대명사인 집에서 키우는 들토끼다. 그러나 시베리아와 북극에 사는 그들의 사촌인 눈토끼(고산토끼)는 귀가 훨씬 작다.

물도 다양한 종의 발생과 확산에 영향을 주는 비생물적인 생태요소에 속한다. 물 없이도 잘 지내는 생물체는 없지만, 필요한 물의 양에는 커다란 차이가 있다. 여러 다양한 종은 일련의 특수한 방법을 통해 물을 저장하는 체계나 물의 손실에 대처하는 보호 장치를 갖추었다.

건조한 곳에서 사는 건생동물, 즉 대부분의 포유동물과 파충류, 조류처럼 살아가는 데 있어 그다지 높은 습기가 필요 없는 동물들은 다양한 구성방법을 이용하여 체표면을 통한 수분손실을 방지한다. 케라틴 단백질로 이뤄진 파충류의 비늘, 포유동물의 털, 새의 깃털 또는 왁스층으로 덮인 곤충의 치틴 외골격이 그 예다. 인간의 피부 또한 건조로부터 효과적으로 몸을 보호한다. 예를 들어 화재를 입어 피부의 많은 부분이 손상된 경우, 수분손실만으로도 생명을 잃을 수 있다. 이 밖에도 사막에 사는

악어의 비늘판.

동물의 배설기관은 소변과 대변에서 나온 물을 재흡수하도록 되어 있다. 또한 물이 부족한 환경은 그들의 행동에 영향을 미친다. 즉, 사막의 동물들은 온도가 낮고, 피부를 통한 수분손실이 적은 밤에 주로 활동한다. 또한 밤공기의 습도가 상대적으로 높다. 극단적인 예로 미국 남서부와 멕시코의 사막에 서식하는 캥거루쥐는 필요한 수분의 90%를 자신의 물질대사에서 만들어진 물로 조달하고 나머지 10%는 자신이 섭취하는 식물의 씨에서 조달한다.

습한 곳에서 사는 동물은 간혹 습생동물^{hygrophil}이라고도 하는데(hygros는

그리스어로 '습기'라는 뜻) 체표면을 통해 많은 수분이 손실되기 때문에 생명유지를 위해 공기 중 높은 습도를 필요로 한다. 이들은 증발 작용을 방지하는 어떤 방법도 가지고 있지 않다. 양서류와 지렁이, 지상에서 살아가는 민달팽이 등이 여기에 속한다.

수생동물은 그 이름이 말해주듯 물에서 산다. 하지만 물이라고 해도 다 같은 물이 아니다. 바닷물에서 사는 동물과 순수한 담수에서 사는 동물들이 있다. 이들에게는 물을 공급하는 일보다는 **삼투조절**이 급선무다. 무척추 바다동물들은 이 문제를 쉽게 해결했다. 소위 삼투순응형 동물로 살아가는 것이다. 즉, 자신의 체액 농도를 바닷물의 염 농도에 맞추는 것이다. 특히 물에 있는 다양한 용해 미립자의 농도와 생물체 안에 있는 농도가 다르기 때문에 이러한 물질들이 적극적으로 운반되어야 한다. 이와는 달리, 대부분의 해양 척추동물들은 항삼투압 동물이다. 이들은 삼투로 인해 계속해서 물을 잃어버린다. 왜냐하면 물은 고농도 장소(동물의 몸)에서 저농도 장소(바닷물)로 이동하는 경향이 있기 때문이다. 이것을 상쇄하기 위해 물고기들은 많은 양의 바닷물을 들이마시고, 아가미와 신장을 이용하여 넘쳐나는 염분을 방출한다.

담수동물은 바닷물고기와는 정반대다. 이들은 삼투압 원칙에 의해 몸이 터질 때까지 물을 흡수한다. 환경이 그들의 체액에 비해 농도가 높기 때문이다. 대부분의 담수동물은 실질적으로 아무것도 마시지 않고 아주 묽은 대량의 소변을 방출함으로써 이 문제를 해결한다. 소변을 통해 그들이 잃어버린 이온들은 음식으로 대체된다. 담수와 바닷물을 오가는 연어 같은

'방랑자'인 연어.

전문가들은 자신들의 삼투조절을 현재 처한 환경에 적응할 수 있는 능력을 갖고 있다. 즉, 바다에서는 항삼투 동물로서 바닷물을 마시고 아가미를 통해 초과하는 염분을 내보낸다. 그러다가 산란을 위해 강으로 오면 묽은 소변을 생산하고, 외부환경으로부터 많은 양의 염분을 흡수한다.

끝으로 **식물**이다. 식물에게도 물은 생존을 위한 중요한 요소다. 육지식물은 대부분 뿌리털을 통해 물을 흡수한다. 이에 반해 수상식물은 표면을 통해 이 과정이 이뤄진다. 물의 분출은 잎을 통해 이뤄지며, 전체 잎 표면을 통해 물의 증발이 이뤄지는 표피증산(큐티클증산)과 잎의 밑면에 있는 기공을 통한 기공증산이 있다. 식물은 한 장소에 묶여 있기 때문에 주변에 물이 있는 곳을 찾아 위치한다. 물웅덩이를 적극적으로 찾아다닐 수 있는 동물과는 차이가 있다.

- **변수성 식물**들은 물 손실을 방지하는 장치를 갖추고 있지 않다. 따라서 물이 부족한 시기에는 활동을 최대한 줄여 견딘다. 이를 건조내성이라고도 한다. 이 그룹에는 많은 균과 몇몇 조류, 지의류와 소수의 종자식물이 속한다. 물 함유량은 그들이 현재 접하고 있는 환경의 물 함유량에 상응한다. 그들은 소량의 물을 최적으로 사용하기 위한 적응법을 발전시켰다. 예를 들어 공기뿌리를 형성하는 난초과는 비가 올 때 물을 빨리 흡수하고, 양치류는 건조할 때 잎을 돌돌 만다. 따라서 기공이 자동으로 닫히는데, 물이 다시 공급되면 잎을 다시 편다.
- 반대로 **항수성 식물**들은 많은 수분손실을 방지하는 보호체계를 발전시켰다. 여기에는 많은 수의 종자식물들이 속한다. 적응을 위한 액포(물

을 저장하는 커다란 세포)가 존재하고, 잎은 수분손실을 방지하기 위해 왁
스층으로 덮여 있다(큐티큘라^{cuticula}). 또한 기공을 의도적으로 여닫을 수
있다.

C4 식물

사탕수수와 옥수수, 다양한 곡식류 등 이른바 C4 식물은 건조한 서식지
에 적응하기 위해 특이하고 세련된 생화학적 방법을 선택했다. 이 식물들
의 경우, 산화탄소 고정과 캘빈회로가 발생하는 장소가 공간적으로 분리
되어 있다. 더운 환경 속에서 기공은 수분손실을 최소화하기 위해 하루 종
일 부분적으로 닫혀 있다. 또한 광합성 작용도 제한적으로 행해진다. 광합
성을 위해 필요한 산화탄소를 흡수하기 위해서는 기공이 열려 있어야 하
기 때문이다. 그래서 C4 식물은 소량의 산화탄소를 최적으로 사용하기 위
한 한 가지 방법을 고안했다. 산화탄소 고정을 위해 '전통적인' 식물들과
는 다른 효소를 이용하는 것이다. 즉 리블로스 – 1,5 – 이인산 – 카르복실화
효소 – 산소화효소(Ribulose – 1,5 – bisphosphate carboxylase oxygenase, 루
비스코 RubisCO)보다 친화력이 높은 포스포엔올피루브산 카르복실화효소
[Phosphoenolryruvate – (PEP –) carboxylase]를 이용한다.
PEP 카르복실화효소는 엽육(잎살)세포에서 산화탄소와 PEP를 결합한다.
여기서 두 중간 단계를 거쳐 4탄당 말산염이 생겨나 C4 식물이라는 이름
이 붙여졌다. 반대로 루비스코는 산화탄소를 리블로스 – 1,5 – 이인산과 결
합하고, 여기서 각각 3개의 탄소 원소를 가진 2개의 결합이 생겨난다. 이
것이 이 그룹을 C3 식물이라고 부르는 이유다.
실질적인 캘빈회로의 다음 단계는 더 이상 엽육세포에서 발생하지 않고,
특수한 다발초세포에서 진행된다. 여기에 원형질연락사를 통해 말산염(사
과산염)이 도착하면 이로부터 다시 산화탄소가 배출되고 루비스코에 의해
서 계속 가공된다.

CAM 식물

건조한 지역에 특화된 식물들은 선인장이나 파인애플 같이 수분을 저장하는 다육식물들이다. 기본원칙은 C4 식물의 경우와 유사하다. 단지 이 경우, 산화탄소 고정과 캘빈회로가 공간적이 아닌 시간적으로 구분된다는 것이다.

CAM 식물들은 하루 종일 기공을 닫은 채로 있다가 밤이 되면 연다. 다른 식물들의 행동과 정반대다. 이를 통해 낮에는 수분손실을 방지하고 이산화탄소는 밤에 흡수한다. CAM 식물의 경우, 밤에는 먼저 엽육세포에 있는 말산염으로 이산화탄소 고정이 발생한다. 낮에는 이것이 다시 배출되어 엽록체에서 캘빈회로를 통해 글루코오스로 동화된다.

이러한 이산화탄소 고정의 특별한 종류는 다육식물과인 돌나물과 Crassulaceae에서 최초로 발견되었다. 그 이후로 돌나물형 유기산 대사 Crassulacean acid metabolism 또는 줄여서 CAM이란 이름을 가지게 되었다.

빛

햇빛은 지구에 있는 거의 모든 생물체를 위한 주에너지다. 예외적으로 몇몇 박테리아는 '화학합성'을 하고, 그에 상응하여 에너지를 비생물적인 화학적 에너지에서 조달한다. 이와 달리 광독립영양생물은 햇빛(여기에 이산화탄소와 물이 더해진다)에서 생태계의 생성

과 유지를 위해 필수적인 화학적 물질과 바이오매스^{biomass}를 생산한다.

역시 발전과 성장 과정, 행동양식은 빛의 상태에 영향을 받는다. 10장에서 명암에 영향을 받는 24시간을 주기로 하는 생체 리듬에 대해 설명하였다.

빛과 연관된 동물의 반응: 동물들은 햇빛과 연관하여 서로 다른 행동양식을 보인다.

- **주행성 동물**은 낮에 가장 활발하게 활동한다. 대부분의 새가 여기에 속한다.
- **황혼 및 여명성 동물**은 새벽녘이나 해가 질 무렵에 활동한다. 여러분도 이미 경험했을 것이다. 모기에 시달리는 것은 해가 지기 시작하면서부터다.
- **야행성 동물**은 작은 동물들로, 이들은 마지막 빛이 꺼지면 나타나 먹이를 찾아 나선다.

또한 교미와 부화 시의 행동양식도 빛에 의해 조정된다. 대개 행동이 수행되기 위해서는 일정한 낮 길이에 도달해야 한다. 그래야만 자손을 양육하기 위한 조건을 최적화할 수 있기 때문이다. 예를 들면, 여름에는 먹이도 많고 날씨도 따뜻하다.

여름털과 구분되는 겨울털(**계절에 따른 이형태**)은 동물이 빛의 상황에 적응하는 한 예다. 앞의 앨런 규칙에 나온 눈토끼는 여름에는 갈색 털을 가지고 겨울에는 흰색으로 바꾼다. 이는 주변 환경과 자신을 비슷하게 만들어 천적의 눈에 띄지 않게 하는 중요한 적응방법이다. 결국 빛의 도움을 받아 공간에 적용하는 것이다. 이와 관련해 동물의 경우 식물의 굴성과 대조적으

하늘소.

로 '**주성**'이라고 한다. 아르테미아새우는 양성 주광성을 보인다. 그들은 빛을 향해 움직이고 먹이를 잡는다. 하늘소의 유충은 빛을 피해 움직이는데, 어둠 속에서 완전히 성충으로 발달하기 때문이다.

빛과 연관된 식물의 반응: 빛의 강도 변화에 따른 식물의 반응을 **광주기성**photoperiodism이라고 한다. 일반적으로 하루의 변화를 말하지만, 1년의 변화일 수도 있다.

꽃의 발달은 온도에만 좌우되는 것이 아니라 낮의 길이에도 영향을 받는다. 양상추나 시금치, 완두 같은 많은 재배식물들은 낮 길이가 14시간 이상일 때 꽃이 핀다(장일식물). 반대로 단일식물은 매일 최소한 9시간의 어둠 기간이 있어야 개화한다. 벼, 콩나물, 목화가 여기에 속한다.

숲의 나무들은 빛이 쬐는 강도에 따라 서로 다른 잎을 형성한다. 양지 잎은 주로 나무 꼭대기에 위치하고, 넓지만 얇은 응지 잎에 비해 작다. 성장 역시 빛에 영향을 받는다. 콩은 어두운 곳에서 자라면 작은 잎을 가진 긴 줄기로 발달한다. 반대로 빛이 풍부하게 주어지면 잎이 정상적으로 자라고 줄기의 길이 성장은 제한된다.

자외선: 인간은 400㎚ 이하의 파장을 가진 자외선을 인지할 수 없지만 조류와 물고기, 양서류, 곤충 등은 이를 잘 인지한다. 자외선이 세포, 특히 DNA의 복제를 손상시킬 수 있기 때문에(5장 참조) 인간과 동물들은 보호체계를 마련했다. 뿔이나 털, 멜라닌 같은 피부색소가 그 예다. 다른 한편으로 도마뱀이 있다. 도마뱀의 경우, 서열

강한 자외선은 피해야 한다.

상 자외선이 위신을 세우는 데 한몫을 담당한다. 자외선 차단크림을 발라 반사가 차단된 도마뱀 수컷은 자외선 차단을 하지 않은 수컷에 비해 영역을 둘러싼 결투 신청을 훨씬 자주 받는다.

자외선은 식물에도 좋지 않은 영향을 미칠 수 있다. 280~315㎚의 UV−B 부분은 실제로 해를 준다. 그러나 지상식물은 대부분 장파자외선$^{UV-A}$에는 익숙해져 있다.

생명체와 환경 간의 상호관계: 생물적 요소

생물적 요소에는 다음이 속한다.

- 동종개체군 내 요소는 같은 종에 속한 개체들 간에 작용하는 요소로, 경쟁, 세력권 행동들이 그 예다.
- 이종개체군 간의 요소는 서로 다른 종들에 속하는 개체군들 사이의 요소로, 기생과 공생 같은 공동체 간의 요소다. 한편 타종 사이의 경쟁구조도 존재한다. 예를 들면, 먹이를 구하는 장소를 둘러싼 경쟁관계다.

동종개체군 내의 요소

개체군 내의 접촉은 무엇보다 **생식**을 위한 것이다. 모르는 집단에서보다 자신에게 맞는 성 파트너를 쉽게 발견할 수 있다. 지속적이거나 한 계절만 해당하는 **부부관계**가 형성될 수 있고, 이 관계로 인해 **부화를 위한 돌봄**이 더 잘 이뤄진다. 불리한 비생물적 요소나 천적으로부터 쉽게 위협받을 수

있는 자손을 위해 보호와 먹이를 부모가 공동으로 책임지기 때문이다. 부부
관계는 기러기나 까마귀처럼 평생 일부일처제일 수도 있고, 황새처럼 일정
기간 일부일처제인 경우도 있다. 평생 일부다처제인 부부관계는 개코원숭
이의 집단에서 발견할 수 있다. 한 마리의 수컷이 여러 암컷을 거느리는데,
이것을 하렘harem이라고 한다.

하렘을 가지는 개코원숭이.

세력권 행동은 7장에서 자세히 설명하였다. 생태학과 연관해서 볼 때 세
력권은 개별 개체의 문제가 아니라, 집단의 구성원들이 먹이를 찾고 보호
장치를 만들며, 자손들을 키우기 위한 영역을 확보하려는 동물 집단의 문
제다.

동종개체군 내의 서열 다툼과 경쟁행동은 물론 의미가 있다. 개체군이 일
정 크기를 초과하기 시작하면 집단의 모든 구성원이 더 이상 풍부한 자원을
차지할 수 없다. 이때 서열 다툼이 벌어진다. 그 결과를 단순하게 표현하면,
가장 강한 수컷이 암컷과 먹이 등을 차지할 최고의 기회를 가지고, 두 번째
로 강한 수컷이 두 번째로, 기타 등등의 순으로 진행된다. 이러한 방법으로
종의 생존이 확보된다.

이 밖에도 일원이 넘쳐날 경우, 동족호식이 벌어질 수도 있다. 이것은 쥐
(공간 부족)나 사자(기아)에게서 발견된다. 잘 알려진 레밍(나그네쥐)의 이동과

같이 그룹의 일부가 집단을 떠나는 일도 드물지 않게 일어난다. 이것은 쥐와 직시류에서도 발견된다.

이종개체군 간의 요소

동물원을 제외하고는 기본적으로 고립되어 살아가는 동물 집단은 없다. 포괄적으로 거기에서부터 자연적인 생활공간을 모방하고, 다양한 종류의 구성원들로 채우는 것이 시작되었다. 예를 들면 '사바나' 같은 생활공간이다. 자연에서는 다양한 집단들이 함께 살아간다. 이러한 관계는 중립적일 수도, 긍정적이거나 부정적일 수도 있다. 예를 들어, 이종개체 간의 경쟁, 포식, 기생, 공생, 부생(파라비오비스^{parabiobis}: 개체결합)이 여기에 속한다.

이종개체 간의 경쟁: 동일한 종 안에서와 마찬가지로 2개의 서로 다른 종 사이에서도 먹이의 근원지를 둘러싸고 경쟁이 일어난다. 식물종들도 빛이나 물 같은 자원을 둘러싸고 경쟁한다. 심지어 동종개체군 내의 경쟁과 이종개체 간의 경쟁이 동시에 벌어지기도 한다. 미국 중서부에 서식하는 아메리카들소는 풀을 두고 직시류와 경쟁한다.

아메리카들소.

두 종이 한 생활공간에 있는 제한된 자원을 두고 경쟁하면 과연 어떤 일이 일어날까? 1930년대 러시아의 생태학자 게오르기 가우제^{Georgij Gause(1910~1986)}가 이에 대해 연구했다. 그는 가까운 친척관계인 두 종의 단세포 짚신벌레 Paramecium aurelia와 Paramecium caudatum을 길렀다. 분리된 배양기 안에서 두 그룹의 구성원 수는 빠른 속도로 증가했고, 개체 간의 밀도가 일정 크기에 도달하자 집단의 크기가 균형을 이루었다.

그런데 이 두 종을 다시 한 배양기 안에 두자, 두 종 사이의 균형이 깨졌다. 일정 시간이 지나자 Paramecium aurelia종은 계속 번식한 것과 달리, Paramecium caudatum종은 죽었다. 위에서 말한 균형이 이뤄질 때까지 이러한 현상은 계속되었다. 가우제는 aurelia종이 존재하는 자원을 사용하는 데 있어 우위를 차지했고, 그로 인해 더 빨리 더 효과적으로 번식할 수 있었으며, 경쟁자인 Paramecium caudatum을 국부적으로 멸종에 이르게 했다고 결론을 내렸다. 이러한 행동을 생물학의 **경쟁적 배제원칙**이라고 한다.

포식: 포식 또는 포식-피식 관계는 포식자에게는 긍정적이지만 피식자에는 부정적인 상호관계다. 이 관계는 두 종의 생식에도 영향을 끼친다. 이에 상응하여 진화 과정에서 두 그룹을 위한 특수화가 이뤄졌다.

- **포식자**는 냄새나 얼굴을 기억하는 뛰어난 감각을 갖고 이것으로 먹잇감을 찾아낸다. 예를 들면, 독사의 경우 일반적으로 온혈인 피식 동물이 뿜어내는 열을 적외선 감각기관으로 감지하는 능력을 갖고 있다. 이 외에도 해부학적으로 날카로운 이빨이나 발톱을 가지고 있어 먹이를 포획하거나 죽일 수 있다. 독을 가진 이빨이나 가시로 먹잇감에게 독을 투입하는 것도 독사와 전갈, 몇몇 거미강이 가진 '보조수단'이며, 이 보조수단은 물고기나 조개 같은 바다동물에서도 발견된다.

전갈.

- **피식자**는 이러한 포식자를 피해 도망가기 위해 특수화되었다. 피식자는 사냥꾼에게 대항하여 적극적으로 방어하는 경우가 드물며, 무엇보

다 새끼들을 보호하는 것이 중요하다. 잠재적 피식동물들은 토끼와 가젤영양, 얼룩말의 무리나 물고기의 무리처럼 끈기 있게 달리는 동물들이다. 떼를 지어 다님으로써 붙잡는 입장에서는 무리 중 한 개체만 집어내기 어렵게 만든다. 다른 종들은 형태-해부학적으로 자신들의 외모를 환경에 맞추어 잠재 포식자들이 알아보기 어렵게 만든다. 이러한 **위장**(미메시스[mimesis])은 카멜레온이나 멧돼지 새끼 또는 말 그대로 '변신하는 잎'으로 잘 알려진 대벌레에서 발견된다. 이러한 '위장'의 또 다른 방법은 위장술을 이용하여 외모를 위험해 보이거나 불쾌해 보이도록 만드는 이른바 **모방** 또는 **이형태**(미미크리[mimicry])다. 즉, 나비목에 속하는 박각시과의 유충은 위협을 받을 경우, 상체를 똑바로 뻗어 위협적인 뱀처럼 보이도록 한다. 또한 여기서 그 이름도 유래한다. 이것을 처음으로 기술한 르네[René Antoine Ferchault de Réaumur(1683~1757)]는 박각시과의 이러한 위

미미크리 – 말벌의 모방.

장 모습이 이집트 기자의 스핑크스 모습을 연상시킨다고 해서 이를 따라 전체 과 이름[sphingidae]을 명명했다.

기생 : 기생과 숙주의 관계는 먹이와 보호라는 형태로(실질적으로 생식을 가능케 함으로써) 참여하는 생물 중 한쪽, 즉 기생물만 이득을 취하는 관계다. 반대로 숙주는 손해를 입는다. 영양분을 빼앗기고 기생물의 물질대사로 인해 손해를 입을 수 있다. 포식관계와 다른 점은 기생물에 의해 숙주가 죽지 않는다는 것이며, 기생물은 숙주 옆에서 생존할 수 있도록, 즉 숙주로서의 봉사를 다할 때까지 숙주를 최대한 이용한다. 숙주가 죽으면 기생물은 다시 새로운 '부양자'를 찾아야 한다. 이 과정에서 적에게 잡아먹힐 수도 있다. 또

는 적어도 위험을 감수하며 보호와 먹이 없이 잠시 지내야 한다.

형태적으로 기생관계는 진드기나 이처럼 숙주 밖에서만 서식하는 **외부기생**과 숙주 안에서 살아가는 **내부기생**으로 구분된다. 여기에는 인간에게 많은 병을 유발하는 병원체들이 속하는데, 말라리아의 병원체인 단세포생물 플라스모디움, 주혈흡충증을 유발하는 주혈흡충schistosoma이나 다양한 촌충들이 있다.

또 다른 구분의 형태는 **기생기간**에 따른 것이다. 주혈흡충처럼 일부 발달 주기에서만 숙주가 필요한 임시기생과 숙주를 떠나서는 존재할 수 없는 **정류기생**이 있다. 물론 이 경우, 숙주를 교환하는 것이 가능하다.

기생의 특이한 형태는 **포식기생**으로, 맵시벌이 취하는 기생의 형태다. 그들은 깍지벌레나 애벌레에 알을 낳고, 유충이 부화하면 자신의 성장을 위해 안에서부터 숙주를 잡아먹는다. 유충은 오래 버티기 위해 우선 자신의 생명에 중요한 기관을 그대로 보존한다. 그 결과 숙주는 맵시벌이 번데기가 되기 시작할 때에야 죽는다. 다시 말해 더 이상 쓸모가 없어지면 죽는 것이다.

기생식물은 반기생으로 살 수 있다. 이들은 스스로 광합성을 할 수 있다. 좁쌀풀은 뿌리에 반기생하고, 겨우살이류는 줄기에 반기생한다. 반대로 전기생은 스스로 광합성을 하지 않고 숙주의 생산물을 이용한다. 예를 들면, 열당과에 속하는 초종용식물이나 빨간새삼 같은 메꽃과가 여기에 속한다.

편리공생Commensalism : 어원에 따르면 편리공생이란 다양한 종이 서로 방해하지 않으며 한 식탁에서 함께 식사하는 것이다. 이탈리아어로 mensa란 '식탁'이라는 뜻이다. 독수리와 하이에나가 포식동물들이 먹다 남긴 음식을 함께 먹을 때나 진드기와 딱정벌레의 관계에서도 나타난다. 할미새와 아프리카들소도 이 관계를 형성한다. 할미새는 들소의 외부에 기생하는 생물을 먹고 살아간다. 할미새의 이러한 행동은 들소를 귀찮게 하는 것이 아니라, 오

바다거북.

히려 긍정적으로 작용한다. 일반적으로 한 종이 다른 종 위에서 살아가는 **개체결합** 같은 관계가 관찰되는데, 이 경우 전자는 이점을 취하고, 후자는 아무런 피해도 입지 않는다. 이것은 바다거북의 등딱지에서 살아가는 해조류나 고래 등 위의 승객인 작은 게에게서도 발견되며 상리공생과의 경계선은 모호하다.

상리공생: 두 종이 서로 이점을 취하는 동거생활이다. 흔히 작은 파트너를 공생자, 큰 파트너를 숙주라고 한다.

- 공생인지 인지하지 못할 정도로 그 정도가 아주 심한 이런 종류의 공생관계의 전형적인 예는 **지의류**다. 이것은 조류와 균으로 구성되어 있다. 과거에는 이들의 밀접한 결합으로 독자적인 종으로 기술되기도 했다(6장 참조).
- 리조븀^{Rhizobium}속인 콩 같은 다양한 식물종의 뿌리에 서식하는 **뿌리혹 박테리아**는 이 식물들과 공생관계를 형성한다. 식물들은 박테리아의 질소고정을 이용하고, 박테리아는 식물의 광합성 결과물을 이용한다.
- **균근**의 경우, 식물의 뿌리 부분에 균이 사는데, 이 균들이 뿌리를 엮은 듯이 둘러싸고 있다. 식물은 균류에게서 물과 미네랄 물질을 공급받는다. 동시에 균들의 촘촘한 망 때문에 표면이 커지고, 이로 인해 땅에서 영양을 더 잘 흡수할 수 있다. 균은 식물로부터 광합성에서 나온 이산화탄소를 공급받는다.
- 끝으로 **대장균**은 장을 소유하고 있는 인간이나 포유동물과 공생관계에

있다. 인간은 비타민 K를 공급받고, 대장균은 소화를 도와주며(7장 참
조) 박테리아는 보호공간을 제공받는다.

생태계

살아 있는 생물체가 비생물적인 환경요소와 함께 존재하는 생물군집의 총
체를 생태계라고 일컫는다. 생태계는 다른 체계들과 에너지와 물질을 서로
교환하며, 동시에 어느 정도 자기조절이 가능한 개방되어 있는 체계를 의미
한다.

생태계의 구성요소

생태계는 다음의 네 가지 기본요소로 이뤄져 있다.

- 비생물학적 환경요소
- 생산자
- 소비자
- 분해자

이 네 가지 요소는 에너지 흐름과 물질순환 과정을 통해 서로 연결되어
있다. **비생물적인 요소들**은 열(온도)과 햇빛의 형태로 일차 에너지를 공급
하고, 땅속에 있는 미네랄 성분 같은 영양분을 제공한다. 또한 생태계의 공
간적 구조를 형성한다.

생산자는 광합성을 이용하여 무기물과 빛에너지에서 유기물을 생산하는 녹색식물이다. 이들은 소비자들을 위해 생활기반을 제공한다. 소비자란 무기물에서 유기물을 만들 수 없는 모든 다양한 생물체로서, 모든 동물과 대부분의 원핵동물, 균류를 말한다.

소비자의 경우, 초식동물처럼 생산자가 만든 원료를 직접 사용하는 소비자를 **일차 소비자**라고 한다. **이차 소비자**는 일차 소비자를 먹는다. 즉, 육식동물을 의미한다. **삼차 소비자** 역시 육식동물로서, 더 작은 육식동물을 잡아먹고 산다. 끝으로 분해자에는 유기물을 분해하는 모든 다양한 생물들이 속한다. 이때 식물들이 흡수하여 다시 광합성을 통해 유기물로 전환되는 무기물이 발생한다. **분해자**에는 자신의 입장에서 유기물을 분해하는 지렁이 같이 유기물 잔해를 먹고 사는 소위 부생생물^{saprovore}과 박테리아와 균 같은 유기물을 무기물화시키는 생물들이 있다.

이런 다양한 소비자들은 서로 먹이사슬 또는 먹이그물을 형성한다. 일차 생산자는 일차 소비자에게 잡아먹히고, 일차 소비자는 이차 소비자에게 잡아먹히고, 기타 등등이다. 최근에는 **먹이그물**이라는 용어를 선호하는 편인데, '사슬'이라는 용어는 초식동물이 단지 하나의 생산자만을 먹고 사는 것

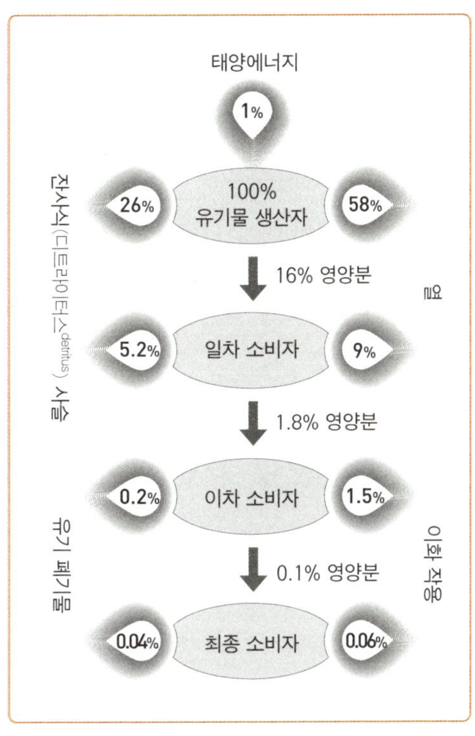

생태계에서의 에너지 흐름.

이 아니라 소비자도 서로 다른 다양한 소비자나 생산자를 잡아먹는다는 사실을 고려하지 않기 때문이다.

생태계에서의 에너지와 영양분의 형태

생태계가 보존되기 위해서는 끊임없는 활동이 있어야 한다. 이때 두 가지 과정이 중요하다.

- **영양분의 순환** 속에서 일차 생산자는 토양에서 무기물을 흡수하고 이것을 자신의 조직을 형성하는 데 사용한다. 이를 위해 낙엽이나 뿌리 등 죽은 조직과 땅속에 사는 미생물이 분해하는 다른 유기물을 내놓는다. 그 결과 나무에 영양분이 제공된다.
- 이와는 달리 **에너지의 흐름**은 순환이 아니라, 일방통행처럼 한 방향으로 진행된다. 햇빛의 형태로 있는 에너지는 식물에 의해 화학에너지로 전환된다. 그리고 이 식물을 먹는 동물들이 에너지를 흡수한다. 이때 에너지의 상당 부분이 열로 사라진다. 에너지 전환의 효능 정도는 부분적으로 약 10%에 지나지 않는다. 태양이 반복해서 새로운 빛을 내보내지 않는다면 지구상에서 에너지 흐름은 금세 멈추어버리고 말 것이다.

탄소순환: 탄소는 생물체가 살아가는 데 필수적인 모든 유기화합물의 기본 성분을 형성한다. 광합성 시, 이산화탄소 형태로 대기 중에 있던 탄소는 소비자가 사용할 수 있는 유기화합물 안에 삽입된다. 이 밖에도 광합성 시 생물체가 호흡하는 데 필요한 산소가 형성된다. 이때 다시 이산화탄소가 방출된다. 탄소와 산소의 순환 과정은 광합성을 통해 서로 밀접하게 연결되어 있다.

탄소의 저장소는 지구 탄소 저장량의 80%를 차지하는 퇴적암이다. 물론 이 탄소는 순환을 위해 거의 사용될 수 없다. 풍화에 의해 암석에서 아주 천천히 방출되기 때문이다. 주로 사용되는 저장소는 20%의 양을 차지하는 지질 시대 초기 단계에 생성된 화석화된 석탄과 석유의 저장소다.

광합성에 의해 규칙적으로 대량의 탄소가 대기 중에 방출된다. 탄소 양은 일차 생산자와 소비자의 호흡에 의해 다시 대기로 돌아간다. 특히 화석화된 탄소 결합물의 연소와 아열대 지대의 방대한 면적의 화전 농업에 의해서도 이산화탄소의 방출이 현저히 증가한다. 이로 인해 대기 중의 이산화탄소 농도가 상승하고, 이것은 온실 효과에 상당량 기여한다. 끝으로 화산도 중요한 이산화탄소의 근원지다.

질소순환: 질산은 아미노산과 질산의 중요한 구성 성분이고, 식물에게는 중요한 영양분이다. 식물들은 질소를 원천으로 질산염과 암모늄을 사용할 수 있다. 또한 균근균과 질소를 고정하는 땅속 박테리아와의 합동작업을 통해 천연 질소를 사용할 수 있다. 이와 달리 동물들은 유기적으로 결합된 질소만을 사용할 수 있다. 가장 중요한 질소 저장소는 대기로서, 79%가 천연 질소로 구성되어 있다. 또 다른 저장소는 지하수와 지표면에 있는 물이며, 여기에 모든 살아 있거나 죽은 생물체의 바이오매스도 포함된다. 질소비료는 상당량의 질소를 생태계에 방출한다. 분해자의 분해와 질소를 생산하는 동물들의 분해에 의해 질소는 다시 암모니아 형태로 땅속으로 들어간다. 암모니아는 산화 작용으로 질산염을 만드는 질산화 박테리아에 의해 산화되고, 식물들은 다시 이 질산염을 사용한다. 분자적 질소는 박테리아의 탈질소 작용에 의해 질산염에서 나와 땅속으로 들어간다.

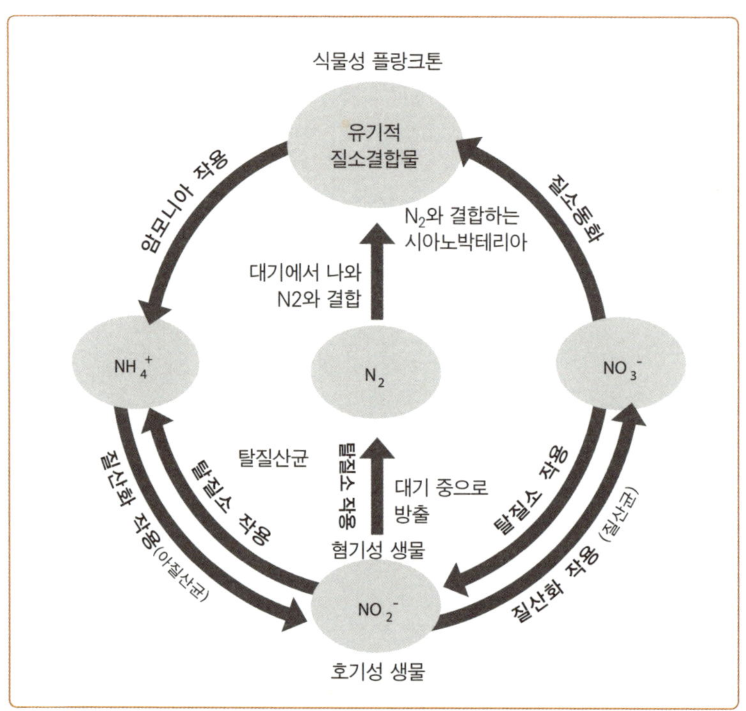

질소순환.

인phosphor**순환**: 생물체는 핵산과 인지질, ATP 같은 에너지가 풍부한 결합의 구성 성분인 인을 필요로 한다. 이 밖에도 인산염은 뼈와 치아의 주요 성분이다. 사용 가능한 가장 중요한 인의 형태는 인산염으로, 이것은 식물에서 흡수되고 유기적 결합물을 형성하는 데 사용된다.

인의 저장소는 호수와 바다의 퇴적암이다. 이 밖에도 땅속과 바다에 용해된 상태로 그리고 살아 있거나 죽은 바이오매스에 존재한다. 부식토가 죽은 생물체에서 방출되는 인산염과 결합할 수 있기 때문에 인의 순환은 지엽적으로 제한된다. 대기 중에서 발생하는 질소와 탄소의 순환과는 달리 인순환의 경우 침전물에서 발생한다.

일차 생산자가 흡수하는 유기적 분자 속에 들어 있는 인산염은 먹이그물에 의해 분배되고, 바이오매스의 분해와 인산염을 생산하는 소비자의 분해를 통해 다시 토양으로 돌아간다. 인산을 함유하는 가스는 많은 양으로 나타나지 않기 때문에 대기 중에는 아주 소량의 인이 먼지나 물의 형태로 분포되어 있다.

하천이나 바다에 지나치게 많은 양의 인산염이 들어 있을 경우, 생태계는 순식간에 '전복'될 수 있다. 그로 인해 일차 생산자가 소유한 인산염의 양이 많아지고, 그 결과 소비자와 분해자가 소유한 양은 폭발적으로 증가할 수 있기 때문이다. 이것은 산소의 부족을 초래한다. 또한 이로 인해 더 많은 양의 인산염이 퇴적물에서 배출될 것이다. 그 결과 하천 생태계가 완전히 무너질 수 있다.

생태계의 조절

몇 년 저까지만 해도 생태계가 외부의 간섭 없이 변화하지 않는다면 **'생태적 균형'** 속에 존재한다고 간주되었다. 이러한 정역학적인 개념은 장기적인 안정성을 유지하기 위해서는 외부의 간섭이 필요할 수 있다는 역학적 개념에 점차 그 자리를 내주었다. 예를 들면, 정기적으로 풀을 잘라주는 들판 생태계의 경우, 풀 베기에 의해 단기적으로 변화가 발생한다. 풀을 깎으면 생태계는 원래 상태로 상대적으로 빨리 돌아가게 된다. 즉, 이런 의미에서 풀 베기로 인해 생태계가 안정된 것이다. 풀 베기라는 간섭이 없었더라면 짧든 길든 잡초와 덤불이 자라났을 것이고, 그 결과 들판은 숲이 되었을 것이다. 이는 일차적 생태계의 기본적인 변화를 의미한다.

풀 베기.

제14장
진화

진화는 생명의 발생과 생물의 다양한 종, 그것들의 기원(계통학), 생명의 발전을 불러온 기제를 연구한다.

종의 발생에 관한 이론

18세기 중반까지 성경의 창조론은 인간을 포함한 모든 생물체에 기본적으로 적용되는 발생이론을 형성하였다. 아낙시만더 폰 밀렛^{Anaximander von Milet}이나 아리스토텔레스 같은 몇몇 그리스 철학자는 이미 모든 살아 있는 생물체들은 단순한 형태에서 유래했다고 생각했다. 예를 들면 땅에 서식하는 물고기는 시궁창이나 부패한 생물체에서 유래했을 거라고 생각했다. 카를 폰 린네^{Carl von Linné} 생명체를 분류하는 과정에서 다양한 동물과 식물의 구성에 유사성이 있음을 발견하고, 친척관계를 고려한 이명법을 도입하였다. 그러나 린네는 변함없이 종들은 신이 창조한 형태로 존재한다는 종의 불변성을 확신했다.

라마르크

프랑스의 동물학자인 장 바티스트 드 라마르크 Jean-Baptiste de Lamarck(1744~1829)는 1809년 자신의 저서 《동물철학Philosophie zoologique》에서 최초로 종의 불변성에 의문을 갖고 라마르크 진화이론을 제시했다. 그러나 라마르크는 모든 생명체가 단일한 기원 형태에서 출발한다는 생각은 하지 않았다. 오히려 다양한 동물

장 바티스트 드 라마르크.

과 식물 그룹들의 발생은 서로 상관없는 독립적인 발전이라고 생각해, 각각의 그룹들은 동일한 조상을 가졌을 것이며, 이 조상은 다시 자연발생에 의해 나타났다고 전제했다. 조상과 연관된 변화는 목표를 가지고 발생하며, 그 원동력은 '완전해지고 싶은 욕구'다. 그의 생각에 따르면 기관이 계속 발전할 것인지 퇴화할 것인지는 그 사용 여부에 따라 결정된다. 또한 한 번 획득한 형질은 유전된다.

다윈

영국의 신학자이자 동물학자인 찰스 다윈은 그의 저서 《종의 기원On the Origin of Species by Natural Selection(1859)》을 통해 진화이론을 발표했다. 다윈에 따르면 모든 종은 하나의 조상에서 유래한다(이른바 공통조상이론). 이때 한 종의 개체 변화는 우연히 발생하며, 생존을 둘러싼 매일의 싸움 속에서 생활조건에

적응하기 위해 효과적으로 변화한 개체가 덜 효과적으로 변화한 개체에 비해 더 자주 생식할 수 있으므로 이러한 변화가 유지·확산된다.

현대 진화이론 – 진화 기제

현재의 진화이론과 그와 깊이 연관된 요소들은 대부분 다윈의 이론에 근거하고 있다. 그러나 현대 진화이론은 이에 덧붙여 그 당시에는 없었던 유전학과 집단유전학에서 나온 지식들을 포함한다. 그 당시 돌연변이라는 개념은 잘 알려지지 않았기 때문에 다윈은 진화를 촉진한 메커니즘을 불완전하게 설명할 수밖에 없었다. 현대 진화이론은 진화에 관련된 요소들을 정리하고, 다윈의 이론을 확대하여 총 집단의 유전자 풀을 고려한다.

진화 기제란 한 생물집단 안에서 유전자 풀(모든 유전자의 총체)의 변화를 유발하는 요소들을 의미한다. 이것은 돌연변이와 재조합, 선택, 유전자 이동, 유전자 부동, 고립에 의해 발생한다.

돌연변이와 유전자 재조합

목적이 없는 우연한 돌연변이는 진화의 원동력으로 간주된다. 돌연변이는 변화로 인한 손익에 대한 예고 없이 변화를 초래한다. 소위 천연자원을 제공하며 형태, 물질대사나 행동양식의 변화를 초래할 수 있다. 그러나 모든 돌연변이가 생물체의 가시적인 변화를 유발하는 것은 아니다. 암호화되지 않은 DNA의 많은 부분 또는 유전코드의 중복(5장 참조)으로 인한 돌연변이가 이에 속한다. 이 외에도 중요한 것은 체세포와 연관된 돌연변이는 진화에 아무런 의미가 없다는 것이다. 생식세포를 통해 후손에게 전달되는 돌연변이만이 장기간 유전자 풀을 변화시킬 수 있다. 감수분열 시 대립형질의 새로운 조합(재조합, 5장 참조)은 돌연변이의 확대를 더욱 강화시킨다.

> **돌연변이**는 한 생물집단에 존재하는 다양한 대립형질의 발현빈도를 달리하여 그 집단의 유전자 풀을 변화시키고, 유전적 다양성을 넓혀 환경 변화에 적응할 수 있는 가능성을 높인다.

선택

선택이란 돌연변이의 유전과 확대를 결정하는 것을 말한다. 돌연변이가 유리한 형태로 발현한다면, 즉 환경요소에 더 잘 적응할 수 있다면 이로 인해 더 많은 자식이 생겨난다. 생물집단 내에서는 선택의 압력이 생긴다. 선택의 기준은 생식의 결과다. 즉 자식의 수가 측정된다. 이로 인해 한 생물집단 안에서 대립형질의 발현빈도가 변화한다. 특히 온도, 음식, 천적의 공격으로부터의 생존, 성 파트너를 선택함에 있어 유리함 등과 같은 환경적 요소가 영향을 미친다.

자연선택,

동일한 선택기준에서 돌연변이가 생식에 별로 긍정적인 효과를 끼치지 못한다면 생물집단 안에 있는 유리한 대립형질이 체계적으로 증가하고 불리한 대립형질은 제한된다.

유전자 이동

유전자 이동 또는 유입 역시 진화에 영향을 미친다. 이것은 한 종의 생물집단에서 다른 생물집단으로 서로 다른 유전자 풀이 유입되는 것을 초래하는 개체나 그룹의 이동을 의미한다. 이로 인해 대립형질의 발현빈도가 변화한다.

유전자 부동

한 생물집단의 몇몇 개체가 집단에서 떨어져 나와 이전 집단과 접촉이 없는 새로운 독자적인 집단의 일원이 된다면 이 새로운 집단의 유전자 풀은 어느 정도 시간이 지나고 나면 원래의 집단과 다른 양태가 될 것이다. 예를 들어, 폭풍으로 인해 한 식물종의 씨가 이전에는 이 식물이 전혀 존재하지 않았던 섬에 떨어졌다면 이른바 창시자 효과가 거론될 것이다. 이때 유전자 부동은 한 집단, 즉 대부분 작은 집단(이 식물이 존재하지 않았던 섬)의 우연한 대립형질 발현의 빈도 변화(폭풍에 의한)를 의미한다. 유전자 부동을 선택의 보충으로 이해할 수도 있다. 왜냐하면 유전자 부동은 우연히 발생하는 반면, 선택은 돌

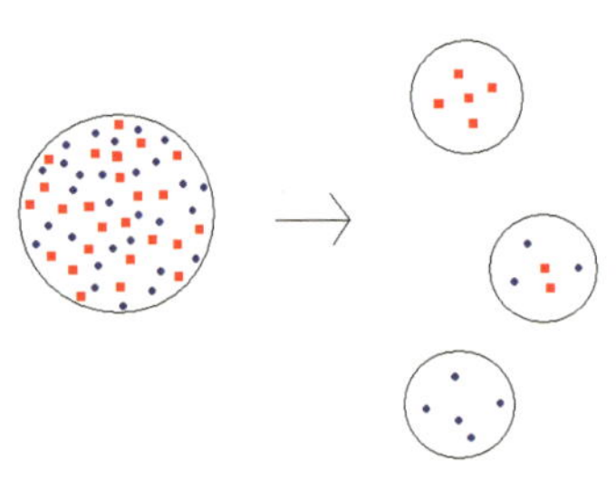

기원집단과 세 가지 가능한 창시집단.

연변이가 이익인지 손해인지에 따라 목적을 가지고 발생하기 때문이다.

고립

고립은 두 집단의 유전자 풀이 완전히 분리되는 것을 의미하는 것으로, 새로운 종의 발생을 초래할 수 있다. 이때 고립을 순수하게 공간적인 의미로만 이해해서는 안 된다.

- **생태학적 고립**의 경우 다양한 소생활권에 정착하며, 그 결과 개체들이 더 이상 만나지 않기 때문에 함께 생식하지 않는다.
- **생식생물학적 고립**은 두 집단의 생식행동 양상이 크게 변화하며, 그 결과 더 이상 서로 성 파트너로 생각하지 않는 경우를 말한다.
- **유전적 고립**이란 두 집단의 염색체나 유전자 배열이 너무 다르게 발전히여, 그 결과 자식을 만들어내는 생식이 불가능해지는 경우를 말한다.

진화를 증명하는 학문적 증거

진화이론을 설명하기 위한 중요한 증거는 화석에서 발견된다. 여기서 그 사이 멸종한 종들과 현존하는 종들과의 해부학적·형태학적 차이와 유사성을 발견할 수 있다.

화석의 흔적

새로운 종들의 발생 또한 화석이 보여
주는 증거로 밝혀낼 수 있다. 예를 들어,
원시적인 고래의 화석을 통해 땅에서 살
던 포유류가 어떻게 다시 바다로 돌아갔
는지 증명할 수 있다. 고래 화석들은 고
래의 4개의 사지가 어떻게 변화했는지

화석화된 암모나이트.

확실히 보여준다. 즉, 뒷다리는 작은 흔적만을 남길 정도로 퇴화했고, 앞발
은 지느러미로 변형됐음을 보여준다.

또한 지상에서만 살았던 동물 그룹들에서 유래한 양서류는 부분적으로 바
다에 사는 것에 적응했다는 가설과 반대로 지상의 척추동물들이 어류에서
기원했다는 가설을 증명해준다. 이에 상응하여 가장 초기의 어류 화석은 최
초의 지상척추동물의 화석보다 더 오래되었다. 후자는 다시 오늘날 양서류
로 분류되는 가장 초기의 화석보다 더 오래되었다. 이러한 시기 결정은 화
석의 연대측정에 사용되는 탄소동위원소측정법에 의해 조사된다.

이 밖에도 화석 표본들은 중요한 '다리' 역할을 한다. 다시 말해, 소위
소실고리(미싱링크^{missing link})라고 하는 것으로, 발견되기 전까지는 알려지지
않은 다양한 동물 그룹 사이에 놓인 과도기적 중간 형태를 보여준다. 다음
의 것들이 여기에 속한다.

- 시조새(아르케옵테릭스^{Archaeopteryx})
- 이크티오스테가 ^{Ichthyostega}
- 키노크나토스^{Cynognathus}

　　1861년, 졸른호펜 석회암층에서 발견된 **시조새**는 파충류와 조류를 연결하는 중간동물이다. 시조새는 이빨과 21개의 추골체로 이뤄진 꼬리척추를 가졌다. 이 두 가지는 모두 전형적인 파충류의 특징이다. 그런데 새의 머리와 깃털, 날개도 가졌다. 그래서 공중활주를 할 수 있었고, 파충류보다는 조류에 더 가깝다고 학자들은 추정하고 있다. 또 다른 시조새 화석은 프랑켄 유라Franken Jura에서 발견되었다.

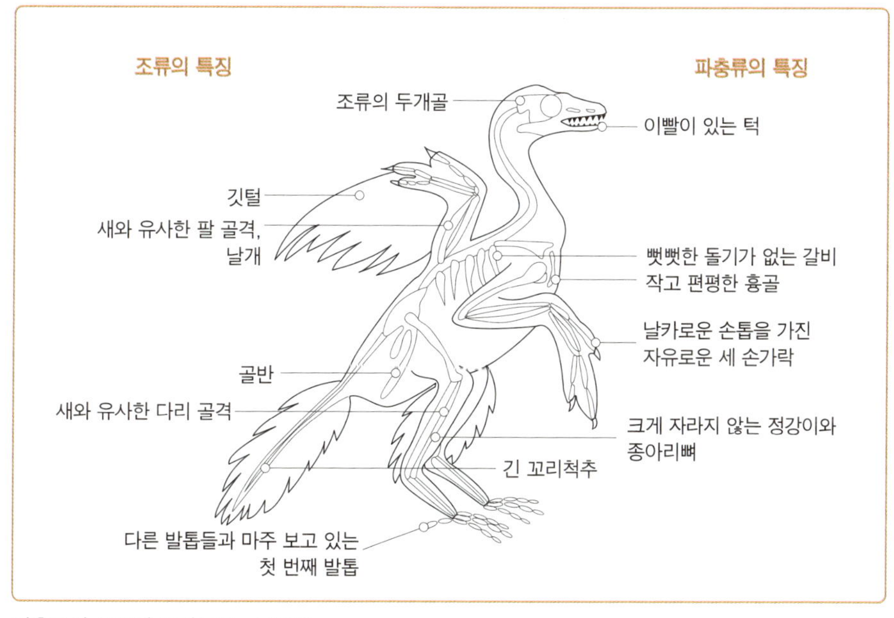

파충류와 조류의 중간동물 – 시조새.

　　이크티오스테가(어류머리)는 4개의 다리를 가진 최초의 지상척추동물이다. 그러나 머리는 여전히 어류와 비슷하다. 이 때문에 어류와 양서류의 중간 동물로 간주되며 그린란드의 데본기에서 발견되었다.

　　트라이아스기의 **키노크나토스**는 전형적인 육식성 포유류의 치아를 가졌다. 골격(턱관절)은 파충류의 특징을 드러낸다. 이는 포유류와 파충류를 이어주는 중간동물 역할을 한다.

  '**살아 있는**' 화석이란 현재도 여전히 살아 있는 종들을 말한다. 이들은 크게 변하지 않은 환경조건 때문에 큰 변화를 보이지 않은 종들이다. 그들의 몸 구조를 통해 멸종된 동물 그룹들을 들여다볼 수 있다. 가장 잘 알려진 것은 1938년 아프리카에서 잡힌 실러캔스(공극어류, 라티메리아^{Latimeria})인데, 이것은 백악기 이후 멸종된 것으로 간주되었다. 남동부 아시아의 해저에 출현하는 오징어와 친척인 앵무조개(나우틸러스^{Nautilus})도 여기에 속한다. 식물로는 원시 시대를 연상시키는 은행나무와 세쿼이아나무가 이에 속한다.

해부학과 발생학에서 나온 증거

  해부학적·형태학적 실험결과 또한 진화이론을 뒷받침한다. 예를 들어, 다양한 종들 사이에서 기관의 구조는 형태적으로 일치함을 보여준다. 전체적인 포유류의 앞발은 이것이 동물들의 일상에서 서로 다른 기능을 담당하는데도 특정 뼈의 배열에서 어깨에서 발가락까지 동일한 구조를 나타낸다. 말의 앞발은 달리는 용도, 두더지의 앞발은 땅을 파는 용도, 박쥐의 앞발은 날개, 고래는 지느러미, 사람의 팔은 들어 올리거나 짐을 드는 데 사용된다. 이러한 종류의 일치를 '**상동성**'이라고 하고, 이에 해당하는 기관들을 '상동기관'이라고 부른다. 상동성은 이미 공동조상 때 존재한 기본구조의 다양성을 나타낸다.

  상동성에는 다양한 기준들이 적용된다.

- 위치
- 특정 성질
- 지속성

위치 기준은 상동기관이 전체 생물체 안에서 동일한 위치관계를 차지하고, 동일한 기본 형태에서 유래해야 함을 말한다. 위에서 언급한 포유류의 앞발이 그 예다.

특정 성질 기준은 위치 기준이 채워지지는 않았지만, 많은 특성이 존재할 때 적용된다. 인간의 치아는 잇몸과 그 위에 에나멜로 구성된 이빨이 쌓여 있는 구조로, 이는 상어의 '이빨 같은 비늘'과 똑같이 구성되어 있다. 위치 기준으로 볼 때 두 기관은 거의 상동성을 보이지 않지만 기본 기능에서는 비슷하다. 두 가지 모두 자기방어 역할도 한다.

지속성의 기준은 기관들이 이른바 빈틈없이 다양한 중간 형태에서 유래했을 때, 이들이 서로 상동임을 말해준다. 이 기준에 따르면 경골어류의 부레는 척추동물의 폐와 상동이다. 왜냐하면 양서류와 어류, 파충류에서 보이는 중간 형태에서 발전했기 때문이다.

출생 이전의 발달을 연구하는 **발생학**도 이러한 종류의 상동성을 보여준다. 특정한 발전 단계에서 총체적인 척추동물의 배아는 뒤에 달린 꼬리를 나타낸다. 또한 아가미주머니가 존재한다. 이것은 후에 어류의 아가미가 되고, 포유류와 조류, 파충류의 유스타키오관이 되어 중이와 목 공간 사이의 압력을 동일하게 유지해준다. 이러한 관찰을 통해 동물학자 에른스트 헤켈 Ernst Haeckel(1834~1919)은 "개체발생은 계통발생의 반복이다."라는 자신의 반복발생설을 성립시켰다. 즉 개체발생 과정 속에 그것이 유래한 계통발생 과정이 반복된다는 것이다. 헤켈이 유추한 인과관계는 최근 비판받고 있지만, 관찰만큼은 정확하다.

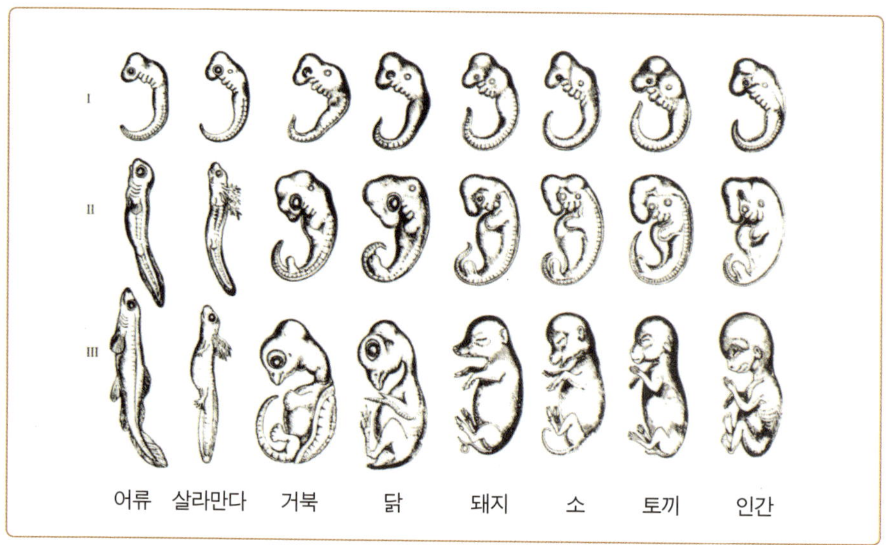

발생학에서의 상동성.

넓은 의미에서 **흔적기관**^{rudiment}, 즉 조상 때에는 중요한 임무를 수행했으나 현 자식들에게는 더 이상 필요 없는 구조의 잔여물도 상동성에 속한다. 그 예로는 퇴화한 고래의 뒷발이 있는데, 골반에 흔적기관으로 남아 있다. 날지 못하는 키위의 날개 잔여나 민달팽이의 집 껍질 잔여가 이러한 흔적기관을 나타낸다.

일반적으로 가까운 친척관계의 종이 먼 친척보다 더 많은 상동성을 보여 준 상동성이 많을수록 더 가까운 친척이다. 여기서 **진화** 단계가 성립된다. 2개의 방으로 된 심장(1심실, 1심방)을 가진 경골어류의 단순한 순환계에서 2개의 심실과 하나의 심방을 가진 양서류의 심장을 거쳐, 심방이 불완전하게 구분된 파충류의 심장, 끝으로 2심실 2심방을 가진 완전한 이중순환을 하는 조류와 포유동물의 심장이 그 예다(7장 참조). 이와는 반대로 4개의 발가락을 가진 원시말의 발은 1개의 발가락을 가진 현재의 말발굽으로 **퇴화**되었다.

상동성과 혼동해서는 안 될 것이 **상사**analogy다. 상사는 공통적인 구조에서 유래한 것이 아니라, 그 기능이 비슷해서 생긴 유사성이다. 이 경우, **수렴진화**라는 말을 쓴다. 상사적인 기관들(예를 들면 곤충과 조류의 날개 또는 식물의 경우)은 잎에서 형성되는 가시와 줄기의 상피에서 발생하는 가시다.

생화학과 분자생물학에서 나온 증거

상동성은 생화학과 분자생물학 영역에서도 발견된다. 4장과 5장에서 모든 생물체는 DNA를 유전정보의 저장소로 사용한다는 것과 유전코드는 보편적이라는 것을 설명했다. 즉, 대장균의 경우 인간과 마찬가지로 3개의 염기로 이뤄진 하나의 염기쌍이 동일

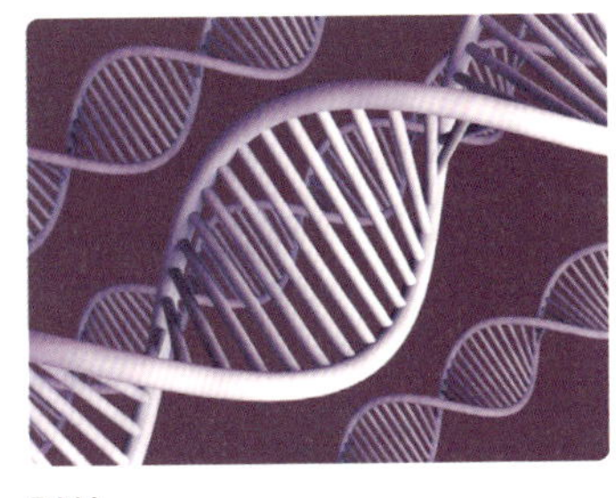

DNA.

한 아미노산을 코드화한다. 또한 DNA에서 RNA로의 전사나 단백질 합성 과정도 모든 생물체의 경우 유사한 방법으로 진행된다.

DNA 염기배열에서의 차이점은 생화학적 계보를 만드는 데 사용된다. 차이가 적을수록 가까운 친척관계를 형성한다. 가장 자주 사용되는 것은 다음과 같다.

- DNA의 구아닌−시토신의 함량을 비교하는 것이다. 즉, 총 염기 함량 중 G와 C가 차지하는 양을 비교한다.
- 다양한 생물체의 DNA 단일가닥들로 이뤄진 DNA의 혼성화가 사용된다. 2개의 단일가닥이 하나의 이중가닥으로 합쳐지는 경향을 많이 보이면 보일수록, 즉 두 단일가닥 사이에 수소결합이 많이 형성될수록 가까운 친척관계를 형성한다.

• DNA 또는 RNA의 배열이다. 염기순서가 비슷할수록 가까운 친척관계
를 형성한다.

이러한 비교는 다양한 종의 단백질 사이에서도 이뤄진다. 많은 생물체의
호흡사슬 과정에서 이온 운반의 중요한 구성 성분인 사이토크롬^{cytochrome} C
의 아미노산 배열도 비교할 수 있다. 먼 친척관계에 있는 종들보다 가까운
친척관계에 있는 종들의 아미노산 배열이 비슷하다는 사실이 다시금 유효
하다. 단백질의 친척관계는 면역학적 방법을 이용하여 간접적으로 설명할
수 있다. 예를 들어 토끼에게 인간의 혈청을 주입하면 토끼는 인간 혈청에
있는 단백질에 대항하여 항체를 형성한다. 그런 다음 시험관에 토끼의 혈
액을 침팬지의 혈청과 혼합하면 항체와 항원반응의 정도를 확인할 수 있다.
이는 아미노산 배열에 서 인간의 아미노산 배열과 일치하는 침팬지의 항원
단백질만이 항인간 항체에 인식되기 때문이다.

생물학적 진화

유기적 결합물과 생물 전 단계의 분자들이 뒤섞인 원시바다에서 생명이
발전하기 위해서는 독자적인 물질대사가 필수다. 가장 오래된 생명체는 약
35억 년 전에 이미 발효 과정을 이용하여 에너지 획득을 위해 유기물을 이
용했다. 추측건대 언제부터인가 유기분자가 부족하게 되자, 빛을 이용하여
독립적으로 유기물을 만들 수 있는 최초의 광독립영양생물인 원핵생물(박테
리아)이 생겨났다. 또 물에서 방출되는 산소에 의해 20억 년 전 산소가 풍부
한 대기가 형성되었다. 이것이 오늘날 다양한 형태로 생명이 발전할 수 있

는 원동력이 되었다.

원핵생물과 진핵생물의 발생

최초의 원핵생물이 발생한 후, 약 10억 년 전 최초의 진핵생물이 생겨났다. 그 당시의 정확한 메커니즘은 아직 추측 단계에 머물러 있기 때문에 그 중간 단계는 알려지지 않았지만, 내부공생설(4장 참조)은 진핵세포의 세포기관들이 진핵세포들 내부에서 살고 있던 박테리아들의 세포막 함입에 의하여 발생했다고 전제한다.

식물과 동물의 발생

다음 그림은 지구의 역사가 진행되고 개별적인 동물과 식물 그룹들이 출현하기까지의 과정을 도표로 정리한 것이다.

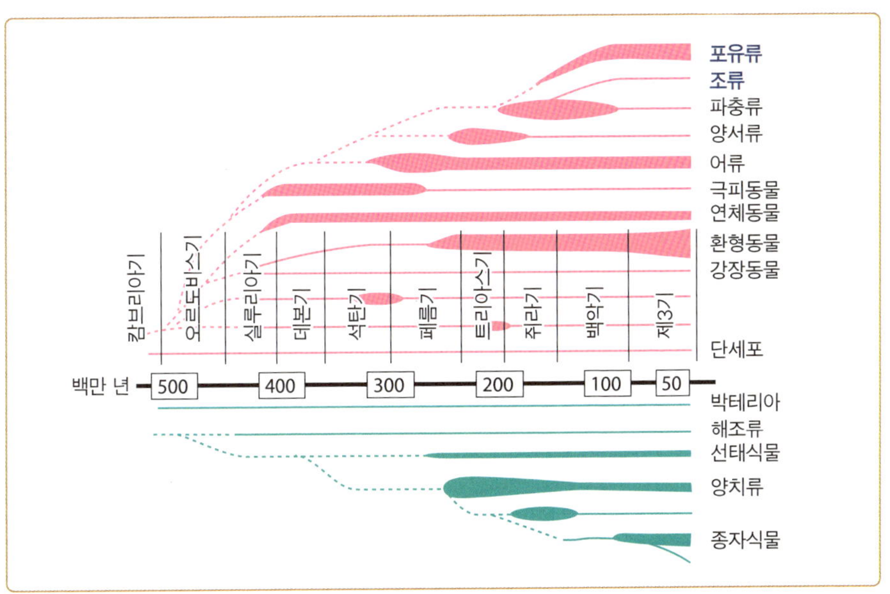

인간의 진화

한 종의 진화를 위한 본보기로 여기서는 인간의 진화를 관찰해보고자 한다. 그러나 인간화의 출발지점에 대한 지금까지의 이론들을 뒤흔드는 새로운 화석이 계속 발견되고 있기 때문에 하나의 정확한 그림을 그리기란 쉽지 않다.

사람상과(인간종)의 유래형태

인간과 유인원, 긴팔원숭이과, 프로플리오피테쿠스^{Propliopithecus}의 공통적인 조상은 3~4천만 년 전 제3기의 후반부인 올리고세 초기에 살았다고 추정된다. 약 2천만 년 전에 아시아와 아프리카, 유럽에서 발견된 드리오피테쿠스^{Dryopithecus}는 인간과 침팬지, 고릴라, 우랑우탄 같은 유인원의 공통조상이라고 간주된다. 다양한 종으로 구분되기 전의 공통적인 형태는 800~1,600만 년 전의 라마피테쿠스^{Ramapithecus}로, 이것은 아프리카와 아시아, 유럽에서 발견되었다.

최초의 호미니드^{Hominid} - 동물과 인간의 중간 단계

실질적인 인간화는 4~7백만 년 전에 발생했다고 추정되며, 물론 하나의 단계만 존재하지는 않았을 것이다. 오히려 오랜 기간 동안 동물과 인간의 중간 단계로 존재하다가, 이 시기가 끝나갈 무렵 측계통적으로 발생했을 것으로 추정하는 오스트랄로피테쿠스의 형태로 초기인간이 등장한다.

오스트랄로피테쿠스

1924년, 남아프리카에서 발견된 **오스트랄피테쿠스 아프리카누스**를 따라 명명한 오스트랄로피테쿠스^{Australopithecus}는 300~400만 년 전 아프리카에서 살았다. 정확히 언제인지는 단언할 수 없으나 어느 시점에서 원인이 오스트랄로피테쿠스에서 파생되어 나왔고, 여기에 현존하는 인간도 들어간다. 동아프리카에서 발견된 유명한 '루시^{Lucy}'도 오스트랄로피테쿠스에 속한다. 그러나 오스트랄로피테쿠스 아프리카누스와는 상당한 차이를 보이기 때문에 **오스트랄로피테쿠스 아파렌시스**^{afarensis}라는 독자적인 종으로 구분된다.

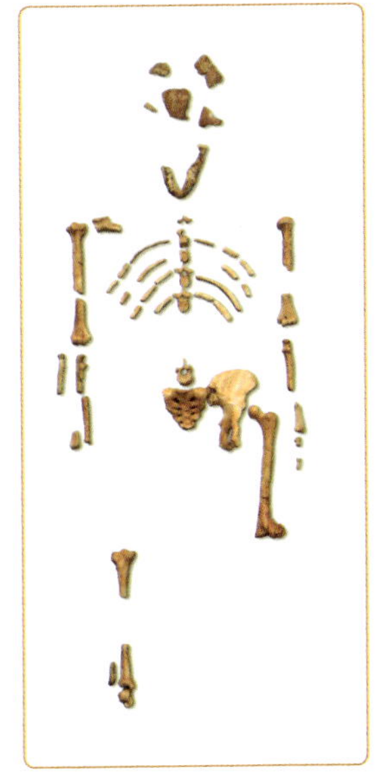

루시의 뼈.

오스트랄로피테쿠스는 이미 도구를 사용할 수 있었고 직립했으며, 현생인류와 비교 가능한 치아와 손을 가졌다. 발견된 두개골로 판단하면 현생인류보다 확실히 작아, 약 3분의 1의 크기에 지나지 않는다. 이미 두 발로 걸었던 오스트랄로피테쿠스 아파렌시스의 뇌는 더욱 작았으며, 오늘날의 침팬지 정도에 해당하는 크기다. 여기서부터 학자들은 직립은 뇌의 크기가 전제되어야 한다는 결론을 내렸다.

호모속의 초기 대표자들

원인은 계속해서 발달한 반면, 오스트랄로피테쿠스는 70만 년 전에 멸종한 것으로 추정되고 있다. 호모속의 최초 형태는 **호모 하빌리스**^{Homo habilis}로, 이것의 화석은 160~240만 년 된 것이다. 그것은 두개골 구조에서 오스트랄로피테쿠스와 확실한 차이를 보인다. 아래턱은 훨씬 덜 튀어나왔고 뇌의 부피도 더 크다. 이름에서 추측할 수 있듯이, 호모 하빌리스란 '능력 있는 인간'이란 뜻으로 도구를 사용하였다.

190~150만 년 전에 살았던 **호모 에르가스터***Homo ergaster*는 현생인류에 더 가깝게 발달했다. 즉, 긴 다리와 좌골관절을 가졌고, 구조는 더 많은 거리 이동을 가능케 했다. 손가락은 상대적으로 짧고 곧았으며, 더 이상 나무에 기어 올라가지 않았다. 치아 또한 작아졌는데, 이것은 다른 종류의 영양섭취법을 의미하거나 끓이거나 으깨는 방법을 통해 음식을 준비했다는 것을 의미한다. 호모 에르가스터의 경우, 성적인 외모 차이가 크게 드러나지 않는다. 남자의 크기는 오스트랄로피테쿠스나 현재 인간 여자와 크기와 별 차이가 없다.

호모 에르가스터의 화석은 실수로 초기에는 다른 종인 호모 에렉투스로 분류되었다. 호모 에렉투스는 아프리카에서 발달한 최초의 원인으로, 이후 유럽과 아시아로 이주했다.

네안데르탈인

네안데르탈인은 20만 년 전에 처음 출현했고(다른 출처에 의하면 10만 년 전이다), 약 3만 5천 년 전에 멸종했다. 네안데르탈인의 화석은 유럽과 근처 동부에서만 발견됐다. 이것은 그 공간 밖으로는 확산되지 않았다는 것을 의미한다. 네안데르탈인의 뇌는 거의 현생인류의 것과 비슷하다. 그들은 장례의식을 알고 있었고 도구를 만들었다.

네안데르탈인은 호모 에렉투스와 호모 사피엔스 사이의 직접적인 연관성을 보이지는 않는다. 이것은 DNA의 미토콘드리아 검사가 증명한다. 그러나 두 종 간의 제한적인 유전자 유입이 발생했을 가능성이 있다.

호모 사피엔스 사피엔스 - 오늘날의 인간

약 16만 년 전, 오늘날의 인간인 호모 사피엔스 사피엔스가 처음으로 아프리카에서 출현했고 유럽에서는 약 10만 년 전에 발견되었다. 어떤 형태에서 기인했는지는 오늘날까지 확실하지 않지만 크게 두 가지 이론이 있다.

- **다지역 모델**은 호모 에렉투스가 아프리카에서 유럽과 아시아로 이주했다는 전제에서 출발한다. 여기서 나온 다양한 집단이 계속되는 유전자 교환을 통해 나란히 현생인류로 발달했다고 전제한다.
- **노아의 방주 모델** 역시 호모 에렉투스가 유럽과 아시아로 이주했다고 전제한다. 그러나 아프리카에 남아 있었던 집단만 호모 사피엔스 사피엔스로 발달하였고, 이들이 후에 유럽과 아시아로 이주했다고 본다. 호모 에렉투스는 결국 쫓겨나 멸종했다.

<h1>찾아보기</h1>

이미지 저작권

Fabbri: S. 18.; S. 19 d.; S. 159 u.

fotolia.de: ag visuell S. 374; Al Mueller S. 309.; Alexander Bedoya S. 235; Alexander Raths S. 15 d., 145 m.; Alice Berger S. 13 m.; Alila S. 379; Andre Bonn S. 55; AndreasEdelmann S. 427; Anyka S. 446; Arcady S. 337; Arpad Nagy-Bagoly S. 339; AVAVA S. 363; B.Melo S. 80; Benicce S. 113; caraman S. 92, 155, 340; Carola Schubbel S. 404; ChriSes S. 352; Christian Pedant S. 305, 312; Coka S. 41.; concept w S. 28.; Creative images S. 308 m. 409; damato S. 366; Dan Race S. 140; detailblick S. 390 d.; Digitalpress S. 371; Dreamy Girl S. 262; drizzd S. 35 m ; DS-Visionen S. 13 d.; dutourdumonde S. 64; EastVillageImages S. 405 u.; Edward Shtern S. 229 m., emer S. 186; emeraldphoto S. 90; Eric Isselée S. 233, fancyfocus S. 423; fotoblin S. 132; franck steinberg S. 431; Friday S. 407; get4net S. 24.; GordonGrand S. 45 d; Henry Schmitt S. 162; HitToon.com S. 84 u.; HP_Photo S. 14; Iom123 S. 247, 249; J. Y. S. 428; Jacek Chabraszewski S. 243 u.; janaka Dharmasena S. 200; JG Design S. 203; Joerg Mikus S. 85, 149; JPagetRFphotos S. 207; Juan Gärtner S. 13 u., 151; K.F.L. 12; Keith Frith S. 138; kernel S. 308 d.; KimGraphics S. 57; Kimsonal S. 390 u.; Kirill Kurashov S. 49; Klaus Eppele S. 89, 254; Konstanze Gruber S. 176; kubais S. 331; Kübra Tosun S. 422 d.; Lachgeist S. 22 d., 136; Leoco S. 284; LianeM S. 270 u., 396; lily S. 129; Ljupco Smokovski S. 225; lordalea S. 167, 168; m.arc S. 137; MacX S. 170; mapoli-photo S. 15 u.; marilega S. 236; Markus Bormann S. 367; marylooo S. 154; Matthew Cole S. 178; Max Tactic S. 221; Michael Tieck S. 189; michanolimit S. 173; MR Swadzba S. 415; myper S. 19 u.; Nordreisender S. 183; nuvoletta22 368; Olga Lyubkin S. 314; Olga Sapegina S. 400; Olha Ukhal S. 420; olive66 S. 197; Paul Bodea S. 422 u.; Pawel Strykowski S. 194; PeJo S. 134; philipus S. 313; Piet Morgenbrodt S. 188; Pixel S. 394 u.; psdesign1 S. 157; puckillustrations S. 364; Radivoje S. 231; ricky_68fr S. 111; rizio S. 279; Rob Byron S. 131; Robert Kneschke S. 211; Robert Rozbora S. 325; Roman Milert S. 437; Roman Sigaev S. 343; roman_volkov S. 405 d.; rotoGraphics S. 43; Sabine S. 30; Sandor Jackal S. 388; Sandra Cunningham S. 424; Schwoab S. 418; science2 S. 35 u.; Sebastian Drolshagen S. 386; Sebastian Kaulitzki S. 143, 152, 213, 222, 229 d., 253; Shyrokova S. 344; sil007 S. 76; Spectral-Design S. 40, 451; srsallay S. 348; Stefan Rajewski S. 2010, SyB S. 316; TheFreeFloW S. 341; thomasklee S. 290; thongsee S. 385; Torsten Schon S. 156; Unclesam S. 264; Wavebreak MediaMicro S. 349; Witold Krasowski S. 419; www.hpunkt.de S. 59; yellowj S. 192; Ziablik S. 270 d.

Lidman: S. 19 m.; S. 20 d.; S. 21 u; S. 21 d.; S. 22 u.; S. 25; S. 26; S. 27; S. 32; S. 37; S. 50; S. 51; S. 204

pixelio.de: Betty S. 281; Brandtmarke S. 193; Erika Hartmann S. 289; Gabi Schoenemann S. Cover and 185; Grace Winter S. 286 u.; Harry Hautumm S. 29 u.; Klaus Steves S. 216; knipseline S. 271; Lichtbild-Austria S. 63; Matthias Balzer S. 224; Reni-N. S. 258; SueSchi S. 48; Wolfgang Colditz S. 29 d.

Andere:

Ak ccm, Lizenz cc-by-sa S. 191 d.

André Karwath aka Aka, Lizenz cc-by-sa S. 429

Anmoll, Lizenz cc-by-sa S. 31, 357

Bobjgalindeo, Lizenz cc-by-sa S. 100

BS Thurner Hof (talk), Lizenz cc-by-sa S. 426

Chittka L, Brockmann, Lizenz cc-by-sa S. 346

Clematis, Lizenz cc-by-sa S. 286 d.

CrazyD, Lizenz cc-by-sa S. 315

Department of Histology, Jagiellonian University Medical College, Lizenz cc-by-sa S. 209

donmatas, Lizenz cc-by-sa S. 455

en-user Oarih, Lizenz cc-by-sa S. 347

Eta/MichaelFrey (talk), Lizenz cc-by-sa S. 180

H McKenna, Lizenz cc-by-sa S. 272

Ian Duffy, Lizenz cc-by-sa S. 417

Jakov, Lizenz cc-by-sa S. 219

JBrain (Jan Medenbach), Lizenz cc-by-sa S. 125

Marc Lieberman, Lizenz cc-by-sa S. 39 r. (http://dx.doi.org/10.1371/journal.pbio.0020419)

Masur, Lizenz cc-by-sa S. 384

NEUROtiker, Lizenz cc-by-sa S. 351

Nevit Dilmen, Lizenz cc-by-sa S. 377

Noca2plus (talk), Lizenz cc-by-sa S. 232

RA Bradwell, Lizenz cc-by-sa S. 380

Sierra Sciences LCC, Lizenz cc-by-sa S. 110

Sven Jähnichen, Lizenz cc-by-sa S. 329

Talos, colorized by Jakov, Lizenz cc-by-sa S. 353

tooony, Lizenz cc-by-sa S. 443

User07, Lizenz cc-by-sa S. 123

Valérie75, Lizenz cc-by-sa S. 441

Wilfried Berns, Lizenz cc-by-sa S. 322